U0573198

本書受國家社會科學基金項目資助

本書由"西南民族大學中國語言文學學術文叢"項目資助出版

秦簡算書校釋

周序林　著

社會科學文獻出版社
SOCIAL SCIENCES ACADEMIC PRESS (CHINA)

序 一

数学，是研究現實世界的空間形式和數量關係的科學，就中華文明史的數學史而言，過去我們看到的最早的數學文獻就是《九章算術》，直到上個世紀，由於從地下發掘了大量的簡牘帛書文獻，我們才知道遠在《九章算術》之前我們的祖先就已撰著了豐富的數學文獻，並已有了遠超過去所知的數學成就。1983 年底至 1984 年初，在湖北江陵張家山的 247 號漢墓中出土了一部數學著作，叫作《筭數書》，早於《九章算術》一個多世紀。2007年，湖南大學嶽麓書院從香港古董市場購藏了一批秦代簡牘，其中有一部數學著作叫《數》。2010 年，北京大學受捐了來自香港的一批秦簡，其中有兩部數學著作分別叫《算書》《田書》。這些秦簡數學文獻的發現，又把我國最早的數學文獻時間提前到了秦。2008 年，清華大學從香港搶救入藏了一批楚簡，其中有一種數學文獻叫《算表》，由縱橫表格組成，可進行乘法、除法運算，甚至有可能用於乘方和開方運算，這是迄今所見我國最早的數學文獻實物，再次把我國最早數學文獻的時間提前到了戰國。

這些新發現的簡牘數學文獻非常寶貴，刷新了我們的不少認識，在很大程度上重寫了中華文明的上古數學史。但是，由於這些簡牘數學文獻埋在地下兩千多年才得以面世，都是用當時的古老文字書寫的，編繩已斷，還有殘損，釋讀難度極大，這就要求我們首先要釋讀這些數學文獻文本，弄懂原文意義，然後才能進行更深入的相關研究。這些文獻不是一般的文史文獻，而是科技文獻，要求研究者不光要具有文史學科的理論知識，還必須要具有數學、考古學的理論知識，也就是說，要研究簡牘數學文獻，需要研究者具有綜合運用古文獻學、語言學、文字學和考古學、數學、數學史的理論和方法，進行跨學科研究，才能科學釋讀這批文獻，進而發掘其在數學史上的價值。

周序林博士的《秦簡算書校釋》，正是運用跨學科研究的方法來研究秦簡數學文獻的佳作。本書匯集了已刊佈的秦簡數學文獻，凡三種，分別爲：北京大學藏秦簡《算書》《田書》的 2023 年前已刊部分、嶽麓書院藏秦簡《數》。本書把秦簡數學文獻置於中國數學史的大背景下，在廣泛吸收學界有關研究成果的基礎上展開跨學科研究，其工作主要包括：辨識學界釋文、訓釋數學用語、闡釋算理算法，並特別注重簡牘綴合編聯、疑難簡文釋讀、疑難數學用語訓釋、疑難算理算法闡釋、利用簡牘數學文獻來校補傳世文獻，等等。書中精彩之處很多，僅舉四例：

北京大學藏秦簡《算書》甲種以《魯久次問數于陳起》爲開篇，陳起爲了論證"天下之物，無不用數"的觀點，論及了"三方三圓"宇宙模型。學界主流觀點認爲"三方三圓"的基本結構是方内接於圓，通過小圓外切中方、中圓外切大方的嵌套結構將小、中、大三組方圓聯繫起來，小、中、大三圓的半徑比爲 5 ： 7 ： 10。此模型的結構呈現出"外圓内方"的總體特徵。"外圓内方"模型所確立的三圓半徑比是正確的，但是"外圓内方"模型及其論證過程均存在疑點。本書根據陳起對此模型中的"方"與"圓"的描述順序、早期文獻記載以及考古發現，認爲"三方三圓"宇宙模型的結構應該是方外切於圓，小、中、大三組方圓的嵌套方式是中圓外接小方、大圓外接中方，呈現出"外方内圓"的總體特徵。（詳見本書第一章"[001]《陳起》篇"）

"徑田術"是秦漢簡牘算書中的一種簡便演算法，用於計算廣、縱均大於或者廣、縱之一大於 240 步的矩形田面積。此術不見於傳世文獻，目前見於四種秦漢簡牘算書文獻。學界對"徑田術"有過討論，所得出的結論中有合理成分，但由於部分術文晦澀難懂等客觀原因，這些結論還有可商榷之處。本書在分析學界"徑田術"研究成果的基礎上，吸收了其中的合理成分，在正確理解術文文意的基礎上提出了理解"徑田術"的新思路。（詳見本書第一章"[011] 徑田術"）

　　嶽麓書院藏秦簡《數》簡 151（0838）簡文"直（置）節數除一焉以命之"，原整理者及繼後的不少中國學者將此句連讀，日本學者點作"直（置）節數、除一焉、以命之"，均不達文意。本書指出，當標點爲"直（置）節數，除一，焉以命之"，如此句讀，文從字順。（詳見本書第三章"[054] 衰分類之十七"）

　　《墨子·雜守》中有一段記載口糧標準的文字："斗食，終歲三十六石；參食，終歲二十四石；四食，終歲十八石；五食，終歲十四石四斗；六食，終歲十二石。斗食，食五升；參食，食參升小半；四食，食二升半；五食，食二升；六食，食一升大半。日再食。"細讀此段文字就會發現，"斗食"與"終歲三十六石"之間、"斗食"與"食五升"之間，總覺得有什麼問題，感覺文意不暢，邏輯上不順。所以，從清人到今天的不少學者都解過這段文字，試圖理清其文意，但都難以服人。本書根據嶽麓書院藏秦簡《數》簡 139（1826+1842）簡文"一人斗食，一人半食，一人參食，一人馹（四）食，一人馱（六）食"，發現《墨子》此段文字難讀是因爲有脫文，於是據簡文及有關計算，校補此段文字爲："斗食，【終歲七十二石；半食，】終歲三十六石；參食，終歲二十四石；四食，終歲十八石；五食，終歲十四石四斗；六食，終歲十二石。斗食，【食十升；半食，】食五升；參食，食參升小半；四食，食二升半；五食，食二升；六食，食一升大半。日再食。"這樣，從清人到現在都未能解決的難題就渙然冰釋了。（詳見本書第三章"[048] 衰分類之十一"）

　　通過以上例子可以看出，若不具備跨學科研究的理論方法，是很難解決上述問題的。書中這樣的精彩例子不少，不再贅舉。

　　還有必要指出的是，本書研究的對象是出土數學文獻，是科技文獻，專業性很強，一般讀者包括簡帛學的讀者，理解起來往往都比較困難。本書不光對簡文有詳細的釋讀校注（包括"釋文""校釋"兩部分），每一論題之後，還有"今譯"，即將簡文譯爲現代漢語，這樣，就使艱澀的簡文通俗化了，大大增強了作品的可讀性，這一做法值得充分肯定！衷心希望作者在簡帛學的大道上越走越穩，越走越好，在簡牘數學文獻的研究上取得更大的成績！

周序林是西南民族大學的教師，2016 年從余攻讀博士學位。考慮到簡牘數學文獻學界研究的人不多，於是建議他以此爲研究領域。他雖然從未接觸過簡帛，但仍然迎難而上，刻苦鑽研，虛心請教，克服既要在崗上課、接送上學的孩子，又要攻讀學位的困難，很快就入了簡帛學的大門，並於 2018 年獲準國家社科基金項目 "簡牘數學文獻集成及校釋"（今年結項獲 "優秀" 等級），緊接著在今年又獲準國家社科基金項目 "簡牘算書疑難問題研究"。2022 年，他的博士學位論文《簡牘數學文獻集成、校釋及英譯》順利通過答辯，獲得專家一致好評。現在，他將博士學位論文中的秦簡部分抽出來，修改爲一書出版，向我索《序》，因我諸事纏身，拖了半年多，今才匆匆草就，聊以充序。

張顯成

2023 年 9 月 16 日

於雲南避暑地彌勒租住房

序 二

　　周序林博士對 2023 年前所見簡牘數學文獻進行了全面細緻的梳理，本書在此基礎上呈現了中國漢代以前簡牘數學著作秦簡算書的全貌。秦簡算書文獻保存了一些數學問題和方法，是在過去十幾年才被發現的，由北京大學和湖南大學嶽麓書院精心收藏。本書對秦簡算書的簡文進行了新的釋讀和校勘，並對有關問題進行了詳細闡釋，這對中國數學史研究具有特殊意義。

　　本書的研究材料是北京大學藏秦簡整理者 2023 年前陸續公佈的數學文獻，以及嶽麓書院藏秦簡整理者公佈的數學文獻，正如本書《緒論》所強調的那樣，這些數學著作反映了中國傳統數學在戰國晚期和秦代的發展狀況，是研究中華古代數學文明及其偉大成就的第一手資料，在世界數學史上佔有重要地位。

　　本書旨在準確而詳盡地詮釋這批珍貴材料，以便於世界各地學者更好地利用這些重要材料開展進一步研究。由於研究簡牘文獻首先面臨的挑戰是文字問題，因此本書從文字問題入手，對秦簡算書簡文進行釋讀，討論因簡牘殘損和簡文漫漶等原因造成的簡文釋讀問題，並討論將這些簡牘編聯成邏輯上連貫的數學作品所面臨的困難。詮釋秦簡算書所面臨的下一個挑戰是如何翻譯秦簡算書，無論是如本書翻譯成現代漢語，還是世界各地學者翻譯成其他各種語言。而本書的今譯再現了彼時政府吏員、軍隊將領甚至社會底層的工商業者在他們處理日常事務中所運用的數學知識。

　　本書匯集了 2023 年前刊佈的所有秦簡算書文獻，令人歎服的是，其研究不僅展現了所見秦簡算書全貌，還匯聚了學界最重要的最新研究成果。這些研究成果不僅包括中國學者的最新研究，也包括世界各地學者的最新研究。他們還致力於研究最近的考古及相關發現，所取得的研究成果都有助於我們加深對秦簡算書有關問題的理解，如秦簡算書是如何反映古人在諸如創建曆法和修建防禦工事、城牆、臺觀、堤防、運河之類的實踐中運用數學知識時的所思所想的。

北京大學藏秦簡於 2023 年 5 月全部刊佈，本書第一章校釋此前陸續刊佈的《陳起》篇和《算書》《田書》的十四個算題。《陳起》篇以數學家陳起和學生魯久次之間問答的形式討論了中國古代數學的有關問題，國內外學者已對此篇進行了大量討論，本書對《陳起》篇的研究尤其令人感興趣，具有重要意義，因爲該研究對中國古代數學家是如何看待數學的重要性等問題做出了新的闡釋。本書接下來的三章校釋嶽麓書院藏秦簡《數》。對《數》簡中重要的數學術語進行了有益的討論，對《數》的一百二十五個算題逐一進行了仔細校釋，對《數》算題分類和編排順序提出了新的建議，將《數》算題分十一大類按一定邏輯順序重新組合。特別值得注意的是，本書能够利用《數》中的信息，對諸如《墨子》這樣的著名傳世文獻的晦澀訛誤部分提出修正、澄清乃至新的解釋。

本書首次集成現有秦簡算書文獻，人們藉此可以看到一幅中國傳統數學在漢以前更爲廣闊的發展畫卷，進而可以考察它是如何爲中國漢代數學典籍《周髀算經》《九章算術》鋪平道路的。因此，本書對有關學者開展秦簡算書文獻研究大有裨益，同時，對古代數學史學者開展比較研究也很有幫助，特別是對與張家山漢簡《筭數書》等著作的比較研究尤爲有益。

對《秦簡算書校釋》感興趣的讀者，可以期待本書續集《漢簡算書校釋》的出版。該書專門研究漢簡算書，將張家山漢簡《筭數書》、雙古堆漢簡《算術書》和睡虎地漢簡《筭術》匯集合觀，有利於開展比較研究。該書對簡牘的整理工作有諸多引人注目之處。例如通過對受損嚴重、殘缺不全的雙古堆漢簡《算術書》的整理，發現《算術書》與《九章算術》存在緊密聯繫；又如利用睡虎地漢簡《筭術》已刊材料校補張家山漢簡《筭數書》有關簡文。此外，對極具挑戰性的算題進行新的闡釋也是該書的一大亮點。例如對張家山漢簡《筭數書》"以方材圜""以圜材方"兩個算題提出了新的解讀，該研究成果以論文 "Two Problems in the 筭數書 *Suanshu shu*（Book of Mathematics）: Geometric Relations between Circles and Squares and Methods for Determining Their Mutual Relations"（《〈筭數書〉兩個問題中方與圓的位置關係及確定它們位置關係的方法》）發表於 *Historia Mathematica*（《國際數學史雜誌》）2021 年第 57 卷，想提前體驗作者研究方法的讀者不妨一讀。

　　秦簡算書文獻反映的是在中國古代需要多種數學方法才能解決的各種數學問題。這些文獻的獨特之處在於，它們讓我們有機會看到，在以《周髀算經》和《九章算術》爲代表的數學著作之前，古人是如何理解和表達數學的。本書將這些簡牘文獻集成一卷，並把對這些文獻的最新解讀清晰而詳盡地呈現給讀者。著者爲世界各地的數學史家做了這樣一項艱苦的工作，值得祝賀。由於著者對文獻整理過程中遇到的語言文字問題有透徹的理解，他整理的文本可讀性强、可信度高。最重要的是，他把他的研究成果以如此嚴謹而易懂的方式呈現在讀者面前，這是值得贊揚的——這項工作對全世界的學者來說將具有不可估量的價值。

Joseph W. Dauben（道本周）

2023 年 7 月 27 日

目　録

緒　論

一　研究材料

　　二十世紀以來，我國出土了大量的簡牘文獻，包括算書文獻，其中有秦簡算書文獻共計三種，即北京大學藏秦簡《算書》《田書》，[①] 嶽麓書院藏秦簡《數》。本書以 2023 年前刊佈的秦簡算書文獻作爲研究材料，其中，《田書》指《北京大學藏秦簡牘》中的《田書》和《成田》。另，據《算書》《田書》用字推測，這批簡應抄寫於"書同文字"政策之前，可能早於《數》，故置於《數》之前。秦簡算書文獻及其概況見表 0-1。[②]

---

　① 按：就在本書付梓之際，北京大學藏秦簡圖版和釋文全部公佈（見北京大學出土文獻與古代文明研究所編《北京大學藏秦簡牘》，上海古籍出版社，2023）。本書僅涉其中 2023 年前所見材料。起初，朱鳳瀚、楊博等將竹簡卷七、卷八統稱《田書》（見朱鳳瀚、韓巍、陳侃理《北京大學藏秦簡牘概述》，《文物》2012 年第 6 期；楊博《北大藏秦簡〈田書〉初識》，《北京大學學報》（哲學社會科學版）2017 年第 5 期），後來，楊博將卷七命名爲《成田》，稱卷八作《田書》（見北京大學出土文獻與古代文明研究所編《北京大學藏秦簡牘》，上海古籍出版社，2023，第 413、449 頁）。爲行文方便，本書暫從前者，仍將卷七、卷八統稱作《田書》。鄒大海認爲《田書》不載算法，因此不能視爲算書（見鄒大海《中國數學在奠基時期的形態、創造與發展：以若干典型案例爲中心的研究》，廣東人民出版社，2022，第 20~21 頁）。但鑒於嶽麓書院藏秦簡《數》、張家山漢簡《算數書》中有大量算題與《田書》一樣僅載題設和答案而無設問和術文，因此我們暫將《田書》也視爲算書。

　② 秦簡算書 1、2，見朱鳳瀚、韓巍、陳侃理《北京大學藏秦簡牘概述》，《文物》2012 年第 6 期；韓巍《北大藏秦簡〈魯久次問數于陳起〉初讀》，《北京大學學報》（哲學社會科學版）2015 年第 2 期；韓巍、鄒大海《北大秦簡〈魯久次問數于陳起〉今譯、圖版和專家筆談》，《自然科學史研究》2015 年第 2 期；北京大學出土文獻與古代文明研究所編《北京大學藏秦簡牘》，上海古籍出版社，2023。秦簡算書 3，見蕭燦《嶽麓書院藏秦簡〈數〉研究》，湖南大學博士學位論文，2010；朱漢民、陳松長主編《嶽麓書院藏秦簡（貳）》，上海辭書出版社，2011；蕭燦《嶽麓書院藏秦簡〈數〉研究》，中國社會科學出版社，2015；陳松長主編《嶽麓書院藏秦簡（壹一叁）》（釋文修訂本），上海辭書出版社，2018；陳松長主編《嶽麓書院藏秦簡（柒）》，上海辭書出版社，2022。

表 0-1　秦簡算書文獻及其概況

序號	秦簡算書文獻	成書時代	入藏時間、地點	刊佈情況
1	北京大學藏秦簡《算書》（簡稱《算書》）	秦始皇時期	2010 年入藏北京大學	2012~2017 年陸續部分刊佈，2023 年刊佈全部圖版及釋文
2	北京大學藏秦簡《田書》（簡稱《田書》）			
3	嶽麓書院藏秦簡《數》（簡稱《數》）	下限爲公元前 212 年	2007、2008 年分兩批入藏湖南大學嶽麓書院	2010 年刊佈第一批簡牘的釋文，2011 年刊佈第一批簡牘的釋文及圖版，2022 年刊佈第二批簡牘的圖版及釋文

二　研究現狀

在秦簡算書文獻被陸續發現和刊佈前，已有三種漢簡算書文獻出土，概況見表 0-2。[①]

表 0-2　漢簡算書及其概況

序號	漢簡算書文獻	成書下限	出土時間、地點	刊佈情況
1	張家山漢簡《筭數書》（簡稱《筭數書》）	公元前 186 年	1984 年張家山 247 號漢墓出土	2000 年刊佈釋文，2001 年刊佈釋文及圖版

---

① 漢簡算書 1，參見江陵張家山漢簡整理小組《江陵張家山漢簡〈算數書〉釋文》，《文物》2000 年第 9 期；張家山二四七號漢墓竹簡整理小組編著《張家山漢墓竹簡 [二四七號墓]》，文物出版社，2001。漢簡算書 2，參見胡平生《雙古堆漢簡數術書簡論》，載中國文物研究所編《出土文獻研究》（第四輯），中華書局，1998，第 16~18 頁；中國簡牘集成編輯委員會編《中國簡牘集成》（標注本），敦煌文藝出版社，2005，第 18 冊第 1646 頁。漢簡算書 3，參見熊北生、蔡丹《湖北雲夢睡虎地 M77 發掘簡報》，《江漢考古》2008 年第 4 期；熊北生、陳偉、蔡丹《湖北雲夢睡虎地 77 號西漢墓出土簡牘概述》，《文物》2018 年第 3 期；蔡丹、譚競男《睡虎地漢簡中的〈算術〉簡册》，《文物》2019 年第 12 期；譚競男、蔡丹《睡虎地漢簡〈算術〉"田"類算題》，《文物》2019 年第 12 期；譚競男《算術書中的弧田與弓田》，載武漢大學簡帛研究中心主編《簡帛》（第二十二輯），上海古籍出版社，2021，第 209~213 頁；蔡丹、譚競男《睡虎地漢簡〈算術〉中的商功類算題》，《江漢考古》2023 年第 2 期；譚競男、蔡丹《睡虎地漢簡〈算術〉"率"類算題》，《文物》2023 年第 12 期。關於本書"算""筭"用字情況，說明如下：張家山漢簡《筭數書》和睡虎地漢簡《筭術》的書題是原簡所載，本書保留其"筭"字而不校改爲"算"（同理，《筭術》之"術"亦不校改）；北京大學藏秦簡《算書》和雙古堆漢簡《算術書》的書題是簡牘整理者據簡牘內容命名，其"算"字學界一般作"算"而不作"筭"，本書亦如是；本書在稱引文獻時，則遵從被稱引文獻的用字習慣。

序號	漢簡算書文獻	成書下限	出土時間、地點	刊佈情況
2	雙古堆漢簡《算術書》（簡稱《算術書》）	公元前 165 年或公元前 172 年	1977 年雙古堆 1 號漢墓出土	1998 年刊佈四枚殘簡釋文，2005 年刊佈二十八枚殘簡圖版
3	睡虎地漢簡《筭术》（簡稱《筭术》）	公元前 157 年	2006 年睡虎地 77 號漢墓出土	2008~2023 年陸續部分刊佈

　　學界對這些漢簡算書進行了較深入全面的研究，並取得了豐碩的研究成果，① 這爲秦簡算書的研究提供了借鑒。

---

① 漢簡算書的研究成果，其主要者除見於上頁脚注外，還見於但不限於下列文獻。蘇意雯、蘇俊鴻、蘇惠玉等：《〈算數書〉校勘》，《HPM 通訊》2000 年第 3 卷第 11 期；郭世榮：《〈算數書〉勘誤》，《内蒙古師大學報》（自然科學漢文版）2001 年第 3 期；郭書春：《〈筭數書〉校勘》，《中國科技史料》2001 年第 3 期；彭浩：《張家山漢簡〈算數書〉注釋》，科學出版社，2001；張家山二四七號漢墓竹簡整理小組編著《張家山漢墓竹簡 [二四七號墓]》（釋文修訂本），文物出版社，2006；鄒大海：《出土〈算數書〉初探》，《自然科學史研究》2001 年第 3 期；鄒大海：《從〈算數書〉和秦簡看上古糧米的比率》，《自然科學史研究》2003 年第 4 期；鄒大海：《出土〈算數書〉校釋一則》，《東南文化》2004 年第 2 期；鄒大海：《關於〈算數書〉、秦律和上古糧米計量單位的幾個問題》，《内蒙古師範大學學報》（自然科學漢文版）2009 年第 5 期；鄒大海：《從出土文獻看上古醫事制度與正負數概念》，《中國歷史文物》2010 年第 5 期；洪萬生：《〈算數書〉部份題名的再校勘》，《HPM 通訊》2002 年第 5 卷第 2、3 期合刊；劉金華：《〈算數書〉集校及其相關問題研究》，武漢大學博士學位論文，2003；劉金華：《張家山漢簡〈算數書〉研究》，華夏文化藝術出版社，2008；胡憶濤：《張家山漢簡〈算數書〉整理研究》，西南大學碩士學位論文，2006；吳朝陽：《張家山漢簡〈算數書〉研究》，南京師範大學博士學位論文，2011；吳朝陽：《張家山漢簡〈算數書〉校證及相關研究》，江蘇人民出版社，2014；韓厚明：《張家山漢簡字詞集釋》，吉林大學博士學位論文，2018；張顯成、馬永萍、胡憶濤：《張家山漢簡〈算數書〉第 143 簡算題釋讀綜論》，載鄔文玲、戴衛紅主編《簡帛研究》（二〇一八·秋冬卷），廣西師範大學出版社，2019，第 183~200 頁；許道勝：《雲夢睡虎地漢簡〈算術〉初識》，《湖南社會科學》2019 年第 6 期；周序林、張顯成：《張家山漢簡〈算數書〉"相乘"算題校釋二則》，載鄔文玲、戴衛紅主編《簡帛研究》（二〇二〇·春夏卷），廣西師範大學出版社，2020，第 166~179 頁；周序林、張顯成、何均洪：《張家山漢簡〈算數書〉"少廣術"求最小公倍數法》，《西南民族大學學報》（自然科學版）2021 年第 4 期；周序林：Two Problems in the 筭數書 *Suanshu shu* (Book of Mathematics): Geometric Relations between Circles and Squares and Methods for Determining Their Mutual Relations，*Historia Mathematica* 57 (2021)；周序林：《張家山漢簡〈算數書〉"約分"算題 "不足除者" 考釋》，載鄔文玲、戴衛紅主編《簡帛研究》（二〇二一·秋冬卷），廣西師範大學出版社，2022，第 200~216 頁；周序林、何均洪、李文娟：《簡牘算書中一種特殊計算方法解析》，《西南民族大學學報》（轉下頁）

1. 嶽麓書院藏秦簡《數》主要研究成果

嶽麓書院於 2007、2008 年入藏了一批秦簡，陳松長對這批簡牘的入藏、保護、整理、内容進行了介紹，就《數》簡而言，刊佈了其中五枚簡的彩色圖版、釋文以及另外二枚簡的釋文，並將《數》與張家山漢簡《筭數書》的内容進行了比較，指出《數》簡的價值。[①] 這是首次刊佈《數》簡的有關内容及相關研究成果。陳偉訓釋了簡 127（J09+J11）簡文"威"字，認爲"威"義爲"婆母"。[②]

蕭燦以博士學位論文的形式首次發佈了《數》除少量簡牘外的全部釋文及相關整理工作情況，並對釋文進行了校釋，就相關問題進行了討論，[③] 學界首次得見秦簡算書《數》主體的概貌。之後這一研究成果以專著出版。[④]《嶽麓書院藏秦簡（貳）》發表了上引蕭燦所論《數》簡的彩色和紅外綫圖版及釋文，並對釋文進行了校釋。[⑤]《嶽麓書院藏秦簡（柒）》刊佈了《嶽麓書院藏秦簡

（接上頁）（自然科學版）2022 年第 5 期；周序林：《雙古堆漢簡〈算術書〉校釋及相關問題》，《自然科學史研究》2023 年第 3 期；周序林、馬永萍、龍丹：《秦漢簡牘算書"徑田術"新探》，《西南民族大學學報》（自然科學版）2024 年第 2 期；蕭燦：《張家山漢簡〈筭數書〉"盧唐"、"行"算題再探討》，簡帛網 2022 年 3 月 28日；李野、周序林：《張家山漢簡〈筭數書〉"盧唐"考釋》，載鄔文玲、戴衛紅主編《簡帛研究》（二〇二二·秋冬卷），廣西師範大學出版社，2023，第 207~219 頁；〔英〕古克禮（Christopher Cullen），*The Suànshùshū* 筭數書 *"Writings on reckoning"*: *A translation of a Chinese mathematical collection of the second century BC, with explanatory commentary*, Cambridge: The Needham Research Institute，2004；〔美〕道本周（Joseph W. Dauben），"Three Multi-tasking Problems in the 算數書 *Suan Shu Shu*, the Oldest Yet-Known Mathematical Work from Ancient China," *Acta Historica Leopoldina* 45（2005）；〔美〕道本周（Joseph W. Dauben），"算數書 *SuanShuShu* A Book on Numbers and Computations: English Translation with Commentary," *Archive for History of Exact Sciences* 62（2008）；〔日〕張家山漢簡『算數書』研究会編『漢簡『算數書』——中国最古の数学書』，京都朋友書店，2006；〔法〕安立明（Rémi Anicotte），Nombres et expressions numériques en Chine à l'éclairage des écritssur les calculs（début du 2e siècleavantnotre ère），法國國立東方語言文化學院博士學位論文，2012；〔法〕安立明 (Rémi Anicotte)，*Le livre sur les calculs effectués avec des bâtonnets: Un manuscrit du—IIe siècle excavé à Zhangjiashan*，Paris: Presses de L'Inalco，2019。

① 陳松長：《嶽麓書院所藏秦簡綜述》，《文物》2009 年第 3 期。

② 陳偉：《嶽麓書院藏秦簡〈數〉書 J9+J11 中的"威"字》，簡帛網 2010 年 2 月 8 日。

③ 蕭燦：《嶽麓書院藏秦簡〈數〉研究》，湖南大學博士學位論文，2010。

④ 蕭燦：《嶽麓書院藏秦簡〈數〉研究》，中國社會科學出版社，2015；蕭燦編著《簡牘數學史論稿》，科學出版社，2018。

⑤ 朱漢民、陳松長主編《嶽麓書院藏秦簡（貳）》，上海辭書出版社，2011。

（貳）》未收或未拼合簡或殘簡的圖版及釋文。① 至此，《數》簡全部内容刊出。《數》簡圖版的刊佈，爲學界深入研究提供了依據。蘇意雯等對《數》進行了校勘。② 大川俊隆認爲簡 1（0956）不是起首簡而應該是末尾簡。③ 許道勝校釋了包括《數》簡在内的簡文，對算題的排序及分類較原整理者而言有大的調整，對一些簡牘重新進行了綴合、編聯，進一步論證了簡 1（0956）爲《數》末尾簡。④ 謝坤對《數》簡進行整理校釋，並討論了一些數學用語。⑤ 周霄漢將《數》與《筭數書》《九章算術》進行對比研究，對有關問題進行了討論。⑥ 譚競男對包括《數》在内的簡牘算書分專題進行了研究，並將這些算書的算題按照《九章算術》的算題類型進行分類和合校。⑦ 中国古算書研究会學者對《數》簡文進行了校釋、日譯、今譯，並對相關問題進行了討論，對簡牘的編聯和算題的分類與排序，都與原整理者有不同，⑧ 這是目前所見第一個對《數》比較深入的外譯（日語）研究。有關學者對包括《數》簡在内的釋文進行了修訂，反映了學界最新研究成果。⑨

　　此外，還有許多學者就《數》的某些問題進行討論，如業師張顯成先生、鄒大海、蕭燦、許道勝、孫思旺等，⑩ 此不一一贅述。

---

① 陳松長主編《嶽麓書院藏秦簡（柒）》，上海辭書出版社，2022。
② 蘇意雯、蘇俊鴻、蘇惠玉等：《〈數〉簡校勘》，《HPM 通訊》2012 年第 15 卷第 11 期。
③ 〔日〕大川俊隆：「岳麓書院藏秦簡『数』訳注稿（1）」，『大阪産業大学論集・人文社会科学編』16 號，2012。
④ 許道勝：《嶽麓秦簡〈爲吏治官及黔首〉與〈數〉校釋》，武漢大學博士學位論文，2013。
⑤ 謝坤：《嶽麓書院藏秦簡〈數〉校理及數學專門用語研究》，西南大學碩士學位論文，2014。
⑥ 周霄漢：《〈數〉〈筭數書〉與〈九章筭術〉的比較研究》，上海交通大學碩士學位論文，2014。
⑦ 譚競男：《出土秦漢算術文獻若干問題研究》，武漢大學博士學位論文，2016。
⑧ 〔日〕中国古算書研究会編『岳麓書院藏秦簡「数」訳注』，京都朋友書店，2016。
⑨ 陳松長主編《嶽麓書院藏秦簡（壹—叁）》（釋文修訂本），上海辭書出版社，2018。
⑩ 參見張顯成、謝坤《嶽麓書院藏秦簡〈數〉釋文勘補》，《古籍整理研究學刊》2013 年第 5 期；鄒大海《〈數〉、〈筭數書〉和〈九章筭術〉中一類楔形體研究：兼論中國早期求積演算法的某些特點》，《漢學研究》2014 年第 3 期；鄒大海《從嶽麓書院藏秦簡〈數〉看上古時代盈不足問題的發展》，《内蒙古師範大學學報》（自然科學漢文版）2019 年第 6 期；蕭燦、朱漢民《嶽麓書院藏秦簡〈數書〉中的土地面積計算》，《湖南大學學報》（社會科學版）2009 年第 2 期；蕭燦、朱漢民《周秦時期穀物測算法及比重觀念——嶽麓書院藏秦簡〈數〉的相關研究》，《自然科學史研究》（轉下頁）

嶽麓書院藏秦簡《數》簡牘較張家山漢簡《筭數書》簡牘而言殘缺更甚，缺字脱簡現象較多。出於諸如此類的客觀原因，雖經學界不懈努力，《數》有些簡文的釋讀和算題的解讀還存在較大困難。

2. 北京大學藏秦簡《算書》《田書》主要研究成果

2010 年，北京大學從香港入藏了一批秦簡，常懷穎等介紹了這批簡牘的室内發掘情況，推測可能出自今江漢平原。[①] 朱鳳瀚等介紹了包括數學文獻在内的這批秦簡的概况，並公佈了九枚《算書》《田書》簡牘的彩色圖版，但未釋讀。[②] 韓巍介紹了四卷數學文獻的詳細情况，刊佈了《算書》《田書》部分釋文，並對有關問題（如"隸首"）進行了討論。[③] 韓巍發表了《算書》中部分有關土地面積計算的算題釋文，並就相關問題進行了討論。[④] 中国古算書研究会學者討論了《算書》的"里田術"和"徑田術"。[⑤] 楊博詳細介紹了《田書》的情况，發佈了部分算題的釋文並進行了相關討論。[⑥]

（接上頁）2009 年第 4 期；蕭燦、朱漢民《嶽麓書院藏秦簡〈數〉的主要内容》，《中國史研究》2009 年第 3 期；蕭燦、朱漢民《勾股新證——嶽麓書院藏秦簡〈數〉的相關研究》，《自然科學史研究》2010 年第 3 期；蕭燦《從〈數〉的"輿（與）田"、"税田"算題看秦田地租税制度》，《湖南大學學報》（社會科學版）2010 年第 4 期；蕭燦《秦簡〈數〉之"耗程"、"粟爲米"算題研究》，《湖南大學學報》（社會科學版）2011 年第 2 期；蕭燦《秦漢土地測算與數學抽象化——基於出土文獻的研究》，《湖南大學學報》（社會科學版）2012 年第 5 期；蕭燦《試析〈嶽麓書院藏秦簡〉中的工程史料》，《湖南大學學報》（社會科學版）2013 年第 3 期；蕭燦《秦人對數學知識的重視與運用》，《史學理論研究》2016 年第 1 期；許道勝、李薇《嶽麓書院所藏秦簡〈數〉書釋文校補》，《江漢考古》2010 年第 4 期；許道勝、李薇《從用語"術"字的多樣表達看嶽麓書院秦簡〈數〉書的性質》，《史學集刊》2010 年第 4 期；許道勝、李薇《嶽麓書院秦簡〈數〉"營軍之述（術）"算題解》，《自然科學史研究》2011 年第 2 期；孫思旺《嶽麓書院藏秦簡"營軍之術"史證圖解》，《軍事歷史》2012 年第 3 期。

① 常懷穎、王愷、張瓊等：《北京大學藏秦簡牘室内發掘清理簡報》，《文物》2012 年第 6 期。

② 朱鳳瀚、韓巍、陳侃理：《北京大學藏秦簡牘概述》，《文物》2012 年第 6 期。

③ 韓巍：《北大秦簡中的數學文獻》，《文物》2012 年第 6 期。

④ 韓巍：《北大秦簡〈算書〉土地面積類算題初識》，載武漢大學簡帛研究中心主編《簡帛》（第八輯），上海古籍出版社，2013，第 29~42 頁。

⑤ 〔日〕大川俊隆、田村誠、張替俊夫：「北京大学『算書』の里田術と径田術について」，『大阪産業大学論集・人文社会科学編』23 號，2015。

⑥ 楊博：《北大藏秦簡〈田書〉初識》，《北京大學學報》（哲學社會科學版）2017 年第 5 期。

北京大學出土文獻與古代文明研究所學者公佈了包含《算書》《田書》在内的所有北大秦簡的圖版和釋文，並進行了注釋。[①]

韓巍將《算書》甲種開篇八百多字命名爲《魯久次問數于陳起》，簡稱"《陳起》篇"，刊佈了該篇簡牘的釋文並進行了校釋，還指出《陳起》篇在中國早期數學思想史研究中的重要地位。[②] 韓巍等發表了《陳起》篇簡牘的圖版、釋文今譯，還發表了國内外數學史界學者對《陳起》篇疑難點的疏解和對《陳起》篇豐富的内涵和學術意義的闡釋。[③] 程少軒認爲《陳起》篇"隸首"是"九九術"的專名。[④] 田煒認爲《陳起》篇是戰國後期根據用楚文字抄寫的底本轉抄而來的本子。[⑤] 史傑鵬以《陳起》篇的"色契羨杼"釋義爲例，認爲出土文獻研究中的某些問題可以從詞源學的角度得到很好解決。[⑥] 陳鑣文、曹方向、劉未沫等從天文、曆法等角度對《陳起》篇進行了討論。[⑦] 學界對《陳起》篇現有研究已經取得了較爲豐富的成果。但是，《陳起》篇涉及多個學科，如數學、天文、曆法、工程等，其文字大多艱澀難懂，且缺乏足夠可資參考的背景材料，因此，要真正弄清楚《陳起》篇的語境語義、豐富内涵和學術意義，還有待新材料的發現。

① 北京大學出土文獻與古代文明研究所編《北京大學藏秦簡牘》，上海古籍出版社，2023。

② 韓巍：《北大藏秦簡〈魯久次問數于陳起〉初讀》，《北京大學學報》（哲學社會科學版）2015 年第 2 期。

③ 韓巍、鄒大海：《北大秦簡〈魯久次問數于陳起〉今譯、圖版和專家筆談》，《自然科學史研究》2015 年第 2 期。

④ 程少軒：《也談"隸首"爲"九九乘法表"專名》，載中國文化遺產研究院編《出土文獻研究》（第十五輯），中西書局，2016，第 119~126 頁。

⑤ 田煒：《談談北京大學藏秦簡〈魯久次問數于陳起〉的一些抄寫特點》，《中山大學學報》（社會科學版）2016 年第 5 期。

⑥ 史傑鵬：《北大藏秦簡〈魯久次問數於陳起〉"色契羨杼"及其他——從詞源學的角度考釋出土文獻》，載武漢大學簡帛研究中心主編《簡帛》（第十四輯），上海古籍出版社，2017，第 43~68、279 頁。

⑦ 陳鑣文、曲安京：《北大秦簡〈魯久次問數于陳起〉中的宇宙模型》，《文物》2017 年第 3 期；曹方向：《北大秦簡〈魯久次問數于陳起〉衡間圖淺探》，載武漢大學簡帛研究中心主編《簡帛》（第十六輯），上海古籍出版社，2018，第 119~129 頁；劉未沫：《〈魯久次問數于陳起〉中的"音律—曆法生成論"及其宇宙圖像》，《哲學動態》2020 年第 3 期。

三　研究意義、思路和方法

（一）研究意義

關於簡牘文獻的價值，業師張顯成先生指出："簡帛具有巨大的研究價值，其原因主要有二：一是簡帛具有傳世文獻不可比擬的文獻真實性；二是簡帛是一個世紀以來發現的新材料，這些材料不少都是佚亡一兩千年的珍貴資料，在很大程度上彌補了史籍記載之不足。"[①] 就秦簡算書文獻而言，我們主要談談它的文獻學價值、數學史價值和漢語史價值。

1. 文獻學價值

我們知道，我國現存秦漢時期的傳世數學文獻，只有《周髀算經》和《九章算術》。[②] 簡牘算書文獻的出現，極大豐富了秦漢數學文獻的內容，填補了數學文獻史上的很多空白。就秦簡算書而言，保留了很多不見於傳世數學文獻的內容。例如，經過我們的整理發現，《算書》和《數》都有使用湊數方法來計算有關數量的例子（如《算書》中的"里田術""方田術"），不見於傳世算書文獻，而這些秦簡算書讓我們有機會看到秦代數學中一種特殊的算法。[③]

不僅如此，秦簡算書文獻還刷新了一些數學文獻的最早記錄。例如，《算書》甲種中的《陳起》篇，據其用字特點判斷，應該是戰國時抄寫的文獻，[④]《陳起》篇是所見最早的數論文獻，討論了計

---

① 張顯成：《簡帛文獻學通論》，中華書局，2004，第 265 頁。
② 按：《周髀算經》成書年代下限爲公元前 100 年左右；《九章算術》由西漢張蒼（？～前 152）和漢宣帝時期（前 73～前 49）的耿壽昌（生卒年不詳）刪補而成。參見郭書春、劉鈍點校《算經十書》，遼寧教育出版社，1998，"本書説明"。
③ 周序林、何均洪、李文娟：《簡牘算書一種特殊計算方法解析》，《西南民族大學學報》（自然科學版）2022 年第 5 期。
④ 田煒：《談談北京大學藏秦簡〈魯久次問數于陳起〉的一些抄寫特點》，《中山大學學報》（社會科學版）2016 年第 5 期；田煒：《論秦始皇"書同文字"政策的内涵及影響——兼論判斷出土秦文獻文本年代的重要標尺》，中研院歷史語言研究所集刊第八十九本第三分，2018。

算之學的重要性、使用的普遍性以及學習竅門等内容。此外,《算書》中"里田術"算題"予"作"鼠",是秦始皇"書同文字"政策之前的用字,《算書》應該是成書於"書同文字"政策之前,早於《數》。綜上,北大秦簡算書文獻應該是目前所見我國最早的算書文獻。再如,《數》簡 82（0957）簡文"馬甲",王子今認爲可視爲最早的關於"馬甲"的文字信息。[①]

此外,還可以利用秦簡算書對傳世文獻進行校補。例如《數》簡 139（1826+1842）載有口糧分配標準,利用其中的"半食"及相關計算結果,可以對《墨子·雜守》中關於口糧標準的内容進行校補（詳見第三章"[048] 衰分類之十一"）。又如,傳世文獻對"錘"所表數量有多種説法,一説如《説文解字》作"八銖",[②] 一説如《淮南子》高誘注作"十二兩",[③] 一説如《風俗通義》作"六銖",[④] 但據《數》簡 82（0957）計算,1 錘爲 8銖（詳見第二章"[027] 諸規定類之四"）;《算書》甲種之後所附衡制換算載有"錘八朱（銖）",[⑤] 即 1 錘爲 8 銖。可見秦簡算書"錘"均作 8 銖,其數量與《説文解字》一致。

本書將這些分散在其他簡牘文獻中的算書文獻進行集成、校釋,形成一個新的、相對於現有研究而言較爲完整的秦簡算書文獻,供學界進一步研究,這本身也是一次文獻整理研究的有益嘗試。

2. 數學史價值

秦簡算書文獻真實地反映了戰國晚期至秦代中國古代數學發展的狀況,爲我們研究古代中國這一時期數學的發展提供了第一手材料,極具研究價值。例如,秦簡算書中存在以湊數爲特徵的特殊算法,這表明中國傳統數學在戰國晚期至秦代還處於發展的

① 王子今:《嶽麓書院秦簡〈數〉"馬甲"與戰騎裝具史的新認識》,《考古與文物》2015 年第 4 期。
② （漢）許慎撰,（宋）徐鉉等校定《説文解字》,上海古籍出版社,2007,第 708 頁。
③ （漢）高誘:《淮南子注》,上海書店出版社,1986,第 241 頁。
④ （漢）應劭撰,王利器校注《風俗通義校注》,中華書局,2010,第 583 頁。
⑤ 韓巍:《北大藏秦簡〈魯久次問數于陳起〉初讀》,《北京大學學報》（哲學社會科學版）2015 年第 2 期;北京大學出土文獻與古代文明研究所編《北京大學藏秦簡牘》,上海古籍出版社,2023,第 808 頁。

早期階段。[①] 再如，秦簡算書中的 "徑田術" 是一種用來計算邊長較大的矩形田塊面積的巧算法，其思路是把兩個大數量之間的乘法運算轉化爲加法運算以及兩個較小數量之間的乘法運算（詳見第一章 "[011] 徑田術"、第二章 "[011] 面積類之十一"）。還有，秦漢簡牘算書的圓周率一般取值爲 3，如《算書》"圜田" 算題載有四條求圓面積的術文，其中術一、三、四的運算都是基於圓周率取值 3，唯獨術二（周乘周，十三成【一】）與衆不同，其 "十三" 當是圓周率取值 3.25 的結果（詳見第一章 "[003] 圜田"【校釋】之 [3]），對研究圓周率的發展有重要價值。

3. 漢語史價值

秦簡算書文獻爲我們提供了豐富的戰國晚期至秦代數學用語語料，爲我們探析這些數學用語的語義提供了機會。下面僅舉兩例進行説明。

數學用語 "除" 在秦簡算書文獻中有多種含義，這裏僅舉其四種。一是表 "除法" 義。如《算書》簡 66（04-178）："除，實如法得一，不盈步者，以法命分。"（見第一章 "[005] 啓廣術"）二是表 "減" 義。例如，《數》簡 67（0884）："除巷五步餘卒（九十）五步。"（見第二章 "[015] 面積類之十五"）三是指一種幾何體。如《數》簡 193（0977）："投除之述（術）曰：半其袤，以廣、高乘之，即成尺數也。"其 "除" 表示一種楔形的幾何體（見第三章 "[079] 體積類之十七"）。四是表示 "開闢（土地）" 之義，可訓爲 "分割"。《算書》簡 93（04-094）："直（置）廣，直（置）從，除廣二百冊【步】，從即成頃畝數。"（見第一章 "[011] 徑田術"）《數》簡 63（1714）："以從二百冊步者，除廣一步。"（見第二章 "[011] 面積類之十一"）

籌算用語 "置" "投" 有兩種含義。其一，"置"（簡文中常作 "直"）與 "投" 均有 "設置算籌" 之義。《數》簡 17（1743）："置輿田數，大枲也，五之。"（見第四章 "[098] 租税類之十"）

---

① 周序林、何均洪、李文娟：《簡牘算書一種特殊計算方法解析》，《西南民族大學學報》（自然科學版）2022 年第 5 期。

其“置”表示在籌算板上設置輿田之數以備“大枲也，五之”的運算。“投”作“設置算籌”之義暫不見於秦簡算書，見於放馬灘秦簡《日書》乙種簡345：“凡人來問病者，以來時投日、辰、時數并之。”[①]其二，由於在籌算板上設置算籌是爲了計算，故“置”“投”均引申指“（用算籌）計算”。《數》簡33（0805）“投此之述（術）曰”（見第四章“[110] 租稅類之二十二”），《算書》簡89（04-099）“其投此用三章”（見第一章“[009] 方田術”），以上“投”均爲“計算”義。“直（置）”作“計算”義暫不見於秦簡算書，見於張家山漢簡《筭數書》“里田”算題簡188（H88）“直（置）提封以此爲之”，[②]簡文意爲：計算封界内土地總數用這個方法。

（二）研究思路

1. 集成簡牘算書文獻：查閱所有已刊佈的簡牘文獻，輯出其中的秦簡算書文獻和漢簡算書文獻。

2. 搜集研究資料：搜集整理國内外有關秦漢簡牘算書文獻的研究資料。

3. 建立全文檢索資料庫：將輯得的秦漢簡牘算書文獻和相關研究資料進行數字化處理，内容包括簡牘圖版、釋文、相關研究成果、相關傳世文獻。庫中的每一條記録包含以下信息：該簡牘的發現地、文獻名稱、簡牘編號、不同版本的釋文及校注，以及來自其他相關文獻的引文。

4. 釋讀簡文並進行校釋：利用全文檢索資料庫，在現有研究成果的基礎上，查看秦簡算書圖版，對簡文逐一釋讀，然後進行校釋，最後將我們的釋讀和校釋成果録入全文檢索資料庫。

5. 开展相關研究：將秦簡算書文獻置於中國數學史大背景下進行相關研究。

---

① 陳偉主編《秦簡牘合集·釋文注釋修訂本（肆）》，武漢大學出版社，2016，第127頁。
② 張家山二四七號漢墓竹簡整理小組編著《張家山漢墓竹簡 [二四七號墓]》（釋文修訂本），文物出版社，2006，第157頁。

（三）研究方法

1. 文獻搜集整理法

高質量文獻資料的基本特點之一是齊備，因此，爲了保證文獻質量，在搜集文獻時盡量做到應搜盡搜。一方面，我們查閱了所有已刊簡牘文獻，輯出其中的秦簡算書文獻，確保了輯得的秦簡算書文獻的相對完備。例如，在本書寫作的收尾階段，《嶽麓書院藏秦簡（柒）》面世，我們及時將其中屬於《數》的內容輯入《數》中，使得秦簡算書《數》的內容更加完備。另一方面，注重全面搜集和及時吸收國內外學者研究簡牘算書文獻的成果。比如，《算書》簡 90（04-081）所載"里田術"，韓巍對術文含義進行了闡釋，[①] 大川俊隆等人提出了新解，[②] 譚競男指出大川俊隆等人的理解更有道理，[③] 我們吸收了大川俊隆等人的合理意見並在此基礎上提出了新的闡釋。詳見第一章"[010] 里田術"。

此外，爲了保證文獻資料的準確性，我們認真做好秦簡算書文獻釋文的勘補工作。比如《嶽麓書院藏秦簡（貳）》所載《數》簡 1745 簡首殘缺，導致三個簡文缺失，原整理者在《嶽麓書院藏秦簡（柒）》中將殘片 C7.2-14-1 與之綴合，並將簡首缺失三字校補爲"以毇（毀）求"。我們據計算發現，原整理者所補"毇（毀）"字未安，當爲"粟"字。以上詳見第二章"[031] 穀物換算類之三"。又如，《數》簡 1841 圖版顯示，簡文"相"後面有一處墨迹，當有一字，但原整理者釋文未標識亦未校補，我們通過對簡文的分析後確定簡文是一條合分術殘文，在此基礎上據合分術的表達習慣將此殘缺字補作"從"字。以上詳見第二章"[017]分數類之二"。這樣，這兩枚簡的簡文釋讀就準確了，避免了研究成果出現偏差甚至可能得出錯誤的結論。

---

① 韓巍：《北大秦簡〈算書〉土地面積類算題初識》，載武漢大學簡帛研究中心主編《簡帛》（第八輯），上海古籍出版社，2013，第29~42頁。

② 〔日〕大川俊隆、田村誠、張替俊夫：「北京大学『算書』の里田術と径田術について」，『大阪産業大学論集・人文社会科学編』23号，2015。

③ 譚競男：《出土秦漢算術文獻若干問題研究》，武漢大學博士學位論文，2016，第66頁。

2. 跨學科研究法

要讀懂簡牘算書文獻，首先要從數學和數學史的角度進行研究。例如，《數》簡 67（0884）~68（0825）有"宇方"算題，有學者認爲，本算題本來可以用邊長 100 步除以 3，即：100 步 ÷ 3=33 $\frac{1}{3}$ 步，得到答案，但是據術文列出的算式却爲：

$$\frac{100 步 \times 95 步}{（100 步 -5 步）\times 3}=33 \frac{1}{3} 步。$$

我們從數學的角度分析後認爲，按照前一種計算方法所得的數量與按照算題術文計算方法所得數量的含義不同，前者不合題意，後者才合題意。以上詳見第二章"[015] 面積類之十五"。

此外，還要綜合運用文字學、語言學、文獻學等多學科知識對簡牘算書文獻進行解讀。比如，《數》簡 67（0884）"除巷五步餘卒（九十）五步，以三人乘之以爲法"，其中簡文"除巷五步餘卒（九十）五步"表示：100 步 -5 步 =95 步。有學者認爲"以三人乘之"的"之"指代 100 步。我們對所有古算文獻（含出土和傳世文獻）術文中的"之"進行檢索，從語言學角度觀察它的用法，概括出了古算術文中的一種語法結構：a、b 等若干個數量通過某種運算得到結果 r，其後緊跟"表示某種運算方式的動詞 + 之"。在這個結構中"之"指代的不是參與運算的 a 或 b，而是指代運算結果 r，這個 r 有時候出現在術文中，有時候不出現。如此，就明確了這裏算題的"之"指代的是運算結果 95 步，而不是參與運算的 100 步，從而保證了對這個算題的正確理解。以上詳見第二章"[015] 面積類之十五"。

3. 二重證據法

研究簡牘算書文獻離不開傳世文獻和其他出土文獻。例如，《數》簡 139（1826+1842）載有"斗食""半食""參食""駟（四）食""駄（六）食"，我們正是根據傳世文獻《墨子・雜守》中的口糧標準和睡虎地秦簡相關文獻，才確定"斗食""半食""參食""駟（四）食""駄（六）食"均是按照每餐的口糧數量來命名的口糧標準，即一餐一斗、一餐半斗、一餐三分之一斗、一餐四分之一斗、一餐六分之一斗。當然，反過來正是根據這枚《數》簡簡文"半食"，我們確定了《墨子・雜守》所載口糧標準的文字有脫文，並據"半食"和相關計算結果對脫文進行了校補。以上詳見第三章"[048] 衰分類之十一"。這個例子正好説明了二重證據法的有效性。

四　行文説明

（一）釋文符號及含義

□，表示無法補出的殘缺字，一"□"表示一字。

⋯，表示殘缺字字數無法確定者。

字（外加框），表示補出的原簡殘損不全的字。如，甲或甲乙丙丁，表示"甲"或"甲乙丙丁"原字殘損不全，據上下文或其他文獻補出。

【 】，表示補出的原簡脫文，包括補出原簡殘斷部分的字。

（ ），表示前一字爲通假字、異體字、古字等，相應的本字、正字、今字等標於（ ）內。

〈 〉，表示前一字爲訛誤字，相應的正字標於〈 〉內。

____〈 〉，下劃綫表示若干字訛誤，相應的正字標於〈 〉內。如《數》簡159（0983）"廿四〈三百八十四〉"，表示簡文"廿四"訛誤，當改作"三百八十四"。

（?），表示前一字爲釋讀不確定之字。

◻，表示簡牘殘斷處。

〔 〕（六角括號），表示補出的原簡省略文字。

〖 〗，表示補出的脫簡文字。如《數》簡63（1714）後所補脫簡文字"〖十頃〗"。

~~文~~（删除綫），表示該字爲衍文當删。如《田書》簡13（07-003）第二欄"~~十~~三畮"和《數》簡144（C4.1-4-2+0759）"百~~八而~~"，分別表示"十""八而"爲衍文，當删。

（二）原簡符號

釋文中盡量保留原簡符號，主要有：〓、∟、■、●、𠃌、·等。

（三）簡牘編號

算書類簡牘的編號，如果既有整理者的釋讀編號 x 也有揭取編號 y，則該簡的簡號作 $x(y)$；如果只有整理者的釋讀編號 x 而沒有揭取編號 y，則該簡的簡號作 x；如果沒有整理者的釋讀編號 x 而只有揭取編號 y，則該簡的簡號作 y；綴合簡的編號用加號 "+" 連接。

非算書類簡牘的編號，用整理者釋讀編號。

若簡文分欄抄寫，則在簡號後另加數字 "壹""貳""叁""肆""伍""陸" 標識欄號。

（四）校釋體例

總的校釋體例是先出原簡釋文（含句讀和校改），以 "【釋文】" 予以標識；然後對釋文進行校釋，以 "【校釋】" 予以標識；最後將釋文翻譯爲現代漢語，以 "【今譯】" 予以標識。但有一種情況不做今譯：有些算題由於各種原因（如簡牘殘損嚴重或簡文錯亂）導致簡文文意不明，不做今譯。另，有些算題自帶題名，則題名與題文之間空兩個字符予以標識。

（五）上古擬音

上古擬音參考郭錫良編著《漢字古音手册》（增訂本）。[①]

（六）不用敬稱

爲求行文簡潔，在引用學者觀點時，一般直稱學者之名而不加 "先生" 等敬稱，敬祈見諒。

---

① 郭錫良編著《漢字古音手册》（增訂本），商務印書館，2010。

第一章　北京大學藏秦簡《算書》《田書》
所見材料校釋

概　説

　　本書的"北京大學藏秦簡《算書》《田書》所見材料"是指
2023 年《北京大學藏秦簡牘》出版之前陸續發佈的有關材料。其
中,《田書》指《北京大學藏秦簡牘》中的"《田書》"與"《成
田》"。

　　2010 年初,北京大學從香港受捐了一批秦簡。朱鳳瀚、韓
巍等對其中的數學文獻進行了介紹。這批秦簡中數學類佔有很大
比重,共有竹簡四卷和"九九術"木牘一方。這些數學文獻(除
"九九術"木牘外)可分爲兩種。第一種是以卷八篇題"田書"爲
名的,含卷七和卷八。卷七的内容是田畝面積的計算,卷八的形
式與卷七相似,除田畝面積外還增加了田租的計算。第二種是整
理者命名的《算書》,含卷三以及卷四的一部分,主要内容是各種
數學計算方法和例題的彙編,與《數》《筭數書》以及傳世《九章
算術》有很多相似之處。其中卷四《算書》甲種含四個部分。第
一部分是一篇八百餘字的文章,暫名爲《魯久次問數于陳起》,第
二部分是"九九術",第三部分是"算題彙編",第四部分是衡
制换算。這批數學簡牘與《數》時代相近,是目前所見出土秦漢
數學簡牘中數量最大的一批;其内容有不少爲前所未見,不僅對
於數學史研究有重大價值,而且是重要的社會經濟史資料。此
外,朱鳳瀚等還刊佈了《算書》簡 65(04-177)、66(04-178)、
67(04-179)、1(04-142)、2(04-144)、31(04-126)、32(04-

162）的圖版，《田書》簡 20（07-020）、38（8-023）的圖版。①

　　常懷穎、王愷等據室內發掘清理情況認爲這批簡可能來自江漢平原。室內發掘清理還顯示，卷三有八十二枚簡，簡長 22.9~23.1 釐米、寬 0.5~0.7 釐米，文字寫於竹黃一面；卷四有三百零一枚簡，簡長 22.6~23.1 釐米、寬 0.5~0.7 釐米，內容雙面書寫；卷七有二十四枚簡，簡長 23.7~24 釐米、寬 0.5~0.7 釐米，文字寫於竹黃一面；卷八有四十八枚簡，簡長 27.2~27.9 釐米、寬 0.5~0.8 釐米，文字寫於竹黃一面，有背題“田書”。②

　　韓巍公佈了《算書》甲種中《魯久次問數于陳起》（簡稱“《陳起》篇”）的釋文，韓巍等公佈了《陳起》篇竹簡的圖版並進行了相關研究。韓巍、楊博公佈了部分算題。③

　　同批簡中有“質日”，經考證應屬於秦始皇三十一年（公元前 216）和三十三年（公元前 214），原整理者據字體和內容，初步判斷這批簡牘抄寫年代大約在秦始皇（公元前 246~ 公元前 210 年在位）時期。④ 田煒分析了《陳起》篇的用字情況後認爲，《陳起》篇用字體現了戰國晚期秦國抄本的特點，認爲《陳起》篇應

---

① 以上內容，參見朱鳳瀚、韓巍、陳侃理《北京大學藏秦簡牘概述》，《文物》2012 年第 6 期；韓巍《北大秦簡中的數學文獻》，《文物》2012 年第 6 期。按：起初，朱鳳瀚、楊博等將竹簡卷七、卷八統稱《田書》，後來，楊博將卷七命名爲《成田》，稱卷八作《田書》。以上參見朱鳳瀚、韓巍、陳侃理《北京大學藏秦簡牘概述》，《文物》2012 年第 6 期；楊博《北大藏秦簡〈田書〉初識》，《北京大學學報》（哲學社會科學版）2017 年第 5 期；北京大學出土文獻與古代文明研究所編《北京大學藏秦簡牘》，上海古籍出版社，2023，第 413、449 頁。爲行文方便，本書暫從前者，仍將卷七、卷八統稱作《田書》。

② 參見常懷穎、王愷、張瓊等《北京大學藏秦簡牘室內發掘清理簡報》，《文物》2012 年第 6 期；王愷《北京大學藏簡牘編繩的顯微分析》，《文物保護與考古科學》2012 年第 4 期。

③ 以上內容，參見韓巍《北大藏秦簡〈魯久次問數于陳起〉初讀》，《北京大學學報》（哲學社會科學版）2015 年第 2 期；韓巍、鄒大海《北大秦簡〈魯久次問數于陳起〉今譯、圖版和專家筆談》，《自然科學史研究》2015 年第 2 期；韓巍《北大秦簡中的數學文獻》，《文物》2012 年第 6 期；韓巍《北大秦簡〈算書〉土地面積類算題初識》，載武漢大學簡帛研究中心主編《簡帛》（第八輯），上海古籍出版社，2013，第 29~42 頁；楊博《北大藏秦簡〈田書〉初識》，《北京大學學報》（哲學社會科學版）2017 年第 5 期。

④ 朱鳳瀚、韓巍、陳侃理：《北京大學藏秦簡牘概述》，《文物》2012 年第 6 期。

該是戰國時抄寫的文獻。[①]《數》的成書下限爲秦始皇三十五年（前212）。[②] 我們傾向於認爲《算書》《田書》的成書年代可能早於《數》，因此把《算書》《田書》置於《數》之前。

本章校釋的《陳起》篇簡牘的簡號和所見算題名稱及其簡號見表1-1。[③]

表1-1 《算書》《田書》所見材料及其簡號

名稱	簡號	名稱	簡號
《陳起》篇	1（04-142） 2（04-144） 3（04-145） 4（04-141） 5（04-140） 6（04-143） 7（04-147） 12（04-136）A 8（04-148） 9（04-139） 10（04-138） 11（04-137） 12（04-136）B 13（04-149） 14（04-150） 15（04-151） 16（04-152） 17（04-135） 18（04-134） 19（04-133） 20（04-132） 21（04-146） 22（04-153） 23（04-154） 24（04-155） 25（04-156） 26（04-131） 27（04-130） 28（04-129） 29（04-128） 30（04-127） 31（04-126） 32（04-162）	里乘里	24（03-047）
圜田	28（03-016） 29（03-011） 30（03-017）	田三匧	31（03-018） 32（03-036）
啓廣術	65（04-177） 66（04-178） 67（04-179）	箕田術	79（04-181） 80（04-182）
田三匧術	81（04-183） 82（04-184）	圓田術	83（04-185） 84（04-186） 85（04-187）

① 田煒：《談談北京大學藏秦簡〈魯久次問數于陳起〉的一些抄寫特點》，《中山大學學報》（社會科學版）2016年第5期；田煒：《論秦始皇"書同文字"政策的内涵及影響——兼論判斷出土秦文獻文本年代的重要標尺》，中研院歷史語言研究所集刊第八十九本第三分，2018。

② 朱漢民、陳松長主編《嶽麓書院藏秦簡（貳）》，上海辭書出版社，2011，"前言"。

③ 按：簡號據《北京大學藏秦簡牘》"整理號"和"清理號"，按"整理號（清理號）"的格式擬定。另，經我們的整理發現，《陳起》篇簡12（04-136）簡文抄寫錯亂，我們把簡文"道頭到足，百膛（體）各有笥（司）殹（也），是故百膛（體）之痛，其瘳與死各有數∟"標識爲簡12（04-136）A，置於簡7（04-147）後，將簡文"宿。曰：大方大"標識爲簡12（04-136）B，置於簡11（04-137）後。詳見本章"[001]《陳起》篇"【校釋】之 [21]。

續表

名稱	簡號	名稱	簡號
方田術	86（04-188） 87（04-229） 88（04-100） 89（04-099）	里田術	90（04-081） 91（04-096） 92（04-095）
徑田術	93（04-094） 94（04-093） 95（04-092）	田廣	147（04-212） 148（04-213）
田一畝	151（04-216） 152（04-217）	廣從	1（07-007） 2（07-009） 7（07-006） 12（07-013） 13（07-003） 20（07-020）
稅田	2（08-007） 22（08-043） 37（08-020） 38（08-023）	/	/

[001] 《陳起》篇

【釋文】

魯久次問數于陳起[1]曰："久次讀語、計數[2]弗能竝（並）雪（徹），欲雪（徹）一物，可（何）物爲急[3]?" 陳 1（04-142）起對之曰："子爲[4]弗能竝（並）雪（徹），舍語而雪（徹）數ᵥ（數，數）可語殹（也）[5]，語不可數殹（也）[6]。"

久次曰："天 2（04-144）下之物，孰[7]不用數[8]?" 陳起對之曰："天下之物，无不用數者。夫天所蓋之大殹（也），地所 3（04-145）生之衆殹（也），歲四時之至殹（也），日月相代殹（也），星辰之生（往）[9]與來殹（也），五音六律生殹（也）[10]，畢 4（04-141）用數。子其近計之[11]：一日之役必先暂（知）[12]食數[13]，一日之行必先暂（知）里數[14]，一日之 5（04-140）田[15]必先暂（知）畝數[16]，此皆數之始殹（也）[17]。今夫疾之發於[18]百體（體）之軒（屬）[19]殹（也），自足、胕、腂（踝）、剶（膝）、6（04-143）股、脾（髀）、肾（尻）、族〈旅（膂）〉、脊、脅、肩、膺（膺）、手、臂、肘、臑、耳、目、鼻、口、頸、項[20]7（04-147），道頭到足，百體（體）

各有筍（司）殹（也），是故百膣（體）之痛，其瘳與死各有數
乚^[21]，_{12（04-136）A} 苟智（知）其疾發之 _{7（04-147）} 日，蚤（早）莫
（暮）之時，其瘳與死畢有數，所以有數，故可殹（醫）^[22]。曰：
地方三重，天 _{8（04-148）} 員（圓）三重，故曰三方三員（圓）^[23]，規
椐（矩）^[24]水繩、五音六律六簡（聞）^[25]皆存。始者（諸）^[26]
黃帝、_{9（04-139）} 耑（顓）玉（頊）^[27]、嗀（堯）、舜之智（智），循
繇（絲）、禹、睪（皋）匋（陶）、羿、箒〈箑（倕）〉^[28]之巧，
以作命天下之灋，以立 _{10（04-138）} 鐘之副＝（副，副）黃鐘以爲十二
律，以印久（灸）^[29]天下爲十二時，命曰十二字，生五音、十
日、廿八日 _{11（04-137）} 宿^[30]。曰：大方大 _{12（04-136）B} 員（圓），命曰
嬰（單）薄之參；中方中員（圓），命曰日之七；小方小圓，命
曰播之五^[31]。故曰黃 _{13（04-149）} 鐘之副，嬰（單）薄之參，日之七，
播之五，命爲四卦，以卜天下。"^[32]

"久次敢問：臨官 _{14（04-150）} 立（莅）政，立㡭（度）^[33]興吏
（事）^[34]，可（何）數爲急？"陳起對之曰："夫臨官立（莅）政，
立㡭（度）興吏（事），_{15（04-151）} 數无不急者。不循瞀（昏）墨
（黑）^[35]，杲（澡）漱絜（潔）齒，治官府，非數无以智（知）
之。和均 _{16（04-152）} 五官，米粟黍桼（漆），升料（料）斗甬（桶）
^[36]，非數无以命之。具爲甲兵筋革，折筋、靡（磨）^[37]矢、栝
（栝）^[38] _{17（04-135）} 栔^[39]，非數无以成之。段（鍛）鐵鏐（鑄）金，
和赤白，爲桑（柔）剛，殸（磬）鐘竽瑟，六律五音，_{18（04-134）} 非數
无以和之。錦繡文章，卒^[40]爲七等，藍（藍）莖葉英，別爲五采
（彩），非數无以 _{19（04-133）} 別之乚。外之城攻（功），斬離（籬）鑿豪
（壕）^[41]，材之方員（圓）^[42]細大、溥（薄）厚曼^[43]夾（狹），色
契義柕（除）^[44]，斯 _{20（04-132）} 鑿栢（斧）^[45]鋸、水繩規椐（矩）之
所折斷，非數无以折之。高閣臺謝（榭），戈（弋）^[46]邀（獵）₂₁
_{（04-146）}置堅（防）御（禦）^[47]，度池旱（岸）^[48]曲^[49]，非數无以
置之。和攻（功）度吏（事），見（視）土剛桑（柔）^[50]，黑白 ₂₂
_{（04-153）}黃赤，萊屬（萊）、津如（泒）、立（粒）石之地^[51]，各有
所宜，非數无以智（知）之。今夫數之所 _{23（04-154）} 利，賦吏（事）
見（視）攻（功），程殿冣（最），取其中以爲民義（儀）^[52]。凡古

爲數者，何其智（知）之發 24（04-155）也？數與厇（度）交相劈（徹）也 [53]。民而不智（知）厇（度）數，辟（譬）猶天之毋日月也。天若毋 25（04-156）日月，毋以智（知）明晦 [54]。26（04-131）民若不智（知）度數，无以智（知）百吏（事）經紀。故夫數者必頒而改 [55]，數而不頒，27（04-130）毋以智（知）百吏（事）之患。故夫學者必前其難而後其易，其智（知）乃益 [56]。故曰：命而 28（04-129）毀之，甾（錙）而垂（錘）之，半而倍之，以物起之 [57]。凡夫數者，恒人 [58] 之行也，而民 [59] 弗 29（04-128）智（知），甚可病也。審祭（察）而鼠（予）[60] 之，未智（知）其當也；亂惑而奪之，未智（知）其亡也。30（04-127）故夫古聖者書竹白（帛）以教後枼（世）[61] 子紃（孫），學者必慎毋忘數。凡數之保（寶）[62] 莫急 31（04-126）酈（隸）＝首＝[63]（隸首，隸首）者筭之始也，少廣者筭之市也，所求者毋不有也 [64]。"32（04-162）

【校釋】

[1] 朱鳳瀚等公佈了篇首二枚簡和篇末二枚簡的彩色圖版。[①] 韓巍據開篇文字把本篇命名爲《魯久次問數于陳起》並簡稱作"《陳起》篇"，認爲"魯久次""陳起"都是人名；本篇採取"魯久次"提問、"陳起"回答的形式，看起來似乎"陳起"爲師，"魯久次"爲徒，類似這種師徒問對的文體，在戰國諸子當中極爲流行；《周髀算經》有"榮方"和"陳子"的問對，但不能確定彼"陳子"與此"陳起"爲同一人。[②] 郭書春認爲："陳子著重於論述數學的特點和學習數學的方法，而陳起側重於數學在人類知識結構中的地位。其次，盡管兩人都談到數學的作用，但是他們的話沒有一句是相同的。因此，除了都姓'陳'之外，目前還沒有任何二陳可能是同一人的證據。當時陳姓已是大姓，自然不能由都姓陳貿然斷定爲同一人。"[③]

① 朱鳳瀚、韓巍、陳侃理：《北京大學藏秦簡牘概述》，《文物》2012 年第 6 期。
② 韓巍：《北大藏秦簡〈魯久次問數于陳起〉初讀》，《北京大學學報》（哲學社會科學版）2015 年第 2 期。
③ 郭書春：《〈陳起〉篇筆談》，見韓巍、鄒大海《北大秦簡〈魯久次問數于陳起〉今譯、圖版和專家筆談》，《自然科學史研究》2015 年第 2 期。

[2] 韓巍認爲“讀語”之“語”指戰國時期一類古書的總稱，含諸子百家的言論著作；“計數”即算數之學；此處將“語”和“數”並列爲常人必須掌握的兩門基礎知識，有點類似今天的“文理分科”。① 郭世榮認爲：“秦漢以前，‘數’比今天所謂的‘數學’範圍廣的多，實際上包括整個數理科學的内容。數、曆、律、度、易、卜，雖條分縷析，但其本則均屬於‘數’體系中，它們構成了中國古代‘數學’這個整體，而統一於‘數學’哲學。約從漢代開始，‘數’學的内容才被更細化，形成多種學科。盡管如此，到三國初，劉徽仍然認爲數的範圍相當廣泛。”② 羅見今認爲：“陳起篇確實是將計數當做一種堪足與讀語相對應的、能够代表古代數學的名詞，概括爲‘計數即算數之學’甚當，即一種學科名詞。”羅見今將《陳起》篇出現的“用數”“有數”“非數無以”“度數”“度事”“立度”等概括爲“用數論”“有數論”“唯數論”“度數論”，結合起來就是陳起的“計數論”。③

關於“讀語”之“語”的含義，我們認爲上引韓巍的意見可從。“語”有“話語”義，從“話語”義可引申出“書面語言”“著作”義。《漢語大詞典》“語”字下有“字、文句”義項，只可惜書證較晚，是南朝宋的。現出土文獻的“字、文句”義引申義的出現，正可説明“字、文句”義當産生很早，絕不是晚至南朝。

關於“計數”的含義，我們認爲“計數”就是計算，可指計算之學。計，計算。《説文·言部》：“計，筭也。”段玉裁注：“筭，當作算，數也。”④《左傳·昭公三十二年》：“己丑，士彌牟營成周，計丈數，揣高卑。”⑤ 數，數目。《禮記·王制》：“度、量、

① 韓巍：《北大藏秦簡〈魯久次問數于陳起〉初讀》，《北京大學學報》（哲學社會科學版）2015 年第 2 期。
② 郭世榮：《〈陳起〉篇的四個問題》，見韓巍、鄒大海《北大秦簡〈魯久次問數于陳起〉今譯、圖版和專家筆談》，《自然科學史研究》2015 年第 2 期。
③ 羅見今：《〈陳起〉篇“計數”初探》，見韓巍、鄒大海《北大秦簡〈魯久次問數于陳起〉今譯、圖版和專家筆談》，《自然科學史研究》2015 年第 2 期。
④ （清）段玉裁：《説文解字注》，浙江古籍出版社，2006，第 93 頁。
⑤ （唐）孔穎達：《春秋左傳正義》，（清）阮元校刻《十三經注疏》，中華書局，1980，第 2128 頁。

數、制。"鄭玄注："數，百、十也。"①"數"可與"計"同，表計算。《周禮·地官·廩人》："以歲之上下數邦用，以知足否，以詔穀用，以治年之凶豐。"鄭玄注："數，猶計也。"②"數"在本篇共三十五見。其中第二問答中的"食數""里數""畝數"之"數"表數目，三例"有數"表示通過計算算得結果，其他二十九例"數"均表計算（之學）。

[3] 急，居前。《吕氏春秋·情欲》："矜勢好智，胸中欺詐，德義之緩，邪利之急。"高誘注："緩，猶後；急，猶先。"③"急"在本篇共四見，其中，"可（何）物爲急""可（何）數爲急""數无不急者"，其"急"均表"優先"之義，"凡數之保（寶）莫急鄜（隷）首"之"急"表"居前"之義。

[4] 爲，表示假設關係，相當於"如""若"。王引之《經傳釋詞》卷二："家大人曰：'爲，猶如也，假設之詞也。'"王引之又引《國語·晉語》"爲此行也，荆敗我，諸侯必叛之"並注曰："爲，猶'如'也。言如此行也，而荆敗我，則諸侯必叛之也。"④

[5] 關於本篇的抄寫特點，田煒認爲："根據《史記·秦始皇本紀》和里耶秦簡'同文字方'的記載，可知該篇用'者'字表示{諸}，用'吏'字表示{事}，用'鼠'字表示{予}，用'民'而不用'黔首'，體現了戰國晚期秦國抄本的特點；該篇'坓'、'單'、'弋'、'見'等字的寫法都保留了戰國古文的字形特點，'料'字則是楚文字'灿'字的誤抄。該篇底本是用戰國楚文字抄寫的，文中出現'也'、'殹'並用的現象。"⑤其中，語氣詞"殹"共十一見，"也"共十見。上引田煒認爲："用'殹'爲語氣詞是秦文獻的特徵，而用'也'爲語氣詞則並見於秦文獻和六國

① （唐）孔穎達：《禮記正義》，（清）阮元校刻《十三經注疏》，中華書局，1980，第1348頁。
② （唐）賈公彦：《周禮注疏》，（清）阮元校刻《十三經注疏》，中華書局，1980，第749頁。
③ 許維遹撰，梁運華整理《吕氏春秋集釋》（上），中華書局，2009，第44頁。
④ （清）王引之：《經傳釋詞》，嶽麓書社，1982，第44頁。
⑤ 田煒：《談談北京大學藏秦簡〈魯久次問數于陳起〉的一些抄寫特點》，《中山大學學報》（社會科學版）2016年第5期。按：引文中的括號{}表示某個詞可以用某個字表示。

文獻。""《魯》篇的底本用'也'，抄寫者一開始按照秦文獻的規範把'也'轉寫爲'殹'，後來則直接按底本寫成'也'。抄手這樣做的原因可能是因爲'也'字書寫更爲便捷，但這裏有一個重要前提：'殹'和'也'是通用無别的。"[①]

[6] 韓巍認爲："'數可語也，語不可數也'，似乎是説'數'可以涵蓋'語'，'語'却不能代替'數'。陳起認爲'數'高於'語'，在二者不可兼得的情況下，應該捨棄'語'、先通'數'，顯然是站在'數學家'的立場説話。這種'重理輕文'的傾向在戰國諸子中極爲罕見。"[②]郭書春認爲："中國古代歷來重文輕理，數學只是經學的附庸。陳起關於對語和數如果不能'並徹'，便應該'舍語而徹數'的思想，在中國古代絶無僅有。"[③]郭世榮認爲，"數"與"語"是兩個完全不同的領域，無疑陳起認爲二者是關聯的，但是這種關聯並不是"數"涵蓋"語"，"數可語也，語不可數也"意爲"數"是可以用語言表達的，而"語"是不能"計數"的，亦即"語"是普遍的、一般的，而"數"是專業的、特殊的。[④]羅見今認爲"數可語也，語不可數也"可從多角度理解："從外延上看，數可涵蓋語，語不能包括數；從功能上看，數可解釋語，語不能解釋數；從效用上看，數可代替語，語不能代替數；數可滲透語，語不能滲透數……該文顯然有抑語揚數的傾向，爲强調數，把語作爲陪襯。"[⑤]紀志剛認爲，"數可語也，語不可數也"一句或有省文，應理解爲"（徹）數可（徹）語，（徹）語不可（徹）數"，否則會認爲"數"和"語"之間有著涵蓋關係。"讀語"和"計數"的側重點有所不同，"數可語也，語不可數也"

① 田煒:《談談北京大學藏秦簡〈魯久次問數于陳起〉的一些抄寫特點》，《中山大學學報》（社會科學版）2016 年第 5 期。

② 韓巍:《北大藏秦簡〈魯久次問數于陳起〉初讀》，《北京大學學報》（哲學社會科學版）2015 年第 2 期。

③ 郭書春:《〈陳起〉篇筆談》，見韓巍、鄒大海《北大秦簡〈魯久次問數于陳起〉今譯、圖版和專家筆談》，《自然科學史研究》2015 年第 2 期。

④ 郭世榮:《〈陳起〉篇的四個問題》，見韓巍、鄒大海《北大秦簡〈魯久次問數于陳起〉今譯、圖版和專家筆談》，《自然科學史研究》2015 年第 2 期。

⑤ 羅見今:《〈陳起〉篇 "計數" 初探》，見韓巍、鄒大海《北大秦簡〈魯久次問數于陳起〉今譯、圖版和專家筆談》，《自然科學史研究》2015 年第 2 期。

並不是表示"數"和"語"之間有著涵蓋關係；"語"和"數"是兩種知識形態，不能互相取代；先"徹語"還是先"徹數"，則是一種學習方略，可以有所側重；"徹數"是爲了"徹語"，先"徹數"是爲了更好地"徹語"，最終達到"語""數"並徹。①

我們贊同紀志剛的觀點。分析這段對話發現，魯久次本想讀語與計算兼通却做不到，因此提出想先通其一，哪一個應該優先。所以，陳起是在"先通其一，孰優先"的語境下作答，陳起的建議是"舍語而劈（徹）數"，暫時捨棄讀語而先學會計算，即先學會計算然後學習讀語，理由是"（徹）數可（徹）語，（徹）語不可（徹）數"，先通曉了計算就能够更好地學習讀語，而先通曉讀語却不能更好地學習計算。然後就可以做到讀語與計算兼通。

[7] 孰，多用於選擇問句，"孰"作爲分句的主語，前面一般有表示選擇範圍的先行詞，相當於"哪一個"。

[8] 在第二問答中，有三例"用數"，均表"需要計算"之意。

[9] 有學者認爲，"生"應是"坒（往）"的訛字。②田煒建議"生"直接釋讀爲"坒"。③我們認爲，簡文"生"即"坒"字，而"徖"是"往"的異體字。《説文·彳部》："往，从彳，坒聲。"④其聲符"坒"可寫作"生"，如睡虎地秦墓竹簡《日書》乙種簡 150 有"徖"（徖），⑤又如《筭數書》簡 126（H158）作"徖"（徖）。⑥因此，簡文"生"當作"徖"，校改爲"往"。

[10] 劉未沫認爲，陳起的回答提供了宇宙生成的要素及其排序：天、地、歲、四時、日、月、星辰和五音六律，其排序符合

① 紀志剛：《〈陳起〉篇的意義分析》，見韓巍、鄒大海《北大秦簡〈魯久次問數于陳起〉今譯、圖版和專家筆談》，《自然科學史研究》2015 年第 2 期。
② 韓巍：《北大藏秦簡〈魯久次問數于陳起〉初讀》，《北京大學學報》（哲學社會科學版）2015 年第 2 期；韓巍、鄒大海：《北大秦簡〈魯久次問數于陳起〉今譯、圖版和專家筆談》，《自然科學史研究》2015 年第 2 期。
③ 田煒：《談談北京大學藏秦簡〈魯久次問數于陳起〉的一些抄寫特點》，《中山大學學報》（社會科學版）2016 年第 5 期。
④ （漢）許慎撰，（宋）徐鉉等校定《説文解字》，上海古籍出版社，2007，第 85 頁。
⑤ 陳偉主編《秦簡牘合集（壹）》，武漢大學出版社，2014，第 1301 頁。
⑥ 張家山二四七號漢墓竹簡整理小組編著《張家山漢墓竹簡 [二四七號墓]》，文物出版社，2001，第 93 頁。

早期中國歲曆文化討論宇宙生成的邏輯順序：首先是分出天和地（由"一"生"二"）；"歲"緊跟其後，因爲"歲"的周期是我們對天地運行方式的理解或總結；而"四時"作爲"歲"之標識，在"歲"之後；兩者在"日月"之前，是因爲雖然天文上是日月之運行形成了四季，但從有目的導向的生成理論上講，"歲"和"四時"是下一階段的"日月"（也包括其他星辰）之運行的基本框架。"歲"是其他曆法周期能够被納入的體系，其下可以包括的子項目有四時、日、月、星辰和"二分""二至"等，它們都是對一歲的劃分。陳起在曆法生成論中加入了"五音六律"的要素，因此我們可以將他所叙述的進程以數位標記，記作：1 數—2 天地—歲（4 四時—日月、星辰）—5/6 五音六律—天下之物。①

[11] 其，副詞，表祈使語氣。《左傳·隱公三年》："吾子其無廢先君之功！"②"近計之"指從身邊的事物開始計算。

[12] 暜，有學者釋作"智"，改作"知"。③暜，是"𥅴"的異體，後寫作"智"，"知"是"智"的初文。《説文·白部》"𥅴"下段玉裁注："此與矢部'知'音義皆同，故二字多通用。"④徐灝箋："'知''𥅴'本一字，'𥅴'隸省作'智'……古書多以'知'爲'智'，又或以'智'爲'知'。"⑤

[13]《數》簡 139（1826+1842）~140（0898）載以下算題："一人斗食，一人半食，一人參食，一人駟（四）食，一人駃（六）食，凡五人。有米一石，欲以食數分之。問：各得幾可（何)？曰：斗食者得四斗四升九分升四⌐，半食者得一〈二〉斗二升九分升二⌐，參食者一斗四升廿七分升廿二，駟（四）食

---

① 劉未沫：《〈魯久次問數于陳起〉中的"音律—曆法生成論"及其宇宙圖像》，《哲學動態》2020 年第 3 期。

② （唐）孔穎達：《春秋左傳正義》，（清）阮元校刻《十三經注疏》，中華書局，1980，第 1723 頁。

③ 韓巍：《北大藏秦簡〈魯久次問數于陳起〉初讀》，《北京大學學報》（哲學社會科學版）2015 年第 2 期；韓巍、鄒大海：《北大秦簡〈魯久次問數于陳起〉今譯、圖版和專家筆談》，《自然科學史研究》2015 年第 2 期。

④ （清）段玉裁：《説文解字注》，浙江古籍出版社，2006，第 137 頁。

⑤ （清）徐灝：《説文解字注箋》，《續修四庫全書》，上海古籍出版社，2002，第 225 冊第 392 頁。

者一斗一升九分升一⌐，駃（六）食者七升〖廿七分升十一。〗"
（見第三章"[048] 衰分類之十一"）簡文顯示，此五人的口糧標準不同，每餐分別是一斗、二分之一斗、三分之一斗、四分之一斗、六分之一斗。根據《墨子·雜守》"日再食"，[①] 即每人每天進兩餐，但是這兩餐的口糧標準又可能不同，如睡虎地秦簡《倉律》簡 55 和簡 59 有"旦半夕參"，[②] 指每日兩餐中的一種情形：早餐半食，晚餐參食。顯然，簡文"一日之役必先暜（知）食數"需要計算的，可能包括如上引算題根據每人每餐的口糧標準計算如何分配食物，可能還包括根據每人每餐的口糧標準計算出每人每天的食物總量，以及在此基礎上根據參加勞役人數計算出每天所需食物總量。

[14]《九章算術》"盈不足"章第 19 題："今有良馬與駑馬發長安，至齊。齊去長安三千里。良馬初日行一百九十三里，日增一十三里，駑馬初日行九十七里，日減半里。良馬先至齊，復還迎駑馬。問：幾何日相逢及各行幾何？答曰：一十五日一百九十一分日之一百三十五而相逢；良馬行四千五百三十四里一百九十一分里之四十六，駑馬行一千四百六十五里一百九十一分里之一百四十五。術曰：……求良馬行者：十四乘益疾里數而半之，加良馬初日之行里數，〔以乘十五日，得良馬十五日之凡行。又以十五日乘益疾里數，加良馬初日之行〕，以乘日分子，如日分母而一。所得，〔加〕前良馬凡行里數，即得。其不盡而命分。求駑馬行者：以十四乘半里，又半之，以減駑馬初日之行里數，以乘十五日，〔得駑馬十五日〕之凡行。又以十五日乘半里，以減駑馬初日之行，餘，以乘日分子，如日分母而一。所得，加前里，即駑馬定行里數。其奇半里者，爲半法，以半法增殘分，即得。其不盡者而命分。"[③] 算題給出了良馬、駑馬所行里數及其計算方法。此可謂"一日之行必先暜（知）里數"的例證。

---

① （清）孫詒讓：《墨子閒詁》，《續修四庫全書》，上海古籍出版社，2002，第 1121 冊第 220 頁。

② 陳偉主編《秦簡牘合集（壹）》，武漢大學出版社，2014，第 85 頁。

③ 郭書春：《〈九章算術〉新校》，中國科學技術出版社，2014，第 297 頁。

[15] 田，耕種田地。《詩經·小雅·信南山》："畇畇原隰，曾孫田之。"[1]《漢書·高帝紀》："故秦苑囿園池，令民得田之。"顏師古注："田，謂耕作也。"[2]

[16]《九章算術》"均輸"章第 25 題："今有程耕，一人一日發七畝，一人一日耕三畝，一人一日耰種五畝。今令一人一日自發、耕、耰種之，問：治田幾何？答曰：一畝一百一十四步七十一分步之六十六。術曰：置發、耕、耰畝數。令互乘人數，并，以爲法。畝數相乘爲實。實如法得一畝。"[3] 算題給出了一人在既開墾、耕地又播種的情況下每天能夠整治的田地數量及其計算方法。此可謂"一日之田必先晉（知）畝數"的例證。

[17] 簡文"此皆數之始殹（也）"意即"計算都是從這些身邊之事開始的"。

[18] 於，在本篇篇首簡 1（04-142）"魯久次問數于陳起"中作"于"。

[19] 尌，通"屬"。"尌"古音禪母、侯部，"屬"古音禪母、屋部，二字古音聲母相同，音近，故可通。屬，類別、種類。《莊子·人間世》："夫柤梨橘柚果蓏之屬，實熟則剝。"[4] 韓巍認爲："此處是將人身'百體（體）'的結構比喻爲一棵大樹。"[5]"屬"引申作"分屬"義。[6] 段玉裁將身體分爲四個部位（首、身、手、足），各個部位之下有三個分屬，共計十二分屬。《説文·骨部》："體，總十二屬也。"段玉裁注："十二屬許未詳言，今以人體及許書覈之。首之屬有三，曰頂，曰面，曰頤。身之屬三，曰肩，曰脊，曰尻。手之屬三，曰厷，曰臂，曰手。足之屬三，曰股，曰脛，曰足。合説文全書求之，以十二者統之，皆此十二者

[1] （唐）孔穎達：《毛詩正義》，（清）阮元校刻《十三經注疏》，中華書局，1980，第470頁。
[2] （漢）班固撰，（唐）顏師古注《漢書》，中華書局，1964，第33頁。
[3] 郭書春：《〈九章算術〉新校》，中國科學技術出版社，2014，第239頁。
[4] （唐）成玄英：《莊子注疏》，中華書局，2011，第93～94頁。
[5] 韓巍：《北大藏秦簡〈魯久次問數于陳起〉初讀》，《北京大學學報》（哲學社會科學版）2015年第2期。
[6] 參見馬永萍、周序林、龍丹《北大秦簡〈算書〉甲種注釋勘補一則》，簡帛網2024年3月14日。

所分屬也。"①對比發現，《陳起》篇不是如段玉裁先將身體分爲若干部位後列舉各個部位的分屬，而是直接列舉二十二個分屬。又，《說文·彳部》："彳，小步也。象人脛三屬相連也。"段玉裁注："三屬者，上爲股，中爲脛，下爲足也。單舉脛者，舉中以該上下也。"②這裏的"三屬"是"足"這個身體部位的三個分屬"股""脛""足"。簡文"百膿（體）之尌（屬）"是指"身體各部位的分屬"。

[20] 韓巍認爲："'胕'，指脛骨上部。'脾'同'髀'，大腿。'臀'從'敖'聲（疑母宵部），讀爲'尻'（溪母幽部），即臀部。'族'當爲'旅'之訛，讀爲'膂'，指脊骨。"③如此，則陳起所舉分屬共計二十二個，依次爲足、胕、踝、膝、股、髀、尻、膂、脊、脅、肩、膺、手、臂、肘、臑、耳、目、鼻、口、頸、項。對此，劉未沫認爲："陳起在列舉患病部位時，從頭到足身體之部位正好是 22 處，這或許不是偶然，因爲二十二正是地支與天干之和。""或許陳起在列舉身體部位時，也是配合假想宇宙圖像來安排的。"④

[21] 韓巍將"道"校改作"導"。⑤未安。"道"，介詞，義爲"從，由"。《筭數書》"負炭"算題簡 126（H158）"今欲道官往之"。⑥更多用例，詳見徐學炳文章。⑦"痛"，即"癰"字，腫瘍。《說文·疒部》："癰，腫也。"⑧《釋名·釋病》："癰，雍也。"⑨故"癰"可作"痛"。《莊子·列禦寇》："秦王有病召醫，

① （清）段玉裁：《說文解字注》，浙江古籍出版社，2006，第 166 頁。
② （清）段玉裁：《說文解字注》，浙江古籍出版社，2006，第 76 頁。
③ 韓巍：《北大藏秦簡〈魯久次問數于陳起〉初讀》，《北京大學學報》（哲學社會科學版）2015 年第 2 期。
④ 劉未沫：《〈魯久次問數于陳起〉中的"音律—曆法生成論"及其宇宙圖像》，《哲學動態》2020 年第 3 期。
⑤ 韓巍：《北大藏秦簡〈魯久次問數于陳起〉初讀》，《北京大學學報》（哲學社會科學版）2015 年第 2 期。
⑥ 張家山二四七號漢墓竹簡整理小組編著《張家山漢墓竹簡 [二四七號墓]》，文物出版社，2001，第 93 頁。
⑦ 徐學炳：《北大秦簡〈魯久次問數于陳起〉補釋》，簡帛網 2015 年 4 月 21 日。
⑧ （漢）許慎撰，（宋）徐鉉等校定《說文解字》，上海古籍出版社，2007，第 366 頁。
⑨ （漢）劉熙：《釋名》，中華書局，1985，第 129 頁。

破癰潰痤者，得車一乘。"①在本篇中引申泛指疾病。《漢語大字典》："痈，'癰'的簡化字。"但缺書證，簡文"百膭（體）之痈"可補此闕。

簡 12（04-136）A 簡文"道頭到足百膭各有筭殹是故百膭之痈其瘳與死各有數∟"當屬於簡 7（04-147）簡文"項"與"苟"之間。首先，陳起在本段簡文中對魯久次提出的第二個問題的回答，包括三個方面：一是身邊之事需要計算；二是身體疾病能否治愈需要計算；三是天文曆法需要計算。而本句簡文屬於第二個方面，即"身體疾病能否治愈需要計算"。其次，從銜接上看，陳起所列二十二個身體部位，從"足"起到"項"止，與簡 12（04-136）A 簡文"道頭到足"銜接完好。最後，從文意上看，無論是第二方面"身體疾病"還是第三方面"天文曆法"，調整後的簡文文意都更加順暢。

[22] 彭浩通過討論"數"與疾病判斷的問題後認爲："利用數術（占卜）對疾病作出判斷的依據是通過計算得出的。"②程少軒在對放馬灘秦簡《日書》乙種部分材料進行分析的過程中，展示了這種計算是如何進行的。③如放馬灘秦簡《日書》乙種簡 355、343 載有"占病者"，我們對原釋文校改並句讀如下："占病者，以其來問時直（置）日、辰、時，因而三之，即直（置）六，結四百五，而以所三□□除焉，令不足除殹（也），乃□□者曰□易。如其餘□，以九者首殹（也），八者肩、肘殹（也），七、六者匈（胸）、腹、腸殹（也），五者股、胕殹（也），四者膝、足殹（也）。此所以智（知）病疪之所殹（也）。"④因爲部分簡文殘缺，不能看出完整的計算方法和計算過程，但是以下幾點是明確的。首先在籌算板上設置

---

① （唐）成玄英：《莊子注疏》，中華書局，2011，第 552 頁。
② 彭浩：《"數"與疾病判斷》，見韓巍、鄒大海《北大秦簡〈魯久次問數于陳起〉今譯、圖版和專家筆談》，《自然科學史研究》2015 年第 2 期。
③ 程少軒：《放馬灘秦簡式占古佚書研究》，復旦大學博士學位論文，2011；程少軒：《也談"隸首"爲"九九乘法表"專名》，載中國文化遺產研究院編《出土文獻研究》（第十五輯），中西書局，2016，第 119~126 頁。
④ 原釋文見陳偉主編《秦簡牘合集·釋文注釋修訂本（肆）》，武漢大學出版社，2016，第 129 頁。

問病者來問病時的日、辰、時所對應的日數、辰數、時數，即"以其來問時直（置）日、辰、時"，然後乘以 3（因而三之），接著設置 6，即"即直（置）六"……根據算得的結果可知疾病在身體的哪個部位，即"此所以智（知）病疕之所殹（也）"：9 在首，8 在肩、肘，7、6 在胸、腹、腸，5 在股、胕，4 在膝、足，即"以九者首殹（也），八者肩、肘殹（也），七、六者匈（胸）、腹、腸殹（也），五者股、胕殹（也），四者膝、足殹（也）"。

再如放馬灘秦簡《日書》乙種簡 345、348："·凡人來問病者，以來時投日、辰、時數并之。上多下曰病已，上下【等】曰陲（垂）已，下多上一曰未已而幾已，下多上二曰未已，下多三曰日尚久，多四、五、六曰久未智（知）已時……"[1] 計算方法是：按照問病者來時的日、辰、時把對應的日數、辰數、時數設置在籌算板上，即"以來時投日、辰、時數"，把它們相加，即"并之"，然後根據計算結果來判斷病情，即"上多下曰病已，上下【等】曰陲（垂）已，下多上一曰未已而幾已，下多上二曰未已，下多三曰日尚久，多四、五、六曰久未智（知）已時……"。

可見，簡文"其瘳與死畢有數，所以有數，故可殹（醫）"意爲：疾病能否治愈都是可以通過計算得知的，正因爲可以由計算得知，所以才能够進行治療。"有數"指通過計算得出結果。

[23]"地方三重，天員（圓）三重"，是指一種宇宙模型。陳鑣文等對此模型進行了重構（圖 1-1）。[2] 但是據陳起對此模型中的"方"與"圓"的描述順序、早期文獻記載以及考古發現，我們認爲，陳鑣文等所構模型與陳起模型中的"方"與"圓"的順序正好相反（圖 1-2）。[3]

[1] 陳偉主編《秦簡牘合集·釋文注釋修訂本（肆）》，武漢大學出版社，2016，第 127 頁。按：原釋文"以來時投日、辰、時數并之"當於"數"與"并"之間斷讀而作"以來時投日、辰、時數，并之"。

[2] 陳鑣文、曲安京：《北大秦簡〈魯久次問數于陳起〉中的宇宙模型》，《文物》2017 年第 3 期。

[3] 詳見周序林、馬永萍、朱金平等《北大秦簡〈算書〉甲種"三方三圓"宇宙模型新探》，《西南民族大學學報》（自然科學版）2023 年第 5 期。

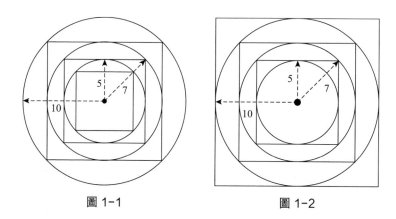

圖 1-1 　　　　　　　圖 1-2

[24]"椐"即"矩"字,二字古音均屬見母、魚部,同音假借。

[25]據韓巍,"水"即水準,用以取平;"繩"即垂繩,用以取直。它們和"規""矩"都是工匠常用的工具。"六簡"之"簡"應讀爲"閒","六閒"即十二律中的"六吕"(大吕、夾鐘、仲吕、林鐘、南吕、應鐘),因其位於"六律"之間,故曰"六閒"。[1]

徐學炳、王寧等認爲"水繩"當改讀爲"準繩"。[2]對此,曹方向認爲韓巍的意見是正確的,"水"作準器,"繩"作懸器,"水""繩"爲實物,"準""衡"爲功能;同理,"規""矩"分別用來畫方、圓,"規""矩"是實物工具,畫方、圓則是功能。竹書以"規、矩、水、繩"並列,是從實物層面説。[3]我們贊同曹方向的意見。

曹方向認爲"六簡"似乎和七衡有關,可能就是指衡間圖的"六間"。[4]此説是基於"陳起"篇的宇宙模型爲"七衡圖","七

---

[1] 韓巍:《北大藏秦簡〈魯久次問數于陳起〉初讀》,《北京大學學報》(哲學社會科學版)2015年第2期。

[2] 徐學炳:《北大秦簡〈魯久次問數于陳起〉補釋》,簡帛網 2015年4月21日;王寧:《讀〈殷高宗問於三壽〉散札》,復旦大學出土文獻與古文字研究中心網站 2015年5月17日(http://www.gwz.fudan.edu.cn/Web/Show/2525)。

[3] 曹方向:《北大秦簡〈魯久次問數于陳起〉衡間圖淺探》,載武漢大學簡帛研究中心主編《簡帛》(第十六輯),上海古籍出版社,2018,第119~129頁。

[4] 曹方向:《北大秦簡〈魯久次問數于陳起〉衡間圖淺探》,載武漢大學簡帛研究中心主編《簡帛》(第十六輯),上海古籍出版社,2018,第119~129頁。

衡”之間有“六間”。但是“陳起”篇的宇宙模型爲“三方”“三圓”嵌套而成，因此這個宇宙模型中可能不存在所謂“七衡圖”中的“六間”。

[26] 者，即“諸”字。陳侃理把里耶秦簡 8-461 第 X 行簡文釋作“者如故，更諸”，[①]意即秦統一前“者”既表“者”又表“諸”，統一後“者”還用“者”來表示，而“諸”不再用“者”表示，而用“諸”來表示。簡文“者（諸）”義爲“於”。[②]周波認爲：“戰國秦文字多用‘者’表示‘諸’。”[③]田煒指出，用“者”字表示“諸”正是戰國秦文獻的用字習慣。[④]

[27] 端，讀爲“顓”，二字同爲“耑”聲，故相通。[⑤]玉，今音 yù，簡文字形作“王”，與《説文解字》作“玉”同形，《説文·玉部》釋曰：“石之美。”[⑥]楚、秦、漢簡帛中“玉”多作“玊”，如“玊”（天星觀楚簡）、“玊”（睡虎地秦簡）、“玊”（張家山漢簡）、“玊”（馬王堆漢墓帛書）、“玊”（孔家坡漢簡）、“玊”（敦煌漢簡）。古文字中“玉”“王（wáng）”二字常同形，至戰國時逐增加笔畫（多加點）作“玉”，或“玉”（華山廟碑），或“玉”（望山楚簡），或“玉”（郭店楚簡），或“玉”（包山楚簡），或“玉”（郭店楚簡），表示“玉”，以區別於“王”。今通作“玉”。《周禮·天官·九嬪》“贊玉齍”鄭玄注：“故書玉爲王。”[⑦]《數》簡 197（J25）簡文第二字與本簡同（見第三章“[082] 體積類之二十”），該字也當釋作“玉”。本簡“玉”讀爲“顓”。《説文·頁部》：“顓，從頁，玉聲。”[⑧]顓，從“玉”得聲，故“玉”

① 陳侃理：《里耶秦方與“書同文字”》，《文物》2014 年第 9 期。
② 李園、張世超：《社會歷史變遷對字詞關係的影響——以秦簡牘爲語料的分析》，《西南交通大學學報》（社會科學版）2018 年第 3 期。
③ 周波：《戰國時代各系文字間的用字差異現象研究》，綫裝書局，2012，第 63~64 頁。
④ 田煒：《談談北京大學藏秦簡〈魯久次問數于陳起〉的一些抄寫特點》，《中山大學學報》（社會科學版）2016 年第 5 期。
⑤ 按：“端”與“耑”，均章母、元部，故從音韻地位上看，二字同音可相通。
⑥ （漢）許慎撰，（宋）徐鉉等校定《説文解字》，上海古籍出版社，2007，第 8 頁。
⑦ （唐）賈公彦：《周禮注疏》，（清）阮元校刻《十三經注疏》，中華書局，1980，第 687 頁。
⑧ （漢）許慎撰，（宋）徐鉉等校定《説文解字》，上海古籍出版社，2007，第 434 頁。

通“項”。① 所以，這裏的“耑玉”即“顓頊”。《馬王堆漢墓帛書·五星占》32 上：“北方水，其帝端（顓）玉（頊），其丞玄冥，【其】神上爲晨（辰）星。”② “顓”也寫作從“耑”聲的字，“頊”也寫作“玉”，這也證明本簡的“耑玉”即“顓頊”。

[28] 韓巍認爲：“‘䍃匋’即‘皋陶’。‘䉨’字下部作‘番’，疑爲‘垂’之訛；‘篷’應讀爲‘垂’，亦作‘倕’。”另據韓巍，“黄帝、顓頊、堯、舜之智”“鯀、禹、皋陶、羿、垂之巧”，重點可能是指樂律方面的創製。③

[29] 久，“灸”的初文，即下引楊樹達所言之“初字”，這裏是標記之義。久，《説文·久部》釋曰：“以後灸之，象人兩脛後有距也。”④ 楊樹達釋“久”曰：“古人治病，燃艾灼體謂之灸，久即灸之初字也。字形從臥人，人病則臥床也。末畫象以物灼體之形。許不知字形從人，而以爲象兩脛，誤矣。”⑤ 睡虎地秦墓竹簡《封診式·賊死》簡 60：“其腹有久故瘢二所。”⑥ 引申作“烙印的標記”。睡虎地秦墓竹簡《秦律十八種·工律》簡 105：“器敝久恐靡者，還其未靡，謁更其久。”⑦ 在本篇引申作“標記”。韓巍認爲“久”可讀作“記”，二字古音同屬見母之部。⑧ 關於秦簡中“久”的用法，可參洪颺等文章。⑨

[30] 韓巍認爲“十二時”應指十二月，⑩ 曹方向認爲，“十二

---

① 按：玉，疑母、屋部，項，曉母、屋部，疑母與曉母均屬喉音，故從音韻地位上看，二字也是聲近韻同可相通的。
② 湖南省博物館、復旦大學出土文獻與古文字研究中心編纂《長沙馬王堆漢墓簡帛集成（肆）》，中華書局，2014，第 230 頁。
③ 韓巍：《北大藏秦簡〈魯久次問數于陳起〉初讀》，《北京大學學報》（哲學社會科學版）2015 年第 2 期。
④ （漢）許慎撰，（宋）徐鉉等校定《説文解字》，上海古籍出版社，2007，第 265 頁。
⑤ 楊樹達：《積微居小學述林全編》，上海古籍出版社，2007，第 70 頁。
⑥ 陳偉主編《秦簡牘合集·釋文注釋修訂本（壹）》，武漢大學出版社，2016，第 285 頁。
⑦ 陳偉主編《秦簡牘合集·釋文注釋修訂本（壹）》，武漢大學出版社，2016，第 102 頁。
⑧ 韓巍：《北大藏秦簡〈魯久次問數于陳起〉初讀》，《北京大學學報》（哲學社會科學版）2015 年第 2 期。
⑨ 洪颺、張馨月：《秦簡中“久”的詞性和用法》，載中國古文字研究會、河南大學甲骨學與漢字文明研究所編《古文字研究》（第三十三輯），中華書局，2020，第 380~387 頁。
⑩ 韓巍：《北大藏秦簡〈魯久次問數于陳起〉初讀》，《北京大學學報》（哲學社會科學版）2015 年第 2 期。

時”可能包括年、月、日的十二分法，而不僅僅是“十二月”，[①]劉未沫認爲《陳起》篇是針對一“歲”的劃分，所以“十二時”指“十二月”。[②]我們贊同曹方向的觀點。

韓巍認爲，“十二字”指“十二地支”，“十日”即“十干”，“廿八日宿”之“日”字當爲衍文。[③]

[31] 學界對“單薄之參”“日之七”“播之五”的理解分歧較大。韓巍認爲“單薄之參”“日之七”“播之五”均未見文獻記載，其義不詳，但皆與“數”有關。[④]陳鑱文等認爲“單薄”表示面積之義，大圓的面積是 3 個單位，因此，“大方大圓”命名爲“單薄之參”；小圓半徑爲 5，中圓半徑爲 7，因此“小方小圓”“中方中圓”分別命名爲“播之五”“日之七”；據小、中圓半徑及三方三圓位置關係得出大圓半徑爲 10，進而得出陳起宇宙模型。[⑤]曹方向認爲，内、中、外三衡是按照日照情況來命名的。[⑥]

我們贊同陳鑱文等將“播之五”“日之七”分別理解爲小圓和中圓半徑的觀點，但關於“單薄之參”的闡釋，認爲該文有以下三個可商榷之處。

一是對“單薄”的釋義值得商榷。陳鑱文等認爲李淳風《九章算術》“方田”章注文“冪是方面單布之名”之“單布”表示面積，並認爲“薄”與“布”間接相通，“單薄”即“單布”，表示面積。其實，李淳風所謂“單布”不是指面積，而是指薄布。“方

---

① 曹方向：《北大秦簡〈魯久次問數于陳起〉衡間圖淺探》，載武漢大學簡帛研究中心主編《簡帛》（第十六輯），上海古籍出版社，2018，第 119~129 頁。

② 劉未沫：《〈魯久次問數于陳起〉中的“音律—曆法生成論”及其宇宙圖像》，《哲學動態》2020 年第 3 期。

③ 韓巍：《北大藏秦簡〈魯久次問數于陳起〉初讀》，《北京大學學報》（哲學社會科學版）2015 年第 2 期。

④ 韓巍：《北大藏秦簡〈魯久次問數于陳起〉初讀》，《北京大學學報》（哲學社會科學版）2015 年第 2 期。

⑤ 具體論證過程詳見陳鑱文、曲安京《北大秦簡〈魯久次問數于陳起〉中的宇宙模型》，《文物》2017 年第 3 期。

⑥ 詳見曹方向《北大秦簡〈魯久次問數于陳起〉衡間圖淺探》，載武漢大學簡帛研究中心主編《簡帛》（第十六輯），上海古籍出版社，2018，第 119~129 頁。

面單布”，李繼閔釋爲“方形薄布”，郭書春釋爲“一層方布”。[①]
我們認爲，簡文“單”義爲“周，環繞”。《漢書·揚雄傳》：“崇
崇圜丘，隆隱天兮，登降㟪施，單埢坦兮。”顔師古注：“單，周
也……單音蟬。”[②]簡文“薄”義爲“迫近、接近”。《楚辭·九
章·涉江》：“腥臊並御，芳不得薄兮。”洪興祖補注：“薄，迫也，
逼近之意。”[③]簡文“單薄”義爲“A 環繞 B 並向 B 迫近”。

　　二是對“單薄之參”的理解存疑。陳鑣文等認爲“單薄之參”
是指大圓面積爲 3。其推算過程如下：先算得大圓半徑爲 10，當
圓周率 π 取值爲 3，且令半徑 10 爲 1 個單位，那麼，大圓面積爲
$\pi r^2=3$。[④]我們知道，已知圓半徑爲 10，當 π 取值爲 3 時，其面積
是 $\pi r^2=300$，而不是 3，這個圓的面積之所以由 300 變爲了 3，是
因爲其半徑被假令爲 1 個單位。假如可以令大圓半徑 10 爲 1 個單
位，那麼我們可以令所有的圓半徑（不管其數值多少）爲 1 個單
位，在 π 取值爲 3 時，所有的圓（當然包括本篇的中圓和小圓）
面積都爲 3。因此，陳鑣文等對“單薄之參”的理解是值得商榷
的。我們認爲，簡文“單薄之參”指大方大圓環繞中方中圓並向
中方中圓迫近 3 個長度單位，即大方大圓與中方中圓的距離爲 3
個長度單位。

　　三是對“三方三圓”的命名理據不統一。如果按照陳鑣文等
的理解，我們會發現，“單薄之參”假如指大圓的面積，就是“大
方大圓”的命名理據；“日之七”“播之五”分別指中圓和小圓的
半徑，則分別是“中方中圓”“小方小圓”的命名理據。可見陳鑣
文等對“三方三圓”的命名理據既有面積又有半徑，顯然不統一。
根據我們前文分析，“單薄之參”指大方大圓與中方中圓的距離
爲 3 個長度單位。由於中圓的半徑是 7，則大圓半徑爲 10。所以，

---

①　李繼閔：《〈九章算術〉導讀與譯注》，陝西科學技術出版社，1998，第 232 頁；郭書
　　春：《〈九章算術〉譯注》，上海古籍出版社，2009，第 17 頁。

②　（漢）班固撰，（唐）顔師古注《漢書》，中華書局，1964，第 3533、3534 頁。

③　（宋）洪興祖補注，白化文等點校《楚辭補注》（重印修訂本），中華書局，2002，第
　　132 頁。

④　陳鑣文、曲安京：《北大秦簡〈魯久次問數于陳起〉中的宇宙模型》，《文物》2017 年
　　第 3 期。

簡文"單薄之參"實際上是指大圓半徑爲 10。如此,"三方三圓"的命名理據才能統一,即都用圓的半徑命名。

[32] 韓巍訓"副"爲"貳",認爲簡文是將"黃鐘之副""單薄之參""日之七""播之五"合稱"四卦"。[1] 曹方向認爲,"命爲四卦"指把"黃鐘之副""三方三圓"依據四卦進行排列,然後可以"卜天下"。[2] 但如何以"四卦"來占卜天下,尚需進一步研究。

[33] 據上引韓巍文章,"庀"即"度"之異體,義爲"法度、準則"。"立度"指確立法度、準則;"興吏(事)"泛指興辦各種工程、事務。田煒認爲:《魯》篇的抄寫還有一個特點:同一個詞用不同的字表示的現象(也就是同詞異字現象)多見。這些例子中有部分是因爲六國文字與秦文字用字習慣存在差異而《魯》篇抄手既部分保留了底本的用字又按照秦文字的用字習慣改動了部分用字造成的。""用'度'字表示{度}是秦文獻的用字習慣,用'庀'字表示{度}則本是六國文獻的用字習慣。"[3]

[34] 簡文"吏",有學者直接釋讀作"事"。[4] 未安。上引田煒指出,簡文用"吏"字表示"事"。此說爲是。因此我們將簡文釋作"吏"改作"事",下同。

[35] 韓巍認爲:"'循'義爲'依循''遵從'。'瞀',當爲'昏'之異體,秦漢隸書'昏'字上部多寫作'民'。'墨'讀爲'黑'……本句是說官吏不顧清晨天色尚黑,即起身洗漱,處理公務,其所依據的'數'當指漏壺一類的計時工具。"[5] 徐學炳則認

① 韓巍:《北大藏秦簡〈魯久次問數于陳起〉初讀》,《北京大學學報》(哲學社會科學版)2015 年第 2 期。
② 曹方向:《北大秦簡〈魯久次問數于陳起〉衡間圖淺探》,載武漢大學簡帛研究中心主編《簡帛》(第十六輯),上海古籍出版社,2018,第 119~129 頁。
③ 田煒:《談談北京大學藏秦簡〈魯久次問數于陳起〉的一些抄寫特點》,《中山大學學報》(社會科學版)2016 年第 5 期。
④ 韓巍:《北大藏秦簡〈魯久次問數于陳起〉初讀》,《北京大學學報》(哲學社會科學版)2015 年第 2 期;韓巍、鄒大海:《北大秦簡〈魯久次問數于陳起〉今譯、圖版和專家筆談》,《自然科學史研究》2015 年第 2 期。
⑤ 韓巍:《北大藏秦簡〈魯久次問數于陳起〉初讀》,《北京大學學報》(哲學社會科學版)2015 年第 2 期。

爲:"'墨'字當讀作'晦'……'昏晦'是指光綫昏暗的意思,簡文中'不循昏晦'是指官吏不以天色是否'昏晦'作爲起床時間的依據。《詩經·鄭風·女曰雞鳴》:'女曰雞鳴,士曰昧旦。子興視夜,明星有爛。'詩中的'視夜'是指通過觀察天色是否'昏晦'來判別時間早晚。簡文中則强調'不循昏晦',以'數'來確定起床時間。"[1] 韓巍改"墨"爲"黑"爲是;徐學炳對簡文"不循瞖墨"的釋義可從。

[36] 韓巍認爲:"'料'字左旁之'米'疑爲'半'之訛,'料'即量制單位'半斗'的專用字,睡虎地秦簡《效律》:'半斗不正,少半升以上……貲各一盾。'"[2]

馮勝君將上博簡第 15 號簡"〓"釋爲"抄",讀爲"爵";釋楚偃客量銘文最後一字"〓"亦爲"抄",從"少"得聲,作量器名,是郢大府量銘文中"竻"的異體,爲五升量器,與《説文解字》"籅"容五升之描述一致,故"竻"疑與"籅"有關。[3] 田煒據此認爲簡文"料"即"籵"字,"籵"中的"少"被抄作"米",有三種可能:一是"米""少"形似而誤抄,二是底本本身已經誤把"少"旁寫成"米"旁,三是"籅"在新蔡楚簡中也用"籵"字表示,也不排除《魯》篇中的"料"字受到"籵"字影響的可能性。用"籵"字表示"籅"是楚文獻的特色,這也可以佐證《魯》篇爲楚文獻,其底本是用楚文字抄寫的。[4]

我們認爲,"料"作"料"和"籵"均有可能,作"料"的可能性更大,但不是訛誤或誤抄,而是異體關係。

從簡文的文意看,"升料斗甬"是由"升"到"甬"("甬"是"桶"的初文,與"斛""石"爲容積相同的單位,見後文)從小到大的順序排列,而介於"升""斗"之間的容積度量單位或量

---

① 徐學炳:《北大秦簡〈魯久次問數于陳起〉補釋》,簡帛網 2015 年 4 月 21 日。
② 韓巍:《北大藏秦簡〈魯久次問數于陳起〉初讀》,《北京大學學報》(哲學社會科學版) 2015 年第 2 期。
③ 馮勝君:《讀上博簡緇衣札記二則》,載上海大學古代文明研究中心、清華大學思想文化研究所編《上博館藏戰國楚竹書研究》,上海古籍出版社,2002,第 451~453 頁。
④ 田煒:《談談北京大學藏秦簡〈魯久次問數于陳起〉的一些抄寫特點》,《中山大學學報》(社會科學版) 2016 年第 5 期。

器可能就是半斗（五升）。正如上引韓巍所引《效律》可證，當時確有一種量器叫"半斗"，顧名思義，其容積當爲半斗（五升），於是將"半斗"一詞合而爲一字作"料"，以此爲"半斗"這個容積單位或量器命名。簡文"料（料）"爲半斗（五升）可與段玉裁注互爲印證。《説文·斗部》："料，量物分半也。从斗半，半亦聲。"段玉裁注："量之而分其半，故字从斗半。《漢書》：士卒食半菽。孟康曰：半，五斗器名也。王邵曰：言半，量器名，容半升也。今按：半即料也。《廣韻》料注五升。然則孟康語升誤斗，王劭語斗誤升。當改正。《集韻》云：一曰升五十謂之料。當有誤。人日食五升菽，略同《周官》之人月二鬴也。字从半斗，即以五升釋之。許意不尒。"①

我們認爲，上引馮勝君"粆"（容五升，即半斗）源於"斗筲"。"筲"即"䈭"，容五升（半斗）之容器。《説文·竹部》："䈭，一曰飯器，容五升。"段玉裁注引《方言》按曰："筲即䈭字。"②"筲"又名"斗筲"。《玉篇·竹部》："筲，斗筲，飯器。"③"筲"（從"肖"得聲）上古音山母、宵部，"肖"心母、宵部，"少"書母、宵部，三字同韻，故上引馮勝君"筲（䈭）"可作"笭"。"笭"可省作"少"。如此，則由"斗筲"作"斗笭"而作"斗少"，表五升（半斗）。像"半斗"合成"料"一樣，"斗少"，合而爲一字"𥮉"（粆），當是從斗少，少亦聲之字，讀若"筲"。因爲古文字聲符與義符有換位的情況，故"粆"有可能會寫作"㪷"，但暫不見用例。

"料"和"粆"的關係，當分別是秦地和楚地對同一容量單位或容積相同的量器的不同稱謂，而"㪷"從理論上説可能是"粆"的異體。簡文"料"作"㪷"的可能性小些，因爲理論上"粆"可能會寫作"㪷"，但畢竟尚乏用例。因此，田煒據"料"作"㪷"而認爲本篇簡文"其底本是用楚文字抄寫的"之説尚有疑點。

---

① （清）段玉裁：《説文解字注》，浙江古籍出版社，2006，第718頁。
② （清）段玉裁：《説文解字注》，浙江古籍出版社，2006，第192頁。
③ （宋）陳彭年等：《重修玉篇》，《四庫全書》（景印文淵閣版），臺北商務印書館，1986，第224册第122頁。

　　"料"在簡文中作"⿰米半"（料），恐怕不是訛誤所致，而是受語境的影響改變了義符，將"料"中的義符（兼聲符）"半"改作了"米"，從而産生了"料"字的異體字"⿰米半"（料）。出土早期文獻用字受語境影響而改變義符的例子較多，如《筭數書》"程禾"算題簡 88（H129）"禾黍一石爲粟十六斗秦（㶟）半斗"，[1]"㶟"的義符"水"受語境影響寫作"米"，從而"㶟"作"秦"。再如本篇簡 17（04-135）"折筋、靡（磨）矢、矫（栝）㮮"，其"栝"受語境影響，義符"木"改寫作"矢"而爲"矫"（詳見本【校釋】之 [38]）。類似的用例還見於張家山漢簡《奏讞書》簡 114"不審伐數，血下汙池〈地〉"，[2]"地"字因受前文"汙"字影響而改變義符作"池"。又如《武威漢代醫簡》簡 12"以淳酒和飲一方寸匕"，[3] 其"淳"本當爲"醇"，因受下文"酒"字影響而改變義符作"淳"。"⿰米半"（料）字之前一句有"米粟"，且"⿰米半"作量具或度量單位，多與糧食有關，故將"料"的部件"半"寫作"米"而作"料"。

　　另，李學勤引齊國量器子禾子釜銘文"廩㪵"並讀作"廩半"。[4] 其"㪵"當爲"料"之或體。

　　"甬"是"桶"的初文。《正字通·用部》："甬……又他總切，音統，與桶同。"[5] 甬（桶），即斛。《玉篇·马部》："甬，斛也。"[6]《禮記·月令》："角斗甬。"鄭玄注："甬，今斛也。"[7] 據《數》簡 109（2066）+110（0918），"甬（桶）"與"石"同（見第二章"[034]

① 張家山二四七號漢墓竹簡整理小組編著《張家山漢墓竹簡 [二四七號墓]》，文物出版社，2001，第 90 頁。
② 張家山二四七號漢墓竹簡整理小組編著《張家山漢墓竹簡 [二四七號墓]》（釋文修訂本），文物出版社，2006，第 101 頁。按：原整理者使用"〈 〉"符號表示"池"爲"地"之訛。
③ 甘肅省博物館、武威縣文化館編《武威漢代醫簡》，文物出版社，1975，第 2 頁。
④ 李學勤:《楚簡所見黃金貨幣及其計量》，載李學勤《中國古代文明研究》，華東師範大學出版社，2009，第 371~372 頁。按：字形作㪵。
⑤ (明) 張自烈:《正字通》，中國工人出版社，1996，第 693 頁。
⑥ (宋) 陳彭年等:《重修玉篇》，《四庫全書》（景印文淵閣版），臺北商務印書館，1986，第 224 册第 127 頁。
⑦ (唐) 孔穎達:《禮記正義》，(清) 阮元校刻《十三經注疏》，中華書局，1980，第 1362 頁。

穀物換算類之六"）。綜上，"甬（桶）"與"斛""石"容積相等。

[37] 韓巍認爲"靡"讀爲"磨"，"磨矢"指磨礪矢鏃或磨光箭杆。[①] "靡"即"礦"字。《説文·石部》："礦，从石靡聲。"[②] 又，"礦"省作"磨"字。"礦"下段玉裁注："礦，今字省作磨，引申之義爲研磨。"[③]《墨子·親士》："有五刀，此其錯。錯者必先靡。"孫詒讓云："（靡）礦之叚字，今省作磨，謂銷磨也。"[④]

[38] 韓巍將簡文"𰯞"隸定爲"姞"，讀爲"栝"，指箭杆末端與弓弦接觸的位置。[⑤] 翁明鵬認爲，簡文"姞"表示的詞是指"箭、羽之間也"的"栝"當無問題，但韓巍直接將其讀爲"栝"則似不妥。在張家山漢簡、馬王堆帛書等古隸文字資料中"昏/舌"旁訛爲"古"形常見，故認爲秦隸"姞"當即"舌"（從"矢"，"昏/舌"聲）之訛寫，對於傳世文獻通行"栝"寫作"栝"而言，"舌"就是專造字，表示往箭杆末端安裝箭羽。[⑥]

圖版顯示，所謂的"姞"字右部漫漶，《數》簡64（0936）"舌"作"𰯞"，我們懷疑簡文"𰯞"右部不是"古"而可能是"舌"，這個字當是"舌"，即"栝"的異體。該簡文之前是"靡矢"，其後接"𰯞"，均與"矢"有關，受此語境影響，"栝"的義符"木"改寫作"矢"而爲"舌"，用作動詞，指在箭末扣弦處安裝（箭羽）。

[39] 韓巍認爲："'𰯞'疑爲箭羽之專用字，'栝𰯞'就是往箭杆末端安裝箭羽。《筭數書》'羽矢'算題簡：'一人一日爲矢卅，羽矢廿。今欲令一人爲矢且羽之，一日爲幾何？'可見製作羽箭分'爲矢'和'羽'兩個步驟。"[⑦] 翁明鵬認爲"𰯞"爲"箭羽"之

① 韓巍：《北大藏秦簡〈魯久次問數于陳起〉初讀》，《北京大學學報》（哲學社會科學版）2015年第2期。
② （漢）許慎撰，（宋）徐鉉等校定《説文解字》，上海古籍出版社，2007，第465頁。
③ （清）段玉裁：《説文解字注》，浙江古籍出版社，2006，第452頁。
④ （清）孫詒讓：《墨子閒詁》，《續修四庫全書》，上海古籍出版社，2002，第1121册第9頁。
⑤ 韓巍：《北大藏秦簡〈魯久次問數于陳起〉初讀》，《北京大學學報》（哲學社會科學版）2015年第2期。
⑥ 翁明鵬：《秦簡牘專造字釋例》，《漢字漢語研究》2021年第1期。
⑦ 韓巍：《北大藏秦簡〈魯久次問數于陳起〉初讀》，《北京大學學報》（哲學社會科學版）2015年第2期。

"羽"的專造字，從矢從羽，羽亦聲。[1]

我們認爲"㮙"是由"羽""矢"二字合成的字，相當於會意字，從羽矢，羽亦聲，義爲"箭羽"，"栝㮙"正如上引韓巍所言，義爲"往箭杆末端安裝箭羽"。

[40] 韓巍認爲："'卒'讀爲'萃'，義爲'會聚'。"[2]

查看圖版，該字確爲"卒"字。若依韓巍改爲"萃"訓爲"會聚"，則文意未安。簡文"卒爲七等"與簡文下文"別爲五采"對舉，則"卒"應該訓爲"分"，即"區分"之義。卒，古時供隸役穿的一種衣服，上有標記，以區別於常人。《說文·衣部》："隸人給事者衣爲卒。卒，衣有題識者。"王筠句讀："卒衣題識，乃異其章服，以別其爲罪人也。"[3] 可見"卒"這種衣服的功能是區分，在本篇中用作動詞，表"區分"之義，簡文"卒爲七等"意即分爲七等。

[41] 韓巍改"離"作"籬"，"豪"作"壕"，將簡文"斬離（籬）鑿豪（壕）"理解爲"砍削籬笆，開鑿壕溝"。[4] 把"斬""鑿"視作動詞，分別訓爲"砍削""開鑿"，其訓釋直接，於詞義和文意均妥。

史傑鵬認爲"斬""離"意思相近，都指人爲的隔離工程，其中，"斬"即後來的"塹"字，指挖坑隔離，"離"即"籬"字，指豎起籬笆隔離，合起來就成爲一個並列式合成詞，簡文"斬離鑿豪"的意思是"地塹、籬落、孔穴（或隧道）、壕溝"。[5] 我們知道，並列式合成詞中有一種是通過同義連用而構成的詞，即由兩個（A、B）或兩個以上的同義或近義詞構成一個詞，則AB的詞義分別與A、B相同，即$A=B$且$AB=A=B$。對照分析可

① 翁明鵬：《秦簡牘專造字釋例》，《漢字漢語研究》2021 年第 1 期。

② 韓巍：《北大藏秦簡〈魯久次問數于陳起〉初讀》，《北京大學學報》（哲學社會科學版）2015 年第 2 期。

③ （清）王筠：《說文解字句讀》，中華書局，2016，第 313 頁。

④ 韓巍、鄒大海：《北大秦簡〈魯久次問數于陳起〉今譯、圖版和專家筆談》，《自然科學史研究》2015 年第 2 期。

⑤ 史傑鵬：《北大藏秦簡〈魯久次問數於陳起〉"色㮙羨杅"及其他——從詞源學的角度考釋出土文獻》，載武漢大學簡帛研究中心主編《簡帛》（第十四輯），上海古籍出版社，2017，第 43~68、279 頁。

見，史傑鵬一開始認爲 $A=B$ 且 $AB=A=B$，即 "斬離"（AB）"斬"（A）"離"（B）都指人爲的隔離工程，但是之後却變成了 $A \neq B$ 且 $AB \neq A \neq B$，即 "斬離"（AB）指人爲的隔離工程，"斬"（A）指 "地塹"，"離"（B）指 "籬落"，前後顯然未能自洽。

史傑鵬的訓釋之所以不能自洽，是因爲對 "斬" 和 "離" 的理解未安。史傑鵬將 "斬" 作 "塹"，"離" 作 "籬"，則 "塹" 指壕溝或護城河，而 "籬" 指籬笆，二詞含義相差甚遠，不會是近義詞。此外，若改 "斬" 爲 "塹"，則 "斬（塹）" 與 "斬離鑿豪" 之 "豪（壕）" 同義。

[42] 張家山漢簡《筭數書》有 "以圜材方" "以方材圜" 二算題，二題互爲逆算題。前者據已知圓材的尺寸求所能製作成的方材的邊長，後者求多大尺寸的圓材可以製成已知邊長的方材。[①] 我們推測簡文 "材之方員（圓）" 所指與此二算題所述的情况相似。對簡文下文 "細大" "溥（薄）厚" "曼夾（狹）" 的理解可類比。

[43] 韓巍認爲，"曼" 多訓爲 "長"，但也有 "廣" 義。並引《詩經·魯頌·閟宫》"孔曼且碩"，鄭玄箋曰："曼，修也，廣也。" 此處與 "狹" 相對，義爲 "寬" "廣"。[②] 此説可從。

[44] 韓巍讀 "色" 爲 "絶"，訓爲 "斷"，訓 "契" 爲 "契刻"，訓 "羨" 爲 "多餘"，指木料上多餘的部分，是 "絶" 的賓語，訓 "杍" 爲尖的東西，指尖狀的木構件，是 "契" 的賓語。簡文 "色契羨杍" 今譯爲：截斷多餘的木頭，契刻尖狀的構件。[③]

史傑鵬認爲，"杍" 即 "餘"，"羨杍" 即 "羨餘"，"羨" 與 "餘" 互訓，"羨餘" 爲 "多餘" 之義。而 "色契" 之義或與 "羨餘" 相近或相反。若相近，則 "色契" 可以讀爲 "側奇" 或

① 算題詳解，參見周序林 "Two Problems in the 筭數書 *Suanshu shu*（Book of Mathematics）: Geometric Relations between Circles and Squares and Methods for Determining Their Mutual Relations," *Historia Mathematica* 57（2021）。
② 韓巍：《北大藏秦簡〈魯久次問數于陳起〉初讀》，《北京大學學報》（哲學社會科學版）2015 年第 2 期。
③ 韓巍：《北大藏秦簡〈魯久次問數于陳起〉初讀》，《北京大學學報》（哲學社會科學版）2015 年第 2 期。

者"仄畸",爲"多餘"義。"色契羡杅"應讀作"側（仄）挈（畸）羡餘"，其義經引申後有兩種可能：一是"側（仄）""挈（畸）""羡""餘"四字同義，均表"多餘"；二是前兩個字訓爲"缺損""不足"，後兩個字訓爲"多餘""饒羡"。簡文"色契羡杅"今譯爲：因邪曲造成的缺損不足和多餘饒羡。①

"色"與"絶"義不同，音不同、不相近，因此，簡文"色"不能讀爲"絶"。"色"，臉上的氣色，從人、卩。《説文·色部》："色，顔气也。从人、卩。"②古音山母、職部。"絶"，斷絶，從刀糸，卩聲。《説文·糸部》："絶，斷絲也。从刀糸，卩聲。"③古音從母、月部。史傑鵬也指出，"絶""色"二字古音相差甚遠，故不能把"色"讀爲"絶"；也不能把"'契'訓爲'斷'，因文意未妥"。④史説爲是，上引韓巍對"色契羡杅"的訓釋存疑。

我們認爲，史傑鵬對簡文"色契羡杅"的音義釋讀，過於迂迴曲折，所得訓釋結果也不一定是簡文原意。我們認爲，"色"指兆氣，即古人燒灼龜甲占卜時甲上裂紋所呈現的征兆。《周禮·春官·占人》："凡卜簭，君占體，大夫占色。"鄭玄注："色，兆氣也。"賈公彦疏："'色，兆氣也'者，就兆中視其色氣，似有雨及雨止之等是兆色也。"⑤"契"指古代龜卜時用以鑽鑿龜甲的工具。《周禮·春官·菙氏》："掌共燋契，以待卜事。"鄭玄注引杜子春曰："契，謂契龜之鑿也。"⑥"色契"在簡文中應該是指準備並進行占卜。"羡杅"即"羡除"，指墓道。《筭數書》"除"算題簡141

---

① 史傑鵬：《北大藏秦簡〈魯久次問數於陳起〉"色契羡杅"及其他——從詞源學的角度考釋出土文獻》，載武漢大學簡帛研究中心主編《簡帛》（第十四輯），上海古籍出版社，2017，第43~68、279頁。

② （漢）許慎撰，（宋）徐鉉等校定《説文解字》，上海古籍出版社，2007，第446頁。

③ （清）段玉裁：《説文解字注》，浙江古籍出版社，2006，第645頁。按：大徐本作"斷絲也。从糸从刀从卩"。

④ 史傑鵬：《北大藏秦簡〈魯久次問數於陳起〉"色契羡杅"及其他——從詞源學的角度考釋出土文獻》，載武漢大學簡帛研究中心主編《簡帛》（第十四輯），上海古籍出版社，2017，第43~68、279頁。

⑤ （唐）賈公彦：《周禮注疏》，（清）阮元校刻《十三經注疏》，中華書局，1980，第805頁。

⑥ （唐）賈公彦：《周禮注疏》，（清）阮元校刻《十三經注疏》，中華書局，1980，第805頁。

（H25）有"美〈羡〉除"。[1]"杼""除"古音同屬定母、魚部，可爲假借。簡文"色契羡杼（除）"意即舉行占卜，修築墓道。

[45] 斲、鑿、鋸均爲木工工具，因此我們推測"楅"也應當是木工工具，可能通"斧"。楅，古音幫母、職部；斧，幫母、魚部。聲母同，可爲假借。

[46] 韓巍視"戈"爲"弋"之訛字。[2]田煒認爲，在春秋戰國時期，"弋"常被增繁爲"戈"形；在《魯》篇用楚文字抄寫的底本中，"弋獵"之"弋"很可能就是寫作"戈"形的，也就是説，《魯》篇中寫作"戈"形的"弋"字也是戰國古文的遺留。[3]田説可從。

[47] 韓巍認爲，"邋"讀爲"獵"，"弋獵"即弋射，是用係有長繩的箭射獵。古代弋射多在水邊，且多建造高閣或臺，居其上放箭，以增加視界與射程。"埊"同"放"，義爲"放縱"；"御"同"禦"，義爲"禁止"，與"放"相對；"埊"上之"置"字應是涉下文而誤衍。"放禦"疑指弋射時施放和停止施放箭矢，或是苑囿中散放和圈養鳥獸的地方，也可能是指按照時令開放和禁止人射獵。[4]蕭燦認爲"置"爲衍文，"御"讀爲"圍"，"放圍"義爲"放養和圈養動物"。[5]

我們認爲，"置"應該不是衍文。從簡文前後行文上看，簡文於"段（鍛）鐵"句開始至本句共四句，每句的結尾均從該句文字中提取一個動詞，構成"動詞＋之"的結構，句式工整，具體是："……和……和之。……別……別之。……折……折之。……置……置之。"因此，視"置"字爲衍文，恐未妥。"置"爲動詞，

① 張家山二四七號漢墓竹簡整理小組編著《張家山漢墓竹簡 [二四七號墓]》，文物出版社，2001，第 94 頁。
② 韓巍：《北大藏秦簡〈魯久次問數于陳起〉初讀》，《北京大學學報》（哲學社會科學版）2015 年第 2 期。
③ 田煒：《談談北京大學藏秦簡〈魯久次問數于陳起〉的一些抄寫特點》，《中山大學學報》（社會科學版）2016 年第 5 期。
④ 韓巍：《北大藏秦簡〈魯久次問數于陳起〉初讀》，《北京大學學報》（哲學社會科學版）2015 年第 2 期。
⑤ 蕭燦：《讀〈陳起〉篇札記》，見韓巍、鄒大海《北大秦簡〈魯久次問數于陳起〉今譯、圖版和專家筆談》，《自然科學史研究》2015 年第 2 期。

這一點看來是確定的，則其後“堅御”（或“堅”“御”）應該是名詞。關於“堅御”的語義，韓巍和蕭燦均做了一些有益的猜想，可作一説。我們認爲“堅御”的語義不明，故存疑，待進一步研究。不過我們臆測，“堅”可能作“堤”，即“防”字，指堤岸。《説文·阜部》：“防，隄也。堤，防或从土。”①“御”可能作“禦”，義爲“祭祀以祈免災禍”。《説文·示部》：“禦，祀也。从示御聲。”段玉裁注：“古只用御字。”②在本篇簡文中可能指祭祀設施。如此，則簡文“置堅（防）御（禦）”似乎指修建堤岸和祭祀設施。

[48] 旱，即“埠”字。“埠”爲“岸”的俗字。《正字通·土部》：“埠，俗字。《六書本義》：岸，俗作埠。”③

[49] 上引韓巍訓“度”爲“估計”或“測量”，“曲”指彎曲的水道，“池岸曲”皆爲“度”之賓語，指建造高閣臺榭之時測量距離、確定位置，或弋射之時目測距離。蕭燦認爲“度池”“岸曲”應理解爲並列關係，指人工理水造景，測量、規劃、開挖曲池。④

韓巍對“度”的訓釋和對“度”與“池岸曲”的語法關係的理解是正確的，但對“度池岸曲”的文意理解未安，當指測量水池、堤岸和彎曲的水道。

[50] 上引韓巍改“見”爲“視”，即考察之意，改“桼”爲“柔”，“剛柔”指土質軟硬。

關於簡文“見”，田煒認爲：“簡文中的兩處‘見’，韓巍認爲都應該讀爲‘視’，是‘考察’、‘考核’的意思。由於‘見’字沒有這種意思，所以這裏的‘見’確實如韓先生所説是用爲‘視’的。然而‘見’、‘視’二字讀音懸隔，‘見’是無法讀爲‘視’的。實際上，簡文把‘視’寫成‘見’很可能也是受到了底本中

---

① （漢）許慎撰，（宋）徐鉉等校定《説文解字》，上海古籍出版社，2007，第728頁。
② （清）段玉裁：《説文解字注》，浙江古籍出版社，2006，第7頁。
③ （明）張自烈：《正字通》，中國工人出版社，1996，第192頁。
④ 蕭燦：《讀〈陳起〉篇札記》，見韓巍、鄒大海《北大秦簡〈魯久次問數于陳起〉今譯、圖版和專家筆談》，《自然科學史研究》2015年第2期。

楚文字的影響。在楚文字中，'視'字一般寫作🐾（《郭店楚墓竹簡·老子甲》簡2），而'見'字則有兩種寫法：一種寫作🐾（《郭店楚墓竹簡·緇衣》簡19）、🐾（《郭店楚墓竹簡·性自命出》簡38），以'目'下所從人形屈腿而與'視'字相區別；另一種寫作🐾（《郭店楚墓竹簡·五行》簡29），與'視'字混同，但'視'字下部的人形從不作屈腿狀。《魯》篇中寫作'見'形的'視'字應該就是從楚文字中直腳的'視'字而來的，也是戰國古文的遺留。"[1] 田煒對"見"的分析爲是。

韓巍將"㮏"作"柔"爲是。我們爲此增加一用例。睡虎地秦墓竹簡《秦律十八種·司空》簡131："令縣及都官取柳及木㮏（柔）可用書者，方之以書。"[2]

[51] 上引韓巍認爲"黑白黃赤"指土色；"蓁"，草木茂盛；"厲"（來母月部）讀爲"萊"（來母之部），亦指雜草叢生之狀；"如"讀爲"洳"，與"津"皆有"潮濕"之義；"立"讀爲"粒"，"粒石"即礫石。本句簡文指與土工作業或農業有關的"相地"。蕭燦則認爲，"蓁萊""津洳""粒石"爲並列關係，指土質與地表植被情況：或沃土植物生長茂盛、或荒地、或土地潤澤低濕，或地表多石不宜植物生長。故句讀宜爲"蓁萊、津洳、粒石之地"。[3] 韓巍釋義可從，蕭燦句讀可從。

[52] 據韓巍，"賦"爲"授予""分配"，"賦事"即分配職事；"見（視）功"即核功效；"程"義爲"品評""考核"；"殿最"爲秦漢時期習語，指最後一名和第一名。"義"作"儀"，指法度、準則；"取其中以爲民儀"，即選擇中間的數量作爲普通百姓的標準。[4] 此説可從。

[53] 上引韓巍認爲："'數'指數字，'度'指標準、法則。本

① 田煒：《談談北京大學藏秦簡〈魯久次問數于陳起〉的一些抄寫特點》，《中山大學學報》（社會科學版）2016年第5期。
② 陳偉主編《秦簡牘合集·釋文注釋修訂本〈壹〉》，武漢大學出版社，2016，第111頁。
③ 蕭燦：《讀〈陳起〉篇札記》，見韓巍、鄒大海《北大秦簡〈魯久次問數于陳起〉今譯、圖版和專家筆談》，《自然科學史研究》2015年第2期。
④ 韓巍：《北大藏秦簡〈魯久次問數于陳起〉初讀》，《北京大學學報》（哲學社會科學版）2015年第2期。

句是説古代研習數學的人，其知識來源於‘數’與‘度’互相貫通。”我們認爲，“數與度”之“數”指計算，“度”指測量，整句簡文意爲：古代研習計算之學的人，其知識來源於計算與測量相互貫通。簡文下文的“度數”指測量和計算。

[54] 上引韓巍指出：“‘天若毋日月毋以智明晦’10 字，書體與全篇不同，字間距也較大。簡 04-131 僅抄寫 7 字，其下有大片留白。因此這一句 10 字可能是後來補入。”

[55] 上引韓巍認爲“頒”義爲“公佈”，“頒數”即指公佈與數字有關的度量衡等標準，亦即簡文上文的“度數”。郭世榮認爲韓巍所言“頒數”之“數”所指範圍過小，當指“所有與‘數’相關的法規”。[1]大川俊隆改“頒”爲“分”訓作“分數”，改簡文下文“患”作“慣”，將簡文“故夫數者必頒而改，數而不頒，毋以晳（知）百事之患”譯作：“數者即使是分數，也一定可以化成整數。不論是什麼樣的數，如果這個數不能化成分數，就不能知道計算上的多種習慣。”[2]

“頒”即“班”。“班”義爲“公佈”，後用作“頒”。《説文·頁部》：“頒，大頭也。從頁，分聲。一曰：鬢也。《詩》曰：‘有頒其首’。”[3]又《説文·珏部》：“班，分瑞玉。從珏從刀。”段玉裁注：“周禮以頒爲班。古頒班同部。”[4]《周禮·春官·大史》：“頒告朔于邦國。”鄭玄注引鄭司農云：“頒，讀爲班。班，布也。”[5]本簡簡文的“數”指計算之學。“改”，更易。《説文·攴部》：“改，更也。”[6]《周易·井》：“改邑不改井。”[7]簡文“數者必

---

① 郭世榮：《〈陳起〉篇的四個問題》，見韓巍、鄒大海《北大秦簡〈魯久次問數于陳起〉今譯、圖版和專家筆談》，《自然科學史研究》2015 年第 2 期。

② 〔日〕大川俊隆：《關於〈陳起篇〉中“故夫學者必前其難而後其易，其智乃益”》，見韓巍、鄒大海《北大秦簡〈魯久次問數于陳起〉今譯、圖版和專家筆談》，《自然科學史研究》2015 年第 2 期。

③ （漢）許慎撰，（宋）徐鉉等校定《説文解字》，上海古籍出版社，2007，第 433 頁。

④ （清）段玉裁：《説文解字注》，浙江古籍出版社，2006，第 19~20 頁。

⑤ （唐）賈公彥：《周禮注疏》，（清）阮元校刻《十三經注疏》，中華書局，1980，第 817 頁。

⑥ （漢）許慎撰，（宋）徐鉉等校定《説文解字》，上海古籍出版社，2007，第 148 頁。

⑦ （唐）孔穎達：《周易正義》，（清）阮元校刻《十三經注疏》，中華書局，1980，第 59 頁。

頒而改”意爲：計算之學一定要公佈（以讓老百姓知道），而且要不斷更新。

[56] 韓巍認爲：“‘前其難而後其易’，就是把困難的部分放在前面、容易的部分放在後面，與常人‘先易後難’的做法不同。”[1] 郭世榮認爲，“數”是專業的、特殊的，因而難學難懂，而“語”是普遍的、一般的，因而易解易知。因此“故夫學者必前其難而後其易，其智乃益”意爲：若能學會“數”（專業的），增加了智慧，“語”（一般的）便不成問題了。[2] 大川俊隆認爲，秦漢算書是把“少廣”題放在開頭，簡文“其難”指“少廣”題，“其易”指除了“少廣”題以外的算題，故“故夫學者必前其難而後其易，其智乃益”意爲：初學者應該先學會最難解而且有應用性的“少廣”題，然後學其他比較容易的算題，這樣比較容易的算題也能用“少廣”題的公式順利解決，初學者的智慧就會越來越增加。[3]

我們認爲，“難”“易”是指學習計算之學的感受，即剛開始學計算會覺得難，等到融會貫通之後便覺得易。簡文下文緊接著以“少廣”（命而毁之，甾（錙）而垂（錘）之，半而倍之，以物起之）爲例對此進行説明（詳見本【校釋】之 [57]）。《算書》甲種之所以把“少廣”放在其他類算題之前，不是因爲“少廣”難，而是因爲“少廣”綜合了加、減、乘、除、通分、求最小公倍數等運算，即“少廣者筭之市也，所求者毋不有也”。因此，這句簡文意爲：學習計算，一定是開始的時候覺得很難而後來覺得容易了，這才説明他的知識增加了。

[57] 韓巍訓“毁”爲“減損”；“命而毁之”指減法、除法一類算題；“甾”作“錙”，“垂”作“錘”，皆重量單位，《算書》甲

---

[1]　韓巍：《北大藏秦簡〈魯久次問數于陳起〉初讀》，《北京大學學報》（哲學社會科學版）2015 年第 2 期。

[2]　郭世榮：《〈陳起〉篇的四個問題》，見韓巍、鄒大海《北大秦簡〈魯久次問數于陳起〉今譯、圖版和專家筆談》，《自然科學史研究》2015 年第 2 期。

[3]　〔日〕大川俊隆：《關於〈陳起篇〉中“故夫學者必前其難而後其易，其智乃益”》，見韓巍、鄒大海《北大秦簡〈魯久次問數于陳起〉今譯、圖版和專家筆談》，《自然科學史研究》2015 年第 2 期。

種之後附的衡制换算以及《説文解字》釋義均表明它們分别爲六
銖和八銖；"錙而錘之，半而倍之"指加法、乘法類算題；"物"指
具體的例題，"起"義爲"啓發""開導"，"以物起之"指傳授數
學者用例題來引導、啓發學習者；以上四句簡文，形式類似口訣，
概括了數學學習的要領，其内涵值得深入探討；故韓巍將簡文譯
爲："因此有句話説：確立一個整數然後再减或除，由錙到錘，將
'半'加倍，用具體的例題來啓發學習者。"①

大川俊隆認爲"命"是"不盈法者，以法命之"之"命"，指
被除數小於除數時，成爲以除數爲分母的分數；"毁"是"做小"
之義；"命而毁之"意爲：被除數小於除數時，把被除數作爲分子
而把除數作爲分母，就成分數，小於整數。"錙而錘之"是指把錙
换成錘，應該對錙的數字乘以 6，然後除以 8。"半而倍之"意爲：
某數之中有"半"，先對這個"半"乘以 2 成 1，然後在計算的
最終過程除以 2，這樣，所有的計算可以用整數進行下去。"物"
與《數》簡 156（1715）"以物乘之"之"物"同，義爲"比例之
數"；"以物起之"是總結前面三個句子，意爲：爲了把整數化成
分數，或者爲了把一個計量單位换成另一個計量單位，或者爲了
把分數化成整數，都應該根據對應每個内容的比例之數進行下去。
"故夫學者必前其難而後其易，其智乃益"及其前後句都説明，所
有的數，既使有整數或分數的差異，或者縱使有互相不同的計量
單位之差異，也可以用正確的比之數來互相折合，這時最重要的
是可以應用"少廣"題的力量。②

紀志剛認爲，"以物起數"是陳起論述的突出特點，必須"以
物起之"才能理解數學的意義，但其"物"並非古希臘數學中的
"抽象之物"，而是與國計民生密切相關的具體事物，如簡文前文

① 韓巍：《北大藏秦簡〈魯久次問數于陳起〉初讀》，《北京大學學報》（哲學社會科學版）2015 年第 2 期。
② 〔日〕大川俊隆：《關於〈陳起篇〉中"故夫學者必前其難而後其易，其智乃益"》，見韓巍、鄒大海《北大秦簡〈魯久次問數于陳起〉今譯、圖版和專家筆談》，《自然科學史研究》2015 年第 2 期。

所言"治官府""和均五官"。①

　　鄒大海認爲，"毀"與"破"互訓，是分割、劃分之義；"命"與"毀"相對，是把一個數量作爲一個整體對待，與數學著作中命分相似；"命而毀之"指將一個數量視爲一個整體，又把它拆分成若干份；"鎰""錘"分别爲六銖、八銖，這裏是就更一般的數量之大小而言，"甾（鎰）而垂（錘）之，半而倍之，以物起之"大意爲：用更小的單位，比如説鎰，來度量一個物體的重量，那麼得到的數據就會變大（"垂"可引申爲數量大、數量增多之義），就像用原來單位的一半爲標準來測量一個量則得到的數據就要加倍一樣，數量標準的設置要根據事物的具體情況來進行。還有一種可能是"鎰""錘"分别爲六銖、十二銖，則以上三句簡文意爲：將度量標準做出改變比如由鎰改爲錘，量得的數據就會像由原來的一半加倍（成爲現在的數據）那樣發生變化，而如何選擇標準則要根據事物的實際來進行。不過，度量標準由鎰改爲錘時，量得的結果實際應該是由原來的數據減半了。古人大概粗心而"甾""垂"二字倒誤，當爲"垂而甾之"。此外，鄒大海還以脚注形式提出了另外兩種理解。②

　　蔣偉男認爲，"毀"是先秦數學用語，表示對"數"的運用、處置，泛指數、量的各種運算；"鎰""錘"分别表四分之一、三分之一；"以物起之"則是強調對"命而毀之"這一數學思維或數學觀念的具體運用，就是用具體的"物"來啓發"數"；簡文"命而毀之，甾（鎰）而垂（錘）之，半而倍之，以物起之"今譯爲："（對數）進行種種的變化運算，（比如）從四分之一到三分之一，從一半到一倍，要在具體的事物之中引導出'數'的含義。"③

　　以上各家意見有以下三點可取之處。一是韓巍根據《算書》甲種之後附的衡制換算以及《説文解字》釋義認爲"鎰""錘"分

____

① 紀志剛：《〈陳起〉篇的意義分析》，見韓巍、鄒大海《北大秦簡〈魯久次問數于陳起〉今譯、圖版和專家筆談》，《自然科學史研究》2015 年第 2 期。
② 鄒大海：《〈陳起〉篇"命而毀之"和"數與度交相徹"》，見韓巍、鄒大海《北大秦簡〈魯久次問數于陳起〉今譯、圖版和專家筆談》，《自然科學史研究》2015 年第 2 期。
③ 蔣偉男：《簡牘"毀"字補説》，《古籍研究》2016 年第 2 期。

別爲六銖、八銖；二是大川俊隆將所論簡文置於"少廣"的語境下進行討論；三是鄒大海認爲"毁"與"破"可互訓。另外，鄒大海對"以物起之"的翻譯有可借鑒之處。

簡文"命而毁之，甾（錙）而垂（錘）之，半而倍之"呈現的是"少廣術"的三個應用場景，簡文"以物起之"指根據實際情況來使用"少廣術"。

"毁"與"破"可互訓。"毁"，器物破壞，引申爲破壞。《説文·土部》："毁，缺也。"段玉裁注："缺者，器破也。因爲凡破之偁。"[1] "破"，石頭碎裂，引申爲碎裂。《説文·石部》："破，石碎也。"段玉裁注："瓦部曰瓴者，破也。然則碎瓴糵三篆同義。引申爲碎之偁。"[2]《荀子·勸學》："風至苕折，卵破子死。"[3] "毁""破"可引申表示拆分、拆開。《周髀算經》卷上云："萬物周事而圓方用焉，大匠造制而規矩設焉，或毁方而爲圓，或破圓而爲方。"[4] 其"毁""破"互訓，皆爲"拆分"之義。

"命"與"令"同義甚至同字。《説文·口部》："命，使也。從口令。"段玉裁注："令者，發號也，君事也。非君而口使之，是亦令也。故曰命者，天之令也。"又《卩部》："令，發號也。"段玉裁注："發號者，發其號嗁以使人也，是曰令。人部曰，使者，令也。義相轉注。"[5] 林義光《文源》："諸彝器令、命通用，蓋本同字。"[6]《孟子·離婁上》："既不能令，又不受命，是絶物也。"[7]

古算將某物或某數量擴大若干倍表達爲"令……（以）一爲……"。《數》簡29（0788）~30（0775+C4.1-5-2+C4.1-3-7+C4.1-6-2[2]）："今枲兑（税）田十六步，大枲高五尺，五步一束。租五斤。今誤券一兩，欲奠步數。問：幾可（何）一束？得

---

[1] （清）段玉裁：《説文解字注》，浙江古籍出版社，2006，第691頁。
[2] （清）段玉裁：《説文解字注》，浙江古籍出版社，2006，第452頁。
[3] 李滌生：《荀子集釋》，臺北學生書局，2000，第4頁。
[4] 郭書春、劉鈍點校《周髀算經》，《算經十書》本，遼寧教育出版社，1998，第4頁。
[5] （清）段玉裁：《説文解字注》，浙江古籍出版社，2006，第57、430頁。
[6] 林義光著，林志強標點《文源》（標點本），上海古籍出版社，2017，第119頁。
[7] （宋）孫奭：《孟子注疏》，（清）阮元校刻《十三經注疏》，中華書局，1980，第2719頁。

曰：四步仐（八十）一分卉（七十）六﹂一束。欲復之，復置一束兩數，以乘兑（税）田而令以一爲仐（八十）一爲賞（實）；亦令所奧步一爲仐（八十）一……"（見第四章"[109] 租税類之二十一"）其中"令所奧步一爲仐（八十）一"即指把所奧步數（$4\frac{76}{81}$ 積步 / 束）擴大 81 倍。將某物或某數量擴大若干倍，也可以根據前文省略"某物或某數量"而作"令（以）一爲……"，如上引例子中，"令以一爲仐（八十）一"，即是據前文省略了一束兩數（5 尺 / 束 ×5 兩 / 尺）乘以税田（16 積步）之積，故"令（以）一爲仐（八十）一"意即把該乘積擴大 81 倍。因爲"命"與"令"同義，故"令（以）一爲……"可表達爲"命（以）一爲……"。

"破"在古算中可表示擴大若干倍。《九章算術》"盈不足"章第 19 題劉徽注："其驚馬奇半里者，法爲全里之分，故破半里爲半法，以增殘分，即合所問也。"[①] 破，這裏指在（$\frac{1}{2} + \frac{49\frac{1}{2}}{191}$）的運算中，將 $\frac{1}{2}$ 視爲分母爲 1 的分數 $\frac{\frac{1}{2}}{1}$ 後把分母和分子分別擴大 191 倍而化爲 $\frac{95\frac{1}{2}}{191}$，以便與 $\frac{49\frac{1}{2}}{191}$ 相加。又如《筹數書》"石率"算題簡 74（H37）~75（H15）："石衛（率）之术（術）曰：以所賣買爲法，以得錢乘一石數以爲實，其下有半者倍之，少半者三之，有斗、升、斤、兩、朱（銖）者亦皆破其上，令下從之以爲法，錢所乘亦破如此。"[②] 其"破"即表示將較大計量單位（本算題指"石"）擴大若干倍。也就是說，"命（以）一爲……"中的"（以）一爲……"相當於"破"。又因爲"毀""破"互訓，因此，"把某數量擴大若干倍"可以表示爲"命而毀之"。

---

① 郭書春：《〈九章筹術〉譯注》，上海古籍出版社，2009，第 313 頁。
② 張家山二四七號漢墓竹簡整理小組編著《張家山漢墓竹簡 [二四七號墓]》（釋文修訂本），文物出版社，2006，第 142 頁。

簡文"命而毁之，甾（錙）而垂（錘）之，半而倍之"與"少廣術"有關。

"命而毁之"體現了"少廣術"的一般運用場景。"少廣"指在矩形田面積 1 畝不變的情況下，田寬在 1 步的基礎上有少量增長時求田的長度。《九章算術》"少廣"章有關例題的田寬可表示爲（$1+\frac{1}{2}+\frac{1}{3}\cdots+\frac{1}{n}$）步（$n$=2，3，…，12）。則田塊長度 =240 積步 ÷（$1+\frac{1}{2}+\frac{1}{3}\cdots+\frac{1}{n}$）步。爲了盡量避免分數運算，需先求得"廣"諸分母的最小公倍數以便進行通分。[①] 以 n=3 爲例，田塊長度 =240 積步 ÷（$1+\frac{1}{2}+\frac{1}{3}$）步，廣（$1+\frac{1}{2}+\frac{1}{3}$）諸分母的最小公倍數爲 6，則古算書如《筭數書》"少廣"算題簡 168（H77）有如下表達："下有三分，以一爲六，半爲三，三分爲二。"[②] 意即"命（$1+\frac{1}{2}+\frac{1}{3}$）以一爲六"，把（$1+\frac{1}{2}+\frac{1}{3}$）擴大若干倍（6 倍），即"命而毁之"。

此外，"少廣術"還有兩個特殊運用場景。其一是除法運算中遇到不同等級的數量單位時，需要將這些數量單位進行統一。統一數量單位的方法有二。方法一是將較大單位擴大若干倍而化爲較小單位，即《筭數書》"石率"算題簡 75（H15）所謂"破其上"。[③] 例如《筭數書》簡 76（H39）~77（H40）所載"賈鹽"算題依術可列式爲 $\dfrac{150\ 錢\ \times 1\ 石}{1\ 石\ 4\ 斗\ 5\ 升\frac{1}{3}升}$，以 1 石爲 100 升，以 1 斗爲 10 升將較大單位"石""斗"轉化爲"升"，則 $\dfrac{150\ 錢\ \times 1\ 石}{1\ 石\ 4\ 斗\ 5\ 升\frac{1}{3}升}$ =

---

① 詳見周序林、張顯成、何均洪《漢簡〈算數書〉"少廣術"求最小公倍數法》,《西南民族大學學報》(自然科學版) 2021 年第 4 期。

② 張家山二四七號漢墓竹簡整理小組編著《張家山漢墓竹簡 [二四七號墓]》(釋文修訂本), 文物出版社, 2006, 第 154 頁。

③ "石率"算題及下文"賈鹽"算題, 見張家山二四七號漢墓竹簡整理小組編著《張家山漢墓竹簡 [二四七號墓]》(釋文修訂本), 文物出版社, 2006, 第 142 頁。

$$\frac{150\text{ 錢 }\times 100\text{ 升}}{100\text{ 升 }+40\text{ 升 }+5\text{ 升 }+\frac{1}{3}\text{ 升}}=\frac{150\text{ 錢 }\times 100}{145\frac{1}{3}}$$，如此就避免了除法運

算中出現因數量單位等級不同而形成的分數。方法二是將被除數
和除數的數值擴大若干倍後再將較小單位化爲較大單位。如上式

$$\frac{150\text{ 錢 }\times 1\text{ 石}}{1\text{ 石 }4\text{ 斗 }5\text{ 升}\frac{1}{3}\text{ 升}}$$，若以 1 爲 100，那麼 $\dfrac{(150\text{ 錢 }\times 1\text{ 石})\times 100}{(1\text{ 石 }4\text{ 斗 }5\text{ 升}\frac{1}{3}\text{ 升})\times 100}=$

$$\frac{150\text{ 錢 }\times 1\text{ 石 }\times 100}{100\text{ 石 }400\text{ 斗 }500\text{ 升}\frac{100}{3}\text{ 升}}$$，這時可以將較小單位“斗”“升”轉

化爲“石”，即 $\dfrac{150\text{ 錢 }\times 100\text{ 石}}{100\text{ 石 }+40\text{ 石 }+5\text{ 石 }+\frac{1}{3}\text{ 石}}=\dfrac{150\text{ 錢 }\times 100}{145\frac{1}{3}}$，避免了

除法運算中出現因數量單位等級不同而形成的分數。《陳起》篇
“甾（錙）而垂（錘）之”當屬第二種方法。錙爲 6 銖，錘爲 8
銖，則 8 錙 =6 錘或 1 錙 = $\dfrac{6}{8}$ 錘，“之”指代“錙”，“錘之”是古
算中“數量＋之”的結構，可表相乘，即“8× 錙”。“甾（錙）
而垂（錘）之”意即在除數或被除數中有“錙”和“錘”，爲了避
免因此而帶來的分數運算，需要把錙化爲錘，方法是把“錙”乘
以 8。假定將 $\dfrac{150\text{ 錢 }\times 100}{145\frac{1}{3}}$ 的“150 錢”替換爲“1 錘 1 錙”，則

$$\frac{1\text{ 錘 }1\text{ 錙 }\times 100}{145\frac{1}{3}}=\frac{1\text{ 錘 }1\text{ 錙 }\times 100\times 8}{145\frac{1}{3}\times 8}=\frac{8\text{ 錘 }8\text{ 錙 }\times 100}{145\frac{1}{3}\times 8}$$，這時可以

把 8 錙化爲 6 錘，即 $\dfrac{(8\text{ 錘 }+6\text{ 錘})\times 100}{145\frac{1}{3}\times 8}=\dfrac{14\text{ 錘 }\times 100}{145\frac{1}{3}\times 8}$，這樣就

避免了除法運算中出現因“錙”和“錘”而形成的分數。
　　“少廣術”還有一個特殊運用場景，即被除數或除數裏有分
數 $\dfrac{1}{n}$，爲了避免分數運算，可以把這個分數乘以分母 n，即擴大 n

倍。簡文"半而倍之"即指"少廣術"的這種運用場景。在古算中可以找到很多這種例子，如上引《筭數書》"石率"算題"其下有半者倍之，少半者三之"。

究竟應該如何運用"少廣術"，則要根據具體情況而定，即"以物起之"。物，物體。《説文·牛部》："物，萬物也。"① 《周易·繫辭上》："方以類聚，物以羣分。"② 簡文"物"指具體情況。"起"義爲"舉用"。《戰國策·秦策》："起樗里子於國。"高誘注："起，猶舉也。"③ 由"起人"引申出"起物"。"以物起之"意即按照具體事物來使用"少廣術"。

[58] 恒，平常的，普通的。馬王堆漢墓帛書《老子乙本·道經》第九十三行："道，可道也，非恒道也。名，可名也，非恒名也。"④ 亦見於《算書》"徑田術"算題簡 94（04-093）"恒田"（見本章"[011] 徑田術"）。恒人，即普通人。

[59] 民，百姓，指有別於君主、百官和士大夫以上各階層的庶民。秦統一前稱"民"，統一後稱"黔首"。《史記·秦始皇本紀》："更名民曰'黔首'。"⑤ 本篇有"民"四例。

[60] 鼠，即"予"。用"鼠"字表示"予"，是秦始皇推行"書同文字"政策之前的用字。詳見本【校釋】之 [5]。

[61] 枽，通"世"，世代。睡虎地秦墓竹簡《爲吏之道》簡 20："三枼（世）之後，欲士士之。"⑥ 本篇簡文用字，有增添筆畫或部件的繁化情況，如：勶（徹），笥（司），簡（閒），桑（柔），戈（弋），枼（世）。其中勶（徹）共五見，其餘各一見。

[62] 保，通"寶"，珍寶。"保""寶"古音均屬幫母、幽部。《説文通訓定聲·孚部》："保，叚借又爲寶。"⑦ 《史記·周本紀》：

---

① （漢）許慎撰，（宋）徐鉉等校定《説文解字》，上海古籍出版社，2007，第 54 頁。
② （唐）孔穎達:《周易正義》，（清）阮元校刻《十三經注疏》，中華書局，1980，第 76 頁。
③ 諸祖耿編撰《戰國策集注匯考》（增補本），鳳凰出版社，2008，第 232 頁。
④ 國家文物局古文獻研究室編《馬王堆漢墓帛書（壹）》，文物出版社，1980，第 10 頁。
⑤ （漢）司馬遷撰，（南朝宋）裴駰集解，（唐）司馬貞索隱，（唐）張守節正義《史記》，中華書局，1963，第 239 頁。
⑥ 陳偉主編《秦簡牘合集（壹）》，武漢大學出版社，2014，第 345 頁。
⑦ （清）朱駿聲:《説文通訓定聲》，中華書局，2016，第 280 頁。

"命南宮括、史佚展九鼎保玉。"裴駰集解引徐廣曰:"保,一作'寶'。"① 清華簡"保訓"之"保"即"寶"。②

[63] 韓巍認爲,"酈首"即傳說中的黃帝之臣"隸首",但結合簡文下文"酈首者筭之始也","酈首"當指"九九術",但尚無文獻用例可證此假說。簡文後文言及"少廣",而《算書》甲種以"九九術"開頭,緊接著是"少廣",從這個編排順序則可做三點假想:《陳起》篇的作者與《算書》甲種的編者很可能是同一人;《陳起》篇爲《算書》甲種的序言;《算書》甲種的篇章結構應該經過精心編排。③ 程少軒認爲,放馬灘秦簡"中麗首"的"麗首"即"酈首",指"九九術",因此《陳起》篇"酈首"無疑是指"九九術"。結合《算書》甲種的編排順序可以確定韓巍的三個假想是正確的。④

[64] 韓巍認爲,"少廣者筭之市也",是說"少廣"術就像一個市場,學習算術者所需要的各種知識都可以在其中找到,即"所求者毋不有也"。⑤ 我們認爲,將"少廣"比作"市",是因爲"少廣"包含了各種基本的計算方法,如加法、除法、乘法、通分、求最小公倍數,及減法(因爲田塊的寬度不斷增加,就意味著田塊的長度不斷減少),因此,學習計算之學的人所需要的基本計算方法在"少廣"裏都能找到。

【今譯】

魯久次向陳起請教計算,問道:"久次我讀古書和學計算二者不能兼通,想先通其中一樣,哪一個優先呢?"陳起回答說:"你假如不能兼通,就暫時放棄古書而先學會計算。先通曉了計算可

① (漢)司馬遷撰,(南朝宋)裴駰集解,(唐)司馬貞索隱,(唐)張守節正義《史記》,中華書局,1963,第126、127頁。
② 李學勤主編《清華大學藏戰國竹簡(壹)》,中西書局,2010,第143、144頁。
③ 韓巍:《北大藏秦簡〈魯久次問數于陳起〉初讀》,《北京大學學報》(哲學社會科學版)2015年第2期。
④ 程少軒:《也談"隸首"爲"九九乘法表"專名》,載中國文化遺產研究院編《出土文獻研究》(第十五輯),中西書局,2016,第119~126頁。
⑤ 韓巍:《北大藏秦簡〈魯久次問數于陳起〉初讀》,《北京大學學報》(哲學社會科學版)2015年第2期。

以更好地學習古書，而先通曉古書却不能更好地學習計算。”

久次問道："世界上的事物，有哪些不需要計算的？"陳起回答說："世界上的事物，没有不需要計算的。天所覆蓋的空間的大小，地所生養的萬物的多寡，一年四季的來臨，日月的交替，星辰的往來，五音六律的生成，這些都需要進行計算。請你從身邊的事物開始計算吧。一天的勞役要先知道食物的數量，一天的行程要先知道里程的數量，一天的耕作要先知道田畝的數量，從這些身邊的事情開始就需要計算了。假如疾病發生於身體各個部位的分屬，發自足、脛、踝、膝、股、髀、臀、脅、脊、脅、肩、胸、手、臂、肘、臑、耳、目、鼻、口、頸、項，從頭到脚，身體各個部位各有其功能，那麼身體各個部位的疾病能否治愈都是可以通過計算得知。只要知道疾病發生的日期、早晚的時刻，就可以通過計算得知疾病能否治愈，正因爲可以由計算得知，所以才能够開展治療。譬如（天文曆法方面），方形的地分爲外、中、内三重，圓形的天也分爲外、中、内三重，因此天地叫作'三方三圓'。在這個'三方三圓'的天地中，用圓規、方矩、水準和垂繩來測量，用五音、六律、六吕來生成萬物。這些都源於黄帝、顓頊、堯、舜的智慧，根據鯀、禹、皋陶、羿、倕的技巧，用來創建命名天下的法則。一是創立黄鐘之副：把黄鐘分爲十二律，用（十二律）把天下標記爲十二時，用十二地支來命名（十二時），並生成五音、十天干和二十八星宿；二是創立'三方三圓'：'大方大圓'因環繞著'中方中圓'且距離'中方中圓'三個長度單位而命名爲'單薄之參'；"中方中圓"因中圓半徑爲七而命名爲'日之七'；'小方小圓'因小圓半徑爲五而命名爲'播之五'。因此'黄鐘之副''三方三圓（單薄之參、日之七、播之五）'，用四卦爲它們命名，就可以占卜天下。"

"久次我冒昧問一下，治理官府，處理日常政務，建立各種制度，興辦各項事務，哪種計算優先呢？"陳起回答道："治理官府，處理日常政務，建立各種制度，興辦各項事務，没有哪種計算不優先。不根據天色明晦而（起床）洗漱潔齒去處理政務，如果不依據計算，是無法知道該什麼時候起床的。協調各部門處理米糧油漆事務，其升、半斗、斗、石的數量，如果不計算，是無法知道它們的數量的。準備製造鎧甲和兵器，加工筋條和皮革，割製筋條、磨製箭矢、安裝箭羽，如果不計算，就無法做成這些事務。鍛煉鐵鑄造銅，調和它們的顏色，調節它們的柔韌度和硬度，製造磬、鐘、竽、瑟，調和五音六律，如果不計算，是無法調製它們的。錦綉的文彩，割分爲七等，用藍草的莖、葉和花染色，區分爲五色，如果不計算，是無法區分它們的。野外築城，砍削籬笆，挖掘壕溝，木材的方圓之間、粗細之間、厚薄之間、寬窄之間的互求，觀察兆氣，契鑿龜甲，修築墓道，這些都需要用斲、鑿、斧、鋸和準繩、規矩才能完成，如果不計算，是無法完成這些事務的。修築高閣、臺、榭，舉行弋射，設置堤壩和祭祀設施，測量水池、水岸和彎曲的水道，如果不計算，是無法安排的。開展工程和農業土工作業，考察土地軟硬土質、黑白黃赤土色，無論它們是荆棘滿布、低窪潮濕還是滿是礫石的土地，都有它們所適合的用途，如果不計算，是無法知道它們適合什麼用途的。計算的好處，還在於分配任務，考察功績，考核出最後一名和第一名，取它們的中數作爲普通人的標準。凡是古代從事計算的人，他們的計算知識是從哪裏來的呢？是計算與測量相互貫通的結果。老百姓如果不懂測量與計算，就如天上沒有日月。天上如果沒有日月，就無法知道天明天黑。老百姓如果不懂測量和計算，就無法懂得事物的要領。計算之學必須讓老百姓知道，而且要不斷更新，因爲計算之學如果不讓老百姓知道，他們就無法懂得事物的利弊。學習計算的人一定是開始的時候覺得計算很困難而後來覺得容易，這樣才説明他的知識增長了。比如學習‘少廣術’：有時候需要把田寬中各數擴大若干倍；有時候會有不同等級的計量單位，如錙（六銖）和錘（八銖），則需要把錙擴大 8 倍以轉化爲錘；有時候只有一個分數，如 $\frac{1}{2}$，則需要把 $\frac{1}{2}$ 擴大 2 倍。究竟如何使用‘少廣術’要根據具體情況來定。但凡計算之學，都是老百姓應該掌握的，但是老百姓却不明白這一點，這很讓人擔憂啊。當統治者明智地把計算之學給予老百姓，老百姓却不覺得這是理所應當的；而當統治者昏聵地把計算之學從老百姓那裏奪走，老百姓也不覺得失去了什麼。古代的聖人把計算之學寫在竹簡帛書上用以教授後代子孫，學習計算的人一定要慎重不要忘記計算之學。計算之學最重要的莫過於'九九術'，'九九術'是學習計算的開始。'少廣'則猶如學習計算的集市，學習者想要的計算方法在這裏無所不有。"

[002]　里乘里

【釋文】

■里乘里_（里，里）也，壹三有（又）三∟五之[1]，即成田畝數，爲田三頃卉（七十）五畝。・積四里[2]爲田十五頃。[3]₂₄（03-047）

【校釋】

[1]"壹三"之"壹"表示"一次"，"壹三"表示用 3 乘一次，相當於 3 的 1 次方（3^1）。數詞"壹"的這種用法還見於《數》簡 186（0830）"下壹乘上"、簡 191（0768+0808）"以上周壹乘下周"（見第三章"[072] 體積類之十"" [077] 體積類之十五"）。"三五"之"三"表示"三次"，"三五"表示用 5 乘三次，相當於 5 的 3 次方（5^3）。數詞"三"作此種用法時也作"参"，如《算書》甲種"里田術"簡 91（04-096）"参五之"（見第一章"[010] 里田術"）、《數》簡 149（0832）"参四〈五〉之"（見第三章"[053] 衰分類之十六"）。之，指代"里乘里_（里，里）也"（1 里 ×1 里 =1 積里）産生的運算結果 1。"壹三有（又）三五之"是"數詞＋之"的結構，表示相乘關係，即 $3^1 \times 5^3 \times 1$。

[2] 積四里，這裏指一邊爲 1 里、一邊爲 4 里的矩形田塊。

[3] 我們以簡首三字"里乘里"爲本算題命名。依據題意計算如下：1 里 ×1 里 =1 積里，$3^1 \times 5^3 \times 1=375$，即 3 頃 75 畝。如果田塊爲 4 積里，則 3 頃 75 畝 ×4=15 頃。

本算題"里田術"是將 1 積里田塊轉化爲 375 畝（3 頃 75 畝）的計算過程，具有湊數的特徵，不具算理。① 類似算題還見於

---

① 周序林、何均洪、李文娟:《簡牘算書一種特殊計算方法解析》,《西南民族大學學報》（自然科學版）2022 年第 5 期。

《算書》甲種"里田術"（見本章"[010] 里田術"），《數》簡 62（0947）"里田術"（見第二章"[010] 面積類之十"），以及《筭數書》"里田"算題。①

【今譯】

1 里乘 1 里，得 1 積里，用 3 乘一次、用 5 乘三次其乘積 1，就得到頃畝數，得田 3 頃 75 畝。4 積里得田 15 頃。

[003]　圜田

【釋文】

■圜[1] 田周卅步，令三而一爲徑[2]＝（徑，徑）十步，爲田卅（七十）五步。・其述（術）曰：半周半徑相乘即成。・一述（術）曰：周乘 28（03-016）周，十三成【一】[3]。・一述（術）曰：徑乘周，四而成一。・一述（術）曰：參分周爲從，四分周爲廣[4]，相乘即成。・述（術）29（03-011）曰：徑乘徑，四成三[5]。[6] 30（03-017）

【校釋】

[1] 圜，韓巍改作"圓"。② 不必校改，因爲"圜"本身就有"圓"義。《廣雅・釋詁三》："圜，圓也。"③《周禮・考工記・輿人》："圜者中規，方者中矩。"④

[2] "令三而一爲徑"意即周長（30 步）除以 3（圓周率）得直徑（10 步）。

[3] 韓巍於"成"字後補"一"字而作"十三成一"，並指出，"十三"可能並非"十二"之筆誤。⑤ 鄒大海據"周乘周，十三成

---

① 張家山二四七號漢墓竹簡整理小組編著《張家山漢墓竹簡 [二四七號墓]》（釋文修訂本），文物出版社，2006，第 272 頁。

② 韓巍：《北大秦簡〈算書〉土地面積類算題初識》，載武漢大學簡帛研究中心主編《簡帛》（第八輯），上海古籍出版社，2013，第 29~42 頁。

③ （清）王念孫：《廣雅疏證》，中華書局，1983，第 85 頁。

④ （唐）賈公彥：《周禮注疏》，（清）阮元校刻《十三經注疏》，中華書局，1980，第 910 頁。

⑤ 韓巍：《北大秦簡〈算書〉土地面積類算題初識》，載武漢大學簡帛研究中心主編《簡帛》（第八輯），上海古籍出版社，2013，第 29~42 頁。

一”算得圓周率爲 3.25，認爲這個取值的出現很突兀，並列出了三條理由，結論是“三”有可能是“二”之誤，畢竟“三”與“二”容易互誤。[1]此説甚有道理。但是也許存在另一種可能，即這條術文並無訛誤，而是從其他算書撮入本算題後，没有調整原來的數據“十三”以與本算題答案以及其他四條術文保持一致。圓周率不取值 3 也見於《筭术》“有圜將來”算題簡 46~47：“●曰有睘（圜）將來，直（置）十六與五侍之，欲求其徑，以五乘周，十六而一，徑也。欲求其周，以十六乘徑，五而一，周也。有徑十步，問周幾何？得曰：周卅二步。”[2]此題周徑比爲 16：5，顯然圓周率取值爲 3.2。因此，我們認爲簡文“十三”應該不是筆誤，而是古人爲了滿足實踐需要而將圓周率取值 3.25 的結果。相較於圓周率取值 3 造成的面積誤差而言，取值 3.25 造成的面積誤差要小一些。

[4] 簡文“參分周”“四分周”之“參”和“四”，簡文下文“四成三”之“四”和“三”，均跟圓與其外切正方形周長比 3：4（圓周率往往取值 3）有關。“爲廣”“爲從”表明計算圓面積的方法是把圓轉化爲矩形。

[5] “四成三”意即“每四個變成三個”，[3]表示除以 4 乘以 3。

[6] 我們以簡首二字“圜田”爲本算題命名。本算題給出了五種計算圓田面積的方法，它們是：（a）半周半徑相乘；（b）周乘周，十三成【一】；（c）徑乘周，四而成一；（d）參分周爲從，四分周爲廣，相乘即成；（e）徑乘徑，四成三。設圓周長爲 c，直徑爲 d，圓面積據這五種方法可分別計算如下：（a）$\frac{c}{2} \times \frac{d}{2} = \frac{30 步}{2} \times \frac{10 步}{2}$ =75 積步；（b）（$c \times c$）÷13=（30 步 ×30 步）÷13=69$\frac{3}{13}$積步；（c）（$d \times c$）÷4=（10 步 ×30 步）÷4=75 積步；（d）$\frac{c}{3} \times \frac{c}{4}$=

① 鄒大海：《中國數學在奠基時期的形態、創造與發展：以若干典型案例爲中心的研究》，廣東人民出版社，2022，第 285 頁。
② 譚競男、蔡丹：《睡虎地漢簡〈算術〉“田”類算題》，《文物》2019 年第 12 期。
③ 按：“四成三”意即“每四個變成三個”，此蒙鄒大海先生於 2023 年 1 月 2 日賜教。謹表謝忱。

$\dfrac{30\ 步}{3} \times \dfrac{30\ 步}{4} = 75\ 積步$；$(e)\ (d \times d) \div 4 \times 3 = (10\ 步 \times 10\ 步) \div 4 \times 3 = 75\ 積步$。

此外，"周卅步""徑十步"之"步"均是長度單位，而"爲田卉（七十）五步"之"步"則是用長度單位表示的面積，即積步。本算題是將一塊周長 30 步、直徑 10 步的圓形田塊轉化爲寬 1 步、長 75 步的矩形田塊。簡文"卉（七十）五步"不是普通意義上的長度，而是相對於寬 1 步而言的長度，即"積步"。關於"用長度計量面積"，參見鄒大海專著。① 凡是論及古算面積，本書都用"積 + 長度單位"表示，如積步、積寸、積尺等，而不用現代數學的"平方"表示。如本算題"卉（七十）五步"作 75 積步而不是 75 平方步。

【今譯】

圓田周長 30 步，除以 3 得直徑，直徑 10 步，得田 75 積步。計算方法：周長折半與直徑折半相乘就得到結果。另一計算方法：周長乘周長，除以 13。另一計算方法：直徑乘以周長，除以 4 即得結果。另一計算方法：周長的 $\dfrac{1}{3}$ 爲矩形的長，周長的 $\dfrac{1}{4}$ 爲矩形的寬，相乘即得結果。（還有）計算方法：直徑乘直徑，除以 4 乘以 3。

[004]　田三匦

【釋文】

■田三匦[1]，一面正一面邪[2]者，令正面相乘，二成一。・正廿步，邪廿二步，爲田二百步。31(03-018) 田三匦者，半其一面以爲廣，即令一面五，爲四從[3]，相乘即成。・面十五步，爲田卆（九十）步。[4] 32(03-036)

---

① 鄒大海：《中國數學在奠基時期的形態、創造與發展：以若干典型案例爲中心的研究》，廣東人民出版社，2022，第 219~223 頁。

【校釋】

[1] 匚，箕一類的器具。《説文·匚部》："匚，一曰箕屬。"[1] 韓巍改"匚"·爲"陋"，據睡虎地秦簡《日書》甲種簡16背肆、17背肆"困居宇西南匚，吉。困居宇東北匚，吉"，訓"匚"爲"角隅"，認爲"田三匚（陋）"也就是三角形的田，並根據簡文"丈其中以爲從"認爲本題有可能是等腰三角形面積的計算。[2] 郭書春認爲簡文"丈其中"就是度量三角形的高，本題所指還是一般的三角形。[3]

箕田，指形似簸箕的田塊。目前古算中所見箕田，除《筭术》"箕田術"簡124所載箕田爲直角梯形以外，[4] 其餘均指等腰梯形（圖1-3），其中 E、F 分別是 DC 和 AB 的中點，EF 爲正從。

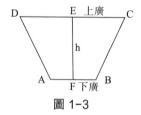

圖 1-3

我們認爲，本算書中的三匚是一種平面爲三角形的箕。三匚田即指將圖1-3中 A、B、E 三點連綫而成的等腰三角形田 ABE（圖1-4）。

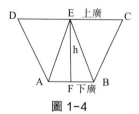

圖 1-4

① （漢）許慎撰，（宋）徐鉉等校定《説文解字》，上海古籍出版社，2007，第639頁。
② 韓巍：《北大秦簡〈算書〉土地面積類算題初識》，載武漢大學簡帛研究中心主編《簡帛》（第八輯），上海古籍出版社，2013，第29~42頁。
③ 參見韓巍《北大秦簡〈算書〉土地面積類算題初識》，載武漢大學簡帛研究中心主編《簡帛》（第八輯），上海古籍出版社，2013，第29~42頁。
④ 譚競男、蔡丹：《睡虎地漢簡〈算術〉"田"類算題》，《文物》2019年第12期。

[2] 正，正中，不偏斜。《説文・正部》："正，是也。"又《是部》："是，直也。"[①]《尚書・洪範》："無偏無黨，王道蕩蕩；無黨無偏，王道平平，無反無側，王道正直。"[②] 兩條直綫垂直相交爲"正"，"一面正"是指一條邊相對於某條綫而言是垂直關係。這條綫有兩種可能性：一是如韓巍所理解的三角形的另一條邊，也就是說這個三角形是直角三角形；二是相對於這條邊上的高而言是垂直關係，也就是說構成了鄒大海所言的等腰三角形 ABC 底邊 BC 與其高 AD 的關係，[③]見圖 1-5（AB、AC 爲腰，AD 爲高）。而本算題的數據說明第二種可能性是正確的。

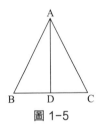

圖 1-5

邪，即"斜"。"一面邪"，指一條邊傾斜，即斜邊。鄒大海認爲簡文"一面正一面邪"可能是"一面正二面邪"之誤，因爲三角形有三邊，要麼"二面正一面邪"要麼"一面正二面邪"。[④]此說很有道理，但簡文"一面正一面邪"似乎無誤，因爲在古人看來，"田三匭"本來就是等腰三角形的田塊，通過"一面正"確定了等腰三角形的底邊和高，通過"一面邪"確立了等腰三角形的一條斜邊，則第三條邊當然是等腰三角形的另一斜邊就不言自明了。此外，術文"一面正""一面邪"分別與簡文下文例題的已知

① （漢）許慎撰，（宋）徐鉉等校定《説文解字》，上海古籍出版社，2007，第 76 頁。
② （唐）孔穎達：《尚書正義》，（清）阮元校刻《十三經注疏》，中華書局，1980，第 190 頁。
③ 詳見韓巍《北大秦簡〈算書〉土地面積類算題初識》，載武漢大學簡帛研究中心主編《簡帛》（第八輯），上海古籍出版社，2013，第 29~42 頁；鄒大海《中國數學在奠基時期的形態、創造與發展：以若干典型案例爲中心的研究》，廣東人民出版社，2022，第 270 頁。
④ 鄒大海：《中國數學在奠基時期的形態、創造與發展：以若干典型案例爲中心的研究》，廣東人民出版社，2022，第 270 頁。

條件"正廿步""邪廿二步"對應，似乎不需要將"一面邪"改作"二面邪"其文意亦是清楚的。

據本術，例題二用勾股弦近似值可計算如下：勾（BD）=10步，弦（AB）=22步，則股（AD）≈20步。則三匧田 ABC 面積 = 20步 × 20步 ÷2=200 積步。

[3] 韓巍將簡文"令一面五爲四從"連讀，認爲"令一面五爲四從"就是採用"勾三股四弦五"的比例，以另一"面"（腰）的五分之四爲"從"。[①] 這一處理方式有將簡文"五爲四"理解爲"五分之四"之嫌，因此有必要對簡文"令一面五爲四從"進行進一步分析。

我們將簡文"令一面五爲四從"於"五"與"爲"之間斷讀，並句讀爲"令一面五，爲四從"。下面用等腰三角形 BCA 的幾何圖（圖 1-6），其中 CA=CB，AD 與 CB 垂直於 D，對簡文"令一面五，爲四從"的含義進行闡釋。"令一面五"指將等腰三角形除 CB 之外的另一條腰 CA 的長度值假定爲 5，"爲四從"即"爲四者從"，意爲長度值爲 4 的邊就是"從"，這裏指三角形的高 AD。

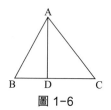

圖 1-6

據本術，例題二可計算如下：CA=CB=15步，CA：AD=5：4，則 AD=12步，則三角形 ABC 面積 =15步 ÷2× 12步 =90積步。鄒大海指出，本算題"以什麼爲廣，以什麼爲從"的思路反映了用出入相補化三角形爲長方形求積的思想。[②]

---

① 韓巍：《北大秦簡〈算書〉土地面積類算題初識》，載武漢大學簡帛研究中心主編《簡帛》（第八輯），上海古籍出版社，2013，第 29~42 頁。

② 鄒大海：《中國數學在奠基時期的形態、創造與發展：以若干典型案例爲中心的研究》，廣東人民出版社，2022，第 271 頁。

[4] 我們以簡首三字"田三匜"爲本算題命名。

【今譯】

田塊爲等腰三角形，一邊（底邊）與高垂直，而一邊（腰）是高的斜邊，用與高垂直的邊（底邊）自乘，除以 2 即得結果。與高垂直的邊（底邊）20 步，高的斜邊（腰）22 步，得田 200 積步。田塊爲等腰三角形，把一邊（這裏指一條腰）除以 2 作爲寬，再假令一條邊（這裏指另一條腰）長度值爲 5，則長度值爲 4 的邊（三角形的高）就是長，將寬與長相乘即得結果。（等腰三角形田塊）的一條邊（腰）長 15 步，得田面積 90 積步。

[005]　啓廣術

【釋文】

●曰啓[1] 廣述（術）：先直（置）其從數以爲法，欲求一畝，即直（置）二百卌步以爲實，$_{65（04-177）}$ 除，實如法得一，不盈步者，以法命分。$_{66（04-178）}$ 有田從廿五步，欲求一畝，〔啓〕廣[2] 幾可（何）? 曰：九步有（又）五分步三。[3]$_{67（04-179）}$

【校釋】

[1] 啓，義爲"開闢"。《廣雅·釋詁》："啓，開也。"① 《韓非子·有度》："齊桓公并國三十，啓地三千里。"②《韓非子·初見秦》："開地數千里，此其大功也。"③ "啓"在本算題可訓爲"切割""劃分"。

[2] "廣"前省略"啓"字。《筭數書》"啓廣"算題簡 159（H65）把"啓廣"省作"啓"。④

---

① （清）王念孫：《廣雅疏證》，中華書局，1983，第 107 頁。
② （清）王先慎撰，鍾哲點校《韓非子集解》，中華書局，2003，第 31 頁。
③ （清）王先慎撰，鍾哲點校《韓非子集解》，中華書局，2003，第 4 頁。
④ 張家山二四七號漢墓竹簡整理小組編著《張家山漢墓竹簡 [二四七號墓]》（釋文修訂本），文物出版社，2006，第 153 頁。

[3] 朱鳳瀚等公佈了本組簡的彩色圖版。[①] 我們據簡首簡文"曰啓廣述（術）"將本算題命名爲"啓廣術"。依術計算如下：240 積步 ÷25 步 =9 $\frac{3}{5}$ 步。

【今譯】

切割田廣的計算方法：先（在籌算板上）設置田長的數量作爲除數，假如要得 1 畝，就設置 240 積步作爲被除數，除 240 積步，被除數除以除數即得結果，不滿 1 步的餘數，用除數作其分母。有一田塊長 25 步，想得到 1 畝田，則田寬應該切割爲多少步？答：9 $\frac{3}{5}$ 步。

[006] 箕田術

【釋文】

●箕田[1] 述（術）：并其兩廣而半之，以乘從[2]，即成步殹（也）。₇₉（₀₄₋₁₈₁）今有田一檔（端）[3] 十步，一檔（端）廿步，從廿步，爲田一畝卒（六十）步。[4]₈₀（₀₄₋₁₈₂）

【校釋】

[1] 箕田，目前古算所見箕田，除《筭术》"箕田術"簡 124 所載箕田明確爲直角梯形以外，[②] 其餘均指等腰梯形（參見第二章"[012] 面積類之十二"）。

[2] 從，"正從"之省，指與廣垂直的從，即底邊上的高。簡文下文"從"亦同。參見第二章"[012] 面積類之十二"。

[3] 檔，即"端"。檔，古音端母、歌部，端，端母、元部。二字音近，可假借。檔（端），這裏指梯形田的底邊。

[4] 我們據簡首三字"箕田述（術）"把本算題命名爲"箕田術"。從本算題算法可知，本算題的解題思路是將梯形田轉化爲矩

---

① 朱鳳瀚、韓巍、陳侃理：《北京大學藏秦簡牘概述》，《文物》2012 年第 6 期。
② 譚競男、蔡丹：《睡虎地漢簡〈筭術〉"田"類算題》，《文物》2019 年第 12 期。

形田，然後求其面積。設上廣爲 a，下廣爲 b，正從爲 h，則箕田面積 S＝（a＋b）÷2×h＝（10 步 +20 步）÷2×20 步 =300 積步，即 1 畝 60 積步。

【今譯】

等腰梯形田面積的計算方法：把上、下底相加，除以 2，乘以高，即得積步。假如有一塊田，一底邊 10 步，一底邊 20 步，高 20 步，得田 1 畝 60 積步。

[007] 田三匼術

【釋文】

●田三匼[1] 述（術）：丈其中以爲從[2]，半其廣，即廣[3] 殹（也），以乘從，即成步。81（04-183）今有田一面十步，丈其中八步半步，爲田卅二步半步。[4] 82（04-184）

【校釋】

[1] 匼，箕一類的器具，三匼是一種平面爲三角形的箕，田三匼指等腰三角形田。詳見本章"[004] 田三匼"【校釋】之 [1]。

[2] 鄒大海認爲"丈其中以爲從"意爲：丈量田三匼的中綫，以量得的長度作爲從的長度。① 中，中點。《數》簡 64（0936）"道舌中丈夢（徹）疃（踵）中以爲從"（見第二章"[012] 面積類之十二"），意即丈量圖 1-4 的上廣 DC 和下廣 AB 的中點 E、F 之間的距離 EF。三匼田 ABE 的頂點 E 即有中點的意味，F 即是 AB 的中點，故簡文"丈其中以爲從"指丈量 EF 的長度作爲"從"的長度。

[3] 簡文"半其廣"之"廣"與"即廣"之"廣"所指不同。前一"廣"指圖 1-4 三匼田 ABE 的底邊 AB，後一"廣"指將三角形 ABE 轉化爲以 AF 或 FB 爲寬、以 EF 爲長的矩形的寬。

---

① 鄒大海：《中國數學在奠基時期的形態、創造與發展：以若干典型案例爲中心的研究》，廣東人民出版社，2022，第 269 頁。

[4] 我們據簡首四字 "田三匦述（術）" 將本算題命名爲 "田三匦術"。據術文，本算題計算思路是將等腰三角形轉化爲長方形的面積，其例題可計算如下：10 步 ÷2×8 $\frac{1}{2}$ 步 =42 $\frac{1}{2}$ 積步。

【今譯】

等腰三角形田面積的計算方法：丈量頂點至底邊中點的距離作爲長，下底除以 2 作爲寬，（寬）乘以長，即得結果。假如有一（等腰三角形）田塊，一邊（底邊）長 10 步，測得頂點到底邊中點的距離爲 8 $\frac{1}{2}$ 步，得田面積 42 $\frac{1}{2}$ 積步。

[008]　圓田術

【釋文】

●員（圓）[1]田述（術）：半周半徑相乘殹（也），田即定。其一述（術）：耤（藉）周，自乘殹（也），十二成一。其一 ₈₃₍₀₄₋₁₈₅₎ 述（術）：半周以爲廣、從，令相乘殹（也），三成一。[2] ₈₄₍₀₄₋₁₈₆₎ 今有田員（圓）卅步。問：幾可（何）? 曰：田卅（七十）五步。程桑如此[3]。[4] ₈₅₍₀₄₋₁₈₇₎

【校釋】

[1] 員，即 "圓"。圓從員得聲，故可通。《説文·囗部》："圓，從囗員聲。"[1] "員田" 即 "圓田"，《算書》丙種還作 "圜田"（見本章 "[003] 圜田"），《數》作 "周田"（見第二章 "[013] 面積類之十三"），不見於《筭數書》。《九章算術》"方田" 章第 31 題作 "圓田"："今有圓田，周三十步，徑十步。問：爲田幾何? 答曰：七十五步。又有圓田，周一百八十一步，徑六十步三分步之一。問：爲田幾何? 答曰：十一畝九十步十二分步之一。術曰：半周半徑相乘得積步。又術曰：周徑相乘，四而一。又術曰：徑

_____

① （漢）許慎撰，（宋）徐鉉等校定《説文解字》，上海古籍出版社，2007，第 302 頁。

自相乘，三之，四而一。又術曰：周自相乘，十二而一。"①

[2] 設圓周長爲 c，直徑爲 d，本算題提出了三種計算圓田面積的方法，分別是：$\frac{c}{2} \times \frac{d}{2}$，$(c \times c) \div 12$，$(\frac{c}{2} \times \frac{c}{2}) \div 3$。其計算思路是將圓轉化爲矩形，然後計算矩形的面積，最後通過這個矩形的面積來求得圓的面積。其中，術一是將圓轉化爲一邊長 $\frac{c}{2}$，另一邊長 $\frac{d}{2}$ 的矩形，這個矩形的面積與圓的面積恰好相等；術二將圓轉化爲邊長爲 c 的正方形，這個正方形的面積除以 12 爲圓面積；術三將圓轉化爲邊長爲 $\frac{c}{2}$ 的正方形，這個正方形的面積除以 3 爲圓面積。這就是術三把"半周"作爲"廣"和"從"的原因所在。

從，後作"縱"，南北爲縱。《集韻·鍾韻》："從，南北曰從。"② 也指長度。《九章算術音義》："從，長也。"③ 與之對應的是"廣"，表示由東到西的長度，相當於"橫"。《周禮·地官·大司徒》："以天下土地之圖，周知九州之地域廣輪之數。"賈公彥疏："馬融云：'東西爲廣，南北爲輪。'"④ "從"也稱"袤"。袤，南北的距離。《説文·衣部》："袤，南北曰袤。東西曰廣。"⑤ 也指長度。如《筭數書》"繒幅"算題簡 61（H149）"繒幅廣廿二寸，袤十寸"。⑥

廣與從或袤的數量關係有三種。一是廣等於從或袤，如本算題"半周以爲廣、從"，又如《筭數書》"里田"算題簡 187

① 郭書春：《〈九章算術〉新校》，中國科學技術出版社，2014，第 20、24、25 頁。
② （宋）丁度等：《集韻》，《四庫全書》（景印文淵閣版），臺北商務印書館，1986，第 236 册第 441 頁。
③ （唐）李籍：《九章算術音義》，《四庫全書》（景印文淵閣版），臺北商務印書館，1986，第 797 册第 127 頁。
④ （唐）賈公彥：《周禮注疏》，（清）阮元校刻《十三經注疏》，中華書局，1980，第 702 頁。
⑤ （漢）許慎撰，（宋）徐鉉等校定《説文解字》，上海古籍出版社，2007，第 406 頁。
⑥ 張家山二四七號漢墓竹簡整理小組編著《張家山漢墓竹簡 [二四七號墓]》（釋文修訂本），文物出版社，2006，第 257 頁。

（H94）"廣、從各一里"。[1] 二是廣大於從或袤，如上引《筭數書》"繒幅"算題簡 61（H149）"繒幅廣廿二寸，袤十寸"，又如《數》簡 56（0954）"田廣十六步大半₌（半、半）步，從十五步少半₌（半、半）步"（見第二章"[005] 面積類之五"），再如《九章算術》"方田"章第 21 題"又有田廣五分步之四，從九分步之五"。[2] 三是廣小於從或袤，如《數》簡 63（1714）"以從二百卌步者，除廣一步，得田一畮"（見第二章"[011] 面積類之十一"）。

可見，古算的"廣""從"（"袤"）與現代數學的"寬""長"並不對應。因此，當"廣"大於"從"時，本書視"廣"爲"長"，"從"爲"寬"；當"廣"等於"從"時，本書視"廣""從"爲正方形的邊長；當"廣"小於"從"時，本書視"廣"爲"寬"，"從"爲"長"。

[3] 韓巍指出："'程桑如此'應是指'程桑'算題的解法與本題相同，但北大簡《算書》中並未發現'程桑'一題，在傳世和出土秦漢數學文獻中也未見到。這充分説明《算書》只是當時流傳的數學文獻的選編本，編者所見到的算題還有相當一部分沒有收入，《數》和《筭數書》的情況也與之類似。"[3]

[4] 我們據簡首文字"員（圓）田述（術）"將本算題命名爲"圓田術"。

【今譯】

圓田面積的計算方法：周長折半與直徑折半相乘，就能求得田面積。另一種方法：（在籌算板上）設置周長，周長乘以周長，除以 12 即得結果。另一種方法：用周長折半作爲（正方形）的兩邊，令兩邊相乘，除以 3 即得結果。假設有圓田周長 30 步。問：面積多少？答：田面積 75 積步。"程桑"也是這樣。

---

① 張家山二四七號漢墓竹簡整理小組編著《張家山漢墓竹簡 [二四七號墓]》（釋文修訂本），文物出版社，2006，第 272 頁。
② 郭書春:《〈九章算術〉新校》，中國科學技術出版社，2014，第 17 頁。
③ 韓巍:《北大秦簡〈算書〉土地面積類算題初識》，載武漢大學簡帛研究中心主編《簡帛》（第八輯），上海古籍出版社，2013，第 29~42 頁。

[009]　方田術

【釋文】

𥄂欲[1]方田述（術）：耤（藉）方十六而有餘十六；耤（藉）方十五，不足十五。即并贏（盈）、不足以爲 86（04-188）法[2]。而直（置）十五，亦耤（藉）十五，令相乘殹（也），即成步[3]；有（又）耤（藉）卅一分十五，令韋（維）乘 87（04-229）上十五[4]，有（又）令十五自乘殹（也），十五成一，從韋（維）乘者而卅一成一[5]；乃得從上即成，88（04-100）爲田一畮[6]。其投[7]此用三章[8]。89（04-099）

【校釋】

[1] 欲，想要達到某種目的或得到某種東西。《説文・欠部》："欲，貪欲也。"[1]《周易・損》："君子以懲忿窒欲。"[2] 這裏引申作"求得"，"欲方田述（術）"意爲求方田的計算方法。

[2] 此處當省略了計算被除數的方法，所對應的計算過程即：$16 \times 15 + 15 \times 16$。用盈不足術算得面積爲 240 積步的正方形田的邊長是：$\frac{16 \times 15 + 15 \times 16}{16 + 15} = 15\frac{15}{31}$ 步。術文後文是利用這一邊長驗算得到 240 積步。正常的驗算過程及結果應該是：$15\frac{15}{31} \times 15\frac{15}{31} = (15 + \frac{15}{31}) \times (15 + \frac{15}{31}) = 15 \times 15 + 2 \times 15 \times \frac{15}{31} + \frac{15}{31} \times \frac{15}{31} = 239\frac{721}{961}$ 步，誤差 $\frac{240}{961}$ 步。

[3] 鄒大海爲本算題繪製了幾何圖（圖 1-7）。[3] 術文所言 15 步 × 15 步，是指邊長爲 15 步的正方形田塊 *AEFG* 的面積。

---

[1] （漢）許慎撰，（宋）徐鉉等校定《説文解字》，上海古籍出版社，2007，第 426 頁。

[2] （唐）孔穎達：《周易正義》，（清）阮元校刻《十三經注疏》，中華書局，1980，第 53 頁。

[3] 此幾何圖，見鄒大海《中國數學在奠基時期的形態、創造與發展：以若干典型案例爲中心的研究》，廣東人民出版社，2022，第 281 頁。

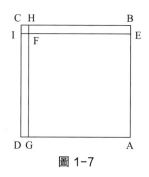

圖 1-7

[4] 簡文 "有（又）耤（藉）卅一分十五，令韋（維）乘上十五" 文意晦澀，當有兩處脱文。其一，"令" 後可能脱 "其子"，指代 "有（又）耤（藉）卅一分十五" 中 "卅一分十五" 的分子 "十五"，否則，容易使人誤認爲是用所設置的 "卅一分十五" 與 "上十五" 維乘。其二，"上十五" 後當脱 "并之"。完整的術文如下："有（又）耤（藉）卅一分十五，令【其子】韋（維）乘上十五，【并之】"。"上十五" 指術文前文 "而直（置）十五，亦耤（藉）十五" 中的兩個 "十五"，與之相乘的是 "卅一分十五" 的分子 "十五"，而 "卅一分十五" 的分母 "卅一" 目前還没有參與運算，"卅一" 參與運算是在術文後文 "從韋（維）乘者而卅一成一"。本算題的 "韋（維）乘" 可示意如圖 1-8。本句術文表達的運算過程可示意如下：$15 \times 15 + 15 \times 15$。

圖 1-8

[5] 簡文 "令十五自乘，十五成一" 表示 $(15 \times 15) \div 15$，"從韋（維）乘者" 表示 $\frac{15 \times 15}{15} + (15 \times 15 + 15 \times 15)$，"卅一成一" 即 $\dfrac{\frac{15 \times 15}{15} + (15 \times 15 + 15 \times 15)}{31}$，可拆分並計算爲 $\dfrac{15 \times 15}{15 \times 31} +$

$$\frac{15 \times 15 + 15 \times 15}{31} = \frac{15}{15} \times \frac{15}{31} + 15 \times \frac{15}{31} + 15 \times \frac{15}{31} = 15 \text{ 積步}。$$ 顯然，算式中的 $15 \times \frac{15}{31} + 15 \times \frac{15}{31}$ 對應的是圖 1-7 中的長方形 $FIDG$ 與長方形 $EBHF$ 的面積之和，那麼 $\frac{15}{15} \times \frac{15}{31}$ 就應該是計算圖 1-7 中的正方形 $CHFI$ 的面積，但是正方形 $CHFI$ 的面積本當計算作 $\frac{15}{31} \times \frac{15}{31}$。很明顯，術文通過"十五成一"所進行的計算，不具算理，也不具普適性，而是一種帶有湊數特徵的特殊算法，因爲算題作者知道，如果通過（$\frac{15}{31}$步 × $\frac{15}{31}$步）計算出小正方形 $CHFI$ 的面積，那麼最終得到的驗算結果將小於 240 積步。這是由於使用盈不足法來計算正方形邊長而帶來的誤差造成的。算題作者似乎知道有這個誤差的存在，所以沒有通過"卅一成一"計算小正方形 $CHFI$ 的面積來完成最終的驗算，而通過"十五成一"來實現，即通過修改數據的方式實現。① 鄒大海對此有不同闡釋。②

[6] 這句簡文表示 15 積步 +225 積步 =240 積步 =1 畝。

[7] 韓巍把簡文"𢼒"釋作"投"，並依程少軒意見而訓爲"取"。③ 該簡文釋"投"是正確的，但訓爲"取"未安，當訓"（在籌算板上）設置算籌"，引申作"計算"。此用例也見於《數》簡 180（0767）"投城之述（術）"（詳見"緒論"之"漢語史價值"、第三章"[066] 體積類之四"）。

[8] 韓巍認爲，簡文"其投此用三章"意爲求解這種問題要用到"三章"的方法，但指哪"三章"尚不明。④ 上引韓巍轉引鄒

<hr/>

① 周序林、何均洪、李文娟：《簡牘算書一種特殊計算方法解析》，《西南民族大學學報》（自然科學版）2022 年第 5 期。
② 鄒大海：《中國數學在奠基時期的形態、創造與發展：以若干典型案例爲中心的研究》，廣東人民出版社，2022，第 281~282 頁。
③ 韓巍：《北大秦簡〈算書〉土地面積類算題初識》，載武漢大學簡帛研究中心主編《簡帛》（第八輯），上海古籍出版社，2013，第 29~42 頁。
④ 韓巍：《北大秦簡〈算書〉土地面積類算題初識》，載武漢大學簡帛研究中心主編《簡帛》（第八輯），上海古籍出版社，2013，第 29~42 頁。

大海認爲"投此用三章"可能是指在驗算求正方形田的面積時，分三部分進行，即圖 1-7 內側正方形 *AEFG*、兩個長方形 *EBHF*、*FIDG*，以及小正方形 *CHFI*；鄒大海在其專著中再次闡釋了這一觀點。[①] 我們認爲"三章"指術文所講述的三個驗算步驟，第一章是算得 225 積步，即 15×15=225 積步，第二章是算得 15 積步，即 $\dfrac{\dfrac{15\times15}{15}+（15\times15+15\times15）}{31}$ =15 積步，第三章是算得 240 積步，即 225+15=240 積步。

【今譯】

求方田的計算方法：假設（240 積步的）正方形田塊的邊長 16 步，則盈餘 16 積步；假設邊長 15 步，則不足 15 積步。然後把盈餘數和不足數相加作爲除數，（將"16×15+15×16"作爲被除數。相除即得邊長。）（驗算：）首先，（在籌算板上）設置 15 步，又設置 15 步，把它們相乘，即得（225）積步；然後，設置 $\dfrac{15}{31}$ 步，把它的分子與前面設置的兩個 15 步交叉相乘，（把它們的乘積相加，）又用 15 步乘 15 步，除以 15，與交叉相乘的積之和相加後除以 31；最後，如此算得的結果（15 積步）與之前得到的（225 積步）相加就得到田畝數，得田 1 畝。驗算求正方形田的面積時，就分這三部分進行。

[010] 里田術

【釋文】

●里田述（術）曰：里乘里=（里，里）[1]殹（也），見一鼠（予）二，見二鼠（予）四=（四，四）者加一，因而三之[2]，即頃畝殹（也）。 ₉₀₍₀₄₋₀₈₁₎ 其一述（術）曰：里乘里=（里，里）殹

---

① 鄒大海：《中國數學在奠基時期的形態、創造與發展：以若干典型案例爲中心的研究》，廣東人民出版社，2022，第 282~283 頁。

（也），壹參之，有（又）參五之[3]，即頃畝數殹（也）。₉₁（04-096）今有方[4] ··里。問：田幾可（何）? 曰：三頃卄（七十）五畝。方十里，田三百卄（七十）五頃。[5]₉₂(04-095)

【校釋】

[1] "里乘里=（里，里）殹（也）"將 1 里乘以 1 里的乘積作"里"，即 1 積里。

[2] 韓巍認爲，"見一鼠（予）二，見二鼠（予）四=（四，四）者加一"的含義頗費解。據推測，"見一鼠（予）二"，成 3，即方里化成頃時"壹參之"；"見二鼠（予）四=（四，四）者加一"似是將 2 變成 4，4 加 1 成 5，即"五之"之"五"；"因而三之"，即三次用 5 乘。①

此推測存疑。古算用語"數詞＋之"表示相乘關係，"之"指代前面所設置在籌算板上的數，或者經過前面某種運算所得結果（詳見第二章"[015]面積類之十五"【校釋】之[7]）。簡文"三之"的"之"指代經過前面一系列運算所得結果 125（見表 1-2），"三之"意即 3×125，而不是表示"三次用 5 乘"。

簡文"見"義爲"（在籌算板上）出現"。"鼠"即"予"。用"鼠"字表示"予"，是秦始皇推行"書同文字"政策之前的用字（詳見本章"[001]《陳起》篇"【校釋】之[5]）。"予"字形象以手交付東西給他人，義爲"給予"。《説文·予部》："予，推予也。象相予之形。"段玉裁注："象以手推物付之。"②此義與以手把算籌放置到籌算板上一致，故簡文"鼠（予）"指把算籌放置到籌算板上，即設置算籌。"鼠（予）二""鼠（予）四"分別指在籌算板上設置算籌"二""四"。簡 90（04-081）所載術文可理解如表 1-2。

---

① 韓巍：《北大秦簡〈算書〉土地面積類算題初識》，載武漢大學簡帛研究中心主編《簡帛》（第八輯），上海古籍出版社，2013，第 29~42 頁。
② （清）段玉裁：《説文解字注》，浙江古籍出版社，2006，第 159 頁。

表 1-2 《算書》甲種簡 90（04-081）所載術文解析

步驟	術文	含義	籌算板上所見算籌代表的數字
1	里乘里=（里，里）殹（也）	1 里 × 1 里 = 1 積里	1
2	見一鼠（予）二	籌算板上出現 "1"，就設置算籌 "2"	12
3	見二鼠（予）四	籌算板上出現 "2"，就設置算籌 "4"	124
4	四者加一	"4" 這個數字要加 "1"，即變 "4" 爲 "5"	125

表 1-2 的理解與大川俊隆等的思路類似。[①] 經過以上四個步驟，在籌算板上出現的算籌所代表的數字爲 "125"。簡文接著説 "因而三之"，即把 125 乘以 3 得 375，也就是算題答案 3 頃 75 畝。這是一種帶有湊數特徵的運算方法，其中，簡文 "里乘里=（里，里）殹（也），見一鼠（予）二，見二鼠（予）四=（四，四）者加一" 講述如何湊得 125 的過程，"因而三之" 是湊得 375 的過程。這種算法不具普適性，且沒有算理可言，我們暫且稱之爲 "湊數法"。[②] 帶有湊數特徵的計算方法，也見於本算書 "方田術"（見本章 "[009] 方田術"）、《數》（見第四章 "[087] 盈不足類之四"），以及《筭數書》"里田" 算題。[③]

[3] 簡文 "壹" "參" 分別表示 "一次" "三次"。詳見本章 "[002] 里乘里" 【校釋】之 [1]。

[4] 方，這裏指正方形的一邊。簡文下文 "方十里" 之 "方" 與此同。

[5] 我們據簡首三字 "里田述（術）" 將本算題命名爲 "里田術"。例題一依術一計算見本【校釋】之 [2]，依術二計算如下：1

---

① 參見〔日〕大川俊隆、田村誠、張替俊夫「北京大学『算書』の里田術と径田術について」，『大阪産業大学論集・人文社会科学編』23 號，2015。

② 周序林、何均洪、李文娟：《簡牘算書一種特殊計算方法解析》，《西南民族大學學報》（自然科學版）2022 年第 5 期。

③ 張家山二四七號漢墓竹簡整理小組編著《張家山漢墓竹簡 [二四七號墓]》（釋文修訂本），文物出版社，2006，第 272 頁。

里 × 1 里 =1 積里，$3^1 \times 1=3$，$5^3 \times 3=375$，即 3 頃 75 畝。例題二"方十里"得 100 積里，故得田 375 頃。

【今譯】

把以里爲單位的田轉化爲頃畝數的計算方法：1 里乘 1 里，得 1 積里，（籌算板上）出現了"1"，就（在籌算板上）設置"2"，（籌算板上）出現了"2"，就（在籌算板上）設置"4"，"4"這個數要加"1"，即得 125，用 3 乘以 125，就得到頃畝數了。另一計算方法：1 里乘 1 里，得 1 積里，用 3 的 1 次方乘以 1 積里，又用 5 的 3 次方乘其乘積，就得到頃畝數了。假設有正方形田邊長 1 里。問：田頃畝數多少？答：3 頃 75 畝。正方形田邊長 10 里，得田 375 頃。

[011]　徑田術

【釋文】

●徑[1]田述（術）：直（置）廣，直（置）從，除[2]廣二百卌【步】，從即成頃畝數；除從二百卌步，廣即成頃畝數 93（04-094）殹（也）。以此盡之[3]。不盈二百卌步者，令相乘殹（也）如恒[4]田。[5]94（04-093）今有田廣二千五百廿步，從三千四百卌步。問：田幾可（何）? 曰：三百卒（六十）頃十五畝。[6]95（04-092）

【校釋】

[1] 徑，度量。"徑田"，即度量田塊。張平子《西京賦》："通天訬以竦峙，徑百常而茎擢。"李善注引薛綜曰："徑，度也。"① "徑"可作"經"。《筭數書》"徑分"算題簡 26（H176）之"徑分"，② 在《九章算術》"方田"章作"經分"。③《詩經·大

---

① （南朝梁）蕭統編，（唐）李善注《文選》，《四庫全書》（景印文淵閣版），臺北商務印書館，1986，第 1329 册第 29~30 頁。
② 張家山二四七號漢墓竹簡整理小組編著《張家山漢墓竹簡 [二四七號墓]》（釋文修訂本），文物出版社，2006，第 252 頁。
③ 郭書春:《〈九章筭術〉譯注》，上海古籍出版社，2009，第 28 頁。

雅·靈臺》："經始靈臺，經之營之。"鄭玄注："經，度之。"① 綜上，"徑""經"均有"度量"之義。譚競男訓"徑"爲"徑直、直接"，將"徑田"理解爲"直接計算田地畝數，而不需要先將廣縱相乘，得到平方步數，再轉化爲畝數"。② 大川俊隆等也進行了討論。③

本算題與《數》簡 63（1714）所載算題相似："□田之述（術）曰：以從二百卌步者，除廣一步，得田一畝；除廣十步，得田十畝；除廣百步，得田一頃；除廣千步，得田〖十頃〗。"簡文首字殘泐，可以參本算題簡文"徑田"，將殘泐之字校補作"徑"（見第二章"[11]面積類之十一"）。

[2] 除，韓巍、譚競男與大川俊隆等都理解爲"除法運算"之"除"，其中韓巍還轉引了鄒大海將"除"理解爲"伸展"的觀點。④ 鄒大海在其專著中理解爲"割分"。⑤

除，義爲"開闢""修治"。《玉篇·阜部》："除，開也。"⑥《六書故·地理二》："闢草移地爲除……凡除治皆取此義。"⑦《周禮·地官·山虞》："若祭山林，則爲主而脩除。"鄭玄注："脩除，治道路場壇。"⑧ 在算題中可訓爲"割分""切割"。簡文"除廣二百卌【步】"意爲把田的寬度切割成 240 步。

---

① （唐）孔穎達：《毛詩正義》，（清）阮元校刻《十三經注疏》，中華書局，1980，第524頁。
② 譚競男：《秦漢出土數書散札二則》，《江漢考古》2014年第5期。
③ 〔日〕大川俊隆、田村誠、張替俊夫：「北京大學『算書』の里田術と徑田術について」，『大阪産業大学論集·人文社会科学編』23號，2015。
④ 韓巍：《北大秦簡〈算書〉土地面積類算題初識》，載武漢大學簡帛研究中心主編《簡帛》（第八輯），上海古籍出版社，2013，第29~42頁；譚競男：《秦漢出土數書散札二則》，《江漢考古》2014年第5期；〔日〕大川俊隆、田村誠、張替俊夫：「北京大学『算書』の里田術と徑田術について」，『大阪産業大学論集·人文社会科学編』23號，2015。
⑤ 鄒大海：《中國數學在奠基時期的形態、創造與發展：以若干典型案例爲中心的研究》，廣東人民出版社，2022，第274~279頁。
⑥ （宋）陳彭年等：《重修玉篇》，《四庫全書》（景印文淵閣版），臺北商務印書館，1986，第224冊第185頁。
⑦ （宋）戴侗：《六書故》，《四庫全書》（景印文淵閣版），臺北商務印書館，1986，第226冊第69頁。
⑧ （唐）賈公彥：《周禮注疏》，（清）阮元校刻《十三經注疏》，中華書局，1980，第747頁。

[3] 盡，即“除盡”，意爲切割完。“之”指代簡文上文的“廣”和“從”。簡文“以此盡之”指用這種方法把廣和從都切割完。

[4] 恒，平常的，普通的（見本章“[001]《陳起》篇”【校釋】之 [58]）。簡文“恒田”指普通田塊。

[5] 這句簡文意爲：如果按照上面的方法切割廣和從，最後廣和從各還剩有不滿 240 步的，就像求普通田塊面積一樣把它們相乘。

[6] 韓巍轉引了鄒大海對本算題解題思路的討論。① 大川俊隆等否定了鄒大海的意見，並提出了新的闡釋。② 譚競男否定了鄒大海和大川俊隆等的意見，並對本算題重新進行了闡釋，③ 譚競男等運用此觀點對《筭术》“徑田”算題進行了討論。④ 鄒大海在其專著中在韓巍所轉引的解題思路的基礎上，對本算題有更詳實的闡釋。⑤ 以上各家意見中有諸多合理因素，但尚有值得商榷之處。我們在吸收這些合理因素的基礎上，對“徑田術”及其例題提出了新的闡釋。⑥

依據術文，可將本算題的例題闡釋如下：田寬 2520 步每切割 240 步，田長 3430 步數就是這寬 240 步田的畝數（3430 畝），如此可以把田寬 2520 步切割 10 次，直到田寬剩餘 120 步。此時得到的田面積是 3430 畝 ×10=34300 畝，剩下一塊寬 120 步、長 3430 步的矩形田塊。繼續使用上述方法，田長 3430 步每切割 240 步，田寬 120 步數就是這長 240 步田的畝數（120 畝），如此可以把田長 3430 步切割 14 次，直到田長剩餘 70 步。此時又得

① 韓巍：《北大秦簡〈算書〉土地面積類算題初識》，載武漢大學簡帛研究中心主編《簡帛》（第八輯），上海古籍出版社，2013，第 29~42 頁。

② 〔日〕大川俊隆、田村誠、張替俊夫：「北京大学『算書』の里田術と径田術について」，『大阪産業大学論集・人文社会科学編』23 號，2015。

③ 譚競男：《出土秦漢算術文獻若干問題研究》，武漢大學博士學位論文，2016，第 67~71 頁。

④ 譚競男、蔡丹：《睡虎地漢簡〈算術〉“田”類算題》，《文物》2019 年第 12 期。

⑤ 鄒大海：《中國數學在奠基時期的形態、創造與發展：以若干典型案例爲中心的研究》，廣東人民出版社，2022，第 274~279 頁。

⑥ 詳見周序林、馬永萍、龍丹《秦漢簡牘算書“徑田術”新探》，《西南民族大學學報》（自然科學版）2024 年第 2 期。

到田面積 120 畝 ×14=1680 畝，還剩下一塊一邊 120 步、一邊 70 步的矩形田塊，其長、寬均小於 240 步，按照計算普通矩形田塊的方法把長、寬相乘，即 120 步 ×70 步 =8400 積步 =35 畝。整塊矩形田的面積爲：34300 畝 +1680 畝 +35 畝 =36015 畝 =360 頃 15 畝。

【今譯】

測量矩形田的方法：把廣設置在籌算板上，把從設置在籌算板上，把廣切割爲 240 步，從的步數就是田的頃畝數；把從切割爲 240 步，廣的步數就是田的頃畝數。按照這個方法把廣和從都切割完畢。廣和從都不滿 240 步的時候，就把它們像計算普通矩形田面積一樣相乘。假設有矩形田廣 2520 步，從 3430 步。問：田面積是多少？答：360 頃 15 畝。

[012]　田廣

【釋文】

●田廣八分步三，從十二分步七。問：田幾可（何）？·曰：卆（九十）六分步之廿一。·其述（術）曰：母相乘爲法，$_{147(04-212)}$ 子相乘爲實=（實，實）如法而一。$^{[1]}$$_{148(04-213)}$

【校釋】

[1] 我們以簡首“田廣”二字爲本算題命名。本算題是分數的乘法。依術計算如下：$\frac{3}{8}$ 步 × $\frac{7}{12}$ 步 = $\frac{21}{96}$ 積步。

【今譯】

田寬 $\frac{3}{8}$ 步，長 $\frac{7}{12}$ 步。問：田面積多少？答：$\frac{21}{96}$ 積步。計算方法：分母相乘作爲除數，分子相乘作爲被除數，被除數除以除數即得結果。

[013] 田一畝

【釋文】

田一畝，曰：方十五步，不足十五步；方十六，有餘[1]
十六步。[2] 并贏（盈）、不足爲法，不足爲子[3]。 $_{151（04-216）}$ 得曰：
十五步有（又）卅一分步十五。其述（術）曰：直（置）而各相
乘也[4]，如法得一步。[5] $_{152（04-217）}$

【校釋】

[1] 餘，即簡文後文所謂的"贏（盈）"。

[2] 這句簡文意爲：正方形田塊的邊長爲 15 步，則不足 15 積
步；邊長爲 16 步，則盈餘 16 積步。

[3] 簡文"并贏（盈）、不足爲法，不足爲子"意即：$15 \div$
$（16+15）= \frac{15}{31}$。此計算只得出了答案的分數部分（詳見本【校釋】
之[5]）。

[4] 簡文"直（置）而各相乘也"有省略（詳見本【校釋】之
[5]）。

[5] 我們以簡首"田一畝"三字爲本算題命名。據簡文"并
贏（盈）、不足爲法，不足爲子"只能計算出 $\frac{15}{31}$，而算題所給

答案卻是"十五步有（又）卅一分步十五"，即 $15\frac{15}{31}$ 步。正
常的計算方法是如《筭數書》"方田"算題簡 185（H38）~186
（H51）所載術文："并贏（盈）、不足以爲法，不足子乘贏（盈）
母，贏（盈）子乘不足母，并以爲實。"[①] 即（$15 \times 16+16 \times 15$）÷
（$16+15$）=$15\frac{15}{31}$。顯然，"田一畝"的作者知道本算題邊長的整

---

① 張家山二四七號漢墓竹簡整理小組編著《張家山漢墓竹簡[二四七號墓]》（釋文修訂
本），文物出版社，2006，第157頁。

數部分爲 15 步，只需要計算出其分數部分即可。但是，"不足爲子"（以 15 爲分子）顯然不具算理，不具有普適性，是帶有凑數特徵的一種特殊算法。此外，關於"直（置）而各相乘也"，鄒大海認爲此簡文有省略或脱文，算題作者的原意應包含這樣的意思："不足"的 15 步與"贏（盈）"的 16 步和假設的 15 步與 16 步相乘後再相加作爲"實"，此算法與張家山簡一致，[①] 即上文所言 $(15 \times 16 + 16 \times 15) \div (16 + 15) = 15\frac{15}{31}$。

【今譯】

（正方形）田塊 1 畝（240 積步），如果邊長 15 步，則不足 15 積步；如果邊長 16 步，則盈餘 16 積步。把盈餘數和不足數相加作爲分母，把不足數作爲分子。答案：$15\frac{15}{31}$ 步。計算方法：（在籌算板上）設置（15 步、16 步及盈、不足數），（交叉）相乘，（將乘積相加作爲被除數，盈、不足數相加作爲除數）相除即得以步爲單位的結果。

[014] 廣從

【釋文】

■廣十五步，從十六步，成田一畝；₁（07-007）壹二百卌步成田一畝。₁（07-007）貳

廣十五步，從十六步，成田一畝；₂（07-009）壹四百八十步成田二畝。[1] ₂（07-009）貳

廣卌步，從【卌】[2] 二步，成田七畝；₇（07-006）壹千六百八十步成田七畝。₇（07-006）貳

廣卌步，從卞（七十）二畝〈步〉[3]，成田十二畝。₁₂（07-013）壹

廣卌步，從卞（七十）八步，成田十三畝；₁₃（07-003）壹二〈三〉[4]

---

① 鄒大海：《中國數學在奠基時期的形態、創造與發展：以若干典型案例爲中心的研究》，廣東人民出版社，2022，第 281 頁。

千百廿步成田十十[5]三畝。 13（07-003）貳

　　廣六十步，從八十步，成田廿畝；20（07-020）壹四千八百步成田廿畝。[6]20（07-020）貳

【校釋】

[1] 楊博認爲簡2（07-009）抄寫訛混：本組算題簡1（07-007）簡文已經有了"成田一畝"的記載，即"廣十五步，從十六步，成田一畝；二百卌步成田一畝"，那麽，簡2（07-009）的第一欄本應抄録與"成田二畝"相對應的內容，但仍與簡1（07-007）第一欄相同。楊博建議將簡2（07-009）第一欄修正爲"廣十五步，從卅二步，成田二畝"，或"廣廿四步，從廿步，成田二畝"。①

[2] 依計算，此處脱"卌"字。

[3] 據計算，"畝"爲"步"之誤。

[4] 依計算，"二"爲"三"之誤。

[5] 第二例"十"字當爲衍文。

[6] 我們據簡1（07-007）簡首文字"廣十五步，從十六步"將本組算題命名爲"廣從"。楊博認爲本組簡所屬書籍是供人學習田畝、租稅計算的一種特殊算術教材或參考書，是一種秦代流傳的初始之實用田畝"算數書"；卷七每簡以中間編繩爲界，分上下兩欄書寫，上欄形式爲"廣××步，從××步，成田×畝"，下欄形式爲"××步成田×畝"，其步數即上欄廣、從相乘之數。②

【今譯】

田寬 15 步，長 16 步，成田 1 畝；240 積步成田 1 畝。

田寬 15 步，長 16 步，成田 1 畝；480 積步成田 2 畝。

田寬 40 步，長 42 步，成田 7 畝；1680 積步成田 7 畝。

田寬 40 步，長 72 步，成田 12 畝。

---

① 楊博：《北大藏秦簡〈田書〉初識》，《北京大學學報》（哲學社會科學版）2017 年第 5 期。

② 楊博：《北大藏秦簡〈田書〉初識》，《北京大學學報》（哲學社會科學版）2017 年第 5 期。

田寬 40 步，長 78 步，成田 13 畝；3120 積步成田 13 畝。

田寬 60 步，長 80 步，成田 20 畝；4800 積步成田 20 畝。

[015]　税田

【釋文】

廣廿四步，從廿步[1]，成田二畝。₂(08-007)壹

廣六十六步，從八十步，成田廿二畝[2]。₂₂(08-043)壹 税田四百卌步，廿步一斗，租二石二斗。[3]₂₂(08-043)貳

廣百步，從百步，成田卌一畝百六十步。₃₇(08-020)壹 税田八百【卅】[4]三步少半步，十一步一斗，租七石五斗七升卅三分升十九。₃₇(08-020)貳

廣百廿步，從百步，成田五十畝。₃₈(08－023)壹 税田千步，廿步一斗，租五石。₃₈(08－023)貳

【校釋】

[1] 楊博認爲，北大秦簡卷七、卷八共六十九條計算成田畝數的簡文中，只有本條是廣的步數大於從的步數。秦地應該是廣大於從，但簡文與此情況不符。然而這却與根據《道里書》及以往出土秦簡墓葬情況，推斷簡牘可能出自今湖北省中部的江漢平原地區的情況若合符節。[1]其實古算中的廣與從或袤的數量關係有三種：一是廣等於從或袤，二是廣大於從或袤，三是廣小於從或袤（詳見本章 "[008] 圓田術"【校釋】之 [3]）。

[2] 原簡在此處寫有 "𤛒"，楊博認爲書手將 "税" 字起始兩筆畫（𤛒）誤書於上欄。[2]這裏可能是書手書寫 "税" 字兩筆後棄之不用，而在簡牘下一欄書寫 "税" 字。類似情況還見於《筭數

① 楊博：《北大藏秦簡〈田書〉初識》，《北京大學學報》（哲學社會科學版）2017 年第 5 期。

② 楊博：《北大藏秦簡〈田書〉初識》，《北京大學學報》（哲學社會科學版）2017 年第 5 期。

書》"相乘"算題簡 5（H8），[1] 書手在"卄（七十）"下書"分"字上部，後棄之不用而在其後另寫一個"分"字。

　　[3] 楊博認爲："竹簡卷八亦分上下兩欄，上欄形式與卷七上欄相同，下欄則爲田租的計算，包括稅田比例、稅率和田租數額。稅田比例均爲上欄所記畝數的十二分之一，稅率則從'三步一斗'到'卌步一斗'不等。"[2] 楊博將本組簡的"廿步一斗""十一步一斗"理解爲"稅率"。此説尚待商榷。稅田的所有産出均作爲租稅，簡文"十一步一斗""廿步一斗"均表示該稅田的産出率。如"稅田千步，廿步一斗，租五石"，稅田數 1000 積步，産出率爲 20 積步 / 斗，租稅爲 5 石（1000 積步 ÷20 積步 / 斗 =5 石）。而稅率則是由稅田比例體現。

　　[4] 楊博據推算認爲簡文"八百三步少半步"之"三"爲"卅"之誤，當作"八百卅步少半步"，[3] 即 $830\frac{1}{3}$ 積步。此校改未安。簡文"八百三步少半步"在"百"與"三"之間脱"卅"字，當爲"八百卅三步少半步"，即 $833\frac{1}{3}$ 積步。據題意，將租數"七石五斗七升卅三分升十九"乘以稅田的産出率"十一步一斗"即得稅田數，即：7 石 5 斗 7 $\frac{19}{33}$ 升 ×11 積步 / 斗 =833 $\frac{1}{3}$ 積步。

　　本組簡第二欄所載稅田田畝數是第一欄所載田畝數的 $\frac{1}{12}$，第一欄所載田畝總數當爲"輿田"，第二欄所載田畝數爲其"稅田"。那麽，本組簡所反映的稅率是十二稅之一。我們據內容將本組簡命名爲"稅田"。

---

① 圖版參見張家山二四七號漢墓竹簡整理小組編著《張家山漢墓竹簡 [二四七號墓]》，文物出版社，2001，第 83 頁。
② 楊博：《北大藏秦簡〈田書〉初識》，《北京大學學報》（哲學社會科學版）2017 年第 5 期。
③ 楊博：《北大藏秦簡〈田書〉初識》，《北京大學學報》（哲學社會科學版）2017 年第 5 期。

【今譯】

田長 24 步，寬 20 步，成田 2 畝。

田寬 66 步，長 80 步，成田 22 畝。稅田 440 積步，每 20 積步產出 1 斗，租稅 2 石 2 斗。

正方形田邊長 100 步，成田 41 畝 160 積步。稅田 833 $\frac{1}{3}$ 積步，每 11 積步產出 1 斗，租稅 7 石 5 斗 7 $\frac{19}{33}$ 升。

田長 120 步，寬 100 步，成田 50 畝。稅田 1000 積步，每 20 積步產出 1 斗，租稅 5 石。

第二章 嶽麓書院藏秦簡《數》校釋（上）

概 說

　　2007 年和 2008 年，湖南大學嶽麓書院從香港地區分別購藏和受捐了一批秦簡，其中有一部算書文獻，書寫於簡 1（0956）背面的 "數" 字應是其書名，[①] 這就是嶽麓書院藏秦簡《數》。《數》簡較完整者二百餘枚，另有若干殘片，完整簡長約 27.5 釐米、寬約 0.5~0.6 釐米，有上、中、下三道編繩，有的分欄抄寫，有的不分欄，算題內容有租稅、面積、體積、分數、穀物換算、衰分、少廣、盈不足、勾股等，是一部非經典型的實用算法式數學文獻抄本，成書年代的下限爲秦始皇三十五年（前 212）。[②]

　　《數》簡（含圖版和釋文）分兩批刊佈。第一批《數》簡有二百三十六個編號和十八枚殘片，先於 2010 年以博士學位論文的方式发佈了釋文，後於 2011 年刊佈在《嶽麓書院藏秦簡（貳）》（簡稱 "第貳卷"）中，第二批《數》簡有第貳卷遺漏的三枚整簡和十三枚殘片，以及由七枚殘片與第貳卷五殘簡拼合而成的綴合簡，於 2022 年刊佈在《嶽麓書院藏秦簡（柒）》（簡稱 "第柒卷"）中。[③] 需要指出的是，整理者起初是把簡 1853 編

---

①　陳松長：《嶽麓書院所藏秦簡綜述》，《文物》2009 年第 3 期。
②　朱漢民、陳松長主編《嶽麓書院藏秦簡（貳）》，上海辭書出版社，2011，"前言"。
③　蕭燦：《嶽麓書院藏秦簡〈數〉研究》，湖南大學博士學位論文，2010；朱漢民、陳松長主編《嶽麓書院藏秦簡（貳）》，上海辭書出版社，2011；陳松長主編《嶽麓書院藏秦簡（柒）》，上海辭書出版社，2022，第 19、176~177、190~192、212~213 頁。

入《數》"衰分類算題",[①] 學界對此編聯意見有討論,[②] 後來整理者在第柒卷中指出此簡屬於《嶽麓書院藏秦簡(伍)》第二組,[③] 意即此簡不是《數》簡,因此我們未編此簡入《數》。

《嶽麓書院藏秦簡(貳)》所載《數》的整簡均有整理者的釋讀編號,也有揭取編號,其中購藏整簡的揭取編號由四位阿拉伯數字組成,例如"1100",受捐整簡的揭取編號由英文字母J加兩位阿拉伯數字組成,如"J07",而殘片僅有揭取編號,由英文字母C加六位阿拉伯數字組成,如"C020107"。《嶽麓書院藏秦簡(柒)》所載《數》的整簡和殘片均無整理者的釋讀編號,只有揭取編號,其中,第貳卷遺漏的二枚購藏整簡的揭取編號分別是1719、1841,第貳卷遺漏的一枚受捐整簡的揭取編號爲J36-1,殘片的揭取編號仍由英文字母C打頭,但其後的阿拉伯數字的編排體例有所變化,如第貳卷中編號爲C410204的殘片,在第柒卷中編號作C4.1-4-2。對僅見於第貳卷而不見於第柒卷的殘片,我們採用第貳卷的揭取編號;對既見於第貳卷又見於第柒卷的殘片,我們採用第柒卷的揭取編號。第貳卷揭取編號爲1524的簡,在第柒卷中編號爲1524-b。

《數》簡的編聯順序和算題分類問題是學界討論的熱點之一,但是意見尚不統一。蕭燦討論了《數》簡的識別與編聯,其簡號沒有整理號而只有揭取號;《數》簡整理小組刊佈了《數》簡的簡影、釋文和校釋,其簡號既有整理號也有揭取號。與蕭燦相比,《數》簡整理小組對《數》簡的編聯順序和算題分類略有調整,但

① 蕭燦:《嶽麓書院藏秦簡〈數〉研究》,湖南大學博士學位論文,2010,第73頁;朱漢民、陳松長主編《嶽麓書院藏秦簡(貳)》,上海辭書出版社,2011,第108頁;蕭燦:《嶽麓書院藏秦簡〈數〉研究》,中國社會科學出版社,2015,第92~93頁。

② 蘇意雯、蘇俊鴻、蘇惠玉等:《〈數〉簡校勘》,《HPM通訊》2012年第15卷第11期;許道勝:《嶽麓秦簡〈爲吏治官及黔首〉與〈數〉校釋》,武漢大學博士學位論文,2013,第271頁;謝坤:《嶽麓書院藏秦簡〈數〉校理及數學專門用語研究》,西南大學碩士學位論文,2014,第52頁;〔日〕中国古算書研究会編『岳麓書院藏秦簡「数」訳注』,京都朋友書店,2016,第252頁。

③ 陳松長主編《嶽麓書院藏秦簡(柒)》,上海辭書出版社,2022,第185、225頁。

總體一致。① 許道勝基於對《數》簡形制的討論，提出了與蕭燦、《數》簡整理小組不同的簡牘編聯和算題分類意見。② 中國古算書研究会學者對所見簡牘算書的算題排序進行了分析，所提出的《數》簡編聯和算題分類意見與前面所述意見均不同。③《數》簡釋文修訂者對第貳卷有關的算題分類、簡序調整等方面做了修訂。④ 第二批《數》簡的整理者認爲簡 J36-1 與簡 0387 同屬租稅類算題，⑤ 未討論这批其他《數》簡的編聯。

　　我們總體上遵循《數》簡整理小組的簡牘編聯和算題分類意見，但有四點不同。第一，據許道勝合理意見，作了兩個與《數》簡整理小組不同的調整：首先，將書題簡 1（0956）作爲末簡，並將簡 1（0956）所屬的"租税"類所有算題都置於其他類算題之後；其次，將《數》簡整理小組所謂"合分與乘分"類算題置於"面積"類算題之後、"營軍之術"之前。第二，《數》簡整理小組所謂"合分與乘分"類，我們據算題實際内容命名爲"分數"類；《數》簡整理小組所謂"衡制"類和"貲、馬甲"類，我們採用中國古算書研究会學者命名意見而作"諸規定"類。第三，《數》簡整理小組所謂"其他""殘片"，我們均作"未分類"。第四，有少量簡牘的編聯採用了學界最新研究成果。此外，我們將《嶽麓書院藏秦簡（柒）》新刊《數》簡1719、1841 歸入"分數類"，簡 J36-1 歸入"租税類"，將十三枚殘片歸入"未分類"。現將《數》簡整理小組（簡稱"整理小組"）、許道勝、中國古算書研究会（簡稱"研究会"）學者及本書對《數》的算題分類和各類算題編排順序對比如表 2-1。

---

① 參見蕭燦《嶽麓書院藏秦簡〈數〉研究》，湖南大學博士學位論文，2010；朱漢民、陳松長主編《嶽麓書院藏秦簡（貳）》，上海辭書出版社，2011，"前言"。

② 許道勝：《嶽麓秦簡〈爲吏治官及黔首〉與〈數〉校釋》，武漢大學博士學位論文，2013，第 121~134 頁。

③ 〔日〕中國古算書研究会編『岳麓書院藏秦簡「数」訳注』，京都朋友書店，2016。

④ 陳松長主編《嶽麓書院藏秦簡（壹—叁）》（釋文修訂本），上海辭書出版社，2018，第 79~127 頁。按：修訂的内容還涉及算題解析、字詞訓讀和行文格式。

⑤ 陳松長主編《嶽麓書院藏秦簡（柒）》，上海辭書出版社，2022，第 177、224 頁。

表 2-1 《數》算題分類及其編排順序

著者	算題分類及其編排順序													
	1	2	3	4	5	6	7	8	9	10	11	12	13	14
整理小組	租稅	面積	營軍之術	合分與乘分	衡制	貲、馬甲	穀物換算	衰分	少廣	體積	盈不足	勾股	其他	殘片
許道勝	面積	粟米	衰分	少廣	體積	盈不足	勾股	租稅	其他	/	/	/	/	/
研究会	少廣	面積	體積	穀物換算	織物	租稅	盈不足	衰分	諸規定	公式	其他	不明簡	/	/
本書	面積	分數	營軍之術	諸規定	穀物換算	衰分	少廣	體積	盈不足	勾股	租稅	未分類	/	/

由於《數》簡的體量較大，算題較多，我們將《數》分爲三個部分，設三章進行校釋。我們對算題命名的方式是：該算題所屬的算題類別加上該算題在這個類別中的序號，如"面積類之一"；如果該類算題僅有一例算題，則以該算題所屬類別命名，如"營軍之術""勾股類"。本章校釋的《數》算題有五類：面積類、分數類、營軍之術、諸規定類、穀物換算類，這些算題及其簡號見表 2-2。

表 2-2 《數》"五類"算題及其簡號

算題	簡號	算題	簡號
面積類之一	52（1100）	面積類之二	53（0764）
面積類之三	54（0829）	面積類之四	55（1742）
面積類之五	56（0954）	面積類之六	57（0976）
面積類之七	59（0935）	面積類之八	60（1827+1638）

續表

算題	簡號	算題	簡號
面積類之九	61（C1-8-1+1524-b）	面積類之十	62（0947）
面積類之十一	63（1714）	面積類之十二	64（0936）
面積類之十三	65（J07）	面積類之十四	66（0812）
面積類之十五	67（0884）　68（0825）	分數類之一	71（J24）
分數類之二	1719	分數類之三	1841
分數類之四	72（0685）	分數類之五	73（0973）　74（0941）
分數類之六	75（1839）	分數類之七	76（0410）　77（0778） 78（0774）
營軍之術	69（0883） 70（1836+0800）	諸規定類之一	79（0646）　80（0458） 81（0303）
諸規定類之二	158（0896）	諸規定類之三	159（0983）
諸規定類之四	82（0957）　83（0970）	諸規定類之五	118（0988）　117（0836） 119（0975）
穀物換算類之一	84（0971）　85（0823） 86（0853）　87（0756） 88（0974）壹、貳	穀物換算類之二	88（0974）叁　89（1135） 90（0021+0409）　91（J26） 92（0389）　93（0647） 95（0538）　94（2021+0822） 96（0987）壹、貳
穀物換算類之三	96（0987）叁 97（0459）　98（0786） 99（0787）　100（1825） 102（C7.2-14-1+1745） 101（0776）	穀物換算類之四	103（0780）　104（0981） 105（0886）　106（0852）
穀物換算類之五	107（0760）　108（0834）	穀物換算類之六	109（2066）+110（0918） 110（C100102+0882）
穀物換算類之七	111（C140101） 111（1733）　112（0791） 113（0938）	穀物換算類之八	114（0649）
穀物換算類之九	115（2173+0137） 116（0650）	/	/

[001]　面積類之一

【釋文】

田方[1] 十五步半步[2]，爲田一畝四分步一。[3]₅₂（1100）

田方[1] 十五步半步[2]，爲田一畝四分步一。[3] 52（1100）

【校釋】

[1] 方，指正方形的邊。《筭數書》"以方材圜"算題簡 154（H101）："曰材方七寸五分寸三。"[1]

[2] 步，長度單位。簡文下文"爲田一畝四分步一"之"步"表示"積步"，表示將不規則的田塊轉化爲寬 1 步後的田塊之長。古算用長度單位表示面積。[2] 本算題正方形田塊的邊長爲 $15\frac{1}{2}$ 步，轉化爲寬 1 步後的田塊之長爲 $240\frac{1}{4}$ 步。

當使用長度單位表示面積時，其寬度不一定是 1 個單位。《筭數書》"繒幅"算題簡 61（H149）~63（H146）："繒幅廣廿二寸，袤十寸，賈（價）廿三錢。今欲買從利廣三寸、袤六十寸，問積寸及賈（價）錢各幾何。曰：八寸十一分寸二，賈（價）十八錢十一分錢九。术（術）曰：以廿二寸爲法，以廣從〈袤〉相乘爲實，實如法得一寸。亦以一尺寸數爲法，以所得寸數乘一尺賈（價）錢數爲實，實如法得一錢。"[3] 此從利積寸 $8\frac{2}{11}$ 寸，表示折算爲寬度 22 寸時的長度。

[3] 依題意計算如下：$15\frac{1}{2}$ 步 × $15\frac{1}{2}$ 步 =$240\frac{1}{4}$ 積步 =1 畝 $\frac{1}{4}$ 積步。

---

① 張家山二四七號漢墓竹簡整理小組編著《張家山漢墓竹簡 [二四七號墓]》（釋文修訂本），文物出版社，2006，第 153 頁。
② 詳見李繼閔《〈九章算術〉導讀與譯注》，陝西科學技術出版社，1998，第 768~778 頁；鄒大海《中國數學在奠基時期的形態、創造與發展：以若干典型案例爲中心的研究》，廣東人民出版社，2022，第 219~223 頁。
③ 張家山二四七號漢墓竹簡整理小組編著《張家山漢墓竹簡 [二四七號墓]》（釋文修訂本），文物出版社，2006，第 140 頁。

【今譯】

正方形田塊的邊長爲 $15\frac{1}{2}$ 步，得田 1 畝 $\frac{1}{4}$ 積步。

[002]　面積類之二

【釋文】

甲[1]廣三步四分步三，從五步三分步二，成田廿一步有（又）四分步之一。[2]₅₃（0764）

【校釋】

[1] 甲，學界認爲是“田”字之訛。此説可從。但是如果不作校改，似乎文意通暢。甲，此處指稱某物，表示某一田塊。此外，“甲”在秦漢算書中可獨立使用指稱某人。如《筭數書》“行”算題簡 132（H13）：“甲行五十日。”①其“甲”即表某人。亦可與“乙”“丙”“丁”等連用，表示依順序例舉某人或某物。如《九章算術》“均輸”章第 21 題：“今有甲發長安，五日至齊；乙發齊，七日至長安。今乙發已先二日，甲乃發長安，問:幾何日相逢?”②值得注意的是，簡文“甲”應當不是“甲”與“田”的合文，因爲本算書中的合文一般會有合文符號“=”。③

[2] 依題意計算如下： $3\frac{3}{4}$ 步 $\times 5\frac{2}{3}$ 步 $=21\frac{1}{4}$ 積步。

【今譯】

某一（田塊）寬 $3\frac{3}{4}$ 步，長 $5\frac{2}{3}$ 步，得田 $21\frac{1}{4}$ 積步。

---

① 張家山二四七號漢墓竹簡整理小組編著《張家山漢墓竹簡 [二四七號墓]》（釋文修訂本），文物出版社，2006，第 149 頁。
② 郭書春:《〈九章筭術〉譯注》，上海古籍出版社，2009，第 276 頁。
③ 關於合文符號，參見張顯成《簡帛文獻學通論》，中華書局，2004，第 180~181 頁。

[003] 面積類之三

【釋文】

□【田】[1] 廣十五步大半=（半、半）步 [2]，從十六步少半=（半、半）[3]，成田【一畝】[4] 卅二步卅六分步五。述（術）曰：同母 [5]，子相從 [6]；以分子相乘【，令分母相乘】[7]。[8] 54（0829）

【校釋】

[1] 簡首殘損，《數》簡整理小組據文意補"田"字。[1] 可從。

[2] 十五步大半=（半、半）步，即（$15+\frac{2}{3}+\frac{1}{2}$）步。簡文採用"少廣"分數表達方式。中國古算書研究会學者認爲"大半=步（半、半）"指 $\frac{7}{6}$，簡文下文"少半=（半、半）"指 $\frac{5}{6}$。[2]

[3] 十六步少半=（半、半），即（$16+\frac{1}{3}+\frac{1}{2}$）步。《數》簡整理小組和釋文修訂者於"少半="後補"步"字。[3] 無校補必要。

[4] 據計算，此處脫"一畝"二字。

[5] 同母，使分母相同，即通分。

[6] 子相從，即分子相加。

[7] "以分子相乘"暗示分母也要相乘。簡文有脫文，可據《筭數書》"大廣"算題簡 183（H44）~184（H50）補"令分母相乘"。[4]《數》簡整理小組將簡文"以分子相乘"校補爲"以分子母各相乘"或"以分母子各相乘"。[5] 亦可。

---

① 朱漢民、陳松長主編《嶽麓書院藏秦簡（貳）》，上海辭書出版社，2011，第 61 頁。
② 〔日〕中國古算書研究会編『岳麓書院藏秦簡「数」訳注』，京都朋友書店，2016，第 28 頁。
③ 朱漢民、陳松長主編《嶽麓書院藏秦簡（貳）》，上海辭書出版社，2011，第 61 頁；陳松長主編《嶽麓書院藏秦簡（壹一叁）》（釋文修訂本），上海辭書出版社，2018，第 92 頁。
④ 張家山二四七號漢墓竹簡整理小組著《張家山漢墓竹簡 [二四七號墓]》（釋文修訂本），文物出版社，2006，第 156 頁。
⑤ 朱漢民、陳松長主編《嶽麓書院藏秦簡（貳）》，上海辭書出版社，2011，第 61 頁。

[8] 本算題的計算思路是先將（$15+\frac{2}{3}+\frac{1}{2}$）步、（$16+\frac{1}{3}+\frac{1}{2}$）步分別進行通分運算，然後將通分的結果相乘。依術計算如下：廣 =（$15+\frac{2}{3}+\frac{1}{2}$）步 =（$\frac{90}{6}+\frac{4}{6}+\frac{3}{6}$）步 = $\frac{97}{6}$步；從 =（$16+\frac{1}{3}+\frac{1}{2}$）步 =（$\frac{96}{6}+\frac{2}{6}+\frac{3}{6}$）步 = $\frac{101}{6}$步；廣 × 從 = $\frac{97}{6}$步 × $\frac{101}{6}$步 = $272\frac{5}{36}$積步 = 1 畝 $32\frac{5}{36}$積步。

【今譯】

田寬（$15+\frac{2}{3}+\frac{1}{2}$）步，長（$16+\frac{1}{3}+\frac{1}{2}$）步，得田 1 畝 $32\frac{5}{36}$積步。計算方法：田寬、田長通分，然後各自的分子相加；田寬、田長的分子相乘，（分母也相乘。）

[004]　面積類之四

【釋文】

田廣六步半步、四分步三[1]，從七步大半步、五分步三[2]，成田至（五十）九步有（又）十五分步之十四。[3] 55 (1742)

【校釋】

[1] 田廣的步數爲（$6+\frac{1}{2}+\frac{3}{4}$）步。

[2] 田從的步數爲（$7+\frac{2}{3}+\frac{3}{5}$）步。

[3] 本算題與上一算題計算方法和步驟相同。可計算如下：廣 =（$6+\frac{1}{2}+\frac{3}{4}$）步 =（$\frac{6\times4}{4}+\frac{1\times2}{4}+\frac{3}{4}$）步 = $\frac{29}{4}$步；從 =（$7+\frac{2}{3}+\frac{3}{5}$）步 =（$\frac{7\times15}{15}+\frac{2\times5}{15}+\frac{3\times3}{15}$）步 = $\frac{124}{15}$步；廣 × 從 = $\frac{29}{4}$步 × $\frac{124}{15}$步 = $59\frac{14}{15}$積步。

【今譯】

田寬（$6+\frac{1}{2}+\frac{3}{4}$）步，長（$7+\frac{2}{3}+\frac{3}{5}$）步，得田 $59\frac{14}{15}$ 積步。

[005]　面積類之五

【釋文】

田廣十六步大半＝（半、半）步[1]，從十五步少半＝（半、半）步[2]，成田一畞卅一步有（又）卅六分步之廿九。[3] 56（0954）

【校釋】

[1] 田廣的步數爲（$16+\frac{2}{3}+\frac{1}{2}$）步。

[2] 田從的步數爲（$15+\frac{1}{3}+\frac{1}{2}$）步。

[3] 據題意計算如下：廣 ＝（$16+\frac{2}{3}+\frac{1}{2}$）步 ＝（$\frac{16\times6}{6}+\frac{2\times2}{6}+\frac{1\times3}{6}$）步 ＝$\frac{103}{6}$步；從 ＝（$15+\frac{2}{3}+\frac{1}{2}$）步 ＝（$\frac{15\times6}{6}+\frac{1\times2}{6}+\frac{1\times3}{6}$）步 ＝$\frac{95}{6}$步；廣 × 從 ＝$\frac{103}{6}$步 × $\frac{95}{6}$步 ＝$271\frac{29}{36}$積步 ＝1 畞 $31\frac{29}{36}$ 積步。

【今譯】

田長（$16+\frac{2}{3}+\frac{1}{2}$）步，田寬（$15+\frac{1}{3}+\frac{1}{2}$）步，得田 1 畞 $31\frac{29}{36}$積步。

[006]　面積類之六

【釋文】

田廣十六步大半＝（半、半）步[1]，從十五步半步、少半步[2]，

成田一畞卅一步卅六分步廿九。[3]₅₇（0976）

【校釋】

[1] 田廣的步數爲（16+$\frac{2}{3}$+$\frac{1}{2}$）步。

[2] 田從的步數爲（15+$\frac{1}{2}$+$\frac{1}{3}$）步。

[3] 據題意計算如下：廣=（16+$\frac{2}{3}$+$\frac{1}{2}$）步=（$\frac{16×6}{6}$+$\frac{2×2}{6}$+$\frac{1×3}{6}$）步=$\frac{103}{6}$步；從=（15+$\frac{1}{2}$+$\frac{1}{3}$）步=（$\frac{15×6}{6}$+$\frac{1×3}{6}$+$\frac{1×2}{6}$）步=$\frac{95}{6}$步；廣×從=$\frac{103}{6}$步×$\frac{95}{6}$步=271$\frac{29}{36}$積步=1畞31$\frac{29}{36}$積步。

【今譯】

田長（16+$\frac{2}{3}$+$\frac{1}{2}$）步，田寬（15+$\frac{1}{2}$+$\frac{1}{3}$）步，得田1畞31$\frac{29}{36}$積步。

[007]　面積類之七

【釋文】

□【田方】[1]五步半步、三分步一乚、四分步一乚、五分步一乚、六分步一乚、七分步一[2]，成田卌三步萬九千六百【分步之九千百廿九】。[3]₅₉（0935）

【校釋】

[1] 本簡簡首殘斷。據本算題數據可知，本算題是已知正方形田的邊長求其面積，可將簡首文字校補爲“田方”。另，本算題答案據計算當爲43$\frac{9129}{19600}$積步，可知簡尾脱“分步之九千百

廿九”。[①]

[2] 正方形田的邊長爲（$5+\frac{1}{2}+\frac{1}{3}+\frac{1}{4}+\frac{1}{5}+\frac{1}{6}+\frac{1}{7}$）步。

[3] 正方形田的邊長 ＝（$5+\frac{1}{2}+\frac{1}{3}+\frac{1}{4}+\frac{1}{5}+\frac{1}{6}+\frac{1}{7}$）步 ＝

（$\frac{5\times420}{420}+\frac{1\times210}{420}+\frac{1\times140}{420}+\frac{1\times105}{420}+\frac{1\times84}{420}+\frac{1\times70}{420}+\frac{1\times60}{420}$）

步 ＝$\frac{2769}{420}$步 ＝$\frac{923}{140}$步。田面積爲：$\frac{923}{140}$步 ×$\frac{923}{140}$步 ＝$43\frac{9129}{19600}$積步。

【今譯】

（正方形田塊的邊長）（$5+\frac{1}{2}+\frac{1}{3}+\frac{1}{4}+\frac{1}{5}+\frac{1}{6}+\frac{1}{7}$）步，得田

$43\frac{9129}{19600}$積步。

[008]　面積類之八

【釋文】

有[1]田五分步四∟、六分步五∟、七分步六[2]，成田二步有

（又）二百一☐【十分步】☐之百三[3]。[4]₆₀（1827+1638）

【校釋】

[1] 有，存在。

[2] 田（$\frac{4}{5}+\frac{5}{6}+\frac{6}{7}$）步，簡文未交代這是田長還是田寬或面積。

[3] 原簡殘斷，但據計算，（$\frac{4}{5}+\frac{5}{6}+\frac{6}{7}$）步 ＝$2\frac{103}{210}$步，與算

---

① 參見朱漢民、陳松長主編《嶽麓書院藏秦簡（貳）》，上海辭書出版社，2011，第64頁；蘇意雯、蘇俊鴻、蘇惠玉等《〈數〉簡校勘》，《HPM通訊》2012年第15卷第11期；許道勝《嶽麓秦簡〈爲吏治官及黔首〉與〈數〉校釋》，武漢大學博士學位論文，2013，第148~149頁；肖坤《嶽麓書院藏秦簡〈數〉校理及數學專門用語研究》，西南大學碩士學位論文，2014，第25頁；〔日〕中国古算書研究会編『岳麓書院蔵秦簡「数」訳注』，京都朋友書店，2016，第25頁。

題答案帶分數的整數部分和分子部分完全對應，與分母部分只差
"十"。由此看來簡文答案當表述爲"二步有（又）二百一十分步
之百三"，故補"十分步"三字。

[4] 簡文"五分步四∟、六分步五∟、七分步六"的含義有
兩種可能。一是田面積，即（$\frac{4}{5}+\frac{5}{6}+\frac{6}{7}$）積步 =2$\frac{103}{210}$積步。[①] 二
是田一邊之長，即（$\frac{4}{5}+\frac{5}{6}+\frac{6}{7}$）步 =2$\frac{103}{210}$步。如果是第二種可能，
則算題省略了表達田寬 1 步的簡文，算題意即（$\frac{4}{5}+\frac{5}{6}+\frac{6}{7}$）步 ×1
步 = 2$\frac{103}{210}$積步。[②]

【今譯】

有田（$\frac{4}{5}+\frac{5}{6}+\frac{6}{7}$）積步，得田 2$\frac{103}{210}$積步。

或：

有田邊長（$\frac{4}{5}+\frac{5}{6}+\frac{6}{7}$）步，（另一邊長 1 步，）得田 2$\frac{103}{210}$積步。

[009]　面積類之九

【釋文】

⋯ □步少半=（半、半）步[1]，□成田五步有（又）四百卅二
分之□⋯[2] 61（C1-8-1+1524-b）

【校釋】

[1] 竹簡於此處殘斷。蔡丹首次將殘片 C010108 與簡 1524 綴

---

① 參見〔日〕中國古算書研究会編『岳麓書院藏秦簡「数」訳注』，京都朋友書店，2016，第 32 頁；許道勝《嶽麓秦簡〈爲吏治官及黔首〉與〈數〉校釋》，武漢大學博士學位論文，2013，第 143 頁。
② 參見朱漢民、陳松長主編《嶽麓書院藏秦簡（貳）》，上海辭書出版社，2011，第 64 頁；蘇意雯、蘇俊鴻、蘇惠玉等《〈數〉簡校勘》，《HPM 通訊》2012 年第 15 卷第 11 期。

合（圖 2-1）。[1]

C010108

61(1524)

圖 2-1

　　二簡斷口完全契合，並復原"步"字。第二批《數》簡整理者將殘片 C010108 編號作 C1-8-1，將簡 1524 作 1524-b，綴合後編號爲"C1-8-1+1524-b"。[2] 我們將簡號標作 61（C1-8-1+1524-b）。

　　[2] 蔡丹設簡首"步少半〓（半、半）步"前所缺數量爲 X，則 $X + \frac{1}{3} + \frac{1}{2} = \frac{6X+5}{6}$；設"五步有（又）四百卅二分之"後所缺數量爲 M，則田面積爲 $5 + \frac{M}{432} = \frac{2016+M}{6 \times 6 \times 12}$；根據以上數據的特點，推測當爲周田，據本算書簡 65（J07）所載周田術"周乘周，十二成一"計算：$\frac{6X+5}{6} \times \frac{6X+5}{6} \times \frac{1}{12} = \frac{2016+M}{6 \times 6 \times 12}$，推知 X 爲 7，M 爲 49；將簡首、簡尾殘缺的簡文分別校補爲"周田七""卅九"。[3] 此

①　蔡丹：《讀〈嶽麓書院藏秦簡（貳）〉札記三則》，《江漢考古》2013 年第 4 期。
②　陳松長主編《嶽麓書院藏秦簡（柒）》，上海辭書出版社，2022，第 190 頁。
③　蔡丹：《讀〈嶽麓書院藏秦簡（貳）〉札記三則》，《江漢考古》2013 年第 4 期。

意見可資參考。

【今譯】

……步、$\frac{1}{3}$步、$\frac{1}{2}$步，得田 $5\frac{?}{432}$積步。

[010] 面積類之十

【釋文】

里田述（術）$^{[1]}$曰：里乘里$_=$（里，里）也，因而參之$^{[2]}$，有（又）參五之$^{[3]}$，爲田三頃十（七十）五畝。$^{[4]}$ 62（0947）

【校釋】

[1] 里田述（術），《九章算術》"方里"章"里田術"劉徽注："此術廣從里數相乘得積里。方里之中有三頃七十五畝，故以乘之，即得畝數也。"① 秦制，1 里爲 300 步。

[2] "因"，古算用語，義爲"乘"。《孫子算經》"今有索"算題："置索長五千七百九十四步，以四除之，得一千四百四十八步，餘二步。以六因之，得一丈二尺。以四除之，得三尺。通計即得。"② "以六因之"即 6×2 步。《張丘建算經》"今有城"算題："草曰：置二十里，以三百步乘之，步法六因之，得三萬六千……得二十五。四因之，得一百……得一萬二千。所得五因之，爲六萬……得一十，以六因之，得六十。"③ "六因之"即 $6 \times 20 \times 300$ 步 =36000 步；"四因之"即 $4 \times 25=100$；"五因之"即 $5 \times 12000=60000$；"六因之"即 $6 \times 10=60$。《答劉伯宗問朱子壺說書》："即以六十四寸八分者開方之，徑得八寸四釐奇，三因于

---

① 郭書春：《〈九章算術〉譯注》，上海古籍出版社，2009，第 17 頁。
② 郭書春、劉鈍校點《孫子算經》，《算經十書》本，遼寧教育出版社，1998，第 12 頁。
③ 郭書春、劉鈍校點《張丘建算經》，《算經十書》本，遼寧教育出版社，1998，第 38 頁。

徑，周得二尺四寸一四。"[1] "三因于徑"即 3×8 寸 4 釐奇 =2 尺 4 寸 1 分 4 釐（按："奇"指開方之零餘）。又如《九章算術》"方田"章第 34 題術文："以徑乘周，四而一。"劉徽注："下方之半三尺爲句，正面邪爲弦，弦五尺也。令句弦相乘。四因之，得六十尺。"[2] "四因之"即 $4 \times 3 \times 5=60$。

"因而 + 數詞 + 之"是古算常見結構，表相乘關係，"而"表示動作因循相繼。如本簡"因而參之"意即：相乘，用 3 與它相乘。《九章算術》"粟米"章第 3 題："以粟求鑿米，十二之，二十五而一。"李淳風注："鑿米之率二十有四，以爲率太繁，故因而半之。"[3] 其"故因而半之"意即：因此相乘，用 $\frac{1}{2}$ 與它相乘，即 $\frac{1}{2} \times 24=12$。"而"可省。《數》簡 100（1825）"因倍之""因九之"（見本章 "[031] 穀物換算類之三"）。"因而 + 數詞 + 之"往往省略"因而"。《筭數書》"合分"算題簡 24（H31）："即因而六∟人【數】以爲法，亦六錢以爲實。"[4] 其中"六錢"承前省略"因而"，意爲 6× 錢數。

中國古算書研究會學者認爲："'因而'在算術上的使用是引出乘法的用語。"[5] 此説有待商榷。"因而"不是引出乘法的用語，而是表示相乘。"因而"表示相乘時，這個結構可以轉換爲其他表達方式，如"因而半之"可作"因半之""以半因之"，或可省作"半之"。

[3] 參五，《筭數書》"里田"算題簡 189（H87）作"三五"，[6]表示用 5 連續乘三次，詳見第一章 "[002] 里乘里"【校釋】之 [1]。

---

① （清）黃宗羲：《南雷文定》，《續修四庫全書》，上海古籍出版社，2002，第 1397 冊第 287 頁。
② 白尚恕：《〈九章算術〉注釋》，科學出版社，1983，第 53 頁。
③ 郭書春：《〈九章算術〉譯注》，上海古籍出版社，2009，第 77~78 頁。
④ 張家山二四七號漢墓竹簡整理小組編著《張家山漢墓竹簡 [二四七號墓]》（釋文修訂本），文物出版社，2006，第 134 頁。
⑤ 〔日〕中國古算書研究会『岳麓書院蔵秦簡「数」訳注』，京都朋友書店，2016，第 92 頁。
⑥ 張家山二四七號漢墓竹簡整理小組編著《張家山漢墓竹簡 [二四七號墓]》（釋文修訂本），文物出版社，2006，第 157 頁。

[4] 本算題是把長、寬以"里"爲單位的地塊的面積折算爲頃、畝，具體算法是：1 里 × 1 里 =1 積里，3 × 1=3，$5^3 × 3=375$，即 3 頃 75 畝（參見第一章"[002] 里乘里"）。

【今譯】

把以里爲單位的田轉化爲頃畝數的計算方法：1 里乘 1 里，得 1 積里，用 3 乘以 1，用 5 的 3 次方乘其乘積，得田 3 頃 75 畝。

[011]　面積類之十一

【釋文】

▨徑[1] 田之述（術）曰：以[2] 從二百卌步者，除[3] 廣一步，得田一畝；除廣十步，得田十畝；除廣百步，得田一頃；除廣千步，得田 63（1714）〖十頃〗[4]。[5]

【校釋】

[1] 簡首第一字殘泐不清。蕭燦認爲當爲"除"字。① 魯家亮釋作"啓"。② 另有學者釋作"箕"。③

《算書》簡 93（04-094）~95（04-092) 有"徑田術"（見第一章"[011] 徑田術"）。另外，《筭术》簡 37~39 有"徑田"算題如下："徑田之術曰：各直（置）廣從步數而除從二百卌步，廣即畝數也；除廣二百卌步，從即畝數也；皆不盈二百卌步，令相乘如恒田。田廣三百五十步，從七百六十步，爲田十一頃八畝少半畝。·以徑田可也。"④ 其內容與本算題相似，可將簡首殘泐簡文補爲"徑"字。

① 蕭燦：《嶽麓書院藏秦簡〈數〉研究》，中國社會科學出版社，2015，第 53 頁。
② 魯家亮：《嶽麓秦簡校讀（七則）》，載中國文化遺產研究院編《出土文獻研究》（第十二輯），中西書局，2013，第 144~151 頁。
③ 張顯成、謝坤：《嶽麓書院藏秦簡〈數〉釋文勘補》，《古籍整理研究學刊》2013 年第 5 期；陳松長主編《嶽麓書院藏秦簡（壹—叁）》（釋文修訂本），上海辭書出版社，2018，第 93 頁。
④ 譚競男、蔡丹：《睡虎地漢簡〈算術〉"田"類算題》，《文物》2019 年第 12 期。

[2] 以，介詞，表示論事的對象、依據及標準，相當於"以……而論"。《孟子·萬章下》："以位，則子君也，我臣也，何敢與君友也。"[1] 簡文"以從二百卌步者"意爲就田長 240 步而論。

[3] 除，義爲"開闢""修治"，在本算題可訓爲"切割""劃分"（詳見第一章"[011] 徑田術"【校釋】之 [2]）。

蕭燦認爲："除，音 zhù，開、啟之意，也可以釋爲給予、給出，《詩·小雅·天保》：'俾爾單厚，何福不除。'毛《傳》：'除，開也。'鄭玄《箋》：'天使女盡厚天下之民，何福而不開，皆開出以予之。'馬瑞辰《通釋》：'何福不除，猶云何福不予。予，與也。'此簡中或者可以釋爲張開、伸展。《算數書》有'啟廣'和'啟從'問題，其中'啟'字與'除'同義。此題算法是《算數書》'啟廣'問題的逆問題，題中田地的'從（縱）'爲固定值（二百卌步），'廣'爲變量，相乘得面積。"[2]

《數》簡整理小組、蘇意雯、謝坤等持相似觀點。[3] 許道勝據蕭燦認爲："除，訓開、啟可從。開啟即有開闢義。"[4]

中國古算書研究会學者認爲："本算題是利用廣邊的長度來計算已確定縱邊長度之矩形面積的算題。此有一縱爲 240 步，廣爲充分大的田，若將此田以各種長度的廣進行切割，則稱爲'除'，因而'除'即切除、切開的意思。"[5]

[4] 蕭燦認爲簡文末尾當補"十頃"二字。[6] 查看原簡圖版發現，本簡已經書寫至第三道編繩，沒有容字空間，"十頃"二字當書於另外一枚簡。

[5] 本題題意爲：對邊長爲 240 步的矩形田塊而言，把另一

① （宋）孫奭：《孟子注疏》，（清）阮元校刻《十三經注疏》，中華書局，1980，第 2745 頁。
② 蕭燦：《嶽麓書院藏秦簡〈數〉研究》，中國社會科學出版社，2015，第 53 頁。
③ 朱漢民、陳松長主編《嶽麓書院藏秦簡（貳）》，上海辭書出版社，2011，第 66 頁；蘇意雯、蘇俊鴻、蘇惠玉等：《〈數〉簡校勘》，《HPM 通訊》2012 年第 15 卷第 11 期；謝坤：《嶽麓書院藏秦簡〈數〉校理及數學專門用語研究》，西南大學碩士學位論文，2014，第 25~26 頁。
④ 許道勝：《嶽麓秦簡〈爲吏治官及黔首〉與〈數〉校釋》，武漢大學博士學位論文，2013，第 140 頁。
⑤ 〔日〕中國古算書研究会編『岳麓書院藏秦簡「数」訳注』，京都朋友書店，2016，第 33 頁。
⑥ 蕭燦：《嶽麓書院藏秦簡〈數〉研究》，中國社會科學出版社，2015，第 53 頁。

邊切割爲 n 步，則 n 就是這塊矩形田的畝數。鄒大海對本算題的算理進行了闡釋。[①] 我們已另具專文對包括本算題在内的秦漢簡牘算書"徑田術"進行了討論。[②] 依題意計算如下：240 步 × 1 步 =1 畝；240 步 × 10 步 =10 畝；240 步 × 100 步 =100 畝 =1 頃；240 步 × 1000 步 =1000 畝 =10 頃。

【今譯】

測量矩形田的方法：就田長 240 步而言，田寬切割爲 1 步，得田 1 畝；田寬切割爲 10 步，得田 10 畝；田寬切割爲 100 步，得田 1 頃；田寬切割爲 1000 步，得田（10 頃）。

[012]　面積類之十二

【釋文】

箕田[1]曰：并舌墥（踵）[2]步數而半之以爲廣[3]，道[4]舌中[5]丈[6]勞（徹）[7]墥（踵）中以爲從[8]，相乘即成積步。[9]64（0936）

【校釋】

[1] 箕，籤箕，揚米去糠的器具。江陵望山楚墓出土一箕（圖 2-2）。[③]

圖 2-2

① 鄒大海：《中國數學在奠基時期的形態、創造與發展：以若干典型案例爲中心的研究》，廣東人民出版社，2022，第 279 頁。
② 詳見周序林、馬永萍、龍丹《秦漢簡牘算書"徑田術"新探》，《西南民族大學學報》（自然科學版）2024 年第 2 期。
③ 湖北省文物考古研究所：《江陵望山沙塚楚墓》，文物出版社，1996，圖版一三。

箕田，指形似簸箕的田塊。目前古算中所見箕田，除《筭术》“箕田術”簡 124 所載箕田爲直角梯形以外，[①]其餘均指等腰梯形。《九章算術》“方田”章第 29 題：“今有箕田，舌廣二十步，踵廣五步，正從三十步。問：爲田幾何？答曰：一畝一百三十五步。又有箕田，舌廣一百一十七步，踵廣五十步，正從一百三十五步。問：爲田幾何？答曰：四十六畝二百三十二步半。術曰：并踵、舌而半之，以乘正從。畝法而一。”劉徽注：“中分箕田則爲兩邪田，故其術相似。又可并踵、舌，半正從以乘之。”[②]李籍云：“箕田者，有舌有踵，其形哆侈，如有箕然。哆兮侈兮，成是南箕。”[③]

[2] 舌，指梯形的上底邊。䠱，[④]同“踵”，本指脚後跟，這裏與“舌”相對，表梯形的下底邊。

[3] 簡文“并舌䠱（踵）步數而半之以爲廣”的句讀，學界多作“并舌䠱（踵）步數而半之，以爲廣”。此句讀未安，當不點斷。簡文後文“道舌中丈劈（徹）䠱（踵）中以爲從”也不當點斷。這裏討論一下古算書中“以 A 爲 B”“……以爲 B”這兩個結構的句讀問題。“以 A 爲 B”這個結構的特點是它的語義是完整的，如果它的前面還有動詞或動詞性短語，則需要點斷而不宜連讀，如《筭數書》“少廣”算題簡 164（H81）“置三，以一爲若干”，[⑤]就不宜連讀作“置三以一爲若干”。而“……以爲 B”這個結構的特點是，出於語義完整和連貫的需要，它的前面需有動詞或動詞性短語與之連讀而不宜點斷。如《筭數書》“共買材”算題簡 33（H172）“并三人出錢數以爲法”，[⑥]就不宜點斷作“并三人

① 此直角梯形的“箕田”，見譚競男、蔡丹《睡虎地漢簡〈算術〉“田”類算題》，《文物》2019 年第 12 期。

② 郭書春：《〈九章筭術〉譯注》，上海古籍出版社，2009，第 38 頁。

③ （唐）李籍：《九章算術音義》，《四庫全書》（景印文淵閣版），臺北商務印書館，1986，第 797 册第 129 頁。

④ 蘇意雯等釋作“䠱”。參見蘇意雯、蘇俊鴻、蘇惠玉等《〈數〉簡校勘》，《HPM 通訊》2012 年第 15 卷第 11 期。

⑤ 張家山二四七號漢墓竹簡整理小組編《張家山漢墓竹簡 [二四七號墓]》（釋文修訂本），文物出版社，2006，第 154 頁。

⑥ 張家山二四七號漢墓竹簡整理小組編《張家山漢墓竹簡 [二四七號墓]》（釋文修訂本），文物出版社，2006，第 136 頁。

出錢數，以爲法"。

[4] 道，介詞，義爲 "從、由"。《韓非子・十過》："師曠不得已，援琴而鼓。一奏之，有玄鶴二八，道南方來，集合於郎門之垝。"[1] 也見於《筭數書》"負炭" 算題簡 126（H158）"道車到官"。[2]

[5] 舌中，指梯形上底邊中點。簡文後文 "䠆（踵）中"，則指梯形下底邊中點。

[6] 丈，丈量。

[7] 劓，蕭燦等最初釋作 "䜣"，[3] 後蕭燦改作 "徹"，訓爲 "通，穿"。[4] 許道勝釋作 "劓"，校改作 "徹"，訓作 "到達"，[5] 可從。"劓（徹）" 字也見於《陳起》篇簡 1（04-142）"欲劓（徹）一物"。"徹" 簡文作 "劓"，是一種增添部件的繁化現象（詳見第一章 "[001]《陳起》篇【校釋】之 [61]）。

[8] 本算題的解題思路是把梯形轉化爲矩形，然後將矩形的廣從相乘求得梯形面積，因此簡文上文有 "廣"，此處有 "從"。此 "從" 在本算題中還有另外一個功能，即 "正從"，指底邊上的高。《九章算術》"方田" 章第 25 題："今有圭田廣十二步，正從二十一步。問：爲田幾何？答曰：一百二十六步。" 第 26 題："又有圭田廣五步二分步之一，從八步三分步之二。問：爲田幾何？答曰：二十三步六分步之五。"[6] 第 25 題將圭田（三角形田塊）的高稱爲 "正從"，而第 26 題將 "正從" 省作 "從"。另，《五曹算經・田曹》也將 "正從" 省作 "從"："今有箕田，一頭廣八十六步，一頭廣四十步，從九十步。問爲田幾何。答曰：二十三畝，奇一百五十步。術曰：并二廣，得一百二十六步，半之，得

---

[1]　（清）王先慎撰，鍾哲點校《韓非子集解》，中華書局，2003，第 64 頁。

[2]　張家山二四七號漢墓竹簡整理小組編著《張家山漢墓竹簡 [二四七號墓]》（釋文修訂本），文物出版社，2006，第 148 頁。

[3]　蕭燦、朱漢民：《嶽麓書院藏秦簡〈數書〉中的土地面積計算》，《湖南大學學報》（社會科學版）2009 年第 2 期。

[4]　蕭燦：《嶽麓書院藏秦簡〈數〉研究》，中國社會科學出版社，2015，第 54 頁。

[5]　許道勝：《嶽麓秦簡〈爲吏治官及黔首〉與〈數〉校釋》，武漢大學博士學位論文，2013，第 154 頁。

[6]　郭書春：《〈九章筭術〉譯注》，上海古籍出版社，2009，第 35 頁。

六十三步。以從九十步乘之，得五千六百七十步。以畝法除之，即得。"①《夏侯陽算經》則將"正從"作"長"："箕田術曰：并二廣而半之，以乘長，爲積步。以畝法除之。"②

本算題"正從"産生的方式是將梯形田的上底和下底的中點連接而成，這足以說明本算題的"箕田"是等腰梯形田。

[9] 設舌爲 a，踵爲 b，高爲 h，箕田面積爲 S，則 $S=(a+b) \times \frac{1}{2} \times h$。

【今譯】

箕田面積的計算方法：將箕舌（梯形上底邊）與箕踵（梯形下底邊）步數相加，乘以 $\frac{1}{2}$ 作爲寬，從箕舌中點測量至箕踵中點作爲長（高），寬乘長就得到積步。

[013]　面積類之十三

【釋文】

周田[1]述（術）曰：周乘周，十二成一。其一述（術）曰：半周【乘】半徑[2]，田即定。俓（徑）[3]乘周，四成一。半徑乘周，二成一。[4]₆₅（J07）

【校釋】

[1] 周，即圓形。周田即圓形田塊。許道勝釋爲圓周。③未安。本算題術文中"周"指圓周周長。"周田"不見於《筭數書》，在《九章算術》"方田"章第31、32題作"圓田"："今有圓田，周三十步，徑十步。問爲田幾何？答曰：七十五步。""又有圓田，周一百八十一步，徑六十步、三分步之一。問爲田幾何？答曰：

---

① 錢寶琮校點《五曹算經》，《算經十書》本，中華書局，1963，第414頁。
② 錢寶琮校點《夏侯陽算經》，《算經十書》本，中華書局，1963，第568~569頁。
③ 許道勝：《嶽麓秦簡〈爲吏治官及黔首〉與〈數〉校釋》，武漢大學博士學位論文，2013，第155頁。

十一畝九十步、十二分步之一。術曰：半周半徑相乘得積步。又術曰：周徑相乘，四而一。又術曰：徑自相乘，三之，四而一。又術曰：周自相乘，十二而一。"①《算書》分別作"圜田""員（圓）田"（見第一章"[003] 圜田""[008] 圓田術"）。

[2] 簡文"半周"與"半徑"之間應該是相乘關係，據上引《九章算術》"方田"章第 31、32 題和《算書》，似可於"半徑"後補"相乘"二字作"半周半徑相乘"。原整理者在它們之間補一"乘"字作"半周乘半徑"，②這應該是根據本簡"A 乘 B"的文例校補的。本釋文從原整理者校補。

[3] 俓，原整理者釋作"徑"。③許道勝釋作"俓"，通"徑"。④查看簡 65（J07）圖版，⑤釋"俓"爲是。

[4] 設圓面積爲 S，周長爲 c，直徑爲 d，本簡所載四個求圓面積的公式如下：$S=c \times c \div 12$（周乘周，十二成一），$S=\frac{c}{2} \times \frac{d}{2}$（半周【乘】半徑），$S=d \times c \div 4$（徑乘周，四成一），$S=\frac{d}{2} \times c \div 2$（半徑乘周，二成一）。其中，$S=c \times c \div 12$ 表明圓周率取值爲 3。

【今譯】

圓形田面積的計算方法：周長乘以周長，除以 12。另一種計算方法：半周乘以半徑，就得田面積。直徑乘以周長，除以 4。半徑乘以周長，除以 2。

[014]　面積類之十四

【釋文】

周田卅步，爲田卡（七十）五步。[1] 66（0812）

① 錢寶琮校點《九章算術》，《算經十書》本，中華書局，1963，第 103~107 頁。
② 朱漢民、陳松長主編《嶽麓書院藏秦簡（貳）》，上海辭書出版社，2011，第 68 頁。
③ 朱漢民、陳松長主編《嶽麓書院藏秦簡（貳）》，上海辭書出版社，2011，第 68 頁。
④ 許道勝：《嶽麓秦簡〈爲吏治官及黔首〉與〈數〉校釋》，武漢大學博士學位論文，2013，第 155 頁。
⑤ 朱漢民、陳松長主編《嶽麓書院藏秦簡（貳）》，上海辭書出版社，2011，第 68 頁。

【校釋】

[1] 據簡 65（J07）"周田術"裏"周乘周，十二成一"的計算方法（見本章"[013] 面積類之十三"），本算題可計算如下：$S=c \times c \div 12=30 \times 30 \div 12=75$ 積步。

【今譯】

圓形田塊周長 30 步，得田 75 積步。

[015]　面積類之十五

【釋文】

宇[1]方[2]百步，三人[3]居之，巷[4]廣五步。問：宇幾可（何）[5]？其述（術）曰：除[6]巷五步餘坴（九十）五步，以三人乘之[7]以爲法；以百乘坴（九十）$_{67（0884）}$五步者[8]，令如法一步，即陲宇[9]之從[10]也。[11]$_{68（0825）}$

【校釋】

[1] 宇，住處。《詩經·大雅·緜》："爰及姜女，聿來胥宇。"毛傳："宇，居也。"孔穎達正義："宇者，屋宇，所以居人，故爲居也。"[1] 在本算題中指居住區。原整理者訓爲"房屋"。[2] 許道勝、中國古算書研究会學者訓爲"宅地"。[3]《數》簡釋文修訂者認爲"宇"指"房屋"，或指"宅地"。[4]

[2] 方，正方形的邊。

[3] 人，當指户主，這裏"三人"即指三户。蕭燦等對有關情

---

① （唐）孔穎達：《毛詩正義》，（清）阮元校刻《十三經注疏》，中華書局，1980，第510頁。

② 蕭燦：《嶽麓書院藏秦簡〈數〉研究》，湖南大學博士學位論文，2010，第45頁；朱漢民、陳松長主編《嶽麓書院藏秦簡（貳）》，上海辭書出版社，2011，第69頁。

③ 許道勝：《嶽麓秦簡〈爲吏治官及黔首〉與〈數〉校釋》，武漢大學博士學位論文，2013，第158頁；〔日〕中國古算書研究会編『岳麓書院藏秦簡「數」訳注』，京都朋友書店，2016，第242頁。

④ 陳松長主編《嶽麓書院藏秦簡（壹—叁）》（釋文修訂本），上海辭書出版社，2018，第94頁。

況有如下闡釋："宇方"算題還表現出秦代"里坊制"的迹象：方形平面的"宇"，三户住宅組成一個封閉的建築單元，對巷開門，這些都是"里坊制"的特徵。里坊制實質是一種編民制度，"里坊制確立期，相當於春秋至漢……'里'和'市'都環以高牆，設里門與市門，由吏卒和市令管理，全城實行宵禁。到漢代，列侯封邑達到萬户才允許單獨向大街開門，不受里門的約束"，里坊的平面一般呈方形或矩形，"里中之道曰巷"，如此種種，都與"宇方"算題所述符合。再有，"宇方百步"，面積不小，而算題中説的是"三人居之"，應是指稱住宅的主人，另有家人、奴隸等附屬人口。[1]

[4] 巷，據上引蕭燦等，當指里坊中的巷道。中國古算書研究会學者訓作"小路"。[2]

[5] 據簡文後文"即陲宇之從也"，這裏的"宇幾可（何）"指陲宇的長度是多少，即每户分得的住宅區域的長度。

[6] 除，減。

[7] 之，指餘數 95。上引中國古算書研究会學者認爲："'以三人乘之'的'之'指方的 1 邊 100 步。前文中從 1 邊 100 步減巷的廣（寬幅）5 步得 95 步；這裏再以 3 人乘 1 邊 100 步。"此説未安。古算術文有這樣一種結構：A、B、C 等若干數字通過某種運算得到結果 R，其後緊跟"表示某種運算方式的動詞＋之"。在這個結構中"之"指代的不是參與運算的 A、B 或 C，而是指代運算結果 R，這個 R 有時候不會出現在術文中。古算中有大量這樣的例子，如本算書簡 64（0936）"并舌蹱（踵）步數而半之"（見本章"[012] 面積類之十二"）表示：A（舌）$+B$（踵）$=R$，$\frac{1}{2} \times R$，其"半之"的"之"指代運算結果 R；又如本算書簡 62（0947）"里乘里＝（里，里）也，因而參之，有（又）參五之，爲田三頃七十五畞"（見本章"[010] 面積類之十"）表示：A

① 蕭燦、朱漢民：《嶽麓書院藏秦簡〈數書〉中的土地面積計算》，《湖南大學學報》（社會科學版）2009 年第 2 期。
② 〔日〕中國古算書研究会編『岳麓書院藏秦簡「数」訳注』，京都朋友書店，2016，第 242 頁。

（1 里）× B（1 里）=R（1 積里），A_1（3）× R（1）=R_1（3），A_2（5^3）× R_1（3）=R_2（3 頃 75 畝），"參之""參五之"的"之"分別指運算結果 R 和 R_1。以上"之"均指代對若干數字進行運算後的結果。"宇方"算題術文"除巷五步餘半（九十）五步，以三人乘之"也不例外，表示：A（宇方 100 步）－B（巷 5 步）=R（95 步），3 × R（95 步），其"乘之"的"之"指代（100 步 －5 步）的運算結果 95 步。

[8] 許道勝認爲據文意"者"下可補"爲實"或"以爲實"。[①] 無此校補必要。術文"……以爲法，以百乘半（九十）五步者，令如法一步"，其結構可概括爲：（A）"……以爲法"，（B）通過某個運算得到一個結果，（C）"令如法……"。在這個結構中，（B）裏往往沒有"爲實"或"以爲實"。如《筭數書》"粟米并"算題簡 122（H36）："并米五升者八以爲法，乃更直（置）五升而十之，令如法粟米各一升。"[②]

[9] 陲，邊疆。《古今韻會舉要·支韻》："陲，遠邊也。"[③]《左傳·成公十三年》："芟夷我農功，虔劉我邊陲。"[④] 在本算題表邊界。"陲宇"指劃定了邊界的居住區，在本算題指每户分得的居住區。原整理者訓"陲"爲"邊緣"。[⑤] 許道勝訓"陲""宇"均爲"邊緣"。[⑥] 謝坤訓"陲宇"爲"房屋的邊緣"。[⑦] 中国古算書研究会學者認爲："'陲'指邊緣，是從一邊下垂的意思。因而'陲宇'指共有

① 許道勝：《嶽麓秦簡〈爲吏治官及黔首〉與〈數〉校釋》，武漢大學博士學位論文，2013，第 158 頁。
② 張家山二四七號漢墓竹簡整理小組編著《張家山漢墓竹簡 [二四七號墓]》（釋文修訂本），文物出版社，2006，第 148 頁。
③ （元）熊忠：《古今韻會舉要》，《四庫全書》（景印文淵閣版），臺北商務印書館，1986，第 238 册第 414 頁。
④ （唐）孔穎達：《春秋左傳正義》，（清）阮元校刻《十三經注疏》，中華書局，1980，第 1912 頁。
⑤ 蕭燦：《嶽麓書院藏秦簡〈數〉研究》，湖南大學博士學位論文，2010，第 45 頁；朱漢民、陳松長主編《嶽麓書院藏秦簡（貳）》，上海辭書出版社，2011，第 69 頁。
⑥ 許道勝：《嶽麓秦簡〈爲吏治官及黔首〉與〈數〉校釋》，武漢大學博士學位論文，2013，第 158 頁。
⑦ 謝坤：《嶽麓書院藏秦簡〈數〉校理及數學專門用語研究》，西南大學碩士學位論文，2014，第 27 頁。

正方形一邊的矩形宅地。"①

[10] 從，詳見第一章 "[008] 圓田術"【校釋】之 [2]。本算題求得的 "陲宇" 的從（33 $\frac{1}{3}$ 步）小於廣（95 步）。

本算題的題意可表示如圖 2-3。其中，*ABCD* 爲宇，宇方 *AB*=100 步，*FBCE* 爲巷，巷廣 *FB*=5 步，陲宇 *AFHJ*、*JHGI*、*IGED*。本算題 "陲宇之從" 指陲宇 *AFHJ*、*JHGI*、*IGED* 的邊 *FH*、*HG*、*GE*。

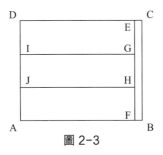

圖 2-3

[11] 依術計算如下：$\frac{100\,步\,\times 95\,步}{3\times（100\,步\,-5\,步）}$=33 $\frac{1}{3}$ 步。有學者認爲可以通過如下算法來計算本算題結果：100 步 ÷3=33 $\frac{1}{3}$ 步。②

未安。首先，如果用 100 步 ÷3=33 $\frac{1}{3}$ 步求得結果，則沒有用上已知條件 "巷廣 5 步"，這對於一個設計正確的算題來說是不可能發生的。其次，本算題有五條 100 步長的邊，應該用哪一條邊的邊長除以 3？最後，也是最重要的，用圖 2-3 中 *EF* 邊除以 3 所得的結果與 $\frac{100\,步\,\times 95\,步}{3\times（100\,步\,-5\,步）}$ 求得的結果雖然數值一樣，但含義不

① 〔日〕中国古算书研究会编『岳麓書院藏秦簡「数」訳注』，京都朋友書店，2016，第 242 頁。
② 蘇意雯、蘇俊鴻、蘇惠玉等：《〈數〉簡校勘》，《HPM 通訊》2012 年第 15 卷第 11 期；蕭燦：《嶽麓書院藏秦簡〈數〉研究》，中國社會科學出版社，2015，第 57 頁；〔日〕中国古算书研究会编『岳麓書院藏秦簡「数」訳注』，京都朋友書店，2016，第 242 頁。

同。其中，$\dfrac{100\ \text{步} \times 95\ \text{步}}{3 \times (100\ \text{步} - 5\ \text{步})}$ 所得結果是邊長 95 步、寬 $33\dfrac{1}{3}$ 步的陲宇 $AFHJ$、$JHGI$、$IGED$ 的邊 FH、HG、GE，與面積相關，而 100 步 $\div$ 3 所得結果是綫段 FH、HG、GE 的長度，與面積無關。所以，本算題不宜簡單地用 100 步 $\div 3 = 33\dfrac{1}{3}$ 步來計算。

中國古算書研究會學者對“陲”“從”和“以三人乘之”的“之”做了不同理解，對算題題意有不同闡釋，因而計算方法和計算結果也有所不同。[①]

【今譯】

正方形住宅區邊長 100 步，3 户人家居住，巷道寬 5 步。問：（3 户人家各分得的）住宅區是多少？計算方法：（住宅區邊長 100 步）減去巷寬 5 步得 95 步，3 乘以 95 步作爲除數；100 步乘以 95 步，乘積與除數相除所得以步爲單位的結果，就是 3 户人家各分得的住宅區的寬度。

[016]　分數類之一

【釋文】

合分述（術）曰：母乘母爲法，子互乘☐ 母，并以☐ [1] 爲賓₌（實，實）如法得一，不盈法，以法命分。[2] ₇₁（J24）

【校釋】

[1] 竹簡在“乘”與“爲”字之間斷損，殘字不可辨識，但據《筭數書》“合分”算題簡 22（H19）簡文“子互乘母并以爲實”和《九章算術》“方田”章“合分術”術文“母互乘子，并

---

① 〔日〕中國古算書研究会編『岳麓書院蔵秦簡「数」訳注』，京都朋友書店，2016，第 240~243 頁。

以爲實"，[1] 殘泐之字當有三個，可補爲"母并以"。原整理者補
"母"字，[2] 蘇意雯、謝坤等採納此校補意見，[3] 中國古算書研究会
學者亦補作"母并以"。[4] 許道勝認爲："整理者可能是看到該簡
已被'綴合'（參簡背的紅外綫圖版），從而誤以爲 71（J24）原
簡是'整簡'。從該圖版看，2 段殘簡確已被'拼合'，除其間缺
一小片外，似乎看不出有什麼問題。而據彩色圖版、紅外綫圖版
（正面），71（J24）明顯是 2 段殘簡：第 1 段簡末殘，第 2 段簡
首殘（簡末亦缺一小片），殘簡的斷口處不密合，故不當直接綴
合。"[5] 此説可從。

[2] 設分數 $\frac{b}{a}$ 和 $\frac{d}{c}$，依術計算如下：$\frac{b}{a} + \frac{d}{c} = \frac{bc}{ac} + \frac{da}{ca} = \frac{bc+da}{ac}$。

【今譯】

分數相加的計算方法：分母乘分母作爲除數，分子與分母交
叉相乘，乘積相加作爲被除數，被除數除以除數得結果，如果除
不盡，用以除數爲分母的分數表示。

[017]　分數類之二

【釋文】

⋯ ☑半之；可半之☐ ☐可半＝（半，半）之。可倍【＝】（倍，

---

① 張家山二四七號漢墓竹簡整理小組編著《張家山漢墓竹簡 [二四七號墓]》（釋文修訂
　　本），文物出版社，2006，第 134 頁；郭書春：《〈九章筭術〉譯注》，上海古籍出版
　　社，2009，第 20 頁。按：整理小組釋文"子互乘母并以爲實"未斷讀，未安，當於
　　"母"後點斷。
② 蕭燦：《嶽麓書院藏秦簡〈數〉研究》，湖南大學博士學位論文，2010，第 49 頁；朱
　　漢民、陳松長主編《嶽麓書院藏秦簡（貳）》，上海辭書出版社，2011，第 72 頁；蕭
　　燦：《嶽麓書院藏秦簡〈數〉研究》，中國社會科學出版社，2015，第 62 頁。
③ 蘇意雯、蘇俊鴻、蘇惠玉等：《〈數〉簡校勘》，《HPM 通訊》2012 年第 15 卷第 11
　　期；謝坤：《嶽麓書院藏秦簡〈數〉校理及數學專門用語研究》，西南大學碩士學位論
　　文，2014，第 31 頁。
④ 〔日〕中國古算書研究会編『岳麓書院藏秦簡「数」訳注』，京都朋友店，2016，第
　　234 頁。
⑤ 許道勝：《嶽麓秦簡〈爲吏治官及黔首〉與〈數〉校釋》，武漢大學博士學位論文，
　　2013，第 142 頁。

倍）之。【以分】子相□^[1]₁₈₄₁

【校釋】

[1] 第二批《數》簡整理者公佈了此殘簡圖版，其釋文作 "☑半之，可半之□□可半，半之，可倍，〖倍〗之，【以分】子相"，① "相"字後的墨迹未標識，因釋文體例原因而未載重文符號。根據簡牘算書書寫習慣，"可倍"和第二例"可半"後當有重文符號，我們補出此符號；圖版顯示，本簡自上部殘缺約三分之一，且簡文漫漶不清，"相"字後有一處墨迹，當爲一字殘筆，我們以"□"予以標識。

"半之；可半之□□可半=（半，半）之"由於簡文有殘缺，尚不清楚爲什麼"可半""半之"多次出現，但這部分簡文的文意主要是由"可半=（半，半）之"表達的，這一點應該無疑。《筭數書》"約分"算題簡 17（H180）"可半，半之"，②《筭術》"約分"算題簡 209 "可半，半之"。③ 如此，則簡文第一部分是在進行約分運算。又據現有簡牘算書語料，簡文第二部分見於"合分"語境，意爲：若干不同分母的分數相加時，如果分母之間存在 2 倍關係，則將較小分母所在分數的分子和分母都乘以 2，以達到通分目的。例如《筭術》"合分"算題簡 57 "母不相類，可倍，倍"，④《筭數書》"合分"算題簡 25（H21）"可倍，倍；母相類止"。⑤ 若是，則簡文第二部分是在進行合分中的通分運算。由上可見，簡文第一部分是約分術殘文，而第二部分則是合分術殘文，因此，我們把本殘簡置於簡 71（J24）之後。此外，按照簡牘算書表達習慣，可以將簡文"相"字後殘留墨迹補作"從"。

---

① 陳松長主編《嶽麓書院藏秦簡（柒）》，上海辭書出版社，2022，第 177 頁。按：原整理者釋文用"〖 〗"表示以文例補出脫文。這與本書不同。

② 張家山二四七號漢墓竹簡整理小組編著《張家山漢墓竹簡 [二四七號墓]》（釋文修訂本），文物出版社，2006，第 134 頁。

③ 蔡丹、譚競男：《睡虎地漢簡中的〈算術〉簡冊》，《文物》2019 年第 12 期。

④ 蔡丹、譚競男：《睡虎地漢簡中的〈算術〉簡冊》，《文物》2019 年第 12 期。

⑤ 張家山二四七號漢墓竹簡整理小組編著《張家山漢墓竹簡 [二四七號墓]》（釋文修訂本），2006，第 134 頁。

【今譯】

……把分母除以 2；如果可以把分母除以 2……如果（分母）可以除以 2（以約分），就把分母除以 2，（分子也除以 2）。如果（分母）可以乘以 2（以通分），就把分母乘以 2，（分子也乘以 2）。（這樣，分母相同了，）把分子相加。

[018]　分數類之三

【釋文】

⋯ ☒之一。求粟幾可（何）? 曰：五升有（又）卅六分升五。爲之述（術）如合分。[1]₁₇₁₉

【校釋】

[1] 第二批《數》簡整理者刊佈了此殘簡圖版，其釋文及句讀作："☒之一，求粟幾可（何）? 曰：五升有（又）卅六分升五爲之,述（術）如合分。"① "爲之述"不當點斷而該連讀。"爲之述"在簡牘算書中常見，如《數》簡 5（0388）、10（0802）均載"爲之述（術）曰"（見第四章 [090] 租稅類之二""[092] 租稅類之四"）。爲，謀求。《荀子・王霸》："將以爲樂，乃得憂焉；將以爲安，乃得危焉；將以爲福，乃得死亡焉，豈不哀哉!"② 在本算題中表"求""計算"義，"爲之述（術）"意即計算的方法。

圖版顯示，此簡簡首殘斷不存。簡文"爲之述（術）如合分"表明本算題是"合分術"例題，因此，我們把這枚殘簡編聯在載有"合分術"的簡 71（J24）和簡 1841 之後。

【今譯】

……分之一。求粟是多少? 答：$5\frac{5}{36}$升。計算的方法與分數相加的計算方法同。

---

① 陳松長主編《嶽麓書院藏秦簡（柒）》，上海辭書出版社，2022，第 176 頁。
② 李滌生：《荀子集釋》，臺北學生書局，2000，第 240 頁。

[019]　分數類之四

【釋文】

⬚九分五⬚，[1]七分六⌐，合之一有（又）卒（六十）三分廿六 [2]。七人分三，各取七分三 [3]。[4] ₇₂（0685）

【校釋】

[1] 簡首字迹不清，據計算，此處當爲"九分五"。另，簡文下文使用了鈎折符號"⌐"，"七"字和所補"五"之間也應該有此符號。

[2] 此例題與簡文下文之間有留白。留白之前的簡文爲合分例題，留白之後爲整數相除的例題。

[3] 簡文"七人分三，各取七分三"是整數的除法。

[4] 合分例題計算如下：$\dfrac{5}{9} + \dfrac{6}{7} = \dfrac{5 \times 7}{9 \times 7} + \dfrac{6 \times 9}{9 \times 7} = \dfrac{89}{63} = 1\dfrac{26}{63}$。整數相除的例題計算如下：$3 \div 7$ 人 $= \dfrac{3}{7}$ / 人。

【今譯】

$\dfrac{5}{9}$ 與 $\dfrac{6}{7}$，合并爲 $1\dfrac{26}{63}$。7 人分 3，每人得 $\dfrac{3}{7}$。

[020]　分數類之五

【釋文】

芻一石十六錢，稾一石六錢。今芻、稾各一升 [1]。爲錢幾可（何）? 得曰：幸（五十）分錢十一。述（術）曰 [2]：芻一升百分錢十六，稾一升百分錢 ₇₃（0973）六，母同，子相從 [3]。[4] ₇₄（0941）

【校釋】

[1] 本算題 1 石 =100 升，因此，簡文"芻一石""稾一石"

之"石"不是重量單位而是容積單位。由本算書簡 108（0834）"芻新積廿八尺一石。稾卅一尺一石。茅卅六尺一石"（見本章"[033] 穀物換算類之五"）可知，本算題的 1 石芻等於 28 積尺，1 石稾等於 31 積尺。另，本算題可證上引本算書簡 108（0834）的"石"爲容積單位。

[2] 蕭燦漏釋"述曰"二字。①

[3] 蕭燦博士學位論文未將簡 74（0941）置於簡 73（0973）之後，而是歸入"其它"類，②現在學界普遍將簡 74（0941）置於簡 73（0973）之後。③

[4] 依術計算如下：$\dfrac{16}{100}$ 錢 $+ \dfrac{6}{100}$ 錢 $= \dfrac{11}{50}$ 錢。

【今譯】

1 石芻值 16 錢，1 石稾值 6 錢。假設芻、稾各 1 升。值多少錢？答：$\dfrac{11}{50}$ 錢。計算方法：芻 1 升 $\dfrac{16}{100}$ 錢，稾 1 升 $\dfrac{6}{100}$ 錢，分母相同，分子相加。

[021]　分數類之六

【釋文】

稾石六錢，一升得百分錢六∟。芻石十六錢，一升得百分錢 □【十六】。[1]75（1839）

【校釋】

[1] 竹簡下段殘缺。簡文"分"下有一墨迹，依本簡文例，當

① 蕭燦：《嶽麓書院藏秦簡〈數〉研究》，湖南大學博士學位論文，2010，第 50 頁；蕭燦：《嶽麓書院藏秦簡〈數〉研究》，中國社會科學出版社，2015，第 63 頁。

② 蕭燦：《嶽麓書院藏秦簡〈數〉研究》，湖南大學博士學位論文，2010，第 50、104 頁。

③ 朱漢民、陳松長主編《嶽麓書院藏秦簡（貳）》，上海辭書出版社，2011，第 73 頁；許道勝：《嶽麓秦簡〈爲吏治官及黔首〉與〈數〉校釋》，武漢大學博士學位論文，2013，第 144 頁；蕭燦：《嶽麓書院藏秦簡〈數〉研究》，中國社會科學出版社，2015，第 63 頁。

爲"錢"字殘筆。另據計算，其後當有"十六"二字。由於竹簡
在此處殘斷，不能確定補"十六"二字後是否還有其他缺文。

　　許道勝認爲簡 75（1839）與簡 73（0973）明顯屬於不同的
算題，應予分立。[1] 蕭燦引鄒大海認爲："第 1839 號簡的文字從算
法上看與第 0973 號簡相重複而表達方式不同，再考慮到第 1839
號簡開頭的文字可以獨立於第 0973 號簡，故推測這兩支簡可能
不屬於同一算題。應該把它們分開列出。"[2] 本釋文亦採用簡 75
（1839）分立的意見。

【今譯】

1 石稾值 6 錢，1 升得 $\dfrac{6}{100}$ 錢。1 石芻值 16 錢，1 升得 $\dfrac{16}{100}$ 錢。

[022]　分數類之七

【釋文】

【半】▱[1] 乘三分∟，二參而六[2]＝（六，六）分一也[3]；76（0410）壹
半乘半，四分一也；76（0410）貳四分乘四分，四＝（四四）十【＝】[4]
六＝（十六，十六）分一也；76（0410）叁少半乘一，少半也。76（0410）肆三
分乘四分∟，三四十＝二＝（十二，十二）分一也；77（0778）壹三分乘三
分，三＝（三三）而九＝（九，九）分一也；77（0778）貳少半乘十，三
有（又）少半也；77（0778）叁五分乘六分，五六卅＝（卅，卅）分之
一也。77（0778）肆五分乘五分，五＝（五五）廿＝五＝（廿五，廿五）
分一也；・四分乘五分，四五廿＝（廿，廿）分一也。[5]78（0774）

【校釋】

[1]簡首殘損，據簡文後文，當補"半"字。許道勝認爲亦可

---

① 許道勝:《嶽麓秦簡〈爲吏治官及黔首〉與〈數〉校釋》, 武漢大學博士學位論文,
2013, 第 144 頁。
② 蕭燦:《嶽麓書院藏秦簡〈數〉研究》, 中國社會科學出版社, 2015, 第 63~64 頁。

補"二分"。①《筭數書》和本算書中表示二分之一均用"半"，故此處補"半"爲妥。

[2] 中國古算書研究會學者認爲在計算過程中插入"九九術"口訣的表述僅見於《數》，未見於《筭數書》或《九章算術》。②不過，在傳世文獻中，也有在計算中插入"九九術"以輔助計算的用例。《戰國策·東周策》："昔周之伐殷，得九鼎，凡一鼎而九萬人輓之，九九八十一萬人。"又《齊策》："臨淄之中七萬户，臣竊度之，下户三男子，三七二十一萬。"③

[3] 簡76（0410）與簡77（0778）各例題都分欄抄寫，而簡78（0774）則使用小圓點符號"·"隔開，可見，該小圓點符號"·"起著分欄的作用。

[4] 此處脱一重文符號"="，當爲"十="。

[5] 本算題有十個例題，其中有八個例題是分數與分數相乘，兩個例題是分數與整數相乘，其整數可看作分母爲1的分數。《九章算術》《方田》章有"乘分術"："乘分術曰：母相乘爲法，子相乘爲實，實如法而一。"④計算如下：$\frac{1}{2} \times \frac{1}{3} = \frac{1}{6}$; $\frac{1}{2} \times \frac{1}{2} = \frac{1}{4}$; $\frac{1}{4} \times \frac{1}{4} = \frac{1}{16}$; $\frac{1}{3} \times 1 = \frac{1}{3}$; $\frac{1}{3} \times \frac{1}{4} = \frac{1}{12}$; $\frac{1}{3} \times \frac{1}{3} = \frac{1}{9}$; $\frac{1}{3} \times 10 = 3\frac{1}{3}$; $\frac{1}{5} \times \frac{1}{6} = \frac{1}{30}$; $\frac{1}{5} \times \frac{1}{5} = \frac{1}{25}$; $\frac{1}{4} \times \frac{1}{5} = \frac{1}{20}$。

【今譯】

$\frac{1}{2}$乘以$\frac{1}{3}$，二三得六，得$\frac{1}{6}$; $\frac{1}{2}$乘以$\frac{1}{2}$，得$\frac{1}{4}$; $\frac{1}{4}$乘以$\frac{1}{4}$，四四十六，得$\frac{1}{16}$; $\frac{1}{3}$乘以1，得$\frac{1}{3}$。$\frac{1}{3}$乘以$\frac{1}{4}$，三四十二，得$\frac{1}{12}$; $\frac{1}{3}$

① 許道勝:《嶽麓秦簡〈爲吏治官及黔首〉與〈數〉校釋》，武漢大學博士學位論文，2013，第146頁。
② 〔日〕中國古算書研究会編『岳麓書院藏秦簡「数」訳注』，京都朋友書店，2016，第239頁。
③ 諸祖耿編撰《戰國策集注匯考》（增補本），鳳凰出版社，2008，第7、520頁。
④ 郭書春:《〈九章筭術〉譯注》，上海古籍出版社，2009，第31頁。

乘以 $\frac{1}{3}$，三三得九，得 $\frac{1}{9}$；$\frac{1}{3}$ 乘以 10，得 $3\frac{1}{3}$；$\frac{1}{5}$ 乘以 $\frac{1}{6}$，五六三十，得 $\frac{1}{30}$。$\frac{1}{5}$ 乘以 $\frac{1}{5}$，五五二十五，得 $\frac{1}{25}$；$\frac{1}{4}$ 乘以 $\frac{1}{5}$，四五二十，得 $\frac{1}{20}$。

[023]　營軍之術

【釋文】

營軍[1] 之述（術）曰：先得大卒數[2] 而除兩和[3] 各千二百人而半棄之[4]，有（又）令十而一[5] ∟，三步直（置）戟[6]，即三之，四直（置）戟，₆₉₍₀₈₈₃₎ 即四之，五步直（置）戟，即五之。令卒萬人。問：延幾可（何）里？其得☐ 曰：[7] ▨三里二百卌步。此三步直（置）戟也。[8] ₇₀₍₁₈₃₆₊₀₈₀₀₎

【校釋】

[1] 營軍，構築營壘，駐紮軍隊。銀雀山漢墓竹簡《孫臏兵法・雄牝城》簡 1217："營軍取舍，毋回名水，傷氣弱志，可敼（擊）也。"原整理者訓"營軍"作"安營"。[①] 據孫思旺，本算題的營壘如圖 2-4，分爲左右兩個部分，呈軸對稱，有左右和門，士卒按行列駐紮，南北爲行，東西爲列。[②] 學界對本算題"兩和"的含義有不同理解，對"除兩和""半棄之""十而一"的算理也有不同意見，[③] 本書採納孫思旺的意見。

---

① 銀雀山漢墓竹簡整理小組編《銀雀山漢墓竹簡（貳）》，文物出版社，2010，第 161、162 頁。

② 孫思旺：《嶽麓書院藏秦簡 "營軍之術" 史證圖解》，《軍事歷史》2012 年第 3 期。按：孫思旺所繪營壘圖中，"列間距"當爲"行間距"之誤，而"行間距"爲"列間距"之誤。

③ 參見蕭燦《嶽麓書院藏秦簡〈數〉研究》，湖南大學博士學位論文，2010，第 47~49 頁；朱漢民、陳松長主編《嶽麓書院藏秦簡（貳）》，上海辭書出版社，2011，第 70 頁；蕭燦《嶽麓書院藏秦簡〈數〉研究》，中國社會科學出版社，2015 年，第 59~62 頁；許道勝、李薇《嶽麓書院秦簡〈數〉"營軍之述（術）"算題解》，《自然科學史研究》2011 年第 2 期；蘇意雯、蘇俊鴻、蘇惠玉等《〈數〉簡校勘》，《HPM 通訊》2012 年第 15 卷第 11 期；許道勝《嶽麓秦簡〈爲吏治官及黔首〉與〈數〉校釋》，武漢大學博士學位論文，2013，第 266~268 頁；謝坤《嶽麓書院藏秦簡〈數〉校理及數學專門用語研究》，西南大學碩士學位論文，2014，第 29~30 頁；〔日〕中國古算書研究会編『岳麓書院藏秦簡「数」訳注』，京都朋友書店，2016，第 244~245 頁；譚競男《出土秦漢算術文獻若干問題研究》，武漢大學博士學位論文，2016，第 144~145 頁。

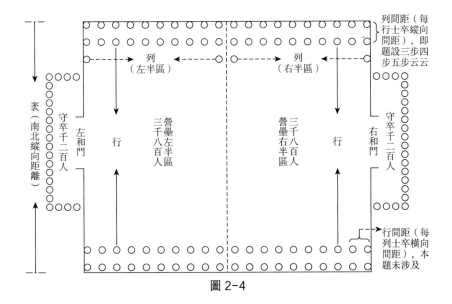

圖 2-4

[2] 簡文 "大" 可作兩種解釋。其一，"大" 有 "包含一切"
之義。《老子》"强爲之名曰大"，河上公注："大者高而無上，羅
而無外，無不包容，故曰大也。"[1] 引申指 "所有的" "總的"，簡
文 "大卒數" 即士兵的總數。"大" 作此義還見於《筭數書》"旋
粟" 算題簡 147（H64）"大積四千五百尺"。[2] 此算題採用棋驗
法進行推導，一個長方體爲三個方錐，每個方錐爲十二個圓錐，[3]
此 "大積" 指三十六個圓錐的總體積，即長方體的體積。其二，
"大" 與 "卒" 連讀作 "大卒"，即士兵。《國語·楚語上》"故
榭度於大卒之居，臺度於臨觀之高"，韋昭注："大卒，王士卒
也。"[4] 如此，則 "大卒數" 意爲士兵的數量。我們認爲第一種理
解所指明確，能與守和士卒、營内駐紮士卒相區分，因而更合本
題文意。

---

① 王卡點校《老子道德經河上公章句》，中華書局，1993，第 102 頁。
② 張家山二四七號漢墓竹簡整理小組編著《張家山漢墓竹簡 [二四七號墓]》（釋文修訂
　本），文物出版社，2006，第 152 頁。
③ "棋驗法" 參見郭書春《〈九章筭術〉譯注》，上海古籍出版社，2009，第 185~187 頁。
④ 上海師範大學古籍整理組校點《國語》，上海古籍出版社，1978，第 545 頁。

　　原整理者據題意將"大卒"訓爲"軍隊的總人數"，蘇意雯等認爲"大卒數"指的應該是軍隊的總人數，許道勝認爲"大卒"義爲"士卒"，或"'大'爲都凡之意，大卒數猶言卒大數，亦通"，謝坤認爲"大卒"是部隊的編制，譚競男認爲"大卒"爲"士卒"，中國古算書研究会學者將簡文"先得大卒數"譯作"先由兵卒的總數"。[1]

　　[3] 兩和：即上引孫思旺所謂"左和門""右和門"，兩和門之外有士卒駐紮。因本算題據營内駐紮士卒數及士卒之間的間距求得營壘南北長度，故需要減去駐紮在兩和門外的士卒數。

　　[4] 棄：捨去，抛開。《説文·華部》："棄，捐也。"[2]《詩經·周南·汝墳》："既見君子，不我遐棄。"[3]"半棄之"，意爲去掉一半，即除以 2。據上引孫思旺，因營壘左右對稱、廣袤相同，故可以去除另一側營壘不計。

　　[5] 據上引孫思旺，營區每一側駐紮 10 行（南北向），則營區一側人數除以 10 即得每一行駐紮的士卒數。

　　[6] 直（置）戟，意即駐紮執戟的士卒。"三步直（置）戟"，即駐紮執戟士卒的間距爲 3 步，故每一行駐紮士卒數乘以 3 步即得營壘南北長度。

　　[7] 原簡殘斷，尚留有一點墨迹，除去第二道編繩所佔空間外，當容一字，據文例補"曰"。

　　[8] 依據術文可將本算題計算過程詳解如表 2-3，可計算如下：
（10000−1200−1200）÷2÷10×3=1140 步 =3 里 240 步。

① 蕭燦：《嶽麓書院藏秦簡〈數〉研究》，湖南大學博士學位論文，2010，第 47 頁；朱漢民、陳松長主編《嶽麓書院藏秦簡（貳）》，上海辭書出版社，2011，第 70 頁；蕭燦：《嶽麓書院藏秦簡〈數〉研究》，中國社會科學出版社，2015，第 60 頁；蘇意雯、蘇俊鴻、蘇惠玉等：《〈數〉簡校勘》，《HPM 通訊》2012 年第 15 卷第 11 期；許道勝：《嶽麓秦簡〈爲吏治官及黔首〉與〈數〉校釋》，武漢大學博士學位論文，2013，第 266 頁；〔日〕中国古算書研究会編『岳麓書院蔵秦簡「数」訳注』，京都朋友書店，2016，第 244 頁；謝坤：《嶽麓書院藏秦簡〈數〉校理及數學專門用語研究》，西南大學碩士學位論文，2014，第 29~30 頁；譚競男：《出土秦漢算術文獻若干問題研究》，武漢大學博士學位論文，2016，第 144 頁。
② （漢）許慎撰，（宋）徐鉉等校定《説文解字》，上海古籍出版社，2007，第 186 頁。
③ （唐）孔穎達：《毛詩正義》，（清）阮元校刻《十三經注疏》，中華書局，1980，第 282 頁。

表 2-3　"營軍之術"計算過程詳解

術文	計算	含義
先得大卒數	10000	士卒總數
除兩和各千二百人	10000-1200-1200	得到駐紮在營區內的士卒人數
半棄之	（10000-1200-1200）÷2	得到駐紮在營區一側的士卒數
令十而一	（10000-1200-1200）÷2÷10	得到南北向某一行駐紮的士卒數
三步直（置）戟	（10000-1200-1200）÷2÷10×3	得到南北向某一行的長度，即"袤"

【今譯】

　　構築營壘、駐紮軍隊的計算方法：先得到士卒的總數，然後減去兩和門各 1200 人，再去除剩餘士卒的一半，又除以 10。如果每 3 步駐紮一個執戟的士卒，就乘以 3；如果每 4 步駐紮一個執戟的士卒，就乘以 4；如果每 5 步駐紮一個執戟的士卒，就乘以 5。假令有士卒 10000 人。問：營區延伸幾里？答：南北長 3 里 240 步。這是每 3 步駐紮一個執戟的士卒的結果。

[024]　諸規定類之一

【釋文】

　　廿四朱（銖）一兩，79（0646）壹三百夲（八十）四朱（銖）一斤，79（0646）貳萬一千五百廿朱（銖）一鈞 [1]，79（0646）叁四百夲（八十）兩一鈞，[2] 79（0646）肆十六兩一斤，80（0458）壹卅斤一鈞，四鈞一石。80（0458）貳四萬六千夲（八十）朱（銖）一石，81（0303）壹千九百廿兩一石，81（0303）貳百廿斤一石。[3] 81（0303）叁

【校釋】

　　[1] 本簡簡文漫漶較多，據《筭數書》簡 47（H152）"廿四朱（銖）一兩∟三百夲（八十）四朱（銖）一斤∟萬一千五百廿朱（銖）

一鈞└四萬六千仐（八十）朱（銖）一石"，[①]可校補爲：廿四朱（銖）一兩，三百仐（八十）四朱（銖）一斤，萬一千五百廿朱（銖）一鈞。

　　[2] 據計算，漫漶之字當爲"仐（八十）兩一"。

　　[3] 此三枚簡均分欄抄寫，爲銖、兩、斤、鈞、石的換算，可示意如表 2-4。

表 2-4　銖、兩、斤、鈞、石的換算

簡號	第一欄	第二欄	第三欄	第四欄
79（0646）	24 銖 =1 兩	384 銖 =1 斤	11520 銖 =1 鈞	480 兩 =1 鈞
80（0458）	16 兩 =1 斤	30 斤 =1 鈞	4 鈞 =1 石	/
81（0303）	46080 銖 =1 石	1920 兩 =1 石	120 斤 =1 石	/

【今譯】

　　參見表 2-4。

[025]　諸規定類之二

【釋文】

　　段（鍛）[1]鐵一鈞用炭三石一鈞└[2]，斤用十三斤└，兩用十三兩。[3]　158（0896）

【校釋】

　　[1] 段，原整理者作"煅"，訓作"冶煉熟鐵"，有學者從此説；許道勝及中國古算書研究会學者作"鍛"。[②]

① 張家山二四七號漢墓竹簡整理小組編著《張家山漢墓竹簡 [二四七號墓]》，文物出版社，2001，第 86 頁。

② 蕭燦：《嶽麓書院藏秦簡〈數〉研究》，湖南大學博士學位論文，2010，第 78 頁；朱漢民、陳松長主編《嶽麓書院藏秦簡（貳）》，上海辭書出版社，2011，第 117 頁；蕭燦：《嶽麓書院藏秦簡〈數〉研究》，中國社會科學出版社，2015，第 98 頁；蘇意雯、蘇俊鴻、蘇惠玉等：《〈數〉簡校勘》，《HPM 通訊》2012 年第 15 卷第 11 期；謝坤：《嶽麓書院藏秦簡〈數〉校理及數學專用語研究》，西南大學碩士學位論文，2014，第 56 頁；許道勝：《嶽麓秦簡〈爲吏治官及黔首〉與〈數〉校釋》，武漢大學博士學位論文，2013，第 205 頁；〔日〕中国古算書研究会編『岳麓書院藏秦簡「数」訳注』，京都朋友書店，2016，第 28 頁；譚競男：《出土秦漢算術文獻若干問題研究》，武漢大學博士學位論文，2016，第 142 頁。

段，即"鍛"字初文，本義爲"錘打"。《説文・殳部》："段，椎物也。"段玉裁注："後人以鍛爲段字。"[①] 鍛，表示將金屬置火中加熱後錘打。因煉鐵要對鐵進行錘擊，故名"鍛鐵"。《説文・金部》："鍛，小冶也。"段玉裁注："小冶謂小作鑪鞴以冶金……冶之則必椎之，故曰鍛鐵。"[②]

[2] 本簡未分欄抄寫，而使用鈎折號"⌐"分隔，類似於簡 78（0774）的小圓點符號（見本章"[022] 分數類之七"【校釋】之 [3]）。

[3] 據前文"[024] 諸規定類之一"，1 鈞 =30 斤，1 石 =120 斤，1 斤 =16 兩。鍛鐵 30 斤用炭 390 斤，則鍛鐵 1 斤用炭量 = 390÷30=13 斤，鍛鐵 1 兩用炭量 =13×16÷16=13 兩。

【今譯】

鍛鐵 1 鈞需用炭 3 石 1 鈞，每一斤需用炭 13 斤，每一兩需用炭 13 兩。

[026]　諸規定類之三

【釋文】

銅斤十二【錢】[1] 者，兩得十六分【錢】[2] 十二⌐，朱（銖）得廿四〈三百八十四〉[3] 分錢十二。[4] ₁₅₉（₀₉₈₃）

【校釋】

[1] 據簡文後文，此處脱"錢"字。

[2] 此處亦脱"錢"字。

[3] 據前文"[024] 諸規定類之一"，1 斤 =16 兩 =384 銖，則簡文"廿四"當爲"三百八十四"之誤。

[4] 原整理者亦如本釋文補兩個"錢"字，並改"廿四"爲

---

① （清）段玉裁：《説文解字注》，浙江古籍出版社，2006，第 120 頁。
② （清）段玉裁：《説文解字注》，浙江古籍出版社，2006，第 703 頁。

"三百八十四"。[①] 這一校改意見的好處在於立足算題的題意本身來對算題進行理解和校改，不會改變簡文原意。許道勝則認爲此簡與簡 158（0896）屬同一題型，當合觀，本簡省略"鍛""炭"，簡文"錢"爲"兩"之誤，並以銅、鐵兩種金屬的熔點爲證，把校改後的簡文譯爲：鍛銅一斤用炭十二斤，一兩用炭十六分十二，一銖用炭廿四分兩十二。[②] 此觀點可爲一説，但似乎改變了簡文"得"的原意。

【今譯】

每一斤銅得 12 錢，則每一兩銅得 $\frac{12}{16}$ 錢，每一銖銅得 $\frac{12}{384}$ 錢。

[027]　諸規定類之四

【釋文】

貲[1] 一甲[2] 直（值）[3] 錢千三百卌四，直（值）金二兩一垂（錘）[4] ∟；一盾[5] 直（值）金二垂（錘）。[6] 贖[7] 耐[8]：馬甲[9] 四∟，錢七千六百夲（八十）。82（0957）馬甲一，金三兩一垂（錘），直（值）錢千九百廿∟。金一朱（銖）直（值）錢廿四。贖死：馬甲十二∟，錢二萬三千卌。[10] 83（0970）

【校釋】

[1] 貲，罰繳財物。《説文·貝部》："貲，小罰以財自贖也。"睡虎地秦墓竹簡《秦律十八種》之《關市》簡 97："爲作務及官府市，受錢必輒入其錢缿中，令市者見其入，不從令者貲一甲。"《效》簡 164~165："倉扁（漏）朽（朽）禾粟，及積禾粟而敗之，其不可食者不盈百石以下，誶官嗇夫；百石以上到千石，貲官嗇

---

① 朱漢民、陳松長主編《嶽麓書院藏秦簡（貳）》，上海辭書出版社，2011，第 118 頁；蕭燦：《嶽麓書院藏秦簡〈數〉研究》，中國社會科學出版社，2015，第 98 頁。

② 許道勝：《嶽麓秦簡〈爲吏治官及黔首〉與〈數〉校釋》，武漢大學博士學位論文，2013，第 206 頁。

夫一甲；過千石以上，貲官嗇夫二甲。”[1]

[2] 甲，此處當指鎧甲，與簡文後文“盾”“馬甲”相應。學界從不同角度對“貲一甲”進行了研究，[2] 此處當指罰繳與一副鎧甲相當的錢。

[3] 直，即“值”。本簡之“直”皆同。

[4] 垂，即“錘”。《說文·金部》：“錘，八銖也。”[3] 原整理者未校改。[4] 未安。中國古算書研究会學者校改爲“錘”。[5] 爲是。文獻中有訓“錘”爲十二兩者。《淮南子·詮言》“雖割國之錙錘以事人”，高誘注：“六兩曰錙，倍錙曰錘。”[6] 有訓“錘”爲“六銖”者。《風俗通義》：“銖六則錘。”[7] 但據本簡簡文計算，一錘當爲八銖。亦參見第一章 “[001]《陳起》篇”【校釋】之 [57]。

[5] 盾，盾牌，爲所罰繳的財物。睡虎地秦墓竹簡《效》簡178：“公器不久刻者，官嗇夫貲一盾。”[8] 據本簡簡文，一盾的價值低於一甲。

[6] 竹簡於此有較多留白，留白前的内容爲“貲甲”“貲盾”，其後爲“贖耐”，可見，此留白起分隔的作用。

[7] 贖，繳納財物以抵刑罰。本簡“贖耐”“贖死”，分別表示繳納財物以抵耐刑和死刑。

[8] 耐，即古“耏”字，古代一種剃除鬢鬚的刑罰。《說文·而部》：“耏，罪不至髡也……耐，或从寸，諸法度字从寸。”[9]

[9] 馬甲，即戰馬防護鎧甲。王子今認爲本簡簡文是最早的關

① 陳偉主編《秦簡牘合集·釋文注釋修訂本（壹）》，武漢大學出版社，2016，第97、128頁。

② 參見陳偉主編《秦簡牘合集·釋文注釋修訂本（壹）》，武漢大學出版社，2016，第97~98頁。

③ （漢）許慎撰，（宋）徐鉉等校定《說文解字》，上海古籍出版社，2007，第708頁。

④ 朱漢民、陳松長主編《嶽麓書院藏秦簡（貳）》，上海辭書出版社，2011，第78頁；蕭燦：《嶽麓書院藏秦簡〈數〉研究》，中國社會科學出版社，2015，第66頁。

⑤ 〔日〕中国古算書研究会編『岳麓書院藏秦簡「数」訳注』，京都朋友書店，2016，第226頁。

⑥ （漢）高誘：《淮南子注》，上海書店出版社，1986，第241頁。

⑦ 王利器：《風俗通義校注》，中華書局，2010，第583頁。

⑧ 陳偉主編《秦簡牘合集·釋文注釋修訂本（壹）》，武漢大學出版社，2016，第131頁。

⑨ （漢）許慎撰，（宋）徐鉉等校定《說文解字》，上海古籍出版社，2007，第468頁。

於 "馬甲" 的文字信息，"馬甲" 可能用於騎兵的乘馬，也可能用於牽引戰車的驂馬，前者可能性更大。[1]

[10] 此兩簡是關於 "貲" "贖耐" "贖死" 所需物品及其價格的規定，可示意如表 2-5。

表 2-5　"貲" "贖" 所需物品及其價格

貲		贖耐	贖死
鎧甲 1 副	盾牌 1 個	馬甲 4 副	馬甲 12 副
1344 錢 =2 兩 1 錘金	2 錘金	7680 錢（1 副馬甲 =3 兩 1 錘金 =1920 錢；1 銖金 =24 錢）	23040 錢

據上表，金 1 兩爲 576 錢。關於黃金價格，亦見於《筭數書》"金賈（價）" 算題簡 46（H12）~47（H152）。[2] 此外，據計算，1 錘爲 8 銖，這與北大秦簡一致。《算書》甲種之後附的衡制換算表明 1 鎰和 1 錘分別爲 6 銖和 8 銖。[3]

【今譯】

罰繳 1 副鎧甲值 1344 錢，值黃金 2 兩 1 錘；（罰繳）1 個盾牌值黃金 2 錘。繳罰財物以抵耐刑，（需）馬甲 4 副，（值）7680 錢。馬甲 1 副（值）黃金 3 兩 1 錘，值 1920 錢。黃金 1 銖值 24 錢。繳罰財物以抵死刑，（需）馬甲 12 副，（值）23040 錢。

[028]　諸規定類之五

【釋文】

⋯▢▢▢[1] 券千萬[2] 者，百中千 [3]；券萬=（萬萬）者，重百

---

[1]　王子今：《嶽麓書院秦簡〈數〉"馬甲" 與戰騎裝具史的新認識》，《考古與文物》2015 年第 4 期。

[2]　張家山二四七號漢墓竹簡整理小組編著《張家山漢墓竹簡 [二四七號墓]》（釋文修訂本），文物出版社，2006，第 138 頁。

[3]　韓巍：《北大藏秦簡〈魯久次問數于陳起〉初讀》，《北京大學學報》（哲學社會科學版）2015 年第 2 期。

中。₁₁₈₍₀₉₈₈₎ 券^[4]朱（銖），升^[5]乚；券兩，斗乚；券斤，石乚；券鈞，般（縏/磐）^[6]乚。券十朱（銖）者，【反十；】^[7]▢₁₁₇₍₀₈₃₆₎【券十】▢^[8]籥^[9]，反十^[10]；券叔（菽）、荅、麥十斗者，反十。₁₁₉₍₀₉₇₅₎

【校釋】

[1] 竹簡上段殘斷，缺字若干，原整理者將殘簡簡首殘存的筆劃釋讀爲“百也”。① 細察圖版發現，此殘存筆劃其實不可釋讀。

[2] “券千萬”三字也已殘泐，據殘存筆劃和簡文下文“券萬萬”，疑爲“券千萬”。

[3] “百中千”，指在“百”的刻齒中加刻“千”的刻齒。簡文下文“重百中”，指在“百”的刻齒中重疊刻“百”的刻齒。

[4] 券，作動詞，券刻。

[5] “券朱（銖），升”，指券刻銖的時候，按照升的刻齒進行券刻，即銖和升的刻齒相同。簡文下文“卷兩，斗”“卷鈞，般（縏/磐）”以此類推。

[6] 般，即“縏”或“磐”。彭浩認爲，“般”本指盛物的小囊，這裏指容量單位，表三石。②

[7] 簡牘於此殘斷，但據《筭术》簡174第三欄“券十朱（銖）亦反十”，③可知本簡殘斷處後可能有“反十”二字。

[8] 竹簡上段殘斷，在“籥”字前可能有“券十”二字或“券（某糧食）十”等字。張春龍等學者和中国古算書研究会學者將簡文“籥反十”校補爲“[券]籥反十”，解讀爲“券齒刻10籥（勺）的數目時，要把通常表示‘十’的刻齒‘⌐’反過來刻成‘⌐’的形態。”④此校補未補“十”字，未安。

---

① 朱漢民、陳松長主編《嶽麓書院藏秦簡（貳）》，上海辭書出版社，2011，第93頁。

② 彭浩：《談秦簡〈數〉117簡的“般”及相關問題》，載武漢大學簡帛研究中心主編《簡帛》（第八輯），上海古籍出版社，2013，第269~272頁。

③ 蔡丹、譚競男：《睡虎地漢簡中的〈算術〉簡册》，《文物》2019年第12期。按：《筭术》爲西漢文帝時期遺物，距秦不過數十年，且漢承秦制，故似乎可以認爲其刻齒與秦簡《數》相同。

④ 張春龍、大川俊隆、籾山明：《里耶秦簡刻齒研究——兼論嶽麓秦簡〈數〉中的未解讀簡》，《文物》2015年第3期；〔日〕中国古算書研究会編『岳麓書院藏秦簡「数」訳注』，京都朋友書店，2016，第233頁。

[9] 簫，該字“龠”部完整，“竹”部殘泐。簫，即“龠”，睡虎地秦簡《爲吏之道》字形作“龠”（龠）。[1]《廣雅·釋樂》“龠”下王念孫疏證：“龠，或作簫。”[2] 龠，古容量單位，爲半合（$\frac{1}{20}$升）。《筭术》簡66“廿簫一升”，原整理者改“簫”爲“龠”。[3]《廣雅·釋器》：“龠二曰合，合十曰升。”[4]《漢書·律曆志上》：“量者，龠、合、升、斗、斛也，所以量多少也。本起於黃鐘之龠，用度數審其容，以子穀秬黍中者千有二百實其龠，以井水準其概。合龠爲合，十合爲升，十升爲斗，十斗爲斛，而五量嘉矣。”[5]

[10] 反十，即把表示“十”的刻齒反轉過來券刻。原整理者將“反”校改爲“返”，[6] 未安。

【今譯】

……券刻一千萬，就在“百”的刻齒中券刻“千”的刻齒；券刻萬萬，就在“百”的刻齒中再券刻“百”的刻齒。券刻銖，就按“升”券刻；券刻兩，就按“斗”券刻；券刻斤，就按“石”券刻；券刻鈞，就按“繋”券刻。券刻十銖，就把“十”的刻齒反轉過來券刻……券刻十簫，就把“十”的刻齒反轉過來券刻；券刻十斗菽、荅或麥，就把“十”的刻齒反轉過來券刻。

[029]　穀物換算類之一

【釋文】

以米求麥[1]，倍母三翟（實）[2]；84（0971）壹以麥求米，三母倍翟（實）。84（0971）貳以粟求麥，十母九翟（實）；84（0971）叁以麥求粟，九

---

① 陳偉主編《秦簡牘合集（壹）》，武漢大學出版社，2014，第1129頁。
② （清）王念孫：《廣雅疏證》，中華書局，1983，第279頁。
③ 蔡丹、譚競男：《睡虎地漢簡中的〈算術〉簡冊》，《文物》2019年第12期。
④ （清）王念孫：《廣雅疏證》，中華書局，1983，第270頁。
⑤ （漢）班固撰，（唐）顔師古注《漢書》，中華書局，1964，第967頁。
⑥ 朱漢民、陳松長主編《嶽麓書院藏秦簡（貳）》，上海辭書出版社，2011，第93頁；蕭燦：《嶽麓書院藏秦簡〈數〉研究》，中國社會科學出版社，2015，第76頁。

母十筭（實）。 84（0971）肆以米求粟，三母五筭（實）；85（0823）壹以粟求米，五母三筭（實）。85（0823）貳以粺求米，九母十筭（實）；85（0823）叁以米求粺，十母九筭（實）。85（0823）肆以粺求粟，廿七母至（五十）筭（實）；86（0853）壹以粟求粺，至（五十）母廿七筭（實）。86（0853）貳以毀（毇）[3]求米，八母十筭（實）；86（0853）叁以米求毀（毇），十母八筭（實）。86（0853）肆以粺求毀（毇），九母八筭（實）；87（0756）壹以毀（毇）求粺，八母九筭（實）。87（0756）貳以稻米求毀（毇）粲米[4]，三母倍筭（實）；87（0756）叁以毀（毇）[5]求稻米，倍母三筭（實）。87（0756）肆以粟求毀（毇），至（五十）母廿四筭（實）；88（0974）壹以毀（毇）求粟，廿四母至（五十）筭（實）。88（0974）貳[6]

【校釋】

[1] 本組簡簡文的行文格式爲“以 A 求 B，c 母 d 實”。以米求麥，意即：已知糯米的數量，求麥的數量。下文“以 A 求 B”格式的簡文以此類推。另，古算除了有明確的稻米語境下“米”指稻米外，言“米”一般指禾粟米糧系列的糯米。

[2] 倍母三筭（實），意即：將某數的分母乘以 2，分子乘以 3，也就是說將這個數除以 2，乘以 3。下文“c 母 d 筭（實）”格式的簡文以此類推。

[3] 毀，即“毇”。

[4] 蕭燦認爲“毀粲”中“毀”字多餘，簡文下文“以毀（毇）米求稻米”中的“毀（毇）米”則應爲“粲米”。[1] 蘇意雯等從此説。[2] 中国古算書研究会學者認爲：“毀（毇）米大概是正確的名稱。”[3]

毀粲米，即毇粲米，亦叫粲毇米，可簡稱“毇”或“粲”，是稻禾系列的精米。“毀（毇）粲”“粲毀（毇）”不見於傳世文

---

① 蕭燦：《嶽麓書院藏秦簡〈數〉研究》，湖南大學博士學位論文，2010，第 54 頁；蕭燦：《嶽麓書院藏秦簡〈數〉研究》，中國社會科學出版社，2015，第 69 頁。
② 蘇意雯、蘇俊鴻、蘇惠玉等：《〈數〉簡校勘》，《HPM 通訊》2012 年第 15 卷第 11 期。
③ 〔日〕中国古算書研究会編『岳麓書院藏秦簡「数」訳注』，京都朋友書店，2016，第 78 頁。

獻，而見於出土文獻睡虎地秦簡《倉律》簡 43、張家山漢簡《筭數書》"程禾"算題簡 89（H128），[1] 以及本算題。"毇粲""粲毇"均爲同義連用，與"毇"或"粲"同義。稻禾系列中的"毇粲米""粲毇米""毇米""粲米"均指由稻禾産出的精米。據本算書、《筭數書》和《倉律》簡文，可概括出稻禾系列的原糧、成品糧的名稱，並可按照《筭數書》"程禾"算題術文計算出它們的數量關係（表 2-6）。

表 2-6　稻禾系列的原糧、成品糧的名稱及其數量關係

術文	稻禾一石爲粟廿斗	春之爲米十斗	爲毇粲米六斗泰半斗
米糧名稱	稻粟	稻米	毇粲米
數量	20 斗	10 斗	$6\frac{2}{3}$ 斗
比例	稻粟：稻米：毇粲米 =6：3：2		

[5] 此"毇"，即簡文上文"毇（毇）粲米"。彭浩和譚競男認爲"毇"字後脱"粲"字。[2] 未安，詳見本【校釋】之 [4]。

[6] 本簡第三和第四欄有簡文"粟一升爲米五分升三""米一升爲粟一升大半升"，其行文格式爲 "Aa 爲 Bb"（詳下一算題"[030] 穀物換算類之二"【校釋】之 [1]），與簡文上文的行文格式不同，而與下一算題相同，故歸入"[030] 穀物換算類之二"算題。

本算題所涉及的各種米糧及其在本算書、《筭數書》和《九章算術》中的比率見表 2-7，其中，《九章算術》不載毇、稻米和毇

---

① 睡虎地秦墓竹簡整理小組編《睡虎地秦墓竹簡》，文物出版社，1990，"釋文"第 30 頁；彭浩：《張家山漢簡〈算數書〉注釋》，科學出版社，2001，第 80、81 頁。按：彭浩認爲，對照秦律《倉律》，"程禾"算題簡文"爲毇（毇）粲米"句多"粲"字。此説不確。彭浩所據《倉律》"十斗粲，毇（毇）米六斗大半斗"，實際上是《倉律》整理者將簡文"十斗粲毇米六斗大半斗"於"粲"與"毇"之間斷讀而誤爲"十斗粲，毇（毇）米六斗大半斗"，此句讀其實未安，當句讀並校補爲"十斗【爲】粲毇（毇）米六斗大半斗"。因此，《倉律》"粲毇（毇）"當連讀，《筭數書》"程禾"算題"毇（毇）粲"也不多"粲"字。

② 彭浩：《秦和西漢早期簡牘中的糧食計算》，載中國文化遺産研究院編《出土文獻研究》（第十一輯），中西書局，2012，第 194~204 頁；譚競男：《出土秦漢算術文獻若干問題研究》，武漢大學博士學位論文，2016，第 97 頁。

粲米的比率。

表 2-7　"穀物換算類之一"所涉米糧及其比率

米糧名稱	粟	糲米	粺	毇	麥、麻、苔、菽	稻米	毇粲米
《數》與《筭數書》比率	50	30	27	24	45	30	20
《九章算術》比率	50	30	27	/	45	/	/

【今譯】

由糲米求麥，（糲米數量的）分母乘以 2，分子乘以 3；由麥求糲米，（麥數量的）分母乘以 3，分子乘以 2。由禾粟求麥，（禾粟數量的）分母乘以 10，分子乘以 9；由麥求禾粟，（麥數量的）分母乘以 9，分子乘以 10。由糲米求禾粟，（糲米數量的）分母乘以 3，分子乘以 5；由禾粟求糲米，（禾粟數量的）分母乘以 5，分子乘以 3。由粺米求糲米，（粺米數量的）分母乘以 9，分子乘以 10；由糲米求粺米，（糲米數量的）分母乘以 10，分子乘以 9。由粺米求禾粟，（粺米數量的）分母乘以 27，分子乘以 50；由禾粟求粺米，（禾粟數量的）分母乘以 50，分子乘以 27。由毇米求糲米，（毇米數量）的分母乘以 8，分子乘以 10；由糲米求毇米，（糲米數量）的分母乘以 10，分子乘以 8。由粺米求毇米，（粺米數量的）分母乘以 9，分子乘以 8；由毇米求粺米，（毇米數量的）分母乘以 8，分子乘以 9。由稻米求毇粲米，（稻米數量的）分母乘以 3，分子乘以 2；由毇（粲）米求稻米，（毇粲米數量的）分母乘以 2，分子乘以 3。由禾粟求毇米，（禾粟數量的）分母乘以 50，分子乘以 24；由毇米求禾粟，（毇米數量的）分母乘以 24，分子乘以 50。

[030]　穀物換算類之二

【釋文】

粟一升爲米五分升三[1]。₈₈（₀₉₇₄）叁米一升爲粟一升大半升；₈₈（₀₉₇₄）肆米一升少半升爲粟二升九分二；₈₉（₁₁₃₅）壹米一升少半＝

（半、半）升^[2]爲粟三升十八分升一^[3]；米一升大半₌（半、半）升爲粟三升十八分升十一；·^[4]米一升大半₌（半、半）升、四分升一爲粟四 ▢【升卅六分升一】^[5]。_{89（1135）貳}粟一升爲米五分升三；_{90（0021+0409）壹}粟一升少半升爲米五分升四；_{90（0021+0409）貳}粟一升大半升爲米一升；_{90（0021+0409）叁}粟一升少半₌（半、半）升爲米一升十分升一；_{90（0021+0409）肆}粟一升大半₌（半、半）升爲米一升十分升三；·粟一升少半₌（半、半）升、四分升一爲米一升四分升一。_{91（J26）}粟半升爲米十分升三；_{92（0389）壹}米半升爲粟少半₌（半、半）升。_{92（0389）貳}麥少半升爲米九分升二；_{92（0389）叁}麥半升爲米九分三^[6]。_{92（0389）肆}【麥】少^[7]半升爲米九分升二；_{93（0647）壹}麥半升爲米九分升三。_{93（0647）貳}米半升爲麥四分升三；_{93（0647）叁}米少半升爲麥半升；_{93（0647）肆}米大半升爲麥一升。_{95（0538）壹}米半升爲粺廿分升九；_{95（0538）貳}米少半升爲粺十分升三；_{95（0538）叁}米大▢【半升爲粺五分升三】^[8]。_{95（0538）肆}麥一升爲米大半升；_{94（2021+0822）壹}米一升爲麥一升半升^[9]；_{94（2021+0822）貳}糲（糲）一升爲粺十分升九；_{94（2021+0822）叁}粺一升爲糲（糲）一升九分升一；_{94（2021+0822）肆}米一升爲毇（毇）十分升八；_{96（0987）壹}米一升爲叔（菽）、荅、麥一升半升。_{96（0987）貳}^[10]

【校釋】

[1] 本組簡簡文的行文格式爲：某糧（A）多少（a）爲某糧（B）多少（b），即“Aa 爲 Bb”。《數》和《筭數書》都爲米糧之間的換算提供了兩種基於米糧之間比率的計算方法。其一是針對已知米糧數量爲分數者，計算方法爲“C 母，D 子（實）”或“D 之，C 而成一”，如《筭數書》“粺毇（毇）”算題簡 99（H28）：“麥少半升爲米九分升之二，參（三）母，再子，二之，三而一。”① 其二是針對已知米糧數量爲整數者，計算方法爲“D 之，C 而成一”，如本簡“粟一升爲米五分升三”由“D 之，C 而成一”

---

① 張家山二四七號漢墓竹簡整理小組編著《張家山漢墓竹簡 [二四七號墓]》（釋文修訂本），文物出版社，2006，第 146 頁。

算得結果，即：三之，五而成一。

[2] 簡文“少半₌（半、半）升”，中国古算書研究会學者認爲：“它並非單純‘少半與半之和’之意，在當時還是將 $\frac{5}{6}$ 以‘少半半’及將 $\frac{7}{6}$ 以‘大半半’慣習地表示。”[1] 此説似未安。本算書簡 60（1827+1638）即有“六分步五”（見本章“[008] 面積類之八”），《九章算術》“均輸”章第 18 題“六分錢之五”，[2] 均未用“少半半”表示。

[3] 此處簡文没有分欄抄寫。

[4] 此處簡文没有分欄，而是用小圓點符號“·”分隔。本組簡中的簡 91（J26）也有相同情況。

[5] 原整理者對本簡狀態描述如下：“（簡長）26.8（釐米）。簡尾殘。編繩痕迹不清晰。文字書寫延至斷口處。”並據計算將所缺簡文補爲“升卅六分升一”。[3] 與完整竹簡相比，本簡長度短了約 0.7 釐米。簡文“粟四”書寫於竹簡斷口左側，其字號比簡文上文的字要小，書手似乎是要將剩餘文字書寫於本簡剩餘的空間，以書寫完“米”換算爲“粟”的簡文内容。本簡簡文上文有兩處没有分欄抄寫，似乎也在爲抄寫簡文後文留更多空間。因此，我們認爲本簡殘缺簡文“升卅六分升一”，應該是書在本簡簡尾殘缺部分上。許道勝認爲：“補文‘升卅六分升一’，或書於另簡。”[4]

[6] 中国古算書研究会學者認爲：“参照【4-1】（八四）簡‘以麥求米，三母倍實’可知，此簡第 3 段的計算爲：$\frac{1}{3} \times \frac{2}{3} = \frac{2}{9}$。但若

① 〔日〕中国古算書研究会編『岳麓書院藏秦簡「数」訳注』，京都朋友書店，2016，第 85 頁。

② 郭書春：《〈九章算術〉新校》，中國科學技術出版社，2014，第 234 頁。

③ 蕭燦：《嶽麓書院藏秦簡〈數〉研究》，湖南大學博士學位論文，2010，第 138、54 頁；朱漢民、陳松長主編《嶽麓書院藏秦簡（貳）》，上海辭書出版社，2011，第 179、81 頁；蕭燦：《嶽麓書院藏秦簡〈數〉研究》，中國社會科學出版社，2015，第 170、69 頁。

④ 許道勝：《嶽麓秦簡〈爲吏治官及黔首〉與〈數〉校釋》，武漢大學博士學位論文，2013，第 162 頁。

用此計算法解答第 4 段的話，爲：$\frac{1}{2} \times \frac{2}{3} = \frac{2}{6}$，則與答案 $\frac{3}{9}$ 在形式上不一致。將麥少半升先擴大 3 倍，再取其一半，則爲半升，故第 4 段的求解和答案也許爲（$2 \times 3 \div 2$）$\times \frac{1}{9} = \frac{3}{9}$。（九三）簡也有相同的問題。"[1] 此說對求得 $\frac{3}{9}$ 的計算過程的解釋未安。麥與糯米的比率分別是 45 和 30，故已知 $\frac{1}{2}$ 升麥而求糯米，可計算爲：$\frac{1}{2}$ 升 $\times 30 \div 45 = \frac{15}{45}$ 升 $= \frac{3}{9}$ 升，其結果本當進一步約簡爲 $\frac{1}{3}$ 升，也許是受簡文上文 "九分升二" 的影響而作 "九分三"。本算書中有較多利用米糧的比率來換算米糧的例子，如簡 99（0787）"以毇（毀）求粟，至（五十）之，廿四而成一"（見本章 "[031] 穀物換算類之三"），其中粟的比率爲 50，毇米的比率爲 24。

　　[7] 簡首首字漫漶不識。第二字也漫漶，從殘存筆迹仍可辨識爲 "少" 字。據計算，首字當爲 "麥" 字。另，簡 92（0389）第三、四段內容與本簡第一、二段內容同，可據補本簡。

　　[8] 蘇意雯等認爲，簡 95（0538）從內容與表達格式上與簡 93（0647）的第三、四段一致，故當置於其後，並據 "米半升……米少半升……米大半升……" 的表達規律，將本簡殘斷處所缺簡文補爲 "半升爲糯升五升三"。[2] 該文對簡序的重排是可取的，但對簡文的校補未安。業師張顯成先生等將殘缺簡文校補爲 "半升爲糯五分升三"。[3] 此校補爲是。

　　[9] 簡文 "米一升爲麥一升半升；糯（糯）" 所在竹簡左半殘損，導致上述簡文左半也殘損，殘損簡文據殘存筆迹及計算校補。

　　[10] 本簡第三和第四欄有簡文 "以粟求糯，卅七之，至（五十）而成一""以糯求粟，至（五十）之，卅七而成一"，從行

---

① 〔日〕中國古算書研究会編『岳麓書院藏秦簡「數」訳注』，京都朋友書店，2016，第 86 頁。

② 蘇意雯、蘇俊鴻、蘇惠玉等：《〈數〉簡校勘》，《HPM 通訊》2012 年第 15 卷第 11 期。按：該文校勘將簡號 0647 誤作 0649。

③ 張顯成、謝坤：《嶽麓書院藏秦簡〈數〉釋文勘補》，《古籍整理研究學刊》2013 年第 5 期。

文格式上看，該簡文的格式爲"以 A 求 B，a 之，b 而成一"，與簡文上文行文格式不同，而與下一算題相同，故將此簡文歸入下一算題"[031] 穀物換算類之三"。

本組簡所載各例題，可依次換算如表 2-8。其中，本【校釋】之 [3]、[4] 所言三處未分欄者，爲行文方便，在表 2-8 中也視爲分欄。

【今譯】

參見表 2-8。

[031]　穀物換算類之三

【釋文】

以粟求粺，丗〈廿〉七之，至（五十）而成一；$_{96（0987）叁}$以粺求粟，至（五十）之，丗〈廿〉七而成一[1]。$_{96（0987）肆}$以米求叔（菽），因[2]而三之，二成一；$_{97（0459）壹}$以叔（菽）求米，因而倍之，三成一。$_{97（0459）貳}$以粺求米，因而十之，九成一；$_{97（0459）叁}$以米求粺，因而九之，十成一。$_{97（0459）肆}$以米求毀（糳），八之，十而成一；$_{98（0786）壹}$以毀（糳）求米，十之，八而成一。$_{98（0786）貳}$以粺求毀（糳），八之，九而成一；$_{98（0786）叁}$以毀（糳）求粺，九之，八而成一。$_{98（0786）肆}$以粺〈粟〉求毀（糳），廿四之，至（五十）而成一[3]；$_{99（0787）壹}$以毀（糳）求粟，至（五十）之，廿四而成一。$_{99（0787）貳}$以米求粺，九之，十成一；$_{99（0787）叁}$以粺求米，十之，九成一。$_{99（0787）肆}$以麥求粟，因倍之，有（又）五之，九成一；以粟求麥，因九之，十成一[4]。$_{100（1825）壹}$以粺求粟，因而五之，【有（又）十之，】[5]有（又）直（置）三壹方[6]而九之以爲法，如法成一；$_{100（1825）貳}$以粟求[7]粺[8]，因而三之，有（又）九之，直（置）五壹方[9]而十之[10]以爲法，如法而成一。$_{102（C7.2-14-1+1745）壹}$毀（糳）米一升爲粟二升有（又）十【二】分升一[11]。$_{102（C7.2-14-1+1745）貳}$以粟求叔（菽）、荅、麥，九之，十而成一。·以米求叔（菽）、荅、麥，三之，二成一。$_{101（0776）壹}$以稻粟[12]求叔（菽）、荅、麥，三之，四成一。$_{101（0776）貳}$米一升少半（半、半）升、四分升一爲粟三升丗六分升廿〈十〉七[13]。$_{101（0776）叁}$

表 2-8 "穀物換算類算之二" 各例題的換算

簡號	第一欄	第二欄	第三欄	第四欄
88（0974）	/	/	1升粟 $=\frac{3}{5}$升糲米	1升糲米 $=1\frac{2}{3}$升粟
89（1135）	$1\frac{1}{3}$升糲米$=2\frac{2}{9}$升粟	$(1+\frac{1}{3}+\frac{1}{2})$升糲米$=3\frac{1}{18}$升粟	$(1+\frac{2}{3}+\frac{1}{2})$升糲米$=3\frac{11}{18}$升粟	$(1+\frac{2}{3}+\frac{1}{2}+\frac{1}{4})$升糲米$=4\frac{1}{36}$升粟
90（0021+0409）	1升粟$=\frac{3}{5}$升糲米	$(1+\frac{1}{3})$升粟$=\frac{4}{5}$升糲米	$(1+\frac{2}{3})$升粟$=1$升糲米	$(1+\frac{1}{3}+\frac{1}{2})$升粟$=1\frac{1}{10}$升糲米
91（J26）	$(1+\frac{2}{3}+\frac{1}{2})$升粟$=1\frac{3}{10}$升糲米	$(1+\frac{1}{3}+\frac{1}{2}+\frac{1}{4})$升粟$=1\frac{1}{4}$升糲米	/	/
92（0389）	$\frac{1}{2}$升粟$=\frac{3}{10}$升糲米	$\frac{1}{2}$升糲米$=(\frac{1}{3}+\frac{1}{2})$升粟	$\frac{1}{3}$升麥$=\frac{2}{9}$升糲米	$\frac{1}{2}$升麥$=\frac{3}{9}$升糲米
93（0647）	$\frac{1}{3}$升麥$=\frac{2}{9}$升糲米	$\frac{1}{2}$升麥$=\frac{3}{9}$升糲米	$\frac{1}{2}$升糲米$=\frac{3}{4}$升麥	$\frac{1}{3}$升糲米$=\frac{1}{2}$升麥
95（0538）	$\frac{2}{3}$升糲米$=1$升麥	$\frac{1}{2}$升糲米$=\frac{9}{20}$升粺米	$\frac{1}{3}$升糲米$=\frac{3}{10}$升粺米	$\frac{2}{3}$升糲米$=\frac{3}{5}$升粺米
94（2021+0822）	1升麥$=\frac{2}{3}$升糲米	1升糲米$=1\frac{1}{2}$升麥	1升粺米$=\frac{9}{10}$升糲米	1升粺米$=1\frac{1}{9}$升糲米
96（0987）	1升糲米$=\frac{8}{10}$升穀米	1升糲米$=1\frac{1}{2}$升菽、荅、麥	/	/

【校釋】

[1] 總的看來，本組簡簡文行文格式爲：以 *A* 求 *B*，*a* 之，*b*（而）成一。簡 101（0776）、102（C7.2-14-1+1745）各雜入了一條格式爲"*Ac* 爲 *Bd*"的米糧換算例題。另，除簡 100（1825）、101（0776）各有一處未分欄抄寫外，其餘均分欄書寫。

據計算，本簡兩例"卅"均爲"廿"之誤。

[2] 因，相乘（詳見第二章"[010] 面積類之十"【校釋】之 [2]）。本組簡簡文"因"均表示相乘。

[3] 簡文"粺"當爲"粟"之誤。首先，粺、粟、毇的比率分別爲 27、50、24，簡文"粺"與此不符。其次，簡 98（0786）第三、四欄討論了"粺""毇"互求，本簡第一、二欄討論"粟""毇"互求。

[4] 簡文"因倍之""因九之"之"因"，均爲"因而"之省（詳見第二章"[010] 面積類之十"【校釋】之 [2]）。

[5] 粟的比率爲 50，故簡文"五"後脱"十"字，可補"十"而作"五十之"。學界均採用這種校補方法。但我們認爲本例題是簡 102（C7.2-14-1+1745）第一欄例題的逆算題，因此可在"五之"的後面補"有（又）十之"。

[6] 壹方，一旁，意即在一旁設置 3。

[7] 本例題爲簡 100（1825）第二欄所載例題的逆算題，因此簡 102（C7.2-14-1+1745）當置於簡 100（1825）與簡 101（0776）之間。魯家亮對這三枚簡的編聯也有討論。[①]

據原整理者，簡 102（1745）長 24.6 釐米，容 36 字，簡上段殘。[②]第二批《數》簡整理者將殘片 C7.2-14-1 與本簡綴合並編號爲"C7.2-14-1+1745"，把綴合後的簡首三個殘字釋讀爲"以毇（毇）求"。[③]我們贊同此綴合意見，並編號爲 102（C7.2-14-

---

① 魯家亮：《讀岳麓秦簡〈數〉筆記（二）》，簡帛網，2012 年 3 月 23 日。

② 蕭燦：《嶽麓書院藏秦簡〈數〉研究》，湖南大學博士學位論文，2010，第 139 頁；蕭燦：《嶽麓書院藏秦簡〈數〉研究》，中國社會科學出版社，2015，第 171 頁；朱漢民、陳松長主編《嶽麓書院藏秦簡（貳）》，上海辭書出版社，2011，第 179 頁。

③ 陳松長主編《嶽麓書院藏秦簡（柒）》，上海辭書出版社，2022，第 191 頁。

1+1745），但認爲"以毀（穀）求"之"毀（穀）"未安。查看
圖版（圖 2-5*a*），發現殘片 C7.2-14-1 上部僅存左部而右部殘缺，
存三字墨迹，但僅據第二字殘劃（箭頭 *A*、*B* 所指）不能斷定是
"毀"字。另外，本殘簡簡文後文有"毀""粟"二字（圖 2-5*b*），
觀察二字左部可知，在二字殘缺如圖 2-5*a* 箭頭 *A* 所指時，是很難
斷定是"毀"還是"粟"的，但是相較而言有可能是"粟"，其
中圖 2-5*a* 箭頭 *A* 所指爲"粟"的"覀"部的左部殘筆，*B* 所指爲
"米"部橫筆的左端。而本例題爲簡 100（1825）第二欄所載例題
的逆算題，我們據此補"粟"而作"以粟求"。根據計算，如果
把待釋字釋作"毀（穀）"，因穀米的比率爲 24，粺爲 27，則與
簡 102（C7.2-14-1+1745）所載例題不合，而把待釋字釋作"粟"
（比率爲 50），則與計算相合。

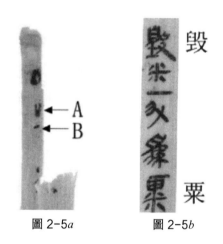

圖 2-5*a*　　　　　圖 2-5*b*

[8] 簡文"粺"字左部殘缺，據其殘存的右部字形，並據其行
文格式所對應的數據（"因而三之，有（又）九之"）計算得到的
比率（27），可知此殘缺字爲"粺"字。另，因爲本例題爲簡 100
（1825）第二欄所載例題的逆算題，因此可知該殘缺字爲"粺"
字。蕭燦將此字釋讀爲"稗"，[①] 未安。稗，植物名，一年生草本，

_____

① 蕭燦:《嶽麓書院藏秦簡〈數〉研究》，湖南大學博士學位論文，2010，第 57 頁。

葉似稻，實如黍米，雜生於稻田中，有害稻子生長。《説文·禾部》:"稗，禾別也。"段玉裁注:"謂禾類而別於禾也。"① 故本簡當作"稗"，不應是"稗"。今所見古算書均用"稗"字。"稗"義爲"精米"。

[9] 壹方，一旁，意即在一旁設置5。

[10] 此處有二字漫漶不清，據前文分析，當爲"十之"二字。

[11] 毇米比率24，粟比率50，據簡文計算如下：1升毇米 × 50÷24=2$\frac{1}{12}$升粟。故簡文"十"後脱"二"字，當爲"十二"。

[12] 稻粟，與簡103（0780）"黍粟"相區别。《筭數書》"程禾"算題簡89（H128）載有"稻禾一石爲粟廿斗"，簡88（H129）載有"禾黍一石爲粟十六斗泰半斗"，② "稻粟"即"稻禾一石爲粟廿斗"所指之"粟"，其比率爲60；"黍粟"即"禾黍一石爲粟十六斗泰半斗"所指之"粟"，其比率爲50。

[13] 糯米比率30，粟比率50，據簡文計算如下：(1+$\frac{1}{3}$+$\frac{1}{2}$+$\frac{1}{4}$)升糯米 × 50÷30=3$\frac{17}{36}$升粟。故簡文"廿"當爲"十"之誤。

【今譯】

以粟求稗，粟（的數量）乘以27，除以50即得結果；以稗求粟，稗（的數量）乘以50，除以27即得結果。以糯米求菽，糯米（的數量）乘以3，除以2即得結果；以菽求糯米，菽（的數量）乘以2，除以3即得結果。以稗求糯米，稗（的數量）乘以10，除以9即得結果；以糯米求稗，糯米（的數量）乘以9，除以10即得結果。以糯米求毇米，糯米（的數量）乘以8，除以10即得結果；以毇米求糯米，毇米（的數量）乘以10，除以8即得結果。以稗米求毇米，稗米（的數量）乘以8，除以9即

① （清）段玉裁:《説文解字注》，浙江古籍出版社，2006，第323頁。
② 張家山二四七號漢墓竹簡整理小組編著《張家山漢墓竹簡[二四七號墓]》（釋文修訂本），文物出版社，2006，第144頁。按：原整理者釋文"泰"，據圖版當爲"秦"，"泰"之異體。

得結果；以毇米求粺米，毇米（的數量）乘以 9，除以 8 即得結果。以粟求毇米，粟（的數量）乘以 24，除以 50 即得結果；以毇米求粟，毇米（的數量）乘以 50，除以 24 即得結果。以糲米求粺米，糲米（的數量）乘以 9，除以 10 即得結果；以粺米求糲米，粺米（的數量）乘以 10，除以 9 即得結果。以麥求粟，麥（的數量）乘以 2，再乘以 5，除以 9 即得結果；以粟求麥，粟（的數量）乘以 9，除以 10 即得結果。以粺米求粟，粺米（的數量）乘以 5，再乘以 10，然後在一旁設置 3，3 乘以 9 作爲除數，相除即得結果；以粟求粺米，粟（的數量）乘以 3，再乘以 9，在一旁設置 5，5 乘以 10 作爲除數，相除即得結果。毇米 1 升相當於粟 $2\frac{1}{12}$ 升。以粟求菽、荅、麥，粟（的數量）乘以 9，除以 10 即得結果。以糲米求菽、荅、麥，糲米（的數量）乘以 3，除以 2 即得結果。以稻粟求菽、荅、麥，稻粟（的數量）乘以 3，除以 4 即得結果。糲米（$1+\frac{1}{3}+\frac{1}{2}+\frac{1}{4}$）升相當於粟 $3\frac{17}{36}$ 升。

[032]　穀物換算類之四

【釋文】

黍粟[1] 廿三斗六升重一石[2]。·[3] 水十五斗重一石[4]。₁₀₃（₀₇₈₀）壹 糯（糯）米廿斗重一石。₁₀₃（₀₇₈₀）貳麥廿一斗二升重一石。₁₀₃（₀₇₈₀）叁 粺米十九【斗】[5] 重一石。₁₀₄（₀₉₈₁）壹稷[6] 毇（毇）十九斗[7] 四升重一石。₁₀₄（₀₉₈₁）貳稻粟廿七斗六升重一石。₁₀₄（₀₉₈₁）叁稷粟廿五斗重一石。₁₀₄（₀₉₈₁）肆稻米十九斗二升重一石。₁₀₅（₀₈₈₆）荅十九斗重一石。₁₀₆（₀₈₅₂）壹麻廿六斗六升重一石。₁₀₆（₀₈₅₂）貳叔（菽）廿斗五升重一石。[8] ₁₀₆（₀₈₅₂）叁

【校釋】

[1] 黍粟，即《筭數書》"程禾"算題簡 88（H129）"禾黍一石爲粟十六斗泰半斗"之"粟"，黍粟去殼而成糯米。蕭燦將

“黍粟”一詞分開，並分別訓釋爲“穀物的一種”和“粟谷”，似把黍粟當作黍與粟兩種米糧，[1]《數》簡整理小組也做類似解釋。[2]均未安。

[2] 本句簡文的行文格式爲：某物（A）＋該物數量（a）＋重一石，即“Aa 重一石”，是黍粟容積與重量之間的換算。本組簡簡文均採用這一格式。

[3] 小圓點符號“·”可能是書手用來強調簡文“水十五斗重一石”是被錯置於菽句與麥句之間的（詳見本【校釋】之[8]）。中國古算書研究会學者則認爲本句簡文前的小圓點符號有兩種可能，一是分欄，二是强調水是比重的標準概念。[3]

[4] 本句簡文是水的容積與重量之間的換算。原整理者認爲“水十五斗重一石”是作爲一種度量參考。[4]此説似無依據。

[5] 簡文“十九”後脱“斗”字，當作“十九斗”。

[6] 稷，穀物名，但古今著述對稷爲何種穀物，有不同意見。一說“粟”（黍粟）。《爾雅·釋草》“粢，稷”，郭璞注：“今江東人呼粟爲粢。”邢昺疏：“粢也，稷也，粟也，正是一物。而《本草》稷米在下品，別有粟米在中品，又似二物。故先儒共疑焉。”[5]李建平亦認爲是“粟”。[6]一說“黍之不黏者”。《本草綱目·穀部·稷》：“稷與黍，一類二種也，黏者爲黍，不黏者爲稷……猶稻之有粳與糯也。”[7]一說“高粱”。《廣雅·釋草》“稷穄

---

① 蕭燦：《嶽麓書院藏秦簡〈數〉研究》，湖南大學博士學位論文，2010，第57頁；蕭燦：《嶽麓書院藏秦簡〈數〉研究》，中國社會科學出版社，2015，第72頁。

② 朱漢民、陳松長主編《嶽麓書院藏秦簡（貳）》，上海辭書出版社，2011，第87頁。

③ 〔日〕中国古算書研究会編『岳麓書院藏秦簡『数』訳注』，京都朋友書店，2016，第115頁。

④ 蕭燦：《嶽麓書院藏秦簡〈數〉研究》，湖南大學博士學位論文，2010，第57頁；蕭燦：《嶽麓書院藏秦簡〈數〉研究》，中國社會科學出版社，2015，第72頁；朱漢民、陳松長主編《嶽麓書院藏秦簡（貳）》，上海辭書出版社，2011，第87頁。

⑤ （宋）邢昺：《爾雅注疏》，（清）阮元校刻《十三經注疏》，中華書局，1980，第2626頁。

⑥ 李建平：《從新出土秦漢簡牘文獻看“稷”的所指及其歷時演變》，《山東師範大學學報》（社會科學版）2022年第5期。

⑦ （明）李時珍：《本草綱目》，《四庫全書》（景印文淵閣版），臺北商務印書館，1986，第773冊第455頁。

謂之穄", 王念孫疏證: "穄, 今人謂之高粱。"[1] 據本算書提供的資料, 稷（稷粟）與粱、粟（黍粟）不同（"粱"見本章"[034]穀物換算類之六"）。

[7] 在本簡的紅外綫掃描圖版上, 簡文"斗"字左上部有一清晰的小圓點符號"·"（圖 2-6a）, 而彩色圖版上則沒有小圓點符號"·"的任何痕迹（見圖 2-6b）。[2] 造成此差異的原因不明, 或許竹簡本無小圓點符號, 而是在製作紅外綫掃描圖版的過程中造成的污迹。或許是竹簡本有小圓點符號, 而在拍攝彩色圖版時由於某種原因未能顯示出來。中国古算書研究会學者則認爲"斗"字加小圓點符號, 是因爲書手"在校對時發現, 第 1 段'粺米十五重一石'的'十五'後脱一個'斗'字, 所以在此處加了墨點"。[3]

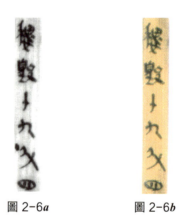

圖 2-6a   圖 2-6b

[8] 古算一般是把原糧及其產品按由粗到精的順序排列在一起, 但本組簡的米糧排列順序略顯雜亂, 當是抄寫錯亂所致。我們推測, 簡 103（0780）~106（0852）簡文底本的抄寫順序如表 2-9 箭头所示。

---

① （清）王念孫:《廣雅疏證》, 中華書局, 1983, 第 330 頁。
② 圖版見朱漢民、陳松長主編《嶽麓書院藏秦簡（貳）》, 上海辭書出版社, 2011, 第 88、15 頁。
③ 〔日〕中国古算書研究会編『岳麓書院藏秦簡「数」訳注』, 京都朋友書店, 2016, 第 115 頁。按: "十五"當爲"十九"之誤。

表 2-9　簡 103（0780）～ 106（0852）簡文底本抄寫順序

C	B	A	簡號 欄號
·水十五斗重一石	稻米十九斗二升重一石	黍粟廿三斗六升重一石	一
麥廿一斗二升重一石	荅十九斗重一石	糯（糯）米廿斗重一石	二
稷毀（穀）十九斗四升重一石	麻廿六斗六升重一石	粺米十九【斗】重一石	三
稷粟廿五斗重一石	叔（菽）廿斗五升重一石	稻粟廿七斗六升重一石	四

　　底本是由上往下依次抄寫簡 A、B、C，簡文内容依次是"禾黍"
系列米糧（黍粟、糯米、粺米）、"稻禾"系列米糧（稻粟、稻米）、
荅麻菽水麥、"稷"系列米糧（稷穀、稷粟），呈現出較强的規律性。
由於荅、麻、菽、麥的比率均爲 45，故古算多把它們排列在一起，
可知簡 C"水十五斗重一石"是從他處被錯置於菽句與麥句之間，
因此底本的書手以小圓點符號"·"示意讀者。由於某種原因，底
本的這三枚簡在録入《數》時出現了兩個錯亂。一是簡序錯亂，簡
B 與簡 C 被誤換了位置，簡序由原來的 A、B、C 誤作 A、C、B。二
是簡文抄録順序錯亂，把原來的從上往下依次抄録簡 A、B、C 的順
序錯誤地調整爲從右到左依次抄録簡 A、C，然後從上到下抄録簡 B
（見表 2-10 箭頭所示），因而誤將簡文抄寫成了本算題的樣子。進一
步分析發現，底本本身也有錯誤，除了將"水"句雜入"菽"句與
"麥"句之間，還把"稷穀"句與"稷粟"句顛倒了順序。

表 2-10　簡 A、B、C 録入《數》時出現的錯亂

B	C	A	簡號 欄號
稻米十九斗二升重一石	·水十五斗重一石	黍粟廿三斗六升重一石	一
荅十九斗重一石	麥廿一斗二升重一石	糯（糯）米廿斗重一石	二
麻廿六斗六升重一石	稷毀（穀）十九斗四升重一石	粺米十九【斗】重一石	三
叔（菽）廿斗五升重一石	稷粟廿五斗重一石	稻粟廿七斗六升重一石	四

如此，則本組簡所涉米糧、水的容積與重量之間的換算，可如表 2-11。

表 2-11　米糧、水的容積與重量換算

物品名稱	換算
黍粟	23 斗 6 升 =1 石
糯米	20 斗 =1 石
粺米	19 斗 =1 石
稻粟	27 斗 6 升 =1 石
稻米	19 斗 2 升 =1 石
荅	19 斗 =1 石
麻	26 斗 6 升 =1 石
菽	20 斗 5 升 =1 石
水	15 斗 =1 石
麥	21 斗 2 升 =1 石
稷毇	19 斗 4 升 =1 石
稷粟	25 斗 =1 石

【今譯】

參見表 2-11。

[033]　穀物換算類之五

【釋文】

⋯ ▨ 稻粟三尺二寸五 [1] 分寸二∟ [2] 一石 [3]。107（0760）壹 麥二尺四寸【十分寸三】一石 [4]。107（0760）貳 茤新積 [5] 廿八尺一石 [6]。108（0834）壹 稾卅一尺一石。108（0834）貳 茅卅六尺一石。108（0834）叄

【校釋】

[1] 原整理者對本簡的簡況描述如下：簡長 13.6 釐米，上段

殘，現存兩欄，欄距 1.5 釐米。[1] 我們將紅外綫掃描圖版自簡首至
"五"字止截圖如圖 2-7。[2]

圖 2-7　　　　　　圖 2-8

　　原整理者據殘存筆劃將殘簡首二字釋讀爲"稻粟"。中國古
算書研究会學者對此二字的釋讀則是據計算。[3] 許道勝則認爲
第二字不可釋讀而作"☒稻 ☐"。[4] 對此二字的釋讀，當把殘存
筆劃與算題計算二者結合起來。現將本算書簡 104（0981）"稻
粟"二字截圖如圖 2-8。[5] 對比發現，殘簡第一字殘存部分當爲
"舀"，第二字殘存筆劃當似"粟"右部。另據吳朝陽及上引中國
古算書研究会學者計算，[6] 其結果與稻粟相符，故當釋讀爲"稻
粟"無疑。

　　[2] 三尺二寸五分寸二，表示底面積爲 1 尺 × 1 尺、高爲三

---

① 蕭燦:《嶽麓書院藏秦簡〈數〉研究》，湖南大學博士學位論文，2010，第 139 頁。

② 圖版參見朱漢民、陳松長主編《嶽麓書院藏秦簡（貳）》，上海辭書出版社，2011，
　　第 89 頁。

③ 〔日〕中國古算書研究会編『岳麓書院藏秦簡「数」訳注』，京都朋友書店，2016，第
　　115 頁。

④ 許道勝:《嶽麓秦簡〈爲吏治官及黔首〉與〈數〉校釋》，武漢大學博士學位論文，
　　2013，第 171 頁。

⑤ 圖版參見朱漢民、陳松長主編《嶽麓書院藏秦簡（貳）》，上海辭書出版社，2011，
　　第 88 頁。

⑥ 吳朝陽:《嶽麓秦簡〈數〉之"石"、穀物堆密度與出米率》，簡帛網 2013 年 1 月
　　30 日。

尺二寸五分寸二的立方體，[①] 即 3 尺 2 $\frac{2}{5}$ 寸 × 1 尺 × 1 尺 = 3240 積寸。本組簡簡文"二尺四寸""廿八尺""一尺""卅六尺"作類推理解。

[3] 石，原整理者認爲是重量單位。吳朝陽和中國古算書研究會學者計算證明"石"爲容積單位，其中吳朝陽認爲"石"是相當於 1 石糯米的"當量"。[②] 據本算書簡 178（0784）（見第三章"[064] 體積類之二"）、《筭數書》"旋粟"算題簡 146（H63），[③] 黍粟 2 尺 7 寸而 1 石（此 2 尺 7 寸爲 2700 積寸，黍粟 1 石爲 16 $\frac{2}{3}$ 斗），即 2700 積寸 = 16 $\frac{2}{3}$ 斗，又稻粟與黍粟基於體積的比率分別是 60 與 50，則：2700 積寸 × $\frac{60}{50}$ = 16 $\frac{2}{3}$ 斗 × $\frac{60}{50}$，即：3240 積寸 = 20 斗。據《筭數書》"程禾"算題簡 89（H128）"稻禾一石爲粟廿斗"，[④] 稻粟 20 斗爲 1 石（猶如黍粟 16 $\frac{2}{3}$ 斗爲 1 石）。可見，簡文"石"爲容積單位，"一石"表稻粟 20 斗。

[4] 簡文"石"也是容積單位。麥與黍粟比率分別爲 45 和 50，據本【校釋】之 [3]，可得 2700 積寸 × $\frac{45}{50}$ = 16 $\frac{2}{3}$ 斗 × $\frac{45}{50}$，即 2430 積寸 = 15 斗。又據《九章算術》"商功"章"其菽、苔、麻、麥一斛皆二尺四寸十分寸之三"，[⑤] 可知簡文"麥二尺四寸"後當脫"十分寸之三"。據本簡前文"三尺二寸五分寸二"文例，所脫簡文可

---

① 古算體積表達法，參見李繼閔《〈九章算術〉導讀與譯注》，陝西科學技術出版社，1998，第 160~161 頁。

② 吳朝陽：《嶽麓秦簡〈數〉之"石"、穀物堆密度與出米率》，簡帛網 2013 年 1 月 30 日；〔日〕中國古算書研究会編『岳麓書院蔵秦簡「数」訳注』，京都朋友書店，2016，第 115 頁。

③ 張家山二四七號漢墓竹簡整理小組編著《張家山漢墓竹簡 [二四七號墓]》（釋文修訂本），文物出版社，2006，第 151~152 頁。

④ 張家山二四七號漢墓竹簡整理小組編著《張家山漢墓竹簡 [二四七號墓]》（釋文修訂本），文物出版社，2006，第 144 頁。

⑤ 郭書春：《〈九章算術〉新校》，中國科學技術出版社，2014，第 175 頁。

補爲 “十分寸三”。吳朝陽補爲 “十分寸之三”。[1] 又據《筭數書》 “程禾” 算題簡 90（H119）“麥、菽、荅、麻十五斗一石”，[2] 可知麥 15 斗爲 1 石，則本簡 “麥二尺四寸一石” 之 “石” 爲容積單位。

[5] 新，原整理者認爲通 “薪”，[3] 郇文玲則認爲：“簡文中 ‘芻 新’ 之 ‘新’，整理者讀作 ‘薪’，似未安。按照前引［簡十一］ 張家山漢簡《二年律令》‘入頃芻稾……令各入其歲所有，毋入 陳，不從令者罰黄金四兩’ 的相關規定，交納的芻、稾不能是往 年的 ‘陳’ 的，換言之即必須是當年的 ‘新’ 的。因此簡中的 ‘芻新’ 之 ‘新’ 應讀如本字。依此類推，其後所言稾、茅等皆應 爲當年的 ‘新’ 的。‘芻新積廿八尺一石’，意即當年的新芻堆積 體積達到二十八尺，即等於一石。”[4]

鄒大海指出，北大秦簡《算書》乙種簡 275（W-006）～ 278 （04-008）所載 “故積” 之 “故” 指乾的，“新積” 之 “新” 指 濕的；“故” 和 “新” 的命名理據是距離已收割的時間的遠近； “故積” 之 “故” 不同於張家山漢簡《二年律令》“毋入陳” 之 “陳”。[5] 此說甚是。“新” 本指砍伐樹木，引申指剛收穫的糧食蔬 果等，“新積” 距離已收割的時間近，指剛收割尚未晾曬乾的糧食 或秸稈堆積，相當於《數》簡 2（0887）“取禾程述（術）：以所 已乾爲法，以生者乘田步爲靬=（實，實）如法一步”（見第四章 “[089] 租稅類之一”）所言之 “生者”。以此類推，簡文後文所 言 “稾”“茅” 當分別是剛收割的生稾、生茅。“故” 即 “今”，現 在的。《爾雅·釋詁下》：“故，今也。” 郭璞注：“故亦爲今。”[6] “故

---

① 吳朝陽：《嶽麓秦簡〈數〉之 “石”、穀物堆積密度與出米率》，簡帛網 2013 年 1 月 30 日。

② 張家山二四七號漢墓竹簡整理小組編著《張家山漢墓竹簡 [二四七號墓]》（釋文修訂 本），文物出版社，2006，第 144 頁。

③ 蕭燦：《嶽麓書院藏秦簡〈數〉研究》，湖南大學博士學位論文，2010，第 58 頁；朱 漢民、陳松長主編《嶽麓書院藏秦簡（貳）》，上海辭書出版社，2011，第 90 頁；蕭 燦：《嶽麓書院藏秦簡〈數〉研究》，中國社會科學出版社，2015，第 74 頁。

④ 郇文玲：《里耶秦簡所見 “户賦” 及相關問題瑣議》，載武漢大學簡帛研究中心主編 《簡帛》（第八輯），上海古籍出版社，2013，第 215~228 頁。

⑤ 此蒙鄒大海先生於 2023 年 11 月 9~12 日賜教。謹表謝忱。

⑥ （宋）邢昺：《爾雅注疏》，（清）阮元校刻《十三經注疏》，中華書局，1980，第 2575 頁。

積"就是"今積",距離已收割的時間遠,指已經晾曬乾的糧食或秸稈堆積,相當於上引《數》簡 2(0887)所言之"所已乾"。

[6]"一石"指容積。鄔文玲認爲:"對於芻的稱量可能通常是採取丈量堆積體積的方式來估算的。"[1] 則本簡簡文下文"稾""茅"中的"一石"也爲容積單位(參本章"[020] 分數類之五"【校釋】之 [1])。

【今譯】

……稻粟 3 積尺 2 $\frac{2}{5}$ 積寸爲 1 石(20 斗)。麥 2 積尺 4 $\frac{3}{10}$ 積寸爲 1 石(15 斗)。剛收割的生芻堆積 28 積尺爲 1 石。(剛收割的生)稾堆積 31 積尺爲 1 石。(剛收割的生)茅堆積 36 積尺爲 1 石。

[034] 穀物換算類之六

【釋文】

⋯□粲(粱)[1] 一石十六斗大半斗乚,稻一石□【廿斗,】[2] □粲(粱)甬(桶)[3] 少稻石三斗少半斗 [4]。□⋯ 109(2066)+110(0918)[5] ⋯□ 得一 [6]。以稻甬(桶)求□粲(粱)[7] 甬(桶),六之,五而得一甬(桶)[8]。有(又)□□□⋯ 110(C100102+0882)[9]

【校釋】

[1] 粲,同"粱"。《字彙·禾部》:"粲,同粱。"[2] 粲即粟(黍粟)。《爾雅·釋草》"粲"下郭璞注:"今江東人呼粟爲粲。"[3]《筭數書》"程禾"算題簡 88(H129)"禾黍一石爲粟十六斗泰半斗",[4]

---

① 鄔文玲:《里耶秦簡所見"户賦"及相關問題瑣議》,載武漢大學簡帛研究中心主編《簡帛》(第八輯),上海古籍出版社,2013,第 215~228 頁。

② (明)梅膺祚:《字彙》,萬曆乙卯本。

③ (宋)邢昺:《爾雅注疏》,(清)阮元校刻《十三經注疏》,中華書局,1980,第 2626 頁。

④ 張家山二四七號漢墓竹簡整理小組編著《張家山漢墓竹簡 [二四七號墓]》(釋文修訂本),文物出版社,2006,第 144 頁。按:原整理者釋文"泰",據圖版當爲"秦","泰"之異體。

與本簡所載數據相符，即可證郭注是正確的。中国古算書研究会學者認爲"粢"爲"禾黍"。①

[2] 竹簡於此殘斷，原整理者校補爲"廿斗"而作"稻一石廿斗"。②可從。這裏的"稻"指稻粟。

[3] 甬，"桶"的初文（詳見第一章"[001]《陳起》篇"【校釋】之 [36]）。簡文前文所言"粢（粢）一石"與此處"粢（粢）甬（桶）"等價，可知"石"與"甬（桶）"爲容積相同的單位。彭浩指出，"甬"在本算書中共三見，均作容量單位，而《里耶秦簡》、張家山漢簡《二年律令》和《筭數書》均未見"甬"作容量單位，可見"在秦統一中國前後，'桶'已經被'石'取代，逐漸退出國家法定的容量單位。"③

[4] 簡文"斗"字漫漶不清。

[5] 許道勝將簡 110（0918）與 109（2066）合爲一簡。④可從。

[6] 許道勝認爲："據文意，'得'上或可補'以粢（粢）甬（桶）求稻甬（桶），五之，六而'諸字。"⑤其意即此爲簡文下文"以稻甬（桶）求粢（粢）甬（桶），六之，五而得一甬（桶）"的逆運算。此説可資參考，但似乎缺乏證據。

[7] 此處簡文僅見"禾"字，據簡文文意，當爲"𥞌"（粢），其右上角的"次"墨迹不存。

[8] 業師張顯成先生等釋讀出"甬"字。⑥

[9]《數》簡整理小組將簡 110（0882）置於 C100102 之前，

① 〔日〕中国古算書研究会編『岳麓書院藏秦簡「数」訳注』，京都朋友書店，2016，第 111 頁。
② 蕭燦：《嶽麓書院藏秦簡〈數〉研究》，湖南大學博士學位論文，2010，第 59 頁；朱漢民、陳松長主編《嶽麓書院藏秦簡（貳）》，上海辭書出版社，2011，第 91 頁；蕭燦：《嶽麓書院藏秦簡〈數〉研究》，中國社會科學出版社，2015，第 74 頁。
③ 彭浩：《秦和西漢早期簡牘中的糧食計算》，載中國文化遺産研究院編《出土文獻研究》（第十一輯），中西書局，2012，第 194~204 頁。
④ 許道勝：《嶽麓秦簡〈爲吏治官及黔首〉與〈數〉校釋》，武漢大學博士學位論文，2013，第 172~173 頁。
⑤ 許道勝：《嶽麓秦簡〈爲吏治官及黔首〉與〈數〉校釋》，武漢大學博士學位論文，2013，第 173 頁。
⑥ 張顯成、謝坤：《嶽麓書院藏秦簡〈數〉釋文勘補》，《古籍整理研究學刊》2013 年第 5 期。

將簡文釋讀並校改爲"☐粲甬（桶）六之五而得一☐有（又）☐☐☐☐得一，以稻甬（桶）求☐"。[1]

許道勝認爲："參彩色圖版，C100102 之末、0882 之首的斷口處基本可合，文意亦相接，可綴合。原釋文所加二'☐'今一併删除，釋文連寫，簡號相應改作 110（C100102+0882）。"基於此，許道勝將有關簡文校改並句讀作"☐得一。以稻甬（桶）求【粲（粲）】甬（桶），六之，五而得一。☐有（又）……"，並列算式計算爲：粲 = $\frac{6}{5}$ × 稻。[2]

許文"C100102 之末、0882 之首的斷口處基本可合，文意亦相接，可綴合"，此説可從，但簡文釋讀尚需改進。我們將二簡綴合前斷口處示意如圖 2-9a，將二簡綴合後示意如圖 2-9b。

圖 2-9a   圖 2-9b

① 朱漢民、陳松長主編《嶽麓書院藏秦簡（貳）》，上海辭書出版社，2011，第 90 頁。
② 許道勝：《嶽麓秦簡〈爲吏治官及黔首〉與〈數〉校釋》，武漢大學博士學位論文，2013，第 172、173 頁。

圖 2-9*a*、圖 2-9*b* 顯示，二簡確實可以綴合。但是，許文未釋讀出“五而得一”後的“甬”字而作“□”，且將“□”下讀而作“五而得一。□有（又）……”，未安，當作“五而得一甬（桶）。有（又）□□▱”。

據簡文計算如下：1 石粲 =16 $\frac{2}{3}$ 斗，1 石稻粟 =20 斗，則 1 桶稻粟的斗數 –1 石粲的斗數 =3 $\frac{1}{3}$ 斗；粲的桶數 =6 × 稻粟的桶數 ÷5= 稻粟的桶數 × $\frac{6}{5}$。

【今譯】

……1 石粲爲 16 $\frac{2}{3}$ 斗，1 石稻粟爲 20 斗，1 桶粲比 1 石稻粟少 3 $\frac{1}{3}$ 斗……即得結果。已知稻粟的桶數，求粲的桶數，則稻粟的桶數乘以 6，除以 5 即得粲的桶數。又……

[035]　穀物換算類之七

【釋文】

【粲（粲）一石爲稻八〈十六〉斗少〈大〉半斗；稻】 ▭ [1] 石爲粲（粲）一石二□【斗】 [2]。111（C140101）【粲（粲）百石爲稻仐（八十）三石三〈六〉斗少〈大〉半斗；稻】▱ [3] 百石爲粲（粲）百廿石。111（1733） [4] 粲（粲）千石爲稻八百卅三石三〈六〉斗少〈大〉半斗 [5]；稻千石爲粲（粲）千二百石。112（0791）粲（粲）萬石爲稻八千三百卅三石三〈六〉斗少〈大〉半斗；稻萬石爲粲（粲）萬二千石。113（0938）

【校釋】

[1] 簡文“一”僅殘存左部。據文意，簡文所述的某種米糧與粲的容積比當爲 1.2 ：1（6：5），又據上一算題“[034] 穀物換

算類之六",此種米糧當爲稻,故簡文"一"前當爲"稻"字。此"稻"字之前所補文字,詳見本【校釋】之[4][5]。

[2] 竹簡自此殘斷,"二"字後當爲"斗"字。原整理者將"二"校改爲"三",[1] 未安。

[3] 根據本【校釋】之[1]的分析,此處所殘缺之字當爲"稻"字。此"稻"字之前所補文字,詳見本【校釋】之[4][5]。

[4] 蕭燦將簡 C140101 與 111(1733)分列釋讀,[2] 而《數》簡整理小組及釋文修訂者則將二簡合爲 111(C140101+1733)。[3] 許道勝認爲,二簡不當綴合而當分列,並結合簡 112(0791)和 113（0938）的行文特點,總結出簡文先言"粱若干石爲稻若干石"再言"稻若干石爲粱若干石"的規律性,且數量也呈"一"(可能有"十")"百""千""萬"的規律性,認爲本組簡至少有四枚,可能還有一枚關於"粱十石"的簡佚失,並據以上分析,將本組簡的簡文校補如下:

【粱（粱）一石爲稻八斗少半斗。稻一石】爲粱（粱）一石二【斗】。 111（C140101）

【粱（粱）十石爲稻八石三斗少半斗。稻十石爲粱（粱）十二石。】(可能佚此簡)

【粱（粱）百石爲稻八十三石三斗少半斗。稻百石】爲粱（粱）百廿石。 111（1733）

粱（粱）千石爲稻八百卅三石三斗少半斗。稻千石爲粱（粱）千二百石 112（0791）

粱（粱）萬石爲稻八千三百卅三石三斗少半斗。稻萬石爲粱（粱）萬二千石 113(0938)[4]

---

① 蕭燦:《嶽麓書院藏秦簡〈數〉研究》,湖南大學博士學位論文,2010,第 59 頁;朱漢民、陳松長主編《嶽麓書院藏秦簡(貳)》,上海辭書出版社,2011,第 90 頁;蕭燦:《嶽麓書院藏秦簡〈數〉研究》,中國社會科學出版社,2015,第 74、75 頁。

② 蕭燦:《嶽麓書院藏秦簡〈數〉研究》,湖南大學博士學位論文,2010,第 59 頁;蕭燦:《嶽麓書院藏秦簡〈數〉研究》,中國社會科學出版社,2015,第 74 頁。

③ 朱漢民、陳松長主編《嶽麓書院藏秦簡(貳)》,上海辭書出版社,2011,第 16、90 頁;陳松長主編《嶽麓書院藏秦簡(壹一叄)》(釋文修訂本),上海辭書出版社,2018,第 101 頁。

④ 許道勝:《嶽麓秦簡〈爲吏治官及黔首〉與〈數〉校釋》,武漢大學博士學位論文,2013,第 174~176 頁。

此校補意見很有道理，但未對所補的簡文"八斗少半斗"及"三斗少半斗"進行校改（詳見本【校釋】之[5]）。

[5] 簡文"三斗少半斗"有誤。據上一算題簡110（C100102+0882）"以稻甬（桶）求<u>䆦</u>（粲）甬（桶），六之，五而得一<u>甬</u>（桶）"可知，已知粲的石數求稻粟的石數，則粲的石數乘以5，除以6，即得稻粟的石數。計算如下：稻粟的石數 =1000 石 × 5 ÷ 6=833 $\frac{1}{3}$ 石。同理，簡文下文已知粲 10000 石，則稻粟的石數 =10000 石 × 5 ÷ 6=8333 $\frac{1}{3}$ 石。因爲稻粟 1 石爲 20 斗，故 $\frac{1}{3}$ 石 = 6 $\frac{2}{3}$ 斗，而不是簡文所言"三斗少半斗"（3 $\frac{1}{3}$ 斗）。同理，上引許道勝所補簡文"粲（粲）一石爲稻八斗少半斗"中所求稻粟的石數當計算爲：稻粟的石數 =1 石 × 5 ÷ 6= $\frac{5}{6}$ 石 = $\frac{5}{6}$ × 20 斗 = 16 $\frac{2}{3}$ 斗，而不是"八斗少半斗"（8 $\frac{1}{3}$ 斗）。造成這種錯誤的原因，如蘇意雯等指出，當是誤把其"石"作 10 斗，[①] 才造成 $\frac{1}{3}$ 石 = 3 $\frac{1}{3}$ 斗和 $\frac{5}{6}$ 石 =8 $\frac{1}{3}$ 斗的錯誤。但蘇文未提供簡文校改，我們把簡文"三斗少半斗"校改爲"三〈六〉斗少〈大〉半斗"，並把許道勝所補簡文"八斗少半斗"校改爲"八〈十六〉斗少〈大〉半斗"。

【今譯】

（1 石粲爲 16 $\frac{2}{3}$ 斗稻粟；稻粟）1 石爲粲 1 石 2 斗。（100 石粲爲稻粟 83 石 6 $\frac{2}{3}$ 斗；稻粟）100 石爲粲 120 石。1000 石粲爲稻粟 833 石 6 $\frac{2}{3}$ 斗；稻粟 1000 石爲粲 1200 石。10000 石粲爲稻粟 8333 石 6 $\frac{2}{3}$ 斗；稻粟 10000 石爲粲 12000 石。

---

① 蘇意雯、蘇俊鴻、蘇惠玉等：《〈數〉簡校勘》，《HPM 通訊》2012 年第 15 卷第 11 期。

[036]　穀物換算類之八

【釋文】

粟□ ┆ … [1] 卅（？）[2] 一分升十一。今毀（毇）[3] 一石得六 [4] 升廿二 [5] 分升 … 114（0649）

【校釋】

[1] 據蕭燦，本簡下段殘，右半殘，上編繩痕迹無法辨識，字迹漫漶殘損。①

[2] 因簡右半殘，"卅"可能是"卌"或"卌"。

[3] 此二字殘缺，業師張顯成先生等釋讀爲"今毀"。②

[4] 此二字殘缺，上引業師張顯成先生等釋讀爲"得六"。

[5] 蕭燦釋文有此"二"字，《數》簡整理小組釋文則無。③上引業師張顯成先生等指出《數》簡整理小組漏釋"二"字。

【今譯】

略。④

[037]　穀物換算類之九

【釋文】

☐ 粟一石 [1] 爲米八斗二升 [2]。問：米一石 [3] 爲粟幾可（何）？曰：廿斗☐ [4] 百廿三分斗卅爲米一石。术（術）曰：求粟，☐【以米八斗二升】[5] 115（2173+0137） 爲法，以十斗 [6] 乘粟十六斗大半斗 [7] 爲

---

① 蕭燦：《嶽麓書院藏秦簡〈數〉研究》，湖南大學博士學位論文，2010，第 139 頁。
② 張顯成、謝坤：《嶽麓書院藏秦簡〈數〉釋文勘補》，《古籍整理研究學刊》2013 年第 5 期。
③ 蕭燦：《嶽麓書院藏秦簡〈數〉研究》，湖南大學博士學位論文，2010，第 59 頁；蕭燦：《嶽麓書院藏秦簡〈數〉研究》，中國社會科學出版社，2015，第 75 頁；朱漢民、陳松長主編《嶽麓書院藏秦簡（貳）》，上海辭書出版社，2011，第 17、92 頁。
④ 按：簡文殘泐漫漶不清，雖經學者校補，但簡文文意還是不甚清晰。

頁$_=$（實，實）如法得粟一斗。$^{[8]}_{116（0650）}$

【校釋】

[1] 簡文"粟一石"三字右部殘缺。粟一石爲 $16\frac{2}{3}$ 斗。中國古算書研究会學者認爲此"石"爲重量單位。^{①}似不妥，因爲與本算書簡 103（0780）"黍粟廿三斗六升重一石"不符（見本章"[032] 穀物換算類之四"）。

[2] 據《筭數書》"程禾"算題簡 88（H129）"禾黍一石爲粟十六斗泰半斗，舂之爲糲米一石"，^{②}可知 $16\frac{2}{3}$ 斗粟本當爲糲米 1 石（10 斗），但是本題中的粟由於某種原因，只舂得糲米 8 斗 2 升。

[3] 糲米 1 石爲 10 斗。

[4] 據原整理者，簡 2173 與簡 0137 於此處綴合，釋文使用了兩個斷簡符號"▢"。^{③}釋文修訂者則未使用斷簡符號"▢"。^{④}我們以一個斷簡符號"▢"予以標識。

[5] 竹簡於此處殘斷。原整理者及原釋文修訂者把所缺簡文補爲"之法以八斗二升"，^{⑤}共七字。許道勝認爲："以此簡文的書寫密度考慮，很可能會書出地脚，故原注釋的擬補或不可信。"^{⑥}我們據文意及簡文下文"以……粟十六斗大半斗爲頁（實）"的文例，

---

① 〔日〕中國古算書研究会編『岳麓書院藏秦簡「数」訳注』，京都朋友書店，2016，第182、183 頁。
② 張家山二四七號漢墓竹簡整理小組編著《張家山漢墓竹簡 [二四七號墓]》（釋文修訂本），文物出版社，2006，第 144 頁。按：整理者釋文"泰"，據圖版當爲"秦"，"泰"之異體。
③ 蕭燦：《嶽麓書院藏秦簡〈數〉研究》，湖南大學博士學位論文，2010，第 59 頁；朱漢民、陳松長主編《嶽麓書院藏秦簡（貳）》，上海辭書出版社，2011，第 17、92 頁；
④ 陳松長主編《嶽麓書院藏秦簡（壹—叁）》（釋文修訂本），上海辭書出版社，2018，第 91 頁。
⑤ 蕭燦：《嶽麓書院藏秦簡〈數〉研究》，湖南大學博士學位論文，2010，第 59 頁；蕭燦：《嶽麓書院藏秦簡〈數〉研究》，中國社會科學出版社，2015，第 75 頁；朱漢民、陳松長主編《嶽麓書院藏秦簡（貳）》，上海辭書出版社，2011，第 17、92 頁；陳松長主編《嶽麓書院藏秦簡（壹—叁）》（釋文修訂本），上海辭書出版社，2018，第 91 頁。
⑥ 許道勝：《嶽麓秦簡〈爲吏治官及黔首〉與〈數〉校釋》，武漢大學博士學位論文，2013，第 177 頁。

擬補 "以米八斗二升",共六字。中國古算書研究会學者補 "以八斗二升" 五字。[1]

[6] 此 "十斗" 即指簡文上文 "米一石" 之 "一石"。

[7] 此 "十六斗大半斗" 即指簡文上文 "粟一石" 之 "一石"。

[8] 設需 x 斗粟而爲米 1 石,即得 $16\frac{2}{3}$ 斗:8 斗 2 升 $=x$:10 斗,則 $x=16\frac{2}{3}$ 斗 $\times 10$ 斗 $\div 8$ 斗 2 升 $=20\frac{40}{123}$ 斗。

【今譯】

1 石黍粟爲 8 斗 2 升糲米。問:1 石糲米需多少黍粟?答:$20\frac{40}{123}$ 斗黍粟爲 1 石糲米。計算方法:求黍粟,用糲米 8 斗 2 升作除數,用 10 斗乘以 $16\frac{2}{3}$ 斗作被除數,相除即得黍粟的斗數。

---

[1] 〔日〕中国古算書研究会編『岳麓書院蔵秦簡「数」訳注』,京都朋友書店,2016,第 182 頁。

第三章　嶽麓書院藏秦簡《數》校釋（中）

概　説

　　本章對以下三類算題進行校釋：衰分類算題、少廣類算題、體積類算題。各算題及其簡號見表 3-1。

表 3-1　《數》"三類"算題及其簡號

算題	簡號	算題	簡號
衰分類之一	120（0772） 121（1659+0858）	衰分類之二	122（0978）　123（0950） 124（0915）
衰分類之三	125（C410106+1193） 126（1519）	衰分類之四	127（J09+J11） 128（0827）
衰分類之五	129（1136+C4.1-15-1） 130（0022）	衰分類之六	131（0972）
衰分類之七	145（0773）　146（0985）	衰分類之八	132（0820）　133（0765）
衰分類之九	134（0943）　135（0856） 136（0897）	衰分類之十	137（2082）　138（0951）
衰分類之十一	139（1826+1842） 140（0898）	衰分類之十二	142（0979）
衰分類之十三	143（0933+0937） 144（C4.1-4-2+0759）	衰分類之十四	147（0946）
衰分類之十五	148（0839）	衰分類之十六	149（0832）
衰分類之十七	150（1939[1]+0851） 151（0838）	衰分類之十八	152（0305）
衰分類之十九	153（0819+0828）	衰分類之二十	154（0840）

算題	簡號	算題	簡號
衰分類之二十一	155（0902）　156（1715） 157（1710）	少廣類之一	160（0942）　58（0761） 161（0949）　162（0846） 163（0811）　164（0850） 165（0948） 166（2103+2160） 167（0821）　168（0763） 169（0958）　170（0789） 171（0855）
少廣類之二	172（1741）	少廣類之三	173（1833）
少廣類之四	174（J02）	體積類之一	175（0498）　176（0645）
體積類之二	177（0801）　178（0784）	體積類之三	179（1747）
體積類之四	180（0767）	體積類之五	181（0996）
體積類之六	195（0456）	體積類之七	198（1843）
體積類之八	182（1740）　183（1746）	體積類之九	184（0940）　185（0845）
體積類之十	186（0830）	體積類之十一	187（0818）
體積類之十二	188（0777）	體積類之十三	189（0959）
體積類之十四	190（1658）	體積類之十五	191（0768+0808）
體積類之十六	192（0766）	體積類之十七	193（0977）
體積類之十八	196（J13）	體積類之十九	194（0997）
體積類之二十	197（J25）	體積類之二十一	199（0980）

[038]　衰分類之一

【釋文】

衰[1]分之述（術）[2]　　耤（籍）有五人，此[3]共買鹽一石，一人出十錢，一人廿錢，一人出卅錢，一人出卌錢，一人出垂（五十）錢。今且[4]相去也，欲以錢少多[5]₁₂₀（₀₇₇₂）分鹽。其述（術）曰：并五人錢以爲法，有（又）各異置錢 □ ⊘ ⋯ ⊘ [6]，以

一石鹽乘之以爲賈〓（實，實）如法一斗。[7]_{121（1659+0858）}

【校釋】

[1] 衰，本義爲"草製雨衣"，即蓑衣。《説文·衣部》："衰，艸雨衣。秦謂之草。"段玉裁注："衰俗从艸作蓑。"又《説文·艸部》："草，雨衣。一曰衰衣。"①《詩經·小雅·無羊》："何蓑何笠。"毛傳："蓑所以備雨，笠所以禦暑。"②"衰"的本義"草製雨衣"由"蓑"表達，而"衰"專表"等衰"，即按照一定的等級從大到小遞減，其理據，正如上引《説文》"衰"下段玉裁注云："衰俗从艸作蓑，而衰遂專爲等衰……以艸爲雨衣，必層次編之，故引申爲等衰。"簡文"衰分"，意按照一定的等級分配，即按比例分配。

[2] 簡文"衰分之述（術）"當爲題名，本釋文以空兩個字符予以標識。

[3] 此，代詞，表示近指，相當於"這"，與"彼"相對。《爾雅·釋詁》："兹，此也。"邢昺疏："此者，對彼之稱。言近在是也。"③這裏指"這五人"。

[4] 且，副詞，義爲"將要"。《經傳釋詞》卷八："《吕氏春秋·音律》篇《注》曰：'且，將也。'《詩·雞鳴》：'會且歸矣。'是也。"④

[5] 此處簡文殘泐，蕭燦釋讀爲"多"。⑤可從。

[6] 據蕭燦，簡 1659 與 0858 拼綴，内容銜接，但斷口處損失若干字。⑥因此我們加入符號"⋯"表示缺字若干。蘇意雯等只補一"數"字，⑦未安。

---

① （清）段玉裁:《説文解字注》，浙江古籍出版社，2006，第 397、43 頁。
② （唐）孔穎達:《毛詩正義》，（清）阮元校刻《十三經注疏》，中華書局，1980，第 438 頁。
③ （宋）邢昺:《爾雅注疏》，（清）阮元校刻《十三經注疏》，中華書局，1980，第 2576 頁。
④ （清）王引之:《經傳釋詞》，嶽麓書社，1982，第 174 頁。
⑤ 蕭燦:《嶽麓書院藏秦簡〈數〉研究》，湖南大學博士學位論文，2010，第 61 頁。
⑥ 蕭燦:《嶽麓書院藏秦簡〈數〉研究》，湖南大學博士學位論文，2010，第 139 頁。
⑦ 蘇意雯、蘇俊鴻、蘇惠玉等:《〈數〉簡校勘》，《HPM 通訊》2012 年第 15 卷第 11 期。

[7] 計算如下：10+20+30+40+50=150 錢（并五人錢以爲法）；

（10 錢 × 10 斗）÷150 錢 = $\frac{2}{3}$ 斗（出 10 錢者所得鹽）；（20 錢 ×

10 斗）÷150 錢 =1 $\frac{1}{3}$ 斗（出 20 錢者所得鹽）；（30 錢 × 10 斗）÷

150 錢 =2 斗（出 30 錢者所得鹽）；（40 錢 × 10 斗）÷150 錢 =2 $\frac{2}{3}$

斗（出 40 錢者所得鹽）；（50 錢 × 10 斗）÷150 錢 =3 $\frac{1}{3}$ 斗（出

50 錢者所得鹽）。

【今譯】

按比例分配的計算方法　　假如有五人，這些人共同買 1 石
鹽，一人出 10 錢，一人出 20 錢，一人出 30 錢，一人出 40 錢，
一人出 50 錢。假如彼此將要離開，想按照出錢多少分鹽。計算
方法：把五人出錢數相加作除數，然後在籌算板上分別設置錢數，
用 1 石鹽與它們相乘各自作被除數，相除即得以斗爲單位的結果。

[039] 衰分類之二

【釋文】

夫﹦（大夫）[1]、不更、走馬、上造、公士 [2] 共除 [3] 米一石，
今以爵衰分之，各得幾可（何）? 夫﹦（大夫）三斗十五分斗五，不
更二斗十五分斗十，走 122（0978）馬二斗，上造一斗十五分五，公士
大半斗。述（術）曰：各直（置）爵數 [4] 而并以爲法，以所分斗數
各乘其爵數爲實﹦（實，實）如 123（0950）法得一斗，不盈斗者，十之
[5]，如法一斗〈升〉，不盈斗〈升〉者，以【法】[6] 命之。[7] 124（0915）

【校釋】

[1] 簡文符號 "﹦" 爲合文符號，表示 "夫" 字爲 "大夫"
二字的合文。類似用法還見於清華《算表》簡 1 "卅﹦"，① 表示

---

① 李學勤主編《清華大學藏戰國竹簡（肆）》，中西書局，2013，上冊第 61 頁。

"世"爲三個"十"的合文。蘇意雯等將"夭﹦"釋讀爲"夫夫"，顯然是將此"﹦"看作重文符號；[1]謝坤認爲此符號爲重文符號。[2]均未安。

[2] 關於大夫、不更、走馬、上造、公士這五等爵位，蕭燦已有詳述，並指出"走馬"爲秦爵，在漢爵中爲"簪裹"所替代。[3]《九章算術》"衰分"章五等爵位爲"大夫、不更、簪裹、上造、公士"。[4]張家山漢簡《二年律令·户律》簡 315~316："大夫五宅，不更四宅，簪裹三宅，上造二宅，公士一宅半宅，公卒、士五（伍）、庶人一宅。"[5]

[3] 除，給予。《詩經·小雅·天保》："俾爾單厚，何福不除。"鄭玄箋："天使女盡厚天下之民，何福而不開，皆開出以予之。"馬瑞辰通釋："何福不除，猶云何福不予。予，與也。"[6]許道勝訓作"治"。[7]

[4] 爵數，《九章算術》"衰分"章劉徽注："爵數者，謂大夫五，不更四，簪裹三，上造二，公士一也。《墨子·號令篇》以爵級爲賜，然則戰國之初有此名也。"[8]其中秦爵"走馬"爲漢爵"簪裹"代替。可知本算題爵數是：大夫5、不更4、走馬3、上造2、公士1。故簡文"數"不指爵位的數量，而是指五個爵位級別之間的比例數，即5、4、3、2、1。"數"類似的用法還見於本算書簡 133（0765）"載、弩、負（箙）數"（見本章"[045]衰分類之八"）。

[5] 簡文"十之"意爲：將簡文上文不足 1 斗之數乘以 10，

① 蘇意雯、蘇俊鴻、蘇惠玉等：《〈數〉簡校勘》，《HPM 通訊》2012 年第 15 卷第 11 期。
② 謝坤：《嶽麓書院藏秦簡〈數〉校理及數學專門用語研究》，西南大學碩士學位論文，2014，第 46 頁。
③ 參見蕭燦《嶽麓書院藏秦簡〈數〉研究》，中國社會科學出版社，2015，第 80~81 頁。
④ 郭書春：《〈九章算術〉新校》，中國科學技術出版社，2014，第 97 頁。
⑤ 張家山二四七號漢墓竹簡整理小組編著《張家山漢墓竹簡 [二四七號墓]》（釋文修訂本），文物出版社，2006，第 52 頁。
⑥ （清）馬瑞辰撰，陳金生點校《毛詩傳箋通釋》，中華書局，1989，第 510~511 頁。
⑦ 許道勝：《嶽麓秦簡〈爲吏治官及黔首〉與〈數〉校釋》，武漢大學博士學位論文，2013，第 181 頁。
⑧ 郭書春：《〈九章算術〉新校》，中國科學技術出版社，2014，第 98 頁。

換算爲以升爲單位的數量。因此，簡文下文"如法一斗，不盈斗者"中的二"斗"字，當爲"升"之誤。原整理者未作校改。[1]類似將"斗"換算爲"升"的用例，還見於本算書簡48（0757）"如法一斗，不盈斗者，十之，如法得一升"（見第四章"[123]租税類之三十五"）。

[6] 簡文此處有脱文。本算書多作"以法命之"或"以法命分"，唯有簡130（0022）作"以分命之"（見本章"[042]衰分類之五"），故所脱字可補爲"法"或"分"，本釋文取前者。

[7] 本算題可計算如下：（10斗×5）÷（5+4+3+2+1）=3$\frac{5}{15}$斗（大夫分得糯米數量）；（10斗×4）÷（5+4+3+2+1）=2$\frac{10}{15}$斗（不更分得糯米數量）；（10斗×3）÷（5+4+3+2+1）=2斗（走馬分得糯米數量）；（10斗×2）÷（5+4+3+2+1）=1$\frac{5}{15}$斗（上造分得糯米數量）；（10斗×1）÷（5+4+3+2+1）=$\frac{2}{3}$斗（公士分得糯米數量）。

【今譯】

大夫、不更、走馬、上造和公士，共給他們1石糯米，假設按照爵位高低的比例進行分配，各得多少？大夫3$\frac{5}{15}$斗，不更2$\frac{10}{15}$斗，走馬2斗，上造1$\frac{5}{15}$斗，公士$\frac{2}{3}$斗。計算方法：分別設置爵數（5、4、3、2、1）並相加作爲除數，用所得糯米的斗數（10斗）分別乘以各自的爵數作爲被除數，相除即得以斗爲單位的結果，不滿1斗的餘數，乘以10轉換爲升，相除即得以升爲單位的結果，不足1升的餘數，以除數爲分母命作分數。

---

① 蕭燦：《嶽麓書院藏秦簡〈數〉研究》，湖南大學博士學位論文，2010，第61頁；朱漢民、陳松長主編《嶽麓書院藏秦簡（貳）》，上海辭書出版社，2011，第95頁；蕭燦：《嶽麓書院藏秦簡〈數〉研究》，中國社會科學出版社，2015，第80頁。

[040]　衰分類之三

【釋文】

一牛、一羊、一 犢 [1] 共食人 [2] 禾 [3] 一石 [4]。問：牛、羊、犢各出 [5] 幾可（何）？曰：牛五斗有（又）七 [6] ☒【分斗之五】，☒羊出二斗有（又）七分斗之六，犢出一斗有（又）七分斗 125 (C410106+1193)【之三。述（術）曰：牛直（置）四、☒ [7] 羊直（置）三〈二〉 [8]、犢直（置）一而并之，凡求☒☒⋯ [9] 126（1519）

【校釋】

[1] 本簡左部殘損，標記了釋文符號"☒"的釋文均據簡文文意和殘存筆劃釋讀。

[2] 人，原整理者作"以"。① 許道勝按照睡虎地秦簡《法律答問》簡 158"食人稊一石"的文例改釋作"人"。② 此改釋爲是，但未提供證據。我們從簡文殘存筆劃與本算書他處簡文"人""以"字形對應筆劃的對比，從簡文文意以及文獻用例等方面可以證明"人"是"以"非。現將所論殘存筆劃截圖，與本算書他處簡文"人""以"截圖對比如表 3-2。對比發現，"人"字的末筆較長且由左向右略斜，而"以"字的末筆較短且由左上向右下傾斜，而待釋字與"人"相似，故待釋字不是"以"字，當爲"人"字。

表 3-2　待釋字與"人""以"字形對比

待釋字	"人"字	"以"字	"以人"
	 簡 70（1836+0800）	 簡 133（0765）	 簡 134（0943）

---

① 蕭燦：《嶽麓書院藏秦簡〈數〉研究》，湖南大學博士學位論文，2010，第 64 頁；朱漢民、陳松長主編《嶽麓書院藏秦簡（貳）》，上海辭書出版社，2011，第 97 頁；蕭燦：《嶽麓書院藏秦簡〈數〉研究》，中國社會科學出版社，2015，第 82 頁。

② 許道勝：《嶽麓秦簡〈爲吏治官及黔首〉與〈數〉校釋》，武漢大學博士學位論文，2013，第 183、184 頁。

睡虎地秦簡《法律答問》簡 158：“甲小未盈六尺，有馬一匹自牧之，今馬爲人敗，食人稼一石，問當論不當？不當論及賞（償）稼。”[1]簡文顯示，畜主如果没有管理好牲畜而吃了别人家的莊稼（“食人稼”）是要賠償的，這是秦律的規定，而甲只是因爲特殊原因才免於處罰。另，張家山漢簡《二年律令·田律》簡 253：“馬、牛、羊、豬彘、彘食人稼穡，罰主金牛、羊各一兩，四豬彘若十羊、彘當一牛。”[2]簡文顯示，畜主因牲畜吃别人家的莊稼（“食人稼穡”）而按照比例進行賠償。

《九章算術》“衰分”章第 2 題：“今有牛、馬、羊食人苗。苗主責之粟五斗。羊主曰：‘我羊食半馬。’馬主曰：‘我馬食半牛。’今欲衰償之，問：各出幾何？答曰：牛主出二斗八升七分升之四；馬主出一斗四升七分升之二；羊主出七升七分升之一。術曰：置牛四、馬二、羊一，各自爲列衰；副并爲法；以五斗乘未并者各自爲實。實如法得一斗。”[3]此算題畜主因其牲畜吃了别人家的莊稼幼苗（“食人苗”）而按比例對苗主進行賠償（“出”），當是上引秦漢律在古算中的反映。

從本組簡的文意上説，本算題指牛、羊、犢吃了别人家的莊稼（“食人禾”），畜主按照比例對禾主進行賠償（“出”），正是秦律的反映，與《九章算術》一致。

[3] 禾，可指粟（今之小米），可指水稻之苗，可作糧食作物的總稱，亦可指莊稼的莖。上引秦律文獻用“稼”泛指糧食作物，上引《九章算術》“衰分”章第 2 題用“苗”泛指穀類作物幼株，本算題之“禾”亦當泛指糧食作物。許道勝訓作“禾稈”。[4]

[4] 一石，不指禾一石，參考上引《九章算術》“衰分”章第 2 題的“苗主責之粟五斗”，當指所食莊稼量折算爲某種糧食的容

① 陳偉主編《秦簡牘合集·釋文注釋修訂本（壹）》，武漢大學出版社，2016，第 242 頁。
② 張家山二四七號漢墓竹簡整理小組編著《張家山漢墓竹簡 [二四七號墓]》（釋文修訂本），文物出版社，2006，第 43 頁。
③ 郭書春：《〈九章算術〉新校》，中國科學技術出版社，2014，第 98~99 頁。
④ 許道勝：《嶽麓秦簡〈爲吏治官及黔首〉與〈數〉校釋》，武漢大學博士學位論文，2013，第 183 頁。

積 1 石。中国古算書研究会學者將簡文釋讀爲“食以禾一石”並理解爲“喫了禾 1 石”。①

[5] 出，義爲“拿出”，這裏指賠償。

[6] 竹簡自此殘斷，其後所缺簡文據計算和文例，可補“分斗之五”。

[7] 竹簡殘斷，導致答案和術文殘缺。據計算和文例，答案可補“之三”，術文可補“述（術）曰：牛直（置）四”。

[8] 中国古算書研究会學者認爲，解答部分有“七分”一詞，由此可知，牛與羊及犢各喫禾的比率之和爲 7，從“犢直（置）一”的語句，可知道犢的比率爲 1，牛與羊的比率不等，由此可知牛與羊及犢的比率爲 4∶2∶1，因而“羊直（置）三”的“三”是“二”之誤。②

[9] 竹簡自此殘斷，“求”字後可見一字殘筆，蘇意雯等釋讀爲“數”。③

本算題可計算如下：4×10 斗 $\div (4+2+1) = 5\frac{5}{7}$ 斗（牛主賠償數量）；2×10 斗 $\div (4+2+1) = 2\frac{6}{7}$ 斗（羊主賠償數量）；1×10 斗 $\div (4+2+1) = 1\frac{3}{7}$ 斗（犢主賠償數量）。

【今譯】

一頭牛、一只羊、一頭牛犢一起吃了別人家的莊稼，折合 1 石糧食。問：牛、羊、犢的主人各賠償多少？答：牛主 $5\frac{5}{7}$ 斗，羊主賠償 $2\frac{6}{7}$ 斗，犢主賠償 $1\frac{3}{7}$ 斗。計算方法：（在籌算板上）設置牛 4、羊 2、犢 1，然後把它們相加，凡求……

① 〔日〕中国古算書研究会編『岳麓書院藏秦簡「数」訳注』，京都朋友書店，2016，第 205 頁。
② 〔日〕中国古算書研究会編『岳麓書院藏秦簡「数」訳注』，京都朋友書店，2016，第 206 頁。
③ 蘇意雯、蘇俊鴻、蘇惠玉等：《〈數〉簡校勘》，《HPM 通訊》2012 年第 15 卷第 11 期。

[041] 衰分類之四

【釋文】

有婦[1]三人，長者一日織㠯（五十）尺∟，中者二日織㠯（五十）尺，少者三日織[2]㠯（五十）尺。今威[3]有攻（功）[4]㠯[5]（五十）尺。問：各受 ₁₂₇（J09+J11）幾可（何）？曰：長者受廿七尺十一分尺三∟，中者受十三尺十一分尺七∟，少者受九尺十一分尺一。述（術）曰：各直（置）一日所織，₁₂₈（0827）〖并之以爲法，以㠯（五十）尺乘所直（置）各自爲賈（實）。〗[6][7]

【校釋】

[1] 婦，此指兒媳，與簡文下文"威"（丈夫的母親）相應。《爾雅·釋親》："子之妻爲婦。"①《詩經·衛風·氓》："三歲爲婦，靡室勞矣。"鄭玄箋："有舅姑曰婦。"②

[2] 據蕭燦，在接近簡 J09 與 J11 的斷口處，簡的右部殘失。③簡文"尺，少者三日織"殘泐。

[3] 威，丈夫的母親。《說文·女部》："威，姑也。"④又《女部》："姑，夫母也。"⑤這裏當指簡文前文"婦"的婆婆。陳偉認爲："（本算題）威、婦相對而言，也應是分別指婆、媳。算術題是從實際生活中提煉而來的。這道算題反映的，是一個大家庭中，三位兒媳在婆母的主持下，紡織作業的情景。"⑥中國古算書研究会學者把"威"校改爲"織"。⑦

---

① （宋）邢昺：《爾雅注疏》，（清）阮元校刻《十三經注疏》，中華書局，1980，第2593頁。

② （唐）孔穎達：《毛詩正義》，（清）阮元校刻《十三經注疏》，中華書局，1980，第325頁。

③ 蕭燦：《嶽麓書院藏秦簡〈數〉研究》，中國社會科學出版社，2015，第172頁。

④ （漢）許慎撰，（宋）徐鉉等校定《說文解字》，上海古籍出版社，2007，第619頁。

⑤ （漢）許慎撰，（宋）徐鉉等校定《說文解字》，上海古籍出版社，2007，第619頁。

⑥ 陳偉：《嶽麓書院藏秦簡〈數〉書 J9+J11 中的"威"字》，簡帛網2010年2月8日。

⑦ 〔日〕中國古算書研究会編『岳麓書院藏秦簡「数」訳注』，京都朋友書店，2016，第121頁。

[4] 攻，即"功"，指工作或工作量。《六書故·人九》："功，庸也，若所謂康功、田功、土功，凡力役之所施是也。功力既施厥有所成績，故謂之功。"① 本算書及《筭數書》均用"攻"，如本算書簡129（1136+C4.1-15-1）"食攻（功）丈數"（見本章"[042] 衰分類之五"）。

[5] "五"與"十"的合文，紅外綫掃描圖版作 （卉），彩色圖版 （卉），② 造成此差異的原因不明。類似情況還見於簡104（0981）（詳見第三章"[032] 穀物換算類之四"【校釋】之 [7]）。

[6] 術文未完，後當有脫簡，可補爲"并之以爲法，以卉（五十）尺乘所直（置）各自爲實（實）"。

[7]《筭數書》簡54（H182）~56（H34）載有"婦織"算題，③ 與本算題題設相同，但算法和結果各異。此外，《筭术》簡104~106載"衰分"算題，④ 亦與本算題類似。本算題依術計算如下：50 尺 × 50 尺 ÷（50 尺 +25 尺 + $\frac{50}{3}$ 尺）=27 $\frac{3}{11}$ 尺（長者所受）；

50 尺 × 25 尺 ÷（50 尺 +25 尺 + $\frac{50}{3}$ 尺）=13 $\frac{7}{11}$ 尺（中者所受）；

50 尺 × $\frac{50}{3}$ 尺 ÷（50 尺 +25 尺 + $\frac{50}{3}$ 尺）=9 $\frac{1}{11}$ 尺（少者所受）。

【今譯】

有兒媳三人，年長的每 1 天織 50 尺，中等年紀的每 2 天織 50 尺，年紀最小的每 3 天織 50 尺。假設婆婆有織 50 尺的任務。問：三人各接受多少任務？答：年長的接受 27 $\frac{3}{11}$ 尺，中等年紀的接受 13 $\frac{7}{11}$ 尺，年紀最小的接受 9 $\frac{1}{11}$ 尺。計算方法：（在筭算板上）

① （宋）戴侗：《六書故》，《四庫全書》（景印文淵閣版），臺北商務印書館，1986，第226 册第 305 頁。
② 朱漢民、陳松長主編《嶽麓書院藏秦簡（貳）》，上海辭書出版社，2011，第98、18 頁。
③ 張家山二四七號漢墓竹簡整理小組編著《張家山漢墓竹簡 [二四七號墓]》（釋文修訂本），文物出版社，2006，第 139 頁。有關討論，參見蕭燦《嶽麓書院藏秦簡〈數〉研究》，湖南大學博士學位論文，2010，第 65~66 頁；蕭燦《嶽麓書院藏秦簡〈數〉研究》，中國社會科學出版社，2015，第 83~84 頁。
④ 參見蔡丹、譚競男《睡虎地漢簡中的〈算術〉簡册》，《文物》2019 年第 12 期。

設置每人每天所織的數量，（相加作爲除數，用 50 尺乘所設置的這些數量分別作爲被除數。）

[042]　衰分類之五

【釋文】

凡食[1] 攻（功）之述（術）曰：以人數爲法，以食[2] 攻（功）丈數爲賈=（實，實）如法得一丈，不盈丈者，因而十之，如法以[3]（？）一尺，不盈尺者，因 129（1136+C4.1-15-1）而十之，如法人得一寸，不盈寸者，以分命之。[4] 130（0022）

【校釋】

[1] 食，接受。《漢書·谷永傳》：“不聽浸潤之譖，不食膚受之愬。”顏師古注：“食猶受納也。”① “食”與上一算題簡 128（0827）“受”義同。簡文“食攻（功）”即指接受工作任務。有學者將“食攻（功）”訓爲“享用供給的物資的量”，② 有學者訓“食”爲“食禄”。③

[2] 食，許道勝據嶽麓秦簡《爲吏治官及黔首》簡 55 所載“受”字字形釋讀爲“受”。④ 現將本簡“食”字截圖，與相關簡文截圖對比如表 3-3。對比顯示，待釋字當爲“食”字而非“受”字。

表 3-3　待釋字與“食”“受”字形對比

待釋字	“食”字	“受”字	“受”字
	《數》簡 137（2082）	《數》簡 127（J09+J11）	《爲吏治官及黔首》簡 55

① （漢）班固撰，（唐）顏師古注《漢書》，中華書局，2002，第 3455 頁。
② 蕭燦：《嶽麓書院藏秦簡〈數〉研究》，湖南大學博士學位論文，2010，第 67 頁。
③ 〔日〕中國古算書研究会編『岳麓書院藏秦簡「数」訳注』，京都朋友書店，2016，第 123 頁。
④ 許道勝：《嶽麓秦簡〈爲吏治官及黔首〉與〈數〉校釋》，武漢大學博士學位論文，2013，第 187 頁。

[3] 據蕭燦，本簡下段左半殘缺。[1]查看圖版可見，竹簡自"因"字起直到簡尾，左部殘缺。業師張顯成先生等將殘片 C410115 與本簡綴合（圖 3-1a），並將原整理者釋讀的簡文"如法人一尺"之"人"釋讀爲"以"（見圖 3-1a 中箭頭 A 所指）。[2]此改釋很有道理，我們從簡文字形和詞義兩方面進一步論證。在綴合後的圖版上（圖 3-1b），該字左部漫漶不清，但右部墨迹清晰，現截圖與本算書他處"人""以"字截圖對比如表 3-4。

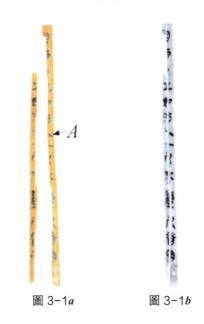

圖 3-1a　　　　　圖 3-1b

表 3-4　待釋字與"人""以"字形對比

待釋字	"人"字	"以"字	"以人"
	簡 130（0022）	簡 133（0765）	簡 134（0943）

① 蕭燦：《嶽麓書院藏秦簡〈數〉研究》，中國社會科學出版社，2015，第 172 頁。
② 張顯成、謝坤：《嶽麓書院藏秦簡〈數〉釋文勘補》，《古籍整理研究學刊》2013 年第 5 期。

　　經過對比發現，簡文"人"字的末筆較長且由左向右略斜，而"以"字的末筆較短且由左上向右下傾斜，故待釋字不似"人"字，當似"以"字。現有古算書暫不見"如法以一尺"的用例，但其文意是暢通的。"以"可作連詞，表順承關係，用於兩個動作之間，前者爲後者的方式，後者爲前者的目的或結果，相當於"而"。《詩經·邶風·燕燕》："瞻望弗及，佇立以泣。"[1] 簡文"如法"爲"實如法"之省，表動作，簡文"一尺"爲"得一尺"之省，也表動作。則"如法以一尺"等於"如法而一尺"。因暫不見用例，故且存疑，本釋文以"（？）"予以標識。

　　另，魯家亮也將殘片C410115與本簡綴合，將有關簡文釋作"如法，人一尺"。[2] 許道勝最初也釋作"如法，人一尺"，[3] 後改變句讀，作"如法人一尺"，並認爲依文例可在"人"下補"得"字。[4] 《嶽麓書院藏秦簡（柒）》將簡1136與殘片C4.1-15-1（C410115）綴合並編號爲"1136+C4.1-15-1"，綴合後自"因"字截圖如圖3-1b，釋文與《嶽麓書院藏秦簡（貳）》一致。[5] 我們編號作"129（1136+C4.1-15-1）"。

　　[4] 據術文看，本算題不是"衰分類"算題，但是《數》簡整理者將包括本算題在內的一部分不屬於衰分類的算題歸入衰分類，[6] 這大概是受到《九章算術》的影響。《九章算術》"衰分"章從第10題開始到章末，均不是衰分類算題，但仍置於衰分類。白尚恕指出這些算題是簡比例、復比例問題，按其類別宜列入"粟米"章。[7] 郭書春認爲這些算題不是衰分類問題，其體例亦與前不合，是張蒼

① （唐）孔穎達：《毛詩正義》，（清）阮元校刻《十三經注疏》，中華書局，1980，第298頁。
② 魯家亮：《嶽麓秦簡校讀（七則）》，載中國文化遺產研究院編《出土文獻研究》（第十二輯），中西書局，2013，第144~151頁。
③ 許道勝：《〈嶽麓書院藏秦簡（貳）〉初讀補（一）》，簡帛網2012年2月25日。
④ 許道勝：《嶽麓秦簡〈爲吏治官及黔首〉與〈數〉校釋》，武漢大學博士學位論文，2013，第187頁。
⑤ 陳松長主編《嶽麓書院藏秦簡（柒）》，上海辭書出版社，2022，第191頁。
⑥ 參見朱漢民、陳松長主編《嶽麓書院藏秦簡（貳）》，上海辭書出版社，2011，第94~118頁。
⑦ 白尚恕：《〈九章算術〉注釋》，科學出版社，1983，第91頁。

或耿壽昌增補的内容，這些算題都可以直接用"今有術"求解。[1]

【今譯】

凡是計算領受工作量的算法都是：用人數作除數，用所領受工作量的丈數作被除數，被除數除以除數即得到以丈爲單位的結果，如果餘數不滿 1 丈，把餘數乘以 10，除以除數即得到以尺爲單位的結果，如果餘數不滿 1 尺，把餘數乘以 10，除以除數即得到以寸爲單位的結果，如果餘數不滿 1 寸，用以除數爲分母的分數表示。

[043]　衰分類之六

【釋文】

☐[1]五。其述（術）曰：始日直（置）一、次直（置）二、次直（置）四，耤（藉）[2]而并之七=（七，七）爲法，以十尺扁（遍）[3]乘其直（置）各自爲貫=（實，實）如法得一尺。[4]₁₃₁（0972）

【校釋】

[1] 據蕭燦，本簡上段殘，簡長 25.4 釐米，簡文有若干缺文。[2]本簡彩色圖版顯示，竹簡上段殘損（比正常簡 27.5 釐米短 2.1 釐米），其餘部分完好，[3]簡文"五"字之上當爲第一道編繩。從内容上看，簡文"五"字之下爲術文，則"五"字之上當有題設、設問和答案。因此，本簡之前當有脱簡。所缺内容，鄒大海參《九章算術》及《筭數書》"女織"算題補爲"……織日自再，三日織十尺。問始織日及其次各幾何？得曰：始織一尺七分尺三，次二尺七分尺六，次五尺七分尺"；[4]業師張顯成先生等參《筭數書》"女織"算題將答案補爲"始日織一尺七分尺三，次日織二尺

---

① 郭書春：《〈九章筭術〉譯注》，上海古籍出版社，2009，第 113 頁。
② 蕭燦：《嶽麓書院藏秦簡〈數〉研究》，中國社會科學出版社，2015，第 172 頁。
③ 朱漢民、陳松長主編《嶽麓書院藏秦簡（貳）》，上海辭書出版社，2011，第 19 頁。
④ 參見蕭燦《嶽麓書院藏秦簡〈數〉研究》，湖南大學博士學位論文，2010，第 68 頁。

七分尺六，又次日織五尺七分尺五"。①

　　[2] 耤，即"藉"字。譚競男訓爲"另行做加法"，②中国古算書研究会學者釋文脱"耤"字。③"藉"從"耤"得聲，故可爲假借。藉，古代祭祀朝聘時陳列禮品的墊物。《説文·艸部》："藉，祭藉也……从艸，耤聲。"④《周禮·地官·鄉師》"大祭祀，羞牛牲，共茅蒩"，鄭玄注："鄭大夫讀蒩爲藉，謂祭前藉也。《易》曰：'藉用白茅，无咎。'……此所以承祭，既祭，蓋束而去之。"⑤"藉"引申作動詞表"鋪、設"。祭祀朝聘時鋪設墊物是爲了在上面陳列禮品，而設置籌算板是爲了在上面設置算籌。因二者相類，故"耤（藉）"亦如"置"一樣可表設置算籌。

　　[3] 扁，亦見於《筭數書》"米粟并"算題簡 118（H73），而《筭數書》"女織"算題簡 42（H115）作"偏"。⑥"扁""偏"通"徧"，"徧"同"遍"，義爲"全部"。《墨子·非儒》："遠施周偏，近以脩身。"⑦《淮南子·主術》："則天下徧爲儒墨也。"高誘注："徧，猶盡也。"⑧《莊子·知北遊》："扁然而萬物，自古以固存。"成玄英疏："扁，徧生之貌也。"⑨

　　[4] 本算題可據術文計算如下：（1×10 尺）÷（1+2+4）=$1\frac{3}{7}$ 尺（始織日）；（2×10 尺）÷（1+2+4）=$2\frac{6}{7}$ 尺（次織日）；（4×10 尺）÷（1+2+4）=$5\frac{5}{7}$ 尺（再次織日）。

---

①　張顯成、謝坤：《嶽麓書院藏秦簡〈數〉釋文勘補》，《古籍整理研究學刊》2013 年第 5 期。

②　譚競男：《嶽麓秦簡〈數〉中"耤"字用法試析》，載武漢大學簡帛研究中心主編《簡帛》（第十輯），上海古籍出版社，2015，第 109~113 頁。

③　〔日〕中国古算書研究会編『岳麓書院藏秦簡「数」訳注』，京都朋友書店，2016，第 118 頁。

④　（漢）許慎撰，（宋）徐鉉等校定《説文解字》，上海古籍出版社，2007，第 40 頁。

⑤　（唐）賈公彦：《周禮注疏》，（清）阮元校刻《十三經注疏》，中華書局，1980，第 713 頁。

⑥　張家山二四七號漢墓竹簡整理小組編著《張家山漢墓竹簡 [二四七號墓]》（釋文修訂本），文物出版社，2006，第 148、137 頁。

⑦　（清）孫詒讓：《墨子閒詁》，《續修四庫全書》，上海古籍出版社，2002，第 1121 册第 112 頁。

⑧　（漢）高誘：《淮南子注》，上海書店出版社，1986，第 144 頁。

⑨　（唐）成玄英：《莊子注疏》，中華書局，2011，第 392 頁。

【今譯】

……五。計算方法：第一天設置爲 1，次日設置爲 2，再次日設置爲 3，設置後相加得 7，7 作除數，用 10 尺乘所有已經設置的數分別作被除數，被除數除以除數即得以尺爲單位的結果。

[044]　衰分類之七

【釋文】

布八尺^[1] 十一錢^[2]。今有布三尺，得錢幾可（何）? 得曰：四錢八分錢一。其述（術）曰：八尺爲灋（法）^[3]，即以三尺乘十一錢以爲臂＝（實，實）_{145（0773）}如灋（法）得一錢。^[4]_{146（0985）}

【校釋】

[1] 秦漢織物的標準寬度爲二尺二寸（二十二寸）。《説文·巾部》"幅"下段玉裁注："凡布帛廣二尺二寸，其邊曰幅。"① 《筭數書》"繒幅"算題簡 61（H149）"繒幅廣廿二寸，袤十寸，賈（價）廿三錢"，② 意爲二十二寸寬、十寸長的絲織品的價格是二十三錢。《漢書·食貨志下》："布帛廣二尺二寸爲幅，長二丈爲匹。"③ 睡虎地秦簡《秦律十八種·金布》簡 66："布袤八尺，福（幅）廣二尺五寸。布惡，其廣袤不如式者，不行。"《秦簡牘合集》編著者按曰："疑'二尺五寸'是'二尺二寸'之誤。先秦兩漢時期一般織物的最大幅寬爲二尺二寸……先秦兩漢文獻記載的織物幅寬也是二尺二寸，未見二尺五寸。"④

上引秦律顯示，秦代標準布匹的長度爲八尺，寬爲二尺二寸，但本算書簡文論及布匹時，只言"八尺"，可見此"八尺"是指積尺，而不是長度。《數》簡整理小組將簡文"布八尺"訓爲"八尺

---

① （清）段玉裁：《説文解字注》，浙江古籍出版社，2006，第 358 頁。
② 張家山二四七號漢墓竹簡整理小組編著《張家山漢墓竹簡 [二四七號墓]》（釋文修訂本），文物出版社，2006，第 140 頁。
③ （漢）班固撰，（唐）顏師古注《漢書》，中華書局，1964，第 1149 頁。
④ 陳偉主編《秦簡牘合集（壹）》，武漢大學出版社，2014，第 91 頁。

長的布"。^①

[2] 積尺爲八尺的標準布匹（寬二尺二寸，長八尺），其價格爲十一錢。睡虎地秦簡《秦律十八種‧金布》簡 67："錢十一當一布。"因此，"簡文中有很多錢數是十一的倍數，如五十五錢、一百一十錢，就是從布折算的結果。"^②

[3] 灋，古"法"字。

[4] 設得 x 錢，8 積尺：11 錢 =3 積尺：x，則 x=（3 積尺 ×11 錢）÷ 8 積尺 =4 $\frac{1}{8}$ 錢。

【今譯】

8 積尺的布匹值 11 錢。假設有 3 積尺的布匹，得多少錢？

答：4 $\frac{1}{8}$ 錢。計算方法：用 8 積尺作除數，然後用 3 積尺乘以 11 錢作被除數，被除數除以除數即得以錢爲單位的結果。

[045]　衰分類之八

【釋文】

卒百人，載十、弩五、負（箙）^[1]三^[2]。問：得各幾可（何）？得曰：載羍（五十）五人十[八]^[3]分人十，弩廿七人十八分人十四，負（箙）十六人十八分人十二。其 _{132（0820）} 述（術）曰：同載、弩、負（箙）數^[4]以爲法，即置載十，以百乘之以爲冀₌（實，實）如法得一，載^[5]；負（箙）、弩如此然^[6]。^[7]_{133（0765）}

【校釋】

[1] 據整理者，負，同"箙"，是用竹、木、獸皮等做成的盛箭器具。^③"負"，古音並母、之部，"箙"，古音並母、職部，兩

---

① 朱漢民、陳松長主編《嶽麓書院藏秦簡（貳）》，上海辭書出版社，2011，第 110 頁。
② 陳偉主編《秦簡牘合集（壹）》，武漢大學出版社，2014，第 91 頁。
③ 蕭燦：《嶽麓書院藏秦簡〈數〉研究》，湖南大學博士學位論文，2010，第 69 頁；朱漢民、陳松長主編《嶽麓書院藏秦簡（貳）》，上海辭書出版社，2011，第 102 頁；蕭燦：《嶽麓書院藏秦簡〈數〉研究》，中國社會科學出版社，2015，第 87 頁。

字聲母相同韻母相近，可相通。

[2] 簡文"卒百人，戟十、弩五、負（箙）三"，原整理者認爲其"卒百人"可能是算題假設條件（即士兵 100 人），也可能描述的是當時軍隊中的真實情況（百人爲卒），其中蕭燦轉引鄒大海觀點，認爲此處有兩種選擇：一種是以"卒"爲軍隊編制單位（百人爲卒），這時簡文當句讀爲"卒：百人、戟十、弩五、負三"，表示每卒的人員和武器配備；另一種是把"卒"理解爲士兵，則簡文標點爲"卒百人，戟十、弩五、負三"，表示士兵的武器配備比例。但是"卒"作士兵解在《數》中屬於正常情況，而作百人解則在《數》內並無其他證據。[①] 蘇意雯等認爲"卒"是一種古代民兵的編制（百人爲卒）；許道勝、謝坤從原整理者；中国古算書研究会學者訓"卒"爲兵卒。[②]

上引鄒大海第二種解釋爲是。"卒"在本算書中均表士兵。"卒"在本算書除本例外還有五見：簡 69（0883）"大卒數"（總的士兵數），簡 70（1836+0800）"卒萬人"（士兵 1 萬人），簡 134（0943）"卒千人"（士兵 1 千人），簡 136（0897）"卒"（士兵）。此外，《九章算術》有三例"卒"，均見於"均輸"章第 2 題："今有均輸卒：甲縣一千二百人，薄塞；乙縣一千五百五十人，行道一日……凡五縣，賦輸卒一月一千二百人……術曰：令縣卒各如其居所及行道日數而一，以爲衰。"[③] 其"卒"均表"士兵"。上述語料還表明，本算題簡文"卒百人"只是"卒萬人""卒千人""卒一千二百人"等"卒 + 數量"結構中的一例而已。

古算表示比例關係使用的結構是若干個"名詞 + 數詞"連用。簡文"戟十、弩五、負（箙）三"就是這樣的結構，表示執戟者、

① 蕭燦：《嶽麓書院藏秦簡〈數〉研究》，湖南大學博士學位論文，2010，第 68 頁；朱漢民、陳松長主編《嶽麓書院藏秦簡（貳）》，上海辭書出版社，2011，第 102 頁；蕭燦：《嶽麓書院藏秦簡〈數〉研究》，中國社會科學出版社，2015，第 87 頁。

② 蘇意雯、蘇俊鴻、蘇惠玉等：《〈數〉簡校勘》，《HPM 通訊》2012 年第 15 卷第 11 期；許道勝：《嶽麓秦簡〈爲吏治官及黔首〉與〈數〉校釋》，武漢大學博士學位論文，2013，第 188 頁；謝坤：《嶽麓書院藏秦簡〈數〉校理及數學專門用語研究》，西南大學碩士學位論文，2014，第 49 頁；〔日〕中国古算書研究会編『岳麓書院藏秦簡「數」訳注』，京都朋友書店，2016，第 203 頁。

③ 郭書春：《〈九章算術〉新校》，中國科學技術出版社，2014，第 218~219 頁。

執弩者和執箙者的比例爲 10 ： 5 ： 3。

　　[3] 據計算，此處當有"八"字。原整理者認爲該"八"字爲
脱文。[1]查看簡 132（0820）的彩色圖版和紅外綫掃描圖版，發現
簡文"十"與"分"之間爲第二道編繩（圖 3-2），[2]我們認爲還有
一種可能是編繩磨損了簡文"八"。編繩磨損簡文的例子比較常
見。如本算書簡 131（0972）第二道編繩對簡文"以"字的磨損
（圖 3-3a），《筭數書》簡 126（H158）第二道編繩對簡文"車"
與"到"之間的簡文的磨損（圖 3-3b），《筭數書》簡 44（H114）
第三道編繩對簡文"異"字的磨損（圖 3-3c）。[3]

圖 3-2　　　　圖 3-3a　　　　圖 3-3b　　　　圖 3-3c

　　[4] 簡文"載、弩、負（箙）數"指簡文上文"載十、弩五、
負（箙）三"，也就是説"數"不是指載、弩、負（箙）的數量，
而是指載、弩、負（箙）之間的比例之數，即 10、5、3。"數"
類似的用法還見於本算書簡 123（0950）"爵數"（見本章"[039]
衰分類之二"）。

　　[5] 簡文"（實）如法得一，載"，有學者將"一"與"載"
連讀，其中許道勝認爲"一載，據文意實指一載幾何人"，謝坤、
中国古算書研究会學者將"得一載"理解爲得到以載爲單位的

---

①　蕭燦：《嶽麓書院藏秦簡〈數〉研究》，湖南大學博士學位論文，2010，第 69 頁；朱
　　漢民、陳松長主編《嶽麓書院藏秦簡（貳）》，上海辭書出版社，2011，第 102 頁；
　　蕭燦：《嶽麓書院藏秦簡〈數〉研究》，中國社會科學出版社，2015，第 87 頁。
②　圖版見朱漢民、陳松長主編《嶽麓書院藏秦簡（貳）》，上海辭書出版社，2011，第
　　19、102 頁。
③　圖版見朱漢民、陳松長主編《嶽麓書院藏秦簡（貳）》，上海辭書出版社，2011，第
　　19、101 頁；張家山二四七號漢墓竹簡整理小組編著《張家山漢墓竹簡 [二四七號
　　墓]》，文物出版社，2001，第 93、86 頁。

結果。[1] 原整理者引鄒大海認爲："'（實）如法得一戟'的'戟'當校正爲'人'字；或標點爲'（實）如法得一，戟'而理解爲'以法除實，結果爲用戟的人數'。"[2]

　　鄒大海的理解是正確的。本算題所求爲戟、弩、負（箙）各多少人，所得爲戟、弩、負（箙）各自的人數，因此簡文"一戟"如果不校改或不重新句讀就與題意不符。我們不傾向於校改簡文，而更願意採用重新句讀的方式，即"如法得一，戟"。這樣，"（實）如法得一"表兩數相除得到結果，"戟"表前面所得的結果爲用戟的人數。簡文"（實）如法得一"與"戟"的這種關係，在《九章算術》中有例證。如"方田"章"課分術"："母互乘子，以少減多，餘爲實。母相乘爲法。實如法而一，即相多也。"[3] 其"實如法而一"表二數相除得到結果，"相多"表示前面所得的結果爲一個分數比另一個分數多出的數；再如"商功"章第4題："冬程人功四百四十四尺。問：用徒幾何？答曰：一十六人二百一十一分人之二。術曰：以積尺爲實，程功尺數爲法。實如法而一，即用徒人數。"[4] 其"實如法而一"表二數相除得到結果，"用徒人數"表前面所得的結果爲征用的人數。

　　[6] 然，助詞，用於句尾，表斷定語氣，相當於"焉""也"。《經傳釋詞》卷七："然，猶'焉'也……'焉''然'古同聲。"[5]《禮記·檀弓下》："穆公召縣子而問然。"鄭玄注："然之言焉也。"[6]

———

①　蕭燦：《嶽麓書院藏秦簡〈數〉研究》，湖南大學博士學位論文，2010，第68頁；蘇意雯、蘇俊鴻、蘇惠玉等：《〈數〉簡校勘》，《HPM通訊》2012年第15卷第11期；許道勝：《嶽麓秦簡〈爲吏治官及黔首〉與〈數〉校釋》，武漢大學博士學位論文，2013，第188、189頁；謝坤：《嶽麓書院藏秦簡〈數〉校理及數學專門用語研究》，西南大學碩士學位論文，2014，第49、50頁；〔日〕中国古算書研究会編『岳麓書院藏秦簡「數」訳注』，京都朋友書店，2016，第207頁。

②　朱漢民、陳松長主編《嶽麓書院藏秦簡（貳）》，上海辭書出版社，2011，第102頁；蕭燦：《嶽麓書院藏秦簡〈數〉研究》，中國社會科學出版社，2015，第87頁。

③　郭書春：《〈九章算術〉新校》，中國科學技術出版社，2014，第15頁。

④　郭書春：《〈九章算術〉新校》，中國科學技術出版社，2014，第160頁。

⑤　（清）王引之：《經傳釋詞》，嶽麓書社，1982，第158頁。

⑥　（唐）孔穎達：《禮記正義》，（清）阮元校刻《十三經注疏》，中華書局，1980，第1317頁。

[7] 據術文計算如下：（10×100人）÷（10+5+3）=55$\frac{10}{18}$人（執戟人數）；（5×100人）÷（10+5+3）=27$\frac{14}{18}$人（執弩人數）；（3×100人）÷（10+5+3）=16$\frac{12}{18}$人（執箙人數）。

【今譯】

士卒 100 人，執戟者、執弩者、執箙者的比例爲 10：5：3。問：執戟者、執弩者、執箙者各多少人？答：執戟者 55$\frac{10}{18}$人，執弩者 27$\frac{14}{18}$人，執箙者 16$\frac{12}{18}$人。計算方法：將執戟者、執弩者、執箙者的比例數相加作除數，然後爲執戟者設置 10，用 100 乘以 10 作被除數，被除數除以除數即得結果，即執戟的人數；求執箙和執弩的人數也是這樣。

[046] 衰分類之九

【釋文】

凡[1]三卿（鄉）[2]，其一卿（鄉）卒千人，一卿（鄉）七百人，一卿（鄉）五百人。今上[3]歸[4]千人，欲以人數衰之。問：幾可（何）歸幾可（何）？曰：千者歸四百[5]134（0943）羊（五十）四人有（又）二千二百分人千二百。·七百者歸三百一十八人有（又）二千二百分人四百。·五百歸二百廿七人有（又）二千二百分人六百。135（0856）其述（術）曰：同三卿（鄉）卒以爲瀍（法），各以卿（鄉）卒乘千人爲賚=（實，實）如瀍（法）一人。[6]136（0897）

【校釋】

[1] 凡，總共。里耶秦簡博物館藏秦簡 12-2130b+12-2131b+16-1335b "凡千一百一十三"，①意爲該 "九九術" 口訣各句運算結

---

① 里耶秦簡博物館、出土文獻與中國古代文明研究協同創新中心中國人民大學中心編著《里耶秦簡博物館藏秦簡》，中西書局，2016，第 63 頁。

果之和"總共"爲 1113。

[2] 原整理者認爲簡文"卿"爲"鄉"之誤，①蘇意雯、許道勝、謝坤等均採納此意見，②其中許道勝轉引陳偉認爲："卿、鄉二字字形近似，秦漢時容易寫混，在簡文中的釋讀要結合具體語言環境。"③中國古算書研究会學者認爲："用'卿'表示'鄉'義就是秦始皇統一中國以前的用法。"④田煒也認爲戰國秦文獻多用"卿"字表示"鄉"。⑤中國古算書研究会學者和田煒的意見爲是。

"鄉""卿"二字原本同形，其甲骨文字形均象兩人跪坐相向以就食的樣子。"鄉"，甲骨文作"𗞫"，羅振玉釋曰："（𗞫）象饗食時賓主相嚮之狀……古公卿之卿、鄉黨之鄉、饗食之饗皆爲一字，後世分析而爲三，許君遂以'鄉'入'邑'部，'卿'入'卯'部，'饗'入'食'部，而初形初誼不可見矣。"⑥"卿"，甲骨文作"𗞫"，羅振玉釋曰："卜辭及古金文公卿字與鄉食字同。"⑦楊寬認爲，（鄉）象兩人相向對坐、共食一簋的情況，在金文中"鄉"和"卿"的寫法無區別，本是一字。⑧因此，在出土早期文獻中會看到"鄉"寫作"卿"的用例。

---

①　蕭燦：《嶽麓書院藏秦簡〈數〉研究》，湖南大學博士學位論文，2010，第 69 頁；朱漢民、陳松長主編《嶽麓書院藏秦簡（貳）》，上海辭書出版社，2011，第 104 頁；蕭燦：《嶽麓書院藏秦簡〈數〉研究》，中國社會科學出版社，2015，第 88 頁。

②　蘇意雯、蘇俊鴻、蘇惠玉等：《〈數〉簡校勘》，《HPM 通訊》2012 年第 15 卷第 11 期；許道勝：《嶽麓秦簡〈爲吏治官及黔首〉與〈數〉校釋》，武漢大學博士學位論文，2013，第 189 頁；謝坤：《嶽麓書院藏秦簡〈數〉校理及數學專門用語研究》，西南大學碩士學位論文，2014，第 50 頁。

③　許道勝：《嶽麓秦簡〈爲吏治官及黔首〉與〈數〉校釋》，武漢大學博士學位論文，2013，第 189 頁。

④　〔日〕中國古算書研究会編『岳麓書院藏秦簡「数」訳注』，京都朋友書店，2016，第 210 頁。按：日本學者認爲："這是從在《里耶秦簡（壹）》461 簡（所謂'更名扁書'）裏有'卿如故，更鄉'（卿此詞如以前的'公卿'義用下去。變此詞中所有的'鄉'義）的記述能知道。'更名扁書'是將在秦王 26 年（前 221 年）秦國統一中國時期所實施的行政用語規定之變更結果記録了的。"

⑤　田煒：《談談馬王堆漢墓帛書〈天文氣象雜占〉的文本年代》，載中國古文字研究會、河南大學甲骨學與漢字文明研究所編《古文字研究》（第三十一輯），中華書局，2016，第 468~473 頁。

⑥　（清）羅振玉：《增訂殷墟書契考釋》，東方學會，1927。

⑦　（清）羅振玉：《增訂殷墟書契考釋》，東方學會，1927。

⑧　楊寬：《古史新探》，上海人民出版社，2016，第 293、294 頁。

　　“卿”由“鄉”分化而來。“象饗食時賓主相嚮之狀”的
“鄉”，有多個義項，後用多個字記録。如“鄉”的“饗食”之義
用“饗”記録，“相嚮”之義用“嚮”記録。另，“鄉邑”之義
和“鄉老”之義則分別由“鄉”和“卿”承擔，正如楊寬所言：
“鄉邑的稱‘鄉’……實是取義於共食。”“是用來指自己那些共
同飲食的氏族聚落的。”“‘卿’原是共同飲食的氏族聚落中‘鄉
老’的稱謂，因代表一鄉而得名。進入階級社會後，‘卿’便成爲
‘鄉’的長官的名稱。”“‘卿’的稱呼即起源於‘鄉’。”[①]

　　綜上，本算題“卿”字即“鄉”字，表“鄉邑”之義。

　　[3] 許道勝認爲：“三鄉大致相當於秦漢時一個縣的規模。”[②]
里耶秦簡顯示，秦洞庭郡遷陵縣的文書和簿籍涉都鄉、啓陵、貳
春三鄉，[③]可爲佐證。另，《九章算術》“衰分”章第 5 題：“今
有北鄉筭八千七百五十八，西鄉筭七千二百三十六，南鄉筭
八千三百五十六，凡三鄉發徭三百七十八人……”[④]這個算題與本
簡算題相似，亦涉“三鄉”。因此，我們認爲本算題負責計算三鄉
當歸士卒人數的政府層級即爲縣級，故簡文“上”當指縣級政府
之上的某級政府機構，比如郡。中國古算書研究会學者訓“上”
爲“呈報”[⑤]，謝坤則理解爲“皇帝”。[⑥]

　　[4] 歸，返回。《廣雅·釋言》：“歸，返也。”[⑦]《詩經·小
雅·出車》：“執訊獲醜，薄言還歸。”[⑧]

　　[5] 查看圖版，發現簡文“四”下有一墨迹，當有一字。據計
算當爲“百”字。

① 楊寬:《古史新探》,上海人民出版社,2016,第 294、295 頁。
② 許道勝:《嶽麓秦簡〈爲吏治官及黔首〉與〈數〉校釋》,武漢大學博士學位論文,2013,第 190 頁。
③ 陳偉主編《里耶秦簡牘校釋（第一卷）》,武漢大學出版社,2012,“前言”第 2 頁。
④ 郭書春:《〈九章算術〉新校》,中國科學技術出版社,2014,第 100 頁。
⑤ 〔日〕中國古算書研究会編『岳麓書院藏秦簡「数」訳注』,京都朋友書店,2016,第 210 頁。
⑥ 謝坤:《嶽麓書院藏秦簡〈數〉校理及數學專門用語研究》,西南大學碩士學位論文,2014,第 51 頁。
⑦ （清）王念孫:《廣雅疏證》,中華書局,1983,第 135 頁。
⑧ （唐）孔穎達:《毛詩正義》,（清）阮元校刻《十三經注疏》,中華書局,1980,第 416 頁。

[6] 本算題可依術計算如下：$1000 \times 1000 \div （1000+700+500）=$
$454\frac{1200}{2200}$ 人（千者當歸人數）；$700 \times 1000 \div （1000+700+500）=$
$318\frac{400}{2200}$ 人（七百者當歸人數）；$500 \times 1000 \div （1000+700+ 500）=$
$227\frac{600}{2200}$ 人（五百者當歸人數）。

【今譯】

　　共有三個鄉，其中一個鄉出士卒 1000 人，一個鄉出 700 人，
一個鄉出 500 人。假設上級送返 1000 人，將據各鄉所出人數按比
例送返。問：出多少士卒的鄉送返多少人？答：出 1000 士卒的鄉
送返 $454\frac{1200}{2200}$ 人，出 700 士卒的鄉送返 $318\frac{400}{2200}$ 人，出 500 士卒
的鄉送返 $227\frac{600}{2200}$ 人。計算方法：把三個鄉出的士卒數相加作除
數，用各鄉所出士卒數乘以 1000 人分別作被除數，被除數除以除
數即得以人爲單位的結果。

[047]　衰分類之十

【釋文】

　　一人負[1]米十斗，一人負粟十斗，[2]負食[3]十斗，并裹[4]而
分之。米、粟、食[5]各取幾可（何）？曰：米取十四斗七分斗二
⌙，粟八斗七分斗□[6]₁₃₇（₂₀₈₂）四，食取七斗七分一。食二斗當米
一斗。[7]₁₃₈（₀₉₅₁）

【校釋】

　　[1] 負，以背載物。《釋名·釋姿容》："負，背也，置項背
也。"①《詩經·大雅·生民》："恒之秬秠，是任是負。"孔穎達正

---

① （漢）劉熙：《釋名》，中華書局，1985，第 36 頁。

義：“以任、負異文，負在背，故任爲抱。”①

[2] 此處承前省略“一人”。出土古算書多有承前省略的情況，如簡文下文“粟八斗七分斗☐四”承前於“粟”後省略“取”。

[3] 原整理者認爲簡文“食”指糒飯或稻，②蘇意雯等認爲是稻，③許道勝據《九章算術》“衰分”章第9題“今有甲持粟三升，乙持糲米三升，丙持糲飯三升”而訓爲“飯”，④中国古算書研究会學者認爲：“‘食’指食物或穀物。在本題中它與粟、米一起使用，食指什麼食物，不詳。”⑤簡文下文“食二斗當米一斗”，即“食”與糲米容積之比爲2∶1，據此來看，“食”可能是稻。但僅據此比例關係就斷定“食”爲稻略顯證據不足，因爲此處也可能是指某種食糧因煮熟後體積膨脹而與糲米構成2∶1的比例關係。説“食”爲糒飯，則更缺乏證據，因爲據《九章算術》“粟米”章，糒飯的比率爲75，⑥與比率爲30的糲米不構成2∶1的比例關係。因此我們認爲，簡文“食”可訓爲“某種食糧”。

[4] 并，副詞，一起。《筭數書》“狐皮”算題簡36（H162）“關并租廿五錢”。⑦裹，許道勝認爲：“裹，包紮，引申爲盛放。《詩經·大雅·公劉》：‘迺裹餱粮，于橐于囊。’睡虎地秦簡《日書》甲種《病》六八正貳：‘甲乙有疾，父母爲崇，得之於肉，從東方來，裹以桼（漆）器。’”⑧簡文“并裹”意爲（把三種食糧）放在一起。

---

① （唐）孔穎達：《毛詩正義》，（清）阮元校刻《十三經注疏》，中華書局，1980，第531頁。
② 蕭燦：《嶽麓書院藏秦簡〈數〉研究》，湖南大學博士學位論文，2010，第71頁；朱漢民、陳松長主編《嶽麓書院藏秦簡（貳）》，上海辭書出版社，2011，第105頁；蕭燦：《嶽麓書院藏秦簡〈數〉研究》，中國社會科學出版社，2015，第90頁。
③ 蘇意雯、蘇俊鴻、蘇惠玉等：《〈數〉簡校勘》，《HPM通訊》2012年第15卷第11期。
④ 許道勝：《嶽麓秦簡〈爲吏治官及黔首〉與〈數〉校釋》，武漢大學博士學位論文，2013，第191頁。
⑤ 〔日〕中国古算書研究会編『岳麓書院藏秦簡「数」訳注』，京都朋友書店，2016，第99頁。
⑥ 參見郭書春《〈九章算術〉新校》，中國科學技術出版社，2014，第65頁。
⑦ 張家山二四七號漢墓竹簡整理小組編著《張家山漢墓竹簡 [二四七號墓]》（釋文修訂本），文物出版社，2006，第136頁。
⑧ 許道勝：《嶽麓秦簡〈爲吏治官及黔首〉與〈數〉校釋》，武漢大學博士學位論文，2013，第191頁。

[5] 米、粟、食，蕭燦訓爲"負米的人，負粟的人，負食的人"。[①] 可從。另，《筭數書》"米粟并"算題簡 117（H71）："有米一石、粟一石，并提之，問米粟當各取幾何。曰：米主取一石二斗十六分升〈斗〉八，粟主取七斗十六分升〈斗〉八。"[②] 其中，"米粟"指"米主、粟主"，可作參考。

[6] 本簡長 26.1 釐米，比正常《數》簡牘短約 1.4 釐米，另據蕭燦："簡尾殘。依據前後簡文推斷，除末尾'斗'字筆劃稍損，字都保存了。"[③] 查看圖版，發現竹簡末字"斗"只殘留上部少許墨迹（），原整理者釋文使用了斷簡符號"▨"反映了本簡的真實簡況，因而是合理的。許道勝删除此符號，[④] 中國古算書研究会學者釋文亦未見類似符號，[⑤] 不利於反映本簡真實簡況。

[7] 本算題只見題設、答案和"食"與"米"換算比例，未見術文。本算題使用衰分法，其列衰則有兩種算法。算法一：將粟、食換算爲糲米，求得列衰。粟 10 斗 = 糲米 6 斗，食 10 斗 = 糲米 5 斗，則糲米、粟、食的列衰爲 10、6、5。按照衰分術計算如下：$\frac{10}{10+6+5} ×$（10 斗 +10 斗 +10 斗）=14$\frac{2}{7}$ 斗（負米者所取數量）；$\frac{6}{10+6+5} ×$（10 斗 +10 斗 +10 斗）=8$\frac{4}{7}$ 斗（負粟者所取數量）；$\frac{5}{10+6+5} ×$（10 斗 +10 斗 +10 斗）=7$\frac{1}{7}$ 斗（負食者所取數量）。算法二：用返衰法，即"以列衰的倒數進行分配"。[⑥] 糲米率爲 30，粟率爲 50，據簡文"食二斗當米一斗"，則食率爲 60，

---

① 蕭燦：《嶽麓書院藏秦簡〈數〉研究》，中國社會科學出版社，2015，第 91 頁。
② 張家山二四七號漢墓竹簡整理小組編著『張家山漢墓竹簡 [二四七號墓]』（釋文修訂本），文物出版社，2006，第 147 頁。按：原整理者釋文"粟主取七斗十六分升〈斗〉八"中"升〈斗〉"有誤，本簡圖版顯示該字爲"斗"而不是"升"。
③ 蕭燦：《嶽麓書院藏秦簡〈數〉研究》，中國社會科學出版社，2015，第 172 頁。
④ 許道勝：《嶽麓秦簡〈爲吏治官及黔首〉與〈數〉校釋》，武漢大學博士學位論文，2013，第 191 頁。
⑤ 〔日〕中國古算書研究会編『岳麓書院藏秦簡「数」訳注』，京都朋友書店，2016，第 97 頁。
⑥ 關於"返衰"，參郭書春《〈九章筭術〉譯注》，上海古籍出版社，2009，第 107 頁。

則列衰爲 $\frac{1}{30}$、$\frac{1}{50}$、$\frac{1}{60}$。化簡列衰有兩種方法。一是按照《九章算術》"衰分"章"返衰術：列置衰而令相乘，動者爲不動者衰"，[①]則 $\frac{1}{30} : \frac{1}{50} : \frac{1}{60} = \frac{1}{3} : \frac{1}{5} : \frac{1}{6} = \frac{1 \times 5 \times 6}{3 \times 5 \times 6} : \frac{1 \times 3 \times 6}{5 \times 3 \times 6} : \frac{1 \times 3 \times 5}{6 \times 3 \times 5}$，[②] 約簡爲 10：6：5。二是按照《九章算術》"衰分"章"返衰術"劉徽注"亦可先同其母，各以分母約其同，爲返衰"，[③] 即先把列衰（$\frac{1}{3}$、$\frac{1}{5}$、$\frac{1}{6}$）各分母相乘，即 $3 \times 5 \times 6$，爲"同"，然後將"同"除以各分數的分母，分別得：$3 \times 5 \times 6 \div 3 = 30$，$3 \times 5 \times 6 \div 5 = 18$，$3 \times 5 \times 6 \div 6 = 15$，則 30：18：15 化簡爲 10：6：5 爲返衰。然後各人所取的數量計算如下：$\frac{10}{10+6+5} \times$（10斗 +10斗 +10斗）= $14\frac{2}{7}$斗（負米者所取）；$\frac{6}{10+6+5} \times$（10斗 +10斗 +10斗）= $8\frac{4}{7}$斗（負粟者所取）；$\frac{5}{10+6+5} \times$（10斗 +10斗 +10斗）= $7\frac{1}{7}$斗（負食者所取）。

　　蕭燦的算法，[④] 類似於前文劉徽的算法。有日本學者認爲本算題不屬於返衰算題，並採用了前文第一種算法。[⑤]

【今譯】

　　一人背負糯米 10 斗，一人背負粟 10 斗，一人背負某食糧 10 斗，把這些食糧都放在一起然後進行分配。背負糯米、粟、某食

[①] 參見白尚恕《〈九章算術〉注釋》，科學出版社，1983，第88~89頁。

[②] 按：《九章算術》"衰分"章第 5 題李淳風注："三鄉算數，約、可半者，爲列衰。"（參見郭書春《〈九章算術〉新校》，中國科學技術出版社，2014，第100頁）即：爲了簡化計算，可先將列衰化簡。故本算式先將列衰 $\frac{1}{30}$、$\frac{1}{50}$、$\frac{1}{60}$ 分別化簡爲 $\frac{1}{3}$、$\frac{1}{5}$、$\frac{1}{6}$ 後進行計算。下同。

[③] 參見白尚恕《〈九章算術〉注釋》，科學出版社，1983，第89頁。

[④] 蕭燦：《嶽麓書院藏秦簡〈數〉研究》，湖南大學博士學位論文，2010，第71頁；蕭燦：《嶽麓書院藏秦簡〈數〉研究》，中國社會科學出版社，2015，第90頁。

[⑤] 〔日〕田村誠、張替俊夫：《嶽麓書院〈數〉中兩道衰分類算題的解讀》，載湖南省文物考古研究所編《湖南考古輯刊》（第11集），科學出版社，2015，第325~335頁；〔日〕中国古算書研究会編『岳麓書院藏秦簡「数」訳注』，京都朋友書店，2016，第97頁。

糧的人各得多少？答：背負糲米的人得 $14\frac{2}{7}$ 斗，背負粟的人得

$8\frac{4}{7}$ 斗，背負某食糧的人得 $7\frac{1}{7}$ 斗。某食糧 2 斗相當於糲米 1 斗。

[048]　衰分類之十一

【釋文】

一人斗食，一人半食，一人參食，一人馴（四）食，一人駮
（六）食，[1]凡五人。有米一石，[2]□欲以食數[3]分之。問：各
得幾可（何）？曰：斗食者得四斗四升 139（1826+1842）九分升四⌐，半
食者得一〈二〉[4]斗二升九分升二⌐，參食者一斗四升廿七分升廿
二，馴（四）食者一斗一升九分升一⌐，駮（六）食者七升 140（0898）
〚廿七分升十一。〛[5][6]

【校釋】

[1]斗食、半食、參食、馴（四）食、駮（六）食，均是秦律
規定的口糧供應標準，分別是每餐 1 斗、每餐 $\frac{1}{2}$ 斗、每餐 $\frac{1}{3}$ 斗、每
餐 $\frac{1}{4}$ 斗、每餐 $\frac{1}{6}$ 斗。翁明鵬認爲，"馴""駮"分別是"四食""六
食"之"四""六"的專借字。①而對於里耶秦簡 9-19 背"出米
三斗一餇"及同簡背伍 I "鬻米半餇"之"餇"，魯家亮等注"餇，
蓋即'四食'的專字。三斗一餇（四），即三又四分之一斗。"②翁
明鵬從魯説，並認爲"餇"從食從四，四亦聲，是爲與口糧有關的
計量單位"四"而造的專造字。③

[2]簡牘於此斷開，據蕭燦，簡 1826 與簡 1842 拼綴，長 27.5
釐米。斷口吻合。④

---

① 翁明鵬：《秦簡牘專造字釋例》，《漢字漢語研究》2021 年第 1 期。
② 陳偉主編《里耶秦簡牘校釋（第二卷）》，2018，武漢大學出版社，第 28~29 頁。
③ 翁明鵬：《秦簡牘專造字釋例》，《漢字漢語研究》2021 年第 1 期。
④ 蕭燦：《嶽麓書院藏秦簡〈數〉研究》，中國社會科學出版社，2015，第 172 頁。

[3] 食數，即每餐的口糧數 1 斗、$\frac{1}{2}$ 斗、$\frac{1}{3}$ 斗、$\frac{1}{4}$ 斗、$\frac{1}{6}$ 斗。

[4] 查看圖版，簡文爲"一"無疑。據計算，簡文"一"爲"二"之誤。蕭燦、蘇意雯等釋讀爲"二"。①

[5] 查看圖版，發現簡文已經書寫到第三道編繩。據計算，"駅（六）食者"當得 $7\frac{11}{27}$ 升，故答案缺簡文"廿七分升十一"，所缺簡文當書於另簡。

此外，中国古算書研究会學者將本算題置入"少廣應用題"。②似未安，因爲本算題是衰分算題，只是可以使用"少廣術"進行計算而已。

[6]《墨子·雜守》載有關於口糧分配的内容如下："（1）斗食，終歲三十六石；參食，終歲二十四石；四食，終歲十八石；五食，終歲十四石四斗；六食，終歲十二石。（2）斗食，食五升；參食，食參升小半；四食，食二升半；五食，食二升；六食，食一升大半。（3）日再食。"③其"斗食"《墨子》舊本作"升食"，如茅坤萬曆刻本、四庫本。畢沅認爲舊本"升食"之"升"疑爲"斗"之訛。④此意見爲後來學者採納。學界普遍認爲"斗食""參食""四食""五食""六食"與各自對應的全年糧食石數及每餐糧食升數是一致的。

蘇時學認爲（1）提供了"斗食""參食""四食""五食""六食"各自對應的全年糧食石數，（2）提供了"斗食""參食""四食""五食""六食"每餐的糧食升數，（3）提供了每日的餐數，則據（2）（3）即可計算出（1）中"斗食""參食""四食""五食""六食"各自對應的全年糧食石數。例如，據（2）"斗食，食

① 蕭燦：《嶽麓書院藏秦簡〈數〉研究》，湖南大學博士學位論文，2010，第 72 頁；蕭燦：《嶽麓書院藏秦簡〈數〉研究》，中國社會科學出版社，2015，第 91 頁；蘇意雯、蘇俊鴻、蘇惠玉等：《〈數〉簡校勘》，《HPM 通訊》2012 年第 15 卷第 11 期。

② 〔日〕中国古算書研究会編『岳麓書院藏秦簡「数」訳注』，京都朋友書店，2016，第 19 頁。

③ （清）孫詒讓：《墨子閒詁》，《續修四庫全書》，上海古籍出版社，2002，第 1121 册第 220 頁。按：爲方便討論，我們將這段引文標注爲（1）（2）（3）三個部分。

④ （清）畢沅校注《墨子》，畢氏靈岩山館，1784，第 16 頁。

五升”和（3）“日再食”，則可計算得到（1）中“斗食”全年糧食數量“三十六石”，即：5 升 / 餐 ×2 餐 / 天 ×360 天 / 年 = 3600 升 / 年 =36 石 / 年；又如，據（2）“四食，食二升半”和（3）“日再食”，則可算得（1）中“四食”全年糧食數量“十八石”，即：$2\frac{1}{2}$ 升 / 餐 ×2 餐 / 天 ×360 天 / 年 =1800 升 / 年 =18 石 / 年。[①] 也就是説，在蘇時學看來，“斗食”“參食”“四食”“五食”“六食”與各自對應的全年糧食石數不矛盾，與各自對應的每餐糧食升數也是一致的。

俞樾補“小半”而將畢沅本“參食食參升”校改爲“參食食參升小半”，並於畢沅本“食終歲十八石”前補“四”字而作“四食終歲十八石”。[②] 此校補爲孫詒讓等後來學者所接受。俞樾認爲（1）與（3）結合起來表示正常情況下的糧食數量（“常數”），認爲“斗食”指“日食一斗”，而“參食”“四食”“五食”“六食”分别指“參分斗而日食其二”“四分斗而日食其二”“五分斗而日食其二”“六分斗而日食其二”。此外，俞樾認爲（2）是計算民食不足時期每天的糧食數量，方法是將“常數”減半。[③] 現依據俞樾的理解，將“斗食”“參食”“四食”“五食”“六食”各自的全年糧食的“常數”計算如下。

斗食：1 斗 / 天 ×360 天 / 年 =360 斗 / 年 =36 石 / 年；參食：$\frac{1}{3}$ 斗 / 餐 ×2 餐 / 天 ×360 天 / 年 =240 斗 / 年 =24 石 / 年；

四食：$\frac{1}{4}$ 斗 / 餐 ×2 餐 / 天 ×360 天 / 年 =180 斗 / 年 =18 石 /

---

① （清）蘇時學:《墨子刊誤》，番禺陳氏東塾藏書印，1867，第 19~20 頁。按：關於“參食”的全年口糧數量，由於蘇時學所據《墨子》畢沅本“參食食參升”，故蘇計算“參食”的全年口糧數量爲 21 石 6 斗 / 年。後俞樾補“小半”而作“參食食參升小半”，計算結果即爲 24 石 / 年。另，蘇時學計算的“五食”對應的全年口糧數量爲“十四石四升”，其“升”字當爲“斗”之誤。

② （清）俞樾:《諸子平議·墨子》，商務印書館，1935，第 222 頁。按：“食終歲十八石”，《墨子》舊本如萬曆刻本和四庫本作“四食終歲十八石”，畢沅本脱“四”字。

③ （清）俞樾:《諸子平議·墨子》，商務印書館，1935，第 222 頁。

年；五食：$\frac{1}{5}$ 斗 / 餐 × 2 餐 / 天 × 360 天 / 年 =144 斗 / 年 =14 石

4 斗 / 年；六食：$\frac{1}{6}$ 斗 / 餐 × 2 餐 / 天 × 360 天 / 年 =120 斗 /

年 = 12 石 / 年。

將 "常數" 減半後每天的糧食數量計算如下。

斗食：1 斗 / 天 ÷2=5 升 / 天；參食：$\frac{2}{3}$ 斗 / 天 ÷2=3 $\frac{1}{3}$

升 / 天；四食：$\frac{2}{4}$ 斗 / 天 ÷2=2 $\frac{1}{2}$ 升 / 天；五食：$\frac{2}{5}$ 斗 / 天 ÷

2=2 升 / 天；六食：$\frac{2}{5}$ 斗 / 天 ÷2=1 $\frac{2}{3}$ 升 / 天。

可見，一方面，俞樾對文意的理解和計算的方法都與蘇時學不同，另一方面，同樣認爲 "斗食" "參食" "四食" "五食" "六食" 與各自對應的數據能够自洽。

孫詒讓認爲俞樾的 "減半" 之説 "非《墨子》之恉"，認爲（2）（3） "申析上文 '斗食' 以下日再食每食之升數也，故末又云 '日再食'，以總釋之"。[①] 也就是説，孫詒讓認爲（2）是解析（1）中的 "斗食" "參食" "四食" "五食" "六食" 分別對應的每餐的升數，然後按照（3）就可以計算得到各自對應的（1）中全年糧食石數。這與蘇時學的理解暗合。據此可將 "斗食" "參食" "四食" "五食" "六食" 各自的全年糧食總量計算如下。

斗食：5 升 / 餐 × 2 餐 / 天 × 360 天 / 年 =3600 升 / 年 =

36 石 / 年；參食：3 $\frac{1}{3}$ 升 / 餐 × 2 餐 / 天 × 360 天 / 年 = 2400

升 / 年 =24 石 / 年；四食：2 $\frac{1}{2}$ 升 / 餐 × 2 餐 / 天 × 360 天 / 年 =

---

① （清）孫詒讓：《墨子閒詁》，《續修四庫全書》，上海古籍出版社，2002，第 1121 册第 220~221 頁。

1800 升 / 年 =18 石 / 年；五食：2 升 / 餐 ×2 餐 / 天 ×360 天 / 年 =1440 升 / 年 =14 石 4 斗 / 年；六食：$1\frac{2}{3}$ 升 / 餐 ×2 餐 / 天 ×360 天 / 年 =1200 升 / 年 =12 石 / 年。

　　孫詒讓之後的學者，均在蘇時學、俞樾和孫詒讓的意見框架內對（1）（2）（3）進行研究，如吳毓江、汪榕培、方勇等，[①] 此不贅述。不過從這些研究中可以看出，研究者均認爲"斗食""參食""四食""五食""六食"與各自對應的全年糧食石數及每餐糧食升數是一致的。

　　進一步分析發現，以上諸家均對"斗食"和"參食""四食""五食""六食"的理解採用了不同的標準。其中"斗食"之"斗"被理解爲一天的糧食數量。如俞樾認爲"斗食"指"日食一斗"，即 1 斗 / 天；孫詒讓引蘇時學認爲："斗食，食五升，又言日再食，是一食五升，再食則一斗。"即 5 升 / 餐 ×2 餐 / 天 =1 斗 / 天。這顯然都是把"1 斗 / 天"作爲"斗食"的命名理據。而與此不同的是，"參食""四食""五食""六食"之"參""四""五""六"被理解爲每餐的數量。如俞樾理解爲：$\frac{1}{3}$ 斗 / 餐、$\frac{1}{4}$ 斗 / 餐、$\frac{1}{5}$ 斗 / 餐、$\frac{1}{6}$ 斗 / 餐；孫詒讓理解爲：$3\frac{1}{3}$ 升 / 餐、$2\frac{1}{2}$ 升 / 餐、2 升 / 餐、$1\frac{2}{3}$ 升 / 餐。二者的數量表達方式不同，但都是等值的。這顯然都是用每餐的糧食數量來爲"參食""四食""五食""六食"命名。也就是説，正是因爲採用了"每天"和"每餐"這樣的雙重標準，（1）（2）（3）中的所有數據才得以自洽。這正是以上諸家觀點的問題所在。

　　爲了更好地理解《雜守》的這段引文，下面我們利用有關秦簡文獻對相關信息進行解讀。

---

① 吳毓江撰，孫啓治點校《墨子校注》，中華書局，1993，第 975、987 頁；周才珠、齊瑞瑞今譯，汪榕培、王宏英譯《墨子》，湖南人民出版社，2006，第 604、605 頁；方勇評注《墨子》，商務印書館，2018，第 618 頁。

　　"斗食""參食""四食""五食""六食"指法律規定的口糧標準。睡虎地秦簡《法律十八種》之《倉律》簡55~56："城旦之垣及它事而勞與垣等者，旦半夕參；其守署及爲它事者，參食之。其病者，稱議食之，令吏主。城旦舂、舂司寇、白粲操土攻（功），參食之；不操土攻（功），以律食之。"《司空》簡133~134："居官府公食者，男子參，女子駟（四）。"①簡文"以律食之"指依照法律規定給予某種口糧標準。簡文"參食"即這樣的口糧標準。簡文"旦半夕參"之"半""參"及簡文"駟（四）"分別是"半食""參食""駟（四）食"之省，也是指口糧標準。由此推知，"斗食""五食"也屬於口糧標準。

　　"斗食""參食""四食""五食""六食"是以每餐的糧食數量命名的口糧標準。上引《倉律》簡55"旦半夕參"，原整理者注："早飯半斗，晚飯三分之一斗。"明確"半""參"都是一餐的糧食數量。《倉律》簡51"隸臣田者，以二月月稟二石半石"，其中的"月稟二石半石"就是按照"旦半夕參"的標準來計算得到的二月份的口糧總數（詳見下文），可以印證。可推知上引《司空》簡134"駟（四）"和《雜守》"五食""六食"亦爲每餐的糧食數量。而《雜守》"斗食"與"參食""四食""五食""六食"的語境相同，且爲並列關係，其"斗"當然也應該是表示每餐的糧食數量，而不是每天的糧食數量。同樣的用法還見於本算書簡139（1826+1842）"一人斗食，一人半食，一人參食，一人駟（四）食，一人駃（六）食"，這裏也是"斗食"與"參食""駟（四）食""駃（六）食"在同一語境中並列使用。可見，《雜守》"斗食""參食""四食""五食""六食"都是按照每餐的糧食數量來命名的。

　　關於如何確定"斗食""參食""四食""五食""六食"所代表的數量多寡，有兩種意見。我們把第一種意見稱爲"餐數説"，如蕭燦引鄒大海認爲"斗食""參食""四食""五食""六食"實

① 睡虎地秦墓竹簡整理小組編《睡虎地秦墓竹簡·釋文　注釋》，文物出版社，1990，第33、51頁。

際上是"以1斗所吃的餐數命名的"。^①此説大抵是把"斗食"看作
"一斗一食"之省，而"參食""四食""五食""六食"則承前省略
"一斗"，意即：1斗分1餐食用、1斗分3餐食用、1斗分4餐
食用、1斗分5餐食用、1斗分6餐食用，可表示如下。

斗食：$1斗 \div 1餐 = 1斗/餐$；參食：$1斗 \div 3餐 = \frac{1}{3}斗/餐$；四食：$1斗 \div 4餐 = \frac{1}{4}斗/餐$；五食：$1斗 \div 5餐 = \frac{1}{5}斗/餐$；六食：$1斗 \div 6餐 = \frac{1}{6}斗/餐$。

我們把第二種意見稱爲"量具説"。此説是依據"斗""參"
作爲量具可分別容 1 斗、$\frac{1}{3}$ 斗，進而類推，把"四""五""六"
分別視爲 $\frac{1}{4}$ 斗、$\frac{1}{5}$ 斗、$\frac{1}{6}$ 斗，則"斗食""參食""四食""五
食""六食"分別表示 1 斗 / 餐、$\frac{1}{3}$ 斗 / 餐、$\frac{1}{4}$ 斗 / 餐、$\frac{1}{5}$ 斗 / 餐、
$\frac{1}{6}$ 斗 / 餐。如上引《倉律》簡 55 "旦半夕參"，原整理者注："參，
量制單位，三分之一斗。"《數》簡整理小組認爲"參""駟""駃"分
别指"三分之一斗""四分之一斗""六分之一斗"。^②睡虎地秦簡
《效律》簡 6~7："參不正，六分升一以上。"原整理者釋"參"爲
"三分之一斗"。^③其"參"指容積爲 $\frac{1}{3}$ 斗的量具。里耶秦簡簡 9-19a
第四欄"鬵米半四"，及簡 9-20a 第三欄"食一石一斗二駃"，第
四欄"餘米八斗一駟"，^④其"四""駟"表示容積爲 $\frac{1}{4}$ 斗的量具，

---

① 蕭燦：《嶽麓書院藏秦簡〈數〉研究》，湖南大學博士學位論文，2010，第 73 頁。
② 朱漢民、陳松長主編《嶽麓書院藏秦簡（貳）》，上海辭書出版社，2011，第 107~108 頁。
③ 睡虎地秦墓竹簡整理小組編《睡虎地秦墓竹簡·釋文　注釋》，文物出版社，1990，第 70 頁。
④ 里耶秦簡博物館編著《里耶秦簡博物館藏秦簡》，中西書局，2016，第 181、182 頁。

"半四"即 $\frac{1}{8}$ 斗,"二駟"即 $\frac{1}{2}$ 斗,"一駟"即 $\frac{1}{4}$ 斗。不管是"餐數説"還是"量具説",都認爲"斗食""參食""四食""五食""六食"分别表示的糧食數量是 1 斗 / 餐、$\frac{1}{3}$ 斗 / 餐、$\frac{1}{4}$ 斗 / 餐、$\frac{1}{5}$ 斗 / 餐、$\frac{1}{6}$ 斗 / 餐。

"日再食"應該是法律規定的每日兩餐制,即早、晚各一餐的制度,可以是口糧標準相同的兩餐,也可以是口糧標準不同的兩餐。如上引《倉律》簡 55 "旦半夕參",原整理者注:"早飯半斗,晚飯三分之一斗。"即早餐口糧標準爲"半食",晚餐口糧標準爲"參食",是"日再食"中兩餐的口糧標準不同的情形。《倉律》簡 55 簡文"參食之",原整理者注"參食,早晚兩餐各三分之一斗",[1] 是"日再食"中兩餐的口糧標準相同的情形。而《雜守》的"日再食"是屬於早晚兩餐的口糧標準相同的情況。

法律要求計算不同口糧標準對應的每月口糧總數和每年口糧總數。《倉律》記載了每月口糧總數的例子,如簡 49:"隸臣妾其從事公,隸臣月禾二石,隸妾一石半……小城旦、隸臣作者,月禾一石半石;未能作者,月禾一石。"[2] 其中每月口糧總數"二石""一石半""一石""二石半石"分别對應的口糧標準當爲"參食""四食""六食""旦半夕參"。按此標準,每月口糧總數計算如下。

參食: $\frac{1}{3}$ 斗 / 餐 $\times 2$ 餐 / 天 $\times 30$ 天 / 月 $=20$ 斗 / 月 $=2$ 石 / 月;四食: $\frac{1}{4}$ 斗 / 餐 $\times 2$ 餐 / 天 $\times 30$ 天 / 月 $=15$ 斗 / 月 $=1\frac{1}{2}$ 石 / 月;六食: $\frac{1}{6}$ 斗 / 餐 $\times 2$ 餐 / 天 $\times 30$ 天 / 月 $=10$ 斗 / 月 $=$

---

[1] 睡虎地秦墓竹簡整理小組編《睡虎地秦墓竹簡·釋文　注釋》,文物出版社,1990,第 34 頁。

[2] 睡虎地秦墓竹簡整理小組編《睡虎地秦墓竹簡·釋文　注釋》,文物出版社,1990,第 32 頁。

1 石 / 月；旦半夕參：（$\frac{1}{2}$ 斗 / 餐 + $\frac{1}{3}$ 斗 / 餐）× 1 餐 / 天 × 30 天 /

月 = 25 斗 / 月 = 2 $\frac{1}{2}$ 石 / 月。

睡虎地秦簡《法律十八種》之《金布律》簡 77~78：“及隸臣妾有亡公器、畜生者……其所亡衆，計之，終歲衣食不踐以稍賞（償），令居之。”[1] 這裏的“終歲”之“食”，顯然是根據隸臣妾的口糧標準算得的全年口糧總數，計算方法當是口糧標準、每日餐數（2 餐 / 天）和全年天數（360 天）的乘積。

基於以上認識，我們將《雜守》“斗食”“參食”“四食”“五食”“六食”對應的全年口糧總數分別計算如下。

斗食：1 斗 / 餐 × 2 餐 / 天 × 360 天 / 年 = 720 斗 / 年 = 72

石 / 年；參食：3 $\frac{1}{3}$ 升 / 餐 × 2 餐 / 天 × 360 天 / 年 = 2400 升 /

年 = 24 石 / 年；四食：2 $\frac{1}{2}$ 升 / 餐 × 2 餐 / 天 × 360 天 / 年 =

1800 升 / 年 = 18 石 / 年；五食：2 升 / 餐 × 2 餐 / 天 × 360 天 /

年 = 1440 升 / 年 = 14 石 4 斗 / 年；六食：1 $\frac{2}{3}$ 升 / 餐 × 2 餐 /

天 × 360 天 / 年 = 1200 升 / 年 = 12 石 / 年。

將“斗食”“參食”“四食”“五食”“六食”對應的每餐口糧升數分別計算如下。

斗食：1 斗 / 餐 = 10 升 / 餐；參食：$\frac{1}{3}$ 斗 / 餐 = 3 $\frac{1}{3}$ 升 / 餐；

四食：$\frac{1}{4}$ 斗 / 餐 = 2 $\frac{1}{2}$ 升 / 餐；五食：$\frac{1}{5}$ 斗 / 餐 = 2 升 / 餐；六

食：$\frac{1}{6}$ 斗 / 餐 = 1 $\frac{2}{3}$ 升 / 餐。

---

[1] 睡虎地秦墓竹簡整理小組編《睡虎地秦墓竹簡·釋文 注釋》，文物出版社，1990，第 38 頁。

如果將此計算結果與《雜守》所載數據進行對比，我們會發現，此計算結果中的"參食""四食""五食""六食"各自對應的全年口糧總數、每餐升數與《雜守》所載的數據一致，而此計算結果中"斗食"的全年口糧總數爲 72 石，每餐升數爲 10 升，與《雜守》所載 36 石、5 升不同。也就是説，《雜守》"斗食"與"終歲三十六石"之間、"斗食"與"食五升"之間是矛盾的。導致這一矛盾的原因是"斗食"與"終歲三十六石"之間、"斗食"與"食五升"之間有脱文。《數》簡 139（1826+1842）~140（0898）所載關於口糧分配的算題爲我們校補《雜守》有關脱文提供了思路。此算題有五種口糧標準：斗食、半食、參食、駟（四）食、駃（六）食，現與《雜守》所載口糧標準對比如表 3-5。

表 3-5 《雜守》《數》所載口糧標準對比

《雜守》	斗食	/	參食	四食	五食	六食
《數》	斗食	半食	參食	駟食	/	駃食

對比發現，《雜守》"四食""六食"之"四""六"在《數》中分別作"駟""駃"，《數》缺"五食"而多"半食"，《雜守》多"五食"而少"半食"。其中，"四""六"分別作"駟""駃"，是用字不同，如上引里耶秦簡"半四""二駟"之"四""駟"義同，均指量制單位"四分之一斗"。《數》沒有"五食"，是因爲算題設計使然。《雜守》在"斗食"與"參食"之間脱"半食"，可據《數》補。

"半"，即量器"半斗"或"料"。《説文·斗部》："料，量物分半也。从斗半，半亦聲。"段玉裁注："量之而分其半，故字从斗半……今按：半即料也……字从半斗，即以五升釋之。"[1]睡虎地秦簡《效律》簡 6："半斗不正，少半升以上。"其"半斗"，原整理者注："二分之一斗"。[2]"半"由容積爲二分之一斗的量器引申指二分之一斗。"半食"，《數》簡整理小組注："每餐二分之一

<hr>

[1] （清）段玉裁：《説文解字注》，浙江古籍出版社，2006，第 718 頁。
[2] 睡虎地秦墓竹簡整理小組編《睡虎地秦墓竹簡·釋文 注釋》，文物出版社，1990，第 70 頁。

斗"。[1] 爲了檢驗"半食"作"每餐二分之一斗"是否符合《數》算題題意，計算如下。

$$斗食：\frac{1\,斗}{1\,斗+\frac{1}{2}\,斗+\frac{1}{3}\,斗+\frac{1}{4}\,斗+\frac{1}{6}\,斗}\times10\,斗=\frac{120}{27}\,斗=4$$

$$斗4\frac{4}{9}\,升；半食：\frac{\frac{1}{2}\,斗}{1\,斗+\frac{1}{2}\,斗+\frac{1}{3}\,斗+\frac{1}{4}\,斗+\frac{1}{6}\,斗}\times10\,斗=\frac{60}{27}$$

$$斗=2\,斗2\frac{2}{9}\,升；參食：\frac{\frac{1}{3}\,斗}{1\,斗+\frac{1}{2}\,斗+\frac{1}{3}\,斗+\frac{1}{4}\,斗+\frac{1}{6}\,斗}\times10\,斗=$$

$$\frac{40}{27}\,斗=1\,斗4\frac{22}{27}\,升；駟（四）食：\frac{\frac{1}{4}\,斗}{1\,斗+\frac{1}{2}\,斗+\frac{1}{3}\,斗+\frac{1}{4}\,斗+\frac{1}{6}\,斗}\times10$$

$$斗=\frac{30}{27}\,斗=1\,斗1\frac{1}{9}\,升；駃（六）食：\frac{\frac{1}{6}\,斗}{1\,斗+\frac{1}{2}\,斗+\frac{1}{3}\,斗+\frac{1}{4}\,斗+\frac{1}{6}\,斗}\times$$

$$10\,斗=\frac{20}{27}\,斗=7\frac{11}{27}\,升。$$

另外，《倉律》簡 51："隸臣田者，以二月月稟二石半石，到九月盡而止其半石。"[2] 其每月口糧總數"二石半石"對應的口糧標準當爲"旦半夕參"，即早餐二分之一斗，晚餐三分之一斗，計算如下。

---

[1] 朱漢民、陳松長主編《嶽麓書院藏秦簡（貳）》，上海辭書出版社，2011，第108頁。按：原整理者還認爲"斗食""半食""參食""駟食""駃食"分別表示每餐1斗、$\frac{1}{2}$斗、$\frac{1}{3}$斗、$\frac{1}{4}$斗、$\frac{1}{6}$斗。

[2] 睡虎地秦墓竹簡整理小組編《睡虎地秦墓竹簡·釋文　注釋》，文物出版社，1990，第32頁。

旦半夕参：$(\frac{1}{2}$斗／餐$+\frac{1}{3}$斗／餐$)\times1$餐／天$\times30$天／月$=25$斗／月$=2\frac{1}{2}$石／月。

以上計算及結果顯示，"半食"作"每餐二分之一斗"是符合文意的。現將"半食"作"每餐二分之一斗"帶入《雜守》，分別計算"半食"的全年口糧總數和每餐升數如下。

全年口糧總數：$\frac{1}{2}$斗／餐$\times2$餐／天$\times360$天／年$=360$斗／年$=36$石／年；每餐升數：$\frac{1}{2}$斗／餐$=5$升／餐。

可見，"半食"正好與《雜守》"終歲三十六石"和"食五升"相合。

綜上所述，《雜守》"斗食"與"終歲三十六石"之間、"斗食"與"食五升"之間確有脱文，可據《數》校補如下："斗食，【終歲七十二石；半食，】終歲三十六石；参食，終歲二十四石；四食，終歲十八石；五食，終歲十四石四斗；六食，終歲十二石。斗食，【食十升；半食，】食五升；参食，食参升小半；四食，食二升半；五食，食二升；六食，食一升大半。日再食。"

"斗食""半食""参食""四食""五食""六食"各自對應的全年口糧總數計算如下。

斗食：1斗／餐$\times2$餐／天$\times360$天／年$=7200$升／年$=72$石／年；半食：$\frac{1}{2}$斗／餐$\times2$餐／天$\times360$天／年$=360$斗／年$=36$石／年；参食：$3\frac{1}{3}$升／餐$\times2$餐／天$\times360$天／年$=2400$升／年$=24$石／年；四食：$2\frac{1}{2}$升／餐$\times2$餐／天$\times360$天／年$=1800$升／年$=18$石／年；五食：2升／餐$\times2$餐／天$\times360$天／年$=1440$升／年$=14$石4斗／年；六食：$1\frac{2}{3}$升／餐$\times2$餐／天$\times360$天／年$=1200$升／年$=12$石／年。

現將"斗食""參食""四食""五食""六食"各自對應的每餐口糧升數計算如下。

斗食：1 斗 / 餐 =10 升 / 餐；半食：$\frac{1}{2}$ 斗 / 餐 =5 升 / 餐；

參食：$\frac{1}{3}$ 斗 / 餐 =3 $\frac{1}{3}$ 升 / 餐；四食：$\frac{1}{4}$ 斗 / 餐 =2 $\frac{1}{2}$ 升 / 餐；五

食：$\frac{1}{5}$ 斗 / 餐 =2 升 / 餐；六食：$\frac{1}{6}$ 斗 / 餐 =1 $\frac{2}{3}$ 升 / 餐。

如此，"斗食""半食""參食""四食""五食""六食"才能與各自對應的全年口糧總數、每餐升數吻合。

【今譯】

一人的口糧標準爲每餐 1 斗，一人爲每餐 $\frac{1}{2}$ 斗，一人爲每餐 $\frac{1}{3}$ 斗，一人爲每餐 $\frac{1}{4}$ 斗，一人爲每餐 $\frac{1}{6}$ 斗，總共 5 人。假如有 1 石糯米，想按照口糧標準來分配。問：各得多少？答：口糧標準爲每餐 1 斗的人分得 4 斗 4 $\frac{4}{9}$ 升，每餐 $\frac{1}{2}$ 斗的分得 2 斗 2 $\frac{2}{9}$ 升，每餐 $\frac{1}{3}$ 斗的分得 1 斗 4 $\frac{22}{27}$ 升，每餐 $\frac{1}{4}$ 斗的分得 1 斗 1 $\frac{1}{9}$ 升，每餐 $\frac{1}{6}$ 斗的分得 7 $\frac{11}{27}$ 升。

[049] 衰分類之十二

【釋文】

分斗六[1]乚，駃（六）食者取一斗九分升一。[2]₁₄₂（0979）

【校釋】

[1] 本簡圖版顯示簡牘完好，因此簡文"分斗六"之前當有脫簡。

[2] 蘇意雯等將脫簡簡文補爲 "一人斗食，一人半食，一人參食，一人駟食，一人駊食，凡五人，有米十五斗（或一石半）"，謝坤補爲 "一人斗食，一人半食，一人參食，一人駟食，一人駊食，凡五人，有米一石五斗（或十五斗）"，均算得斗食者取 $6\frac{6}{9}$ 斗、駊（六）食者取 $1\frac{1}{9}$ 斗。[①] 以上校補可資參考，但其計算結果 $1\frac{1}{9}$ 斗（1 斗 $1\frac{1}{9}$ 升）與簡文 "一斗九分升一" 不一致，需要對簡文進行校改，或補脫文 "一升" 作 "一斗【一升】九分升一"，或改 "升" 爲 "斗" 而作 "一斗九分升〈斗〉一"。

【今譯】

……$\frac{6}{?}$ 斗，口糧標準爲每餐 $\frac{1}{6}$ 斗的人取得 1 斗 $\frac{1}{9}$ 升。

[050]　衰分類之十三

【釋文】

貣（貸）[1]人百錢，息[2]八☒[3]錢。今貣（貸）人十七錢，七日而歸之。問：取息幾可（何）? 曰：得息三百卅（七十）五分錢百一十九。其方[4]：卅日乘 ₁₄₃（0933+0937）百八而☒[5]以爲法，亦以十七錢乘【八而】[6]七日爲實₌（實，實）如法而一。[7]₁₄₄（C4.1-4-2+0759）

【校釋】

[1] 貣，字形作 "𧵓"，即 "貣" 字，"貣" 與 "貸" 同，這裏義爲 "貸出"。《說文·貝部》："貣，從人求物也。从貝，弋聲。" 段玉裁注："代弋同聲，古無去入之別；求人施人，古無貣貸之分。由貣字或作貸，因分其義，又分其聲……經史內貣貸

---

① 蘇意雯、蘇俊鴻、蘇惠玉等:《〈數〉簡校勘》，《HPM 通訊》2012 年第 15 卷第 11 期; 謝坤:《嶽麓書院藏秦簡〈數〉校理及數學專門用語研究》，西南大學碩士學位論文，2014，第 52~53 頁。

錯出，恐皆俗增人旁。"①《筭數書》"息錢"算題簡 64（H147）字形作"𢓊"（彧），睡虎地秦簡《法律答問》簡 32 字形作"𢓊"（貳）。②

[2] 據簡文下文"卅日"以及計算方法可知，這裏的"息"指月息。另，上引《筭數書》"息錢"算題簡 64（H147）有"彧（貸）錢百，息月三"。

[3] 竹簡於此處斷開。據蕭燦，簡 0933 與 0937 拼綴長 27 釐米，簡首稍殘，斷口吻合，内容相接。③

[4] 方，方法。《韓非子·揚權》："上有所長，事乃不方。"俞樾平議："猶言無方也，謂不得其方也。"④ 在本簡相當於"術"，即計算方法。

[5] 魯家亮將殘簡 C410204（C4.1-4-2）與簡 0759 綴合（斷口處截圖見圖 3-4a），把簡首 5 字釋讀爲"八而以爲法"。⑤第二批《數》簡整理者亦如此綴合（斷口處截圖見圖 3-4b），並編號爲"C4.1-4-2+0759"。⑥ 我們編號作"144（C4.1-4-2+0759）"。

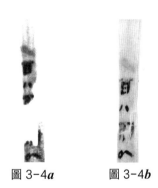

圖 3-4a　　　圖 3-4b

① （清）段玉裁：《説文解字注》，浙江古籍出版社，2006，第 280 頁。
② 張家山二四七號漢墓竹簡整理小組編著《張家山漢墓竹簡 [二四七號墓]》，文物出版社，2001，第 88 頁；陳偉主編《秦簡牘合集（壹）》，武漢大學出版社，2014，第 1038 頁。
③ 蕭燦：《嶽麓書院藏秦簡〈數〉研究》，中國社會科學出版社，2015，第 172 頁。
④ （清）王先慎撰，鍾哲點校《韓非子集解》，中華書局，2003，第 44 頁。
⑤ 魯家亮：《嶽麓秦簡校讀（七則）》，載中國文化遺產研究院編《出土文獻研究》（第十二輯），中西書局，2013，第 144~151 頁。
⑥ 陳松長主編《嶽麓書院藏秦簡（柒）》，上海辭書出版社，2022，第 192 頁。

許道勝認爲 "八" 字後脱 "分之" 二字。[①] "八而" 二字，我們認爲是書手誤寫於此，本屬於簡文下文 "亦以十七錢乘七日爲賈（實）" 作 "亦以十七錢乘八而七日爲賈（實）"，因此我們作衍文處理。

[6] 而，表示並列，相當於 "和" "與"。《經傳釋詞》卷七："而，猶 '與' 也；'及' 也。"[②]《左傳·昭公二十五年》："哀樂而樂哀，皆喪心也。"[③]

[7] 依術計算如下：（17 錢 ×7 日 ×8 錢）÷（30 日 ×100 錢）= $\frac{119}{375}$ 錢。

【今譯】

借貸給別人 100 錢，每月利息 8 錢。假設借貸給別人 17 錢，7 天就還錢。問：得多少利息？答：得利息 $\frac{119}{375}$ 錢。計算方法：30 天乘以 100 作爲除數，用 17 錢乘以利息 8 錢和 7 天作爲被除數，相除即得結果。

[051] 衰分類之十四

【釋文】

糲（糲）[1] 米述（術）曰：以端 [2] 賈（價）爲法，以欲糲（糲）米錢數乘一石爲賈=（實，實）如法得一升。[3] 147（0946）

【校釋】

[1] 糲，穀物。《説文·米部》："糲，穀也。" 徐鍇繫傳："糲糲字皆從此。"[④] 王筠句讀："《廣韻》曰：'穀粟之名。' 言穀與粟

---

① 許道勝：《嶽麓秦簡〈爲吏治官及黔首〉與〈數〉校釋》，武漢大學博士學位論文，2013，第 196~197 頁。
② （清）王引之：《經傳釋詞》，嶽麓書社，1982，第 144 頁。
③ （唐）孔穎達：《春秋左傳正義》，（清）阮元校刻《十三經注疏》，中華書局，1980，第 2107 頁。
④ （南唐）徐鍇：《説文解字繫傳》，中華書局，2017，第 148 頁。

與糴，皆通稱也。”[1] 糴，買入糧食。《説文·入部》：“糴，市穀也。”段玉裁注：“米部曰：糴，穀也。故市穀从入糴，糴亦聲。”[2]《左傳·莊公二十八年》：“冬，饑。臧孫辰告糴于齊。”[3] 糶，賣出糧食。《説文·出部》：“糶，出穀也。”段玉裁注：“出穀之字从出糶。”[4]《韓非子·内儲説下》：“韓昭侯之時，黍種嘗貴甚，昭侯令人覆廩，吏果竊黍種而糶之甚多。”[5] 簡文下文有“欲糴米錢數”，結合此文意，簡文“糶”當爲“糴”字，義爲“買入糧食”。

[2] 端，原整理者指出：“端賈，即正賈。此處是避始皇帝政諱。”[6] 睡虎地秦簡《語書》簡1~2：“是以聖王作爲灋（法）度，以矯端民心……”原整理者注：“矯端，即矯正。當時避秦王政諱，用‘端’字代替‘正’字，如正月改爲端月，《史記·秦楚之際月表》索隱：‘秦諱正，故云端月也。’”[7] 許道勝認爲“正價”可能指“平價”。[8]

[3] 本術實際上是《九章算術》“今有術”的計算方法，即：所求數＝（所求率×所有數）÷所有率＝（1石×欲糴米錢數）÷端價。許道勝列式爲：（欲糴米錢數×10升）÷端價。[9] 未安，其“10升”當爲10斗或1石。

【今譯】

買入糴米的計算方法：用正價作除數，用想要買糴米的錢數

① （清）王筠：《説文解字句讀》，中華書局，2016，第264頁。
② （清）段玉裁：《説文解字注》，浙江古籍出版社，2006，第224頁。
③ （唐）孔穎達：《春秋左傳正義》，（清）阮元校刻《十三經注疏》，中華書局，1980，第1782頁。
④ （清）段玉裁：《説文解字注》，浙江古籍出版社，2006，第273頁。
⑤ （清）王先慎撰，鍾哲點校《韓非子集解》，中華書局，2003，第252頁。
⑥ 蕭燦：《嶽麓書院藏秦簡〈數〉研究》，湖南大學博士學位論文，2010，第75頁；朱漢民、陳松長主編《嶽麓書院藏秦簡（貳）》，上海辭書出版社，2011，第111頁；蕭燦：《嶽麓書院藏秦簡〈數〉研究》，中國社會科學出版社，2015，第94頁。
⑦ 睡虎地秦墓竹簡整理小組編《睡虎地秦墓竹簡·釋文　注釋》，文物出版社，1990，“注釋”第13、14頁。
⑧ 許道勝：《嶽麓秦簡〈爲吏治官及黔首〉與〈數〉校釋》，武漢大學博士學位論文，2013，第198頁。
⑨ 許道勝：《嶽麓秦簡〈爲吏治官及黔首〉與〈數〉校釋》，武漢大學博士學位論文，2013，第198頁。

乘以 1 石作被除數。被除數除以除數即得以升爲單位的結果。

[052] 衰分類之十五

【釋文】

糶（糶）[1]　　　米賈（價）石㕛（五十）錢。今有廿七錢，欲糶（糶）米，得幾可（何）？曰：五 斗 [2] 四升。[3]₁₄₈（0839）

【校釋】

[1] 簡文"糶"字書於第一道編繩之上。原整理者認爲疑似題名。① 此説可從，本釋文將"糶（糶）"字與簡文後文空兩個字符以示該字爲算題題名。

[2] 彩色圖版（🖼）顯示，簡文"斗"因第二道編繩而殘缺，但據紅外綫圖版（🖼）及文意，爲"斗"字無疑。

[3] 本算題可計算如下：所求數＝（所求率 × 所有數）÷ 所有率＝（1 石 × 欲糶米錢數）÷ 端價＝（1 石 ×27 錢）÷50 錢 ＝ 270 斗 ÷50=5 斗 4 升。

【今譯】

買入糧食　　糯米價 1 石 50 錢。假如有 27 錢，想買糯米，買得多少糯米？答：5 斗 4 升。

[053] 衰分類之十六

【釋文】

有金以出三關＝（關，關）五兑（税）【之一】[1]，除（餘）[2]金一兩。問：始盈金幾可（何）？曰：一兩有（又）卒（六十）四分兩之卒（六十）一⌐。其述（術）曰：直（置）兩 [3] 而參四

---

① 蕭燦：《嶽麓書院藏秦簡〈數〉研究》，湖南大學博士學位論文，2010，第 75 頁；朱漢民、陳松長主編《嶽麓書院藏秦簡（貳）》，上海辭書出版社，2011，第 111 頁；蕭燦著：《嶽麓書院藏秦簡〈數〉研究》，中國社會科學出版社，2015，第 95 頁。

〈五〉[4] 之 149（0832） ⟦爲貫（實），有（又）直（置）一關而參四爲法。⟧[5] [6]

【校釋】

[1] 兌，即"稅"字。"兌（稅）"後有脫文。《筭數書》"負米"算題簡 38（H160）～39（H159）："人負米不智（知）其數以出關，關三，【三】稅之一，已出，餘米一斗。問始行齎米幾何。得曰：齎米三斗三升四分【升】三。术（術）曰：直（置）一關而參（三）倍爲法，有（又）直（置）米一斗而三之，有（又）三倍之而關數焉實。"①《九章算術》"均輸"章第 28 題："今有人持米出三關，外關三而取一，中關五而取一，內關七而取一，餘米五斗。問：本持米幾何？答曰：十斗九升八分升之三。術曰：置米五斗，以所稅者三之、五之、七之，爲實。以餘不稅者二、四、六相互乘爲法。實如法得一斗。"②其中，《筭數書》"負米"算題用"稅"字，關稅率表達作"三稅之一"，《九章算術》"均輸"章第 28 題用"取"字，關稅率表達作"三而取一""五而取一""七而取一"。③由此可見，本簡簡文的關稅率表達不完整，"兌"後有脫文，據"負米"算題"三稅之一"可補爲"五兌（稅）之一"。"五兌（稅）之一"在本算題中意即每一關的稅前總額爲 5 份，其 1 份作稅，剩餘 4 份。

[2] 除，上引二算題中皆作"餘"，故簡文"除"當爲"餘"。"除"，古音定母、魚部，"餘"，古音餘母、魚部，二字同韻，可相通。"餘"字還有作"徐"字，見於《筭數書》"方田"算題簡 185（H38）上。④

[3] 兩，指"除（餘）金一兩"之"一兩"，則簡文"直（置）兩"之"兩"當爲"一兩"，不過古算中指 1 個計量單位時，往往

---

① 張家山二四七號漢墓竹簡整理小組編著《張家山漢墓竹簡 [二四七號墓]》（釋文修訂本），文物出版社，2006，第 137 頁。

② 郭書春：《〈九章算術〉新校》，中國科學技術出版社，2014，第 241 頁。

③ 郭書春：《〈九章筭術〉譯注》，上海古籍出版社，2009，第 285 頁。

④ 張家山二四七號漢墓竹簡整理小組編著《張家山漢墓竹簡 [二四七號墓]》，文物出版社，2001，第 98 頁。

可以省略其數字"一",因此簡文"兩"無誤。

[4] "參",在這裏表示三次,"參四"表示把 4 連續乘三次,相當於 4 的 3 次方(4^3)。其中"四"指每一關按照"五稅之一"的稅率納稅後剩餘的份額,"參"指過三關後所剩的 4 份有三個(表 3-6)。

表 3-6 "三關五稅之一"闡釋

關名	稅率	稅前份額數	稅後份額數
關一		5	4
關二	五稅之一	5	4
關三		5	4

另,本算題的算法是:所餘金 1 兩與每關稅前份額 5 的 3 次方相乘($5^3 \times 1$ 兩)作爲被除數,每關稅後份額 4 的 3 次方(4^3)作爲除數,因此簡文"直(置)兩"當與"參五之"而不是"參四之"搭配。可見,簡文"參四之"的"四"有誤,當校改爲"五"而作"參五之"。

[5] 簡文至此已經書寫到第三道編繩,但術文還有缺文,所缺術文當屬另簡,故此處有脫簡。脫簡內容可據本【校釋】之 [1] 所引《筭數書》"負米"算題和《九章算術》"均輸"章第 28 題的術文推知,當爲"爲賈(實),有(又)直(置)一關而參四爲法",其後可能還有諸如"賈(實)如法得一兩"或"賈(實)如法而一"的文字,或無。本釋文從無。原整理者轉引鄒大海認爲可補作",以爲法,又參五之,以爲實",之後可能還有"實如法而一"之類的文字,也可能没有。[1]蘇意雯、許道勝、謝坤等從之。[2]據此校

---

[1] 蕭燦:《嶽麓書院藏秦簡〈數〉研究》,湖南大學博士學位論文,2010,第 75 頁;朱漢民、陳松長主編《嶽麓書院藏秦簡(貳)》,上海辭書出版社,2011,第 112 頁;蕭燦:《嶽麓書院藏秦簡〈數〉研究》,中國社會科學出版社,2015,第 95 頁。

[2] 蘇意雯、蘇俊鴻、蘇惠玉等:《〈數〉簡校勘》,《HPM 通訊》2012 年第 15 卷第 11 期;許道勝:《嶽麓秦簡〈爲吏治官及黔首〉與〈數〉校釋》,武漢大學博士學位論文,2013,第 199 頁;謝坤:《嶽麓書院藏秦簡〈數〉校理及數學專門用語研究》,西南大學碩士學位論文,2014,第 54 頁。

補意見計算如下：（ $5^3 \times 1$ 兩 ）÷（ $4^3 \times 1$ 兩 ）＝ $1\frac{61}{64}$。其計算結果

“ $1\frac{61}{64}$ ”與算題答案“ $1\frac{61}{64}$ 兩”不一致。中国古算书研究会學者據

《筭數書》“負米”算題術文補爲“置（一）兩 [而參五之爲實，又

置一關] 而參四之 [爲法。實如法得一兩]”。① 據此校補意見計算

如下：（ $5^3 \times 1$ 兩 ）÷（ $4^3 \times 4$ ）＝ $\frac{125}{256}$ 兩，與算題答案 $1\frac{61}{64}$ 兩不一致。

[6] 利用現代數學算法，設出關前所攜帶的數量爲 x，則 $x \times$

（ $1-\frac{1}{5}$ ）^{3}＝1 兩， x＝1 兩 ÷（ $\frac{4}{5}$ ）^{3}＝（ 1 兩 $\times 5^3$ ）÷ 4^3＝ $1\frac{61}{64}$ 兩。可

見，古今算法是一致的。

【今譯】

持有黃金出三關，每一關收 $\frac{1}{5}$ 的稅，剩餘黃金 1 兩。問：開

始出關時持有多少黃金？答： $1\frac{61}{64}$ 兩。計算方法：（在籌算板上）

設置 1 兩，然後用 5^3 乘以 1 兩作爲被除數，又設置一關稅後剩餘

份數 4，然後用 4^3 作爲除數。

[054]　衰分類之十七

【釋文】

竹□囗[1]節，上節一斗，下節二斗。衰[2]以幾可（何）？曰：

衰以幾可曰[3]衰以九分斗一。其述（術）曰：直（置）上下數[4]，

以少除多[5]，以餘爲 衰[6]曼（實）[7]；直（置）節 150（1939[1]+0851）

數，除一，焉[8]以命之[9]。 151（0838） [10]

【校釋】

[1] 據蕭燦，簡 0851 簡首殘斷，簡 1939 的彩色照片和紅外

---

① 〔日〕中国古算书研究会編『岳麓書院藏秦簡「数」訳注』，京都朋友書店，2016，第
221 頁。

綫照片均在簡首拼有殘片，此殘片不屬於簡 1939。[1] 蕭燦博士學位論文此處釋文作"☒"，並注："簡首殘，據題意可補〔今有竹十〕"。[2] 蘇意雯等從之。[3] 據許道勝，簡 1939 簡首所拼殘片當與簡 0851 拼綴，據殘存筆劃及計算釋讀出"十"字，並將簡號 0851 更正爲（1939[1]+0851）。[4]《數》簡整理小組釋作"竹【十】"，蕭燦改作"竹〔十〕"，但均未更正簡號。[5] 謝坤、中國古算書研究会學者均從《數》簡整理小組。[6] 本釋文採納許道勝對竹簡拼綴、簡文釋讀和簡號更正的意見，並根據本書體例將簡號標爲"150（1939[1]+0851）"。此外，我們添加了"☒"符號以更好地反映本簡殘斷這一實際狀況。

[2] 衰，動詞，按照一定等級由大到小遞減。這裏指竹節容量按照等差遞減而形成等差數列。

[3] 簡文"衰以幾可曰"再次出現，是衍文，當刪除。造成衍文的原因估計是算題答案和設問均以"衰以"開頭，書手在抄寫答案時可能誤抄作了設問的文字。

[4] 上下數，指簡文上文"上節一斗""下節二斗"之"一斗""二斗"。

[5] 除，減。古算表達式"以 A 除 B"可表示 B 減 A。這裏"以少除多"即指 2 斗減 1 斗。

[6] 衰，名詞，使竹節容量形成等差數列的公差。

[7] 貣（實），這裏指分子。古算中的"實"可指被除數、被乘數、分數的分子。本算題的衰（公差）爲分數，其算法是先算

---

[1] 蕭燦：《嶽麓書院藏秦簡〈數〉研究》，中國社會科學出版社，2015，第 173、167 頁。

[2] 蕭燦：《嶽麓書院藏秦簡〈數〉研究》，湖南大學博士學位論文，2010，第 76 頁。

[3] 蘇意雯、蘇俊鴻、蘇惠玉等：《〈數〉簡校勘》，《HPM 通訊》2012 年第 15 卷第 11 期。

[4] 許道勝：《嶽麓秦簡〈爲吏治官及黔首〉與〈數〉校釋》，武漢大學博士學位論文，2013，第 200 頁。

[5] 朱漢民、陳松長主編《嶽麓書院藏秦簡（貳）》，上海辭書出版社，2011，第 21 頁；蕭燦：《嶽麓書院藏秦簡〈數〉研究》，中國社會科學出版社，2015，第 95 頁。

[6] 謝坤：《嶽麓書院藏秦簡〈數〉校理及數學專門用語研究》，西南大學碩士學位論文，2014，第 55 頁；〔日〕中国古算書研究会編『岳麓書院藏秦簡「数」訳注』，京都朋友書店，2016，第 213 頁。

得公差的分子（衰實），然後算得公差的分母。

[8] 焉，副詞，表示兩件事或數件事接連發生，相當於"於是就"。《史記·秦始皇本紀》："始皇巡隴西、北地，出雞頭山，過回中，焉作信宮渭南。"① 簡文"直（置）節數，除一，焉以命之"中，"直（置）節數""除一""以命之"三個事件連續發生。學界普遍未將簡文"直（置）節數，除一，焉以命之"點斷而是連讀，② 中國古算書研究会學者句讀作"直（置）節數、除一焉、以命之"。③

[9] "直（置）節數，除一，焉以命之"意爲：設置竹節數10，減1，用其結果命名衰實，即用所得結果作衰實的分母。

[10] 現代數學的算法是，設等差數列有 n 項，第一項爲 a_1，最後一項爲 a_n，求公差 d 的計算方法是：$d=(a_n-a_1)\div(n-1)$。本算題依術文計算爲：$(2\,斗-1\,斗)\div(10-1)=\frac{1}{9}\,斗$。可見，古今算法是一致的。

【今譯】

一根竹子有 10 節，最上一節容 1 斗，最下一節容 2 斗。按照多少斗等差遞減？答：按照 $\frac{1}{9}$ 斗等差遞減。計算方法：（在籌算板上）設置最上和最下一節容量，大數減小數，所得餘數作公差的分子；（在籌算板上）設置竹節數，減 1，然後用所得餘數作公差的分母。

---

① （漢）司馬遷撰，[南朝宋]裴駰集解，（唐）司馬貞索隱，（唐）張守節正義《史記》，中華書局，1963，第 241 頁。
② 蕭燦：《嶽麓書院藏秦簡〈數〉研究》，湖南大學博士學位論文，2010，第 76 頁；朱漢民、陳松長主編《嶽麓書院藏秦簡（貳）》，上海辭書出版社，2011，第 113 頁；蘇意雯、蘇俊鴻、蘇惠玉等：《〈數〉簡校勘》，《HPM 通訊》2012 年第 15 卷第 11 期；許道勝：《嶽麓秦簡〈爲吏治官及黔首〉與〈數〉校釋》，武漢大學博士學位論文，2013，第 200 頁；謝坤：《嶽麓書院藏秦簡〈數〉梳理及數學專門用語研究》，西南大學碩士學位論文，2014，第 55 頁；蕭燦：《嶽麓書院藏秦簡〈數〉研究》，中國社會科學出版社，2015，第 96 頁；陳松長主編《嶽麓書院藏秦簡（壹—叁）》（釋文修訂本），上海辭書出版社，2018，第 106 頁。
③ 〔日〕中国古算書研究会編『岳麓書院藏秦簡「数」訳注』，京都朋友書店，2016，第 213 頁。按：日語的"、"相當於漢語的逗號"，"。

[055]　衰分類之十八

【釋文】

米賈（價）石卒（六十）四錢。今有粟四斗。問：得錢幾可（何）? 曰：十五錢廿五分錢九。其述（術）：以粟₌（粟米）[1] 求之。[2] _{152（0305）}

【校釋】

[1] 據文意，簡文符號 "=" 爲合文符號，表示此符號前一字 "粟" 爲 "粟米" 之合文。

[2] 術文 "以粟₌（粟米）求之"，指按照粟與糲米的比率來計算。粟、糲米的比率分別是 50、30，二者之比是 5 ∶ 3。《筭數書》簡 111（H109）和簡 113（H112）均載有以粟求米的算法，分別是 "粟求米三之，五而一" "粟求米因而三之，五而成一"，[①] 意爲: 已知粟的數量，求糲米的數量，粟的數量乘以 3，除以 5。運用這一算法，將本算題 4 斗粟轉換爲糲米：4 斗 × 3 ÷ 5 = $2\frac{2}{5}$ 斗。糲米 1 石（10 斗）價格 64 錢，則 $2\frac{2}{5}$ 斗糲米的價格爲：64 錢 ÷ 10 斗 × $2\frac{2}{5}$ 斗 = $15\frac{9}{25}$ 錢。

【今譯】

糲米價格爲 1 石 64 錢。假設有 4 斗粟。問：換得多少錢? 答：$15\frac{9}{25}$ 錢。計算方法：按照粟和糲米的比率來計算。

---

① 張家山二四七號漢墓竹簡整理小組編著《張家山漢墓竹簡 [二四七號墓]》（釋文修訂本），文物出版社，2006，第 147 頁。按：原釋文句讀當爲 "粟求米，三之，五而一" "粟求米，因而三之，五而成一"。

[056]　衰分類之十九

【釋文】

有人[1] 且[2] 稟米[3] 五斗于[4] 倉＝（倉，倉）毋米而有糲[5]＝（糲，米）[6] 二粟一。今出糲幾可（何）？當五斗有（又）十三分斗十。倉中有米，不智（知）[7]₁₅₃（0819+0828）

【校釋】

[1] 簡 0819 與簡 0828 左右拼合而成一簡，① 原整理者釋文未釋簡首二字而以"□□"表示，並認爲疑似"有人"二字。② 業師張顯成先生等據二字殘劃釋讀爲"有人"，③ 今從。

[2] 且，副詞，將要。

[3]《筭數書》和本算書中的"粟""米"有兩種情況：一是有明確的語境，例如"稻禾"語境下的"粟""米"，分別指稻粟和由稻粟脫殼後的稻米，如《筭數書》"程禾"算題簡 89（H128）"稻禾一石爲粟廿斗，舂之爲米十斗"；④ 二是沒有明確的語境下的"粟""米"，分別指黍粟和由黍粟脫殼後的穈米，如本算書簡 88（0974）"粟一升爲米五分升三"（見第二章"[030] 穀物換算類之二"）。本算題"粟""米"屬於後者。

[4] 于，紅外綫圖版作"▩▮"，⑤ 竹簡於中間破裂，但"于"字的輪廓還是可以看見的。北大秦簡《陳起》篇簡 1（04-142）"于"字形作"𠂤"，⑥ 字迹清晰可見。《筭數書》"少廣"算題簡

---

① 蕭燦：《嶽麓書院藏秦簡〈數〉研究》，中國社會科學出版社，2015，第 173 頁。
② 蕭燦：《嶽麓書院藏秦簡〈數〉研究》，湖南大學博士學位論文，2010，第 77 頁；朱漢民、陳松長主編《嶽麓書院藏秦簡（貳）》，上海辭書出版社，2011，第 115 頁；蕭燦：《嶽麓書院藏秦簡〈數〉研究》，中國社會科學出版社，2015，第 96~97 頁。
③ 張顯成、謝坤：《嶽麓書院藏秦簡〈數〉釋文勘補》，《古籍整理研究學刊》2013 年第 5 期。
④ 張家山二四七號漢墓竹簡整理小組編著《張家山漢墓竹簡 [二四七號墓]》（釋文修訂本），文物出版社，2006，第 144 頁。
⑤ 朱漢民、陳松長主編《嶽麓書院藏秦簡（貳）》，上海辭書出版社，2011，第 115 頁。
⑥ 韓巍、鄒大海：《北大秦簡〈魯久次問數于陳起〉今譯、圖版和專家筆談》，《自然科學史研究》2015 年第 2 期。

174（H49）末字"于"作""，[1] 雖字迹漫漶，但二横筆依然清晰。蕭燦、蘇意雯、中国古算書研究会學者等均釋作"于"。[2]《數》簡整理小組、許道勝、謝坤均釋作"於"。[3]

[5] 糙，本算書僅見於本算題，且不見於《九章算術》和《筭數書》，本指脱殼未舂的米或舂得不精的米，本算題指黍粟和糯米的混合物。《筭數書》"米粟并"算題簡 117（H71）："有米一石、粟一石，并提之，問米粟當各取幾何。"[4] 此算題將米和粟合並，即米粟之混合物"糙"，其米粟比例爲 1：1。另，《筭數書》"粟米并"算題簡 119（H62）："米一粟二，凡十斗，精之爲七斗三分升一。"[5] 此算題將米和粟合並，混合物即"糙"，其米粟比例爲 1：2。而本算題的糙，其米粟比例爲 2：1。

[6] 簡文符號"〓"是合文符號，表示此符號前的"糙"字是"糙米"的合文。

[7] 智，簡文作""，略有殘損，字形與本算書簡 213（0304）的""（智）相同，與"矯"異體，後寫作"智"，初文作"知"。學界釋作"智"改作"知"。另，簡文"倉中有米不智（知）"當屬於另一算題，本釋文作衍文處理，下文【今譯】不譯此句。

[8] 設需糙 x，按照米粟比率以及糙中米粟的比例，計算爲：$5\ 斗 = \frac{1}{5}x\ 斗 + \frac{2}{3}x\ 斗$，$x = 5\frac{10}{13}斗$。[6]

---

[1] 張家山二四七號漢墓竹簡整理小組編著《張家山漢墓竹簡[二四七號墓]》，文物出版社，2001，第 97 頁。

[2] 蕭燦：《嶽麓書院藏秦簡〈數〉研究》，湖南大學博士學位論文，2010，第 77 頁；蕭燦：《嶽麓書院藏秦簡〈數〉研究》，中國社會科學出版社，2015，第 96 頁；蘇意雯、蘇俊鴻、蘇惠玉等：《〈數〉簡校勘》，《HPM 通訊》2012 年第 15 卷第 11 期；〔日〕中国古算書研究会編『岳麓書院蔵秦簡「数」訳注』，京都朋友書店，2016，第 108 頁。

[3] 朱漢民、陳松長主編《嶽麓書院藏秦簡（貳）》，上海辭書出版社，2011，第 22、115 頁；許道勝：《嶽麓秦簡〈爲吏治官及黔首〉與〈數〉校釋》，武漢大學博士學位論文，2013，第 203、204 頁；謝坤：《嶽麓書院藏秦簡〈數〉校理及數學專門用語研究》，西南大學碩士學位論文，2014，第 55 頁。

[4] 張家山二四七號漢墓竹簡整理小組編著《張家山漢墓竹簡[二四七號墓]》（釋文修訂本），文物出版社，2006，第 147 頁。

[5] 張家山二四七號漢墓竹簡整理小組編著《張家山漢墓竹簡[二四七號墓]》（釋文修訂本），文物出版社，2006，第 148 頁。按：整理者釋文"升"有誤，當爲"斗"。

[6] 參〔日〕中国古算書研究会編『岳麓書院蔵秦簡「数」訳注』，京都朋友書店，2016，第 108~109 頁。

【今譯】

有人要從倉庫領取 5 斗米，倉庫没有米，只有糙，其米粟比例爲 2：1。現在該從倉庫拿出多少糙？應該拿出 $5\frac{10}{13}$ 斗。

[057]　衰分類之二十

【釋文】

⋯☒[1] 米、粟且各得幾可（何）？曰：米取三斗有（又）廿七分升廿四∟，粟取三斗有（又）廿七分升三。154（0840）

【校釋】

[1] 據整理者，本簡簡首殘缺。[1] 本簡之前當有脱簡，所載内容當爲題設。田村誠等將簡文校補爲"一人負米三斗，一人負粟四斗。并裹而分之"，[2] 可資參考。

【今譯】

……米和粟各得多少？答：米得 3 斗$\frac{24}{27}$升，粟得 3 斗$\frac{3}{27}$升。

[058]　衰分類之二十一

【釋文】

曰[1]：以粟爲六斗∟，米爲十斗∟，麥爲六斗大半[2]☒【斗，令各以一爲六，并以爲法；】[3]155（0902）有（又）置粟六斗、米十斗、麥六斗大半斗，亦令各以一爲六，已[4]，乃并粟、米、麥，凡卅斗，以物[5]乘之，如法得一斗，不盈156（1715）斗者，以法命之。157（1710）

---

① 蕭燦：《嶽麓書院藏秦簡〈數〉研究》，中國社會科學出版社，2015，第 173 頁。
② 〔日〕田村誠、張替俊夫：《嶽麓書院〈數〉中兩道衰分類算題的解讀》，載湖南省文物考古研究所編《湖南考古輯刊》（第 11 集），科學出版社，2015，第 325~335 頁。

【校釋】

[1] 從"曰"以下簡文的内容和表達方式上看，本組簡的簡文當爲某個算題術文，本簡之前當有脱簡，内容可能是題設、設問及答案。

[2] 業師張顯成先生等於簡文"大半"之後補"斗"字。[①] 此説可從，可參簡文下文"麥六斗大半斗"。"粟爲六斗，米爲十斗，麥爲六斗大半"這組數據很具規律性。根據粟率50、糯米率30、麥率45可以推知，10斗粟爲6斗糯米，10斗麥爲$6\frac{2}{3}$斗糯米，因此，簡文"粟爲六斗，米爲十斗，麥爲六斗大半"可能是表示將粟、糯米、麥各10斗轉換爲糯米的數量。其中"粟、糯米、麥各10斗"與簡文下文"并粟、米、麥，凡卅斗"（把粟、糯米、麥的數量相加，總共30斗）是一致的。

[3] 竹簡下段殘斷。本簡當是講述計算除數的方法，後二簡主要講述計算被除數的方法。簡156（1715）簡文"粟六斗、米十斗、麥六斗大半斗，亦令各以一爲六"顯示，被除數擴大了6倍。如此，則除數也應該擴大6倍，所以緊隨簡文"大半斗"之後的簡文當是"令各以一爲六"。除數和被除數都擴大6倍的目的，是要把$6\frac{2}{3}$斗化爲整數，從而避免分數運算。另外，從現有術文看，本術當是講述衰分算法。根據《九章算術》"衰分"章"衰分術"（"各置列衰，副并爲法"），[②] 可知，除數的計算方法是把列衰相加作爲除數。本簡術文的列衰是"粟六斗，米十斗，麥六斗大半斗，令各以一爲六"，因此，在上文所補簡文之後，當是"并以爲法"。綜上，本簡簡文"大半斗"之後可補"令各以一爲六，并以爲法"。中國古算書研究会學者補"令各以一爲六、粟三十六、米六十、麥四十、并以爲法"，[③] 所補文字中的"粟三十六、米六十、

① 張顯成、謝坤：《嶽麓書院藏秦簡〈數〉釋文勘補》，《古籍整理研究學刊》2013年第5期。

② 郭書春：《〈九章算術〉新校》，中國科學技術出版社，2014，第97頁。

③ 〔日〕中國古算書研究会編『岳麓書院藏秦簡「数」訳注』，京都朋友書店，2016，第107頁。

麥四十"似多餘。

[4] 已，完畢。在此指在籌算板上設置有關數目並將它們擴大 6 倍這兩個步驟完畢。

[5] 物，物體。詳見第一章"[001]《陳起》篇"【校釋】之 [57]。簡文"物"即簡文上文的"粟""米""麥"三物。古算表達式"以 A 乘之"，其 A 多爲數量詞，也可以是名詞。前者如本算書簡 133（0765）"以百乘之"、簡 67（0884）"以三人乘之"、簡 38（0952）"以兩數乘之"（分別見本章"[045] 衰分類之八"、第二章"[015] 面積類之十五"、第四章"[116] 租稅類之二十八"），後者如《筭數書》"狐出關"算題簡 35（H163）"以租各乘之"，① 其"租"指簡文前文"租百一十一錢"之"百一十一錢"。本算題"以物乘之"的"物"爲名詞，指簡文前文將"粟六斗、米十斗、麥六斗大半斗"擴大 6 倍後"粟""米""麥"三物各自的數量，即粟 36、米 60、麥 40。中国古算書研究会學者將"物"訓作"比例之數"，② 未安。

【今譯】

計算方法：將 10 斗粟換作糲米 6 斗，10 斗糲米爲 10 斗，10 斗麥換作糲米 $6\frac{2}{3}$ 斗，各擴大 6 倍，將乘積相加作除數；然後（在籌算板上）設置粟所換糲米數 6 斗、糲米 10 斗、麥所換糲米數 $6\frac{2}{3}$ 斗，也各擴大 6 倍，計算完畢，然後把粟、糲米、麥的數量相加，總共 30 斗，用擴大了 6 倍之後的粟對應的糲米數、糲米斗數、麥對應的糲米數分別乘以 30 斗作爲被除數，相除即得以斗爲單位的結果，除不盡的餘數，就用除數作其分母。

---

① 張家山二四七號漢墓竹簡整理小組編著《張家山漢墓竹簡 [二四七號墓]》（釋文修訂本），文物出版社，2006，第 136 頁。

② 〔日〕中国古算書研究会編『岳麓書院藏秦簡「數」訳注』，京都朋友書店，2016，第 106 頁。

[059] 少廣類之一

【釋文】

少廣[1] 下[2]有[3]半，以【一】[4]爲二，半爲一，同之三以爲法，赤（亦）[5]直（置）二百卌步，亦以一爲二[6]，爲四百仐（八十）步，除，如法得一步，爲從百卒（六十）[7]₁₆₀（₀₉₄₂）步，令與廣相乘也而成田一畝。₅₈（₀₇₆₁）

下有四分，以一爲十二，以半爲六∟，三分爲四₌（四，四）分爲三，同之廿五以爲法，直（置）二百卌步，亦以一爲十二，爲二千八百仐（八十）步，₁₆₁（₀₉₄₉）除之，如法得一步，爲從百一十五步有（又）廿五分步五，成[8]一畝。₁₆₂（₀₈₄₆）

下有五分，以一爲卒（六十），以半爲卅∟，三分爲廿∟，四分爲十五₌（五，五）分爲十二，同之百卅七以爲法，直（置）二百卌步，亦以一爲卒（六十），₁₆₃（₀₈₁₁）爲萬四千四百，除之，如法得一步，爲從百五步有（又）百卅七分步十五，成一畝。₁₆₄（₀₈₅₀）

下有七分，以一爲四百廿，以半爲二百一十∟，三分爲百卌∟，四分爲分爲[9]百五₌（五，五）分爲仐（八十）四∟，六分爲七（七十），七分爲卒（六十），同之千□[10]₁₆₅（₀₉₄₈）□【仐（八十）九以爲】[11]法，直（置）二百卌步，亦以一爲四百廿，爲十萬八百，除【之】[12]，□如[13]法得一步，爲從卆（九十）二步有（又）千仐（八十）九分步六百一十二，成田一畝。₁₆₆（₂₁₀₃₊₂₁₆₀）

下有八分，以一爲八百卌∟，以半爲四百廿∟，三分爲二百仐（八十）∟，四分爲二百一十∟，五分爲百卒（六十）八∟，六分爲百卌∟，七分爲₁₆₇（₀₈₂₁）百廿∟，八分爲百五，同之二千[14]二百仐（八十）三爲法，直（置）二百卌步，亦以一爲八百卌，爲廿萬一千【六百】[15]，除之，如法得一步，【爲從仐（八十）八】[16]₁₆₈（₀₇₆₃）〖步有（又）二千二百仐（八十）三分步六百卆（九十）六，成田一畝〗。

下有十分，以【一】爲二千五百廿∟，半爲千二百卒（六十）∟，三分爲八百卌∟，四分爲六百卅∟，五分爲五百四，六分爲四百廿，七分爲三百空（六十），八分 169（0958）爲三百一十五∟，九分爲二百伞（八十）∟，十【分】爲二百卒（五十）二，同之七千三百伞（八十）一以爲法，直（置）二百卌步，亦以一爲二千五百廿，凡卒（六十）萬四千八百，除 170（0789）之，如法得一步，爲從伞（八十）一步有（又）七千三百伞（八十）一分步之六千九百卅九，成田一畝。[17] 171（0855）

【校釋】

[1] 少廣，意爲截取田長的少量以增加田廣。① 簡文“少廣”二字當是題名而不是術名，本釋文空兩個字符予以標識。本組簡共有六個例題，以“一畝之田，廣一步，長二百四十步”爲基礎，把田廣由 1 步依次增加 $\frac{1}{2}$ 步、$\frac{1}{4}$ 步、$\frac{1}{5}$ 步、$\frac{1}{7}$ 步、$\frac{1}{8}$ 步、$\frac{1}{10}$ 步，求相應的田長。各例題的結構是：題設、算法、答案，甚至還有驗算“成田一畝”（或“成一畝”）。可見，“少廣”二字之下，是例題而不是術文，故“少廣”二字是題名。許道勝認爲“應是術文的引首語而非題名”。②

[2] 下，古算分數加法運算中求各分母最小公倍數的用語，指將諸分數按分母數值從小到大的順序在籌算板上從上到下設置，“下”就是位於籌算板最下面的分數。這裏的“下”就是《九章算術》“少廣術”所説的“最下”。③ 許道勝認爲：“下，指‘法’，即分母。”④

本算題各例題的最小公倍數分別爲 2、12、60、420、840、2520，無一例外地算得了諸分母的最小公倍數。⑤

---

① 周序林、張顯成、何均洪：《漢簡〈算數書〉“少廣術”求最小公倍數法》，《西南民族大學學報》（自然科學版）2021 年第 4 期。
② 許道勝：《嶽麓秦簡〈爲吏治官及黔首〉與〈數〉校釋》，武漢大學博士學位論文，2013，第 208 頁。
③ 郭書春：《〈九章算術〉新校》，中國科學技術出版社，2014，第 119 頁。
④ 許道勝：《嶽麓秦簡〈爲吏治官及黔首〉與〈數〉校釋》，武漢大學博士學位論文，2013，第 208 頁。
⑤ 利用“少廣術”求最小公倍數法，參見周序林、張顯成、何均洪《漢簡〈算數書〉“少廣術”求最小公倍數法》，《西南民族大學學報》（自然科學版）2021 年第 4 期。

[3] 有，相當於"爲"。《經傳釋詞》卷三："有，猶'爲'也。《周語》曰：'胡有子然其效戎狄也?'言胡爲其效戎狄也……'爲''有'一聲之轉，故'爲'可訓爲'有'，'有'亦可訓爲'爲'。"[1]

[4] 此處脱"一"字，當作"以一爲二"，即把各數擴大 2 倍，目的是把參與運算的 $\frac{1}{2}$ 轉化爲整數。其餘五個例題中的"以一爲十二／六十／四百廿／八百卅／二千五百廿"，以此類推。

[5] 赤，即"亦"字。原整理者認爲"赤"爲"亦"之訛。[2] 馬王堆漢墓帛書《戰國縱橫家書·麛皮對邯鄲君章》："則使臣赤（亦）敢請其日以復於□君乎?"《長沙馬王堆漢墓簡帛集成》編者注曰："原釋文'赤'字讀爲'亦'，是。'赤'、'亦'音近，《説文》'赦'字或體作'㤅'。"[3] 譚競男認爲"赤"讀爲"亦"。[4]

[6] 因爲分母擴大了 2 倍，爲了保持分數的值不變，分子 240 積步也要擴大 2 倍，故簡文曰"直（置）二百卌步，亦以一爲二"。其餘五個例題的"直（置）二百卌步，亦以一爲十二／六十／四百廿／八百卅／二千五百廿"，以此類推。

[7] 蔡丹將簡 58（0761）與簡 160（0942）編聯。[5] 本組例題中完整的例題均以算得的田長步數和"成田一畝"（或"成一畝"）結尾。反觀本例題結尾處，其答案只有田長的數值而無單位"步"，也没有"成田一畝"（或"成一畝"），其中，"成田一畝"（或"成一畝"）表示驗算，即求得的田長乘以已知的田寬得田 1 畝。《筭數書》"少廣術"簡 165（H80）~166（H83）驗算方法作"復之，即以廣乘從（縱），令復爲二百卌步田一畝"，其下

① （清）王引之:《經傳釋詞》，嶽麓書社，1982，第 63 頁。
② 蕭燦:《嶽麓書院藏秦簡〈數〉研究》，湖南大學博士學位論文，2010，第 79 頁；蕭燦:《嶽麓書院藏秦簡〈數〉研究》，中國社會科學出版社，2015，第 99 頁；朱漢民、陳松長主編《嶽麓書院藏秦簡（貳）》，上海辭書出版社，2011，第 119 頁。
③ 湖南省博物館、復旦大學出土文獻與古文字研究中心編纂《長沙馬王堆漢墓簡帛集成（叁）》，中華書局，2014，第 264 頁。
④ 譚競男:《出土秦漢算術文獻若干問題研究》，武漢大學博士學位論文，2016，第 129 頁。
⑤ 蔡丹:《讀〈嶽麓書院藏秦簡（貳）〉札記三則》，《江漢考古》2013 年第 4 期。

各例題多作"乘之田一畝"。^① 而簡 58（0761）"步令與廣相乘也而成田一畝"正好可以彌補簡 160（0942）所缺，因此應該將此二簡編聯。原整理者將簡 58（0761）置入"面積類算題"。^② 中国古算書研究会學者把本簡分列並置於"少廣"類。^③

　　[8] 許道勝在此處及"下有五分"例題中的"成一畝"補"田"字而作"成田一畝"。^④ 似無必要。

　　[9] 簡文"分爲"在此處連續出現兩次，後者爲衍文。

　　[10] 據蕭燦，本簡長 27 釐米，簡尾稍殘，^⑤ 較正常簡長 27.5 釐米僅相差 0.5 釐米，我們加"☑"以反映竹簡殘斷這一實際情況。據此推測，簡文"千"當爲本簡末字，"千"之後所缺簡文當書寫於簡 166（2103+2160）殘斷的簡首。

　　[11] 據上引蕭燦，簡 2103 上下均殘斷。據計算及簡文下文"千仐（八十）九分步"推斷，簡首尚缺"仐（八十）九"；另據文意及各例題文例多作"以爲法"推斷，還缺"以爲法"三字。故殘斷的簡首可補"仐（八十）九以爲"諸字，殘簡簡首殘存墨迹當是"法"字殘劃。

　　[12] 竹簡殘斷。簡文"八"僅存撇筆且漫漶不清，"百""除"僅存左部。據計算結果、殘存筆劃及簡文文例，當爲"八百除"三字。據各例題多用"除之"的文例，"除"字之後可能還有"之"字。

　　[13] 竹簡殘斷。簡文"如"僅存左部且漫漶。據殘存筆劃和文例、文意，當爲"如"字。

　　[14] 據上引蕭燦，本簡文字漫漶，導致本簡多處文字不清甚

①　張家山二四七號漢墓竹簡整理小組編著《張家山漢墓竹簡 [二四七號墓]》（釋文修訂本），文物出版社，2006，第 154~156 頁。
②　蕭燦：《嶽麓書院藏秦簡〈數〉研究》，湖南大學博士學位論文，2010，第 40 頁；朱漢民、陳松長主編《嶽麓書院藏秦簡（貳）》，上海辭書出版社，2011，第 63 頁；蕭燦：《嶽麓書院藏秦簡〈數〉研究》，中國社會科學出版社，2015，第 51 頁。
③　〔日〕中国古算書研究会編『岳麓書院藏秦簡「数」訳注』，京都朋友書店，2016，第 13 頁。
④　許道勝：《嶽麓秦簡〈爲吏治官及黔首〉與〈數〉校釋》，武漢大學博士學位論文，2013，第 209 頁。
⑤　蕭燦：《嶽麓書院藏秦簡〈數〉研究》，中國社會科學出版社，2015，第 173 頁。

至不可識。

[15] 竹簡此處當容二字，據計算當爲"六百"。

[16] 本例題尚缺答案"爲從卌（八十）八步有（又）二千二百卌（八十）三分步六百卆（九十）六"和驗算"成田一畝"。簡文僅存少許墨迹，已不可辨識。此處與第三道編繩之間當容四字"爲從卌（八十）八"，其餘文字當書於另簡。

[17] 各例題計算如下。

下有半：240 積步 ÷（1+$\frac{1}{2}$）步 =480 積步 ÷（2+1）步 = 480 積步 ÷3 步 =160 步；下有四分：240 積步 ÷（1+$\frac{1}{2}$+$\frac{1}{3}$+$\frac{1}{4}$）步 = 2880 積步 ÷（12+6+4+3）步 =2880 積步 ÷25 步 =115$\frac{5}{25}$ 步；下有五分：240 積步 ÷（1+$\frac{1}{2}$+$\frac{1}{3}$+$\frac{1}{4}$+$\frac{1}{5}$）步 =14400 積步 ÷（60+30+20+15+12）步 =14400 積步 ÷137 步 =105$\frac{15}{137}$ 步；下有七分：240 積步 ÷（1+$\frac{1}{2}$+$\frac{1}{3}$+$\frac{1}{4}$+$\frac{1}{5}$+$\frac{1}{6}$+$\frac{1}{7}$）步 =100800 積步 ÷（420+210+140+105+84+70+60）步 =100800 積步 ÷1089 步 = 92$\frac{612}{1089}$ 步；下有八分：240 積步 ÷（1+$\frac{1}{2}$+$\frac{1}{3}$+$\frac{1}{4}$+$\frac{1}{5}$+$\frac{1}{6}$+$\frac{1}{7}$+$\frac{1}{8}$）步 =201600 積步 ÷（840+420+280+210+168+140+120+105）步 =201600 積步 ÷2283 步 =88$\frac{696}{2283}$ 步；下有十分：240 積步 ÷（1+$\frac{1}{2}$+$\frac{1}{3}$+$\frac{1}{4}$+$\frac{1}{5}$+$\frac{1}{6}$+$\frac{1}{7}$+$\frac{1}{8}$+$\frac{1}{9}$+$\frac{1}{10}$）步 =604800 積步 ÷（2520+1260+840+630+504+420+360+315+280+252）步 =604800 積步 ÷7381 步 =81$\frac{6939}{7381}$ 步。

【今譯】

少廣　　田寬在籌算板最下面的分數是 $\frac{1}{2}$，以 1 爲 2，以 $\frac{1}{2}$ 爲

1，相加得 3 步作爲除數，又設置 240 積步，也以 1 爲 2，240 積步爲 480 積步，相除，480 積步除以除數即得以步爲單位的結果，得田長 160 步，令田長與田寬相乘得田 1 畝。

田寬在籌算板最下面的分數是 $\frac{1}{4}$，以 1 爲 12，以 $\frac{1}{2}$ 爲 6，以 $\frac{1}{3}$ 爲 4，以 $\frac{1}{4}$ 爲 3，相加得 25 步作爲除數，設置 240 積步，也以 1 爲 12，240 積步爲 2880 積步，除 2880 積步，2880 積步除以除數即得以步爲單位的結果，得田長 $115\frac{5}{25}$ 步，田寬乘以田長得田 1 畝。

田寬在籌算板最下面的分數是 $\frac{1}{5}$，以 1 爲 60，以 $\frac{1}{2}$ 爲 30，以 $\frac{1}{3}$ 爲 20，以 $\frac{1}{4}$ 爲 15，以 $\frac{1}{5}$ 爲 12，相加得 137 步作爲除數，設置 240 積步，也以 1 爲 60，240 積步爲 14400 積步，除 14400 積步，14400 積步除以除數即得以步爲單位的結果，得田長 $105\frac{15}{137}$ 步，田寬乘以田長得田 1 畝。

田寬在籌算板最下面的分數是 $\frac{1}{7}$，以 1 爲 420，以 $\frac{1}{2}$ 爲 210，以 $\frac{1}{3}$ 爲 140，以 $\frac{1}{4}$ 爲 105，以 $\frac{1}{5}$ 爲 84，以 $\frac{1}{6}$ 爲 70，以 $\frac{1}{7}$ 爲 60，相加得 1089 步作爲除數，設置 240 積步，也以 1 爲 420，240 積步爲 100800 積步，除 100800 積步，100800 積步除以除數即得以步爲單位的結果，得田長 $92\frac{612}{1089}$ 步，田寬乘以田長得田 1 畝。

田寬在籌算板最下面的分數是 $\frac{1}{8}$，以 1 爲 840，以 $\frac{1}{2}$ 爲 420，以 $\frac{1}{3}$ 爲 280，以 $\frac{1}{4}$ 爲 210，以 $\frac{1}{5}$ 爲 168，以 $\frac{1}{6}$ 爲 140，以 $\frac{1}{7}$ 爲 120，以 $\frac{1}{8}$ 爲 105，相加得 2283 步作爲除數，設置 240 積步，也以 1 爲 840，240 積步爲 201600 積步，除 201600 積步，201600 積步除以除數即得以步爲單位的結果，得田長 $88\frac{696}{2283}$ 步，田寬乘以田長得田 1 畝。

田寬在籌算板最下面的分數是 $\frac{1}{10}$，以 1 爲 2520，以 $\frac{1}{2}$ 爲 1260，以 $\frac{1}{3}$ 爲 840，以 $\frac{1}{4}$ 爲 630，以 $\frac{1}{5}$ 爲 504，以 $\frac{1}{6}$ 爲 420，以 $\frac{1}{7}$ 爲 360，以 $\frac{1}{8}$ 爲 315，以 $\frac{1}{9}$ 爲 280，以 $\frac{1}{10}$ 爲 252，相加得 7381 步作爲除數，設置 240 積步，也以 1 爲 2520，240 積步爲 604800 積步，除 604800 積步，604800 積步除以除數即得以步爲單位的結果，得田長 $81\frac{6939}{7381}$ 步，田寬乘以田長得田 1 畝。

[060] 少廣類之二

【釋文】

迷（術）曰：以少廣曰[1]，下有三分，以一爲六，凡成十一[2] 以爲[3] 法，亦令材[4] 一爲六，如法一人。[5] 172（1741）

【校釋】

[1] 簡文"以少廣曰"，原整理者於"廣"後斷讀，① 許道勝和中国古算書研究会學者則連讀。② 本釋文從後者。詳見本章"[063] 體積類之一"【校釋】之 [2]。

[2] 由簡文"下有三分，以一爲六，凡成十一"可以推知，"以一爲六"後省略了"半爲三=（三，三）分爲二"。

[3] 據原整理者，本簡完好。③ 實則不然，本簡從簡首至第二例"爲"字右部殘，諸字殘缺一半左右，不過其殘劃均可識。

[4] 本簡的上接簡缺失，僅憑本簡無法確定簡文"材"所指

① 蕭燦：《嶽麓書院藏秦簡〈數〉研究》，湖南大學博士學位論文，2010，第82頁；朱漢民、陳松長主編《嶽麓書院藏秦簡（貳）》，上海辭書出版社，2011，第125頁；蕭燦：《嶽麓書院藏秦簡〈數〉研究》，中國社會科學出版社，2015，第102頁。
② 許道勝：《嶽麓秦簡〈爲吏治官及黔首〉與〈數〉校釋》，武漢大學博士學位論文，2013，第213頁；〔日〕中国古算書研究会編『岳麓書院藏秦簡「数」訳注』，京都朋友書店，2016，第15頁。
③ 蕭燦：《嶽麓書院藏秦簡〈數〉研究》，中國社會科學出版社，2015，第174頁。

爲何，但我們推測，可能指"人"。《尚書·咸有一德》："任官惟賢材，左右惟其人。"[①] 在本簡指"人數"。從簡文術文"亦令材一爲六"可知，"材"（人數）是作被除數，又從"如法一人"可知，"材"除以 11 後所得結果的單位爲"人"。因此，訓"材"爲"人"（在本簡指"人數"）是符合本簡語境和文意的。中國古算書研究会學者和《數》簡釋文修訂者認爲："'材'可能是具備某種能力的集團。"[②]

[5] 據術文"下有三分，以一爲六，凡成十一以爲法"可以將除數表示爲（$1+\frac{1}{2}+\frac{1}{3}$）；被除數"材"（人數）的數量不明，以 x 代之。依術可以列式計算如下：x 人 $\div$（$1+\frac{1}{2}+\frac{1}{3}$）$=$（$x$ 人 $\times 6$）$\div$（$6+3+2$）$=\frac{6x}{11}$ 人。

本算題用"少廣術"顯然不是如上一算題一樣計算田長的步數，而是利用"少廣術"提供的求最小公倍數法求取諸分母的最小公倍數，[③] 然後通過將被除數和除數都乘以這個最小公倍數的方式，把分數轉化爲整數進行運算，從而使得運算更簡便。

【今譯】

計算方法：用少廣術，籌算板最下面的分數是 $\frac{1}{3}$，以 1 爲 6，（以 $\frac{1}{2}$ 爲 3，以 $\frac{1}{3}$ 爲 2，各項乘積之和）共得 11 作爲除數，也令材（人數）以 1 爲 6，相除即得以人爲單位的結果。

---

① （唐）孔穎達：《尚書正義》，（清）阮元校刻《十三經注疏》，中華書局，1980，第166 頁。

② 〔日〕中國古算書研究会編『岳麓書院藏秦簡「数」訳注』，京都朋友書店，2016，第16 頁；陳松長主編《嶽麓書院藏秦簡（壹─叁）》（釋文修訂本），上海辭書出版社，2018，第 115 頁。

③ 關於利用"少廣術"求最小公倍數法，參見周序林、張顯成、何均洪《漢簡〈算數書〉"少廣術"求最小公倍數法》，《西南民族大學學報》（自然科學版）2021 年第 4 期。

[061] 少廣類之三

【釋文】

田廣五分步四,啓從[1]三百步,成田一畝。以少廣求之。
☒[2][3]173(1833)

【校釋】

[1] 啓,開。《廣雅·釋詁三》:"啓,開也。"①《尚書·金縢》:"啓籥見書,乃并是吉。"②可與《算書》簡93（04-094）和本算書簡63（1714）的"除"一樣理解爲"切割"（見第一章"[011]徑田術"、第二章"[011]面積類之十一"）。啓從,指在田的寬度確定的情況下,將田長切割爲多少才能得田若干畝,即已知田廣（w）和田面積（S）,求田從（l）。計算公式爲:$l=S\div w$。《筭數書》有"啓廣""啓從"算題。③

[2] 許道勝認爲本算題表述不完整,完整的表述應該是:"田廣五分步四,【爲啓從（縱）幾何成田一畝。得曰:】啓從三百步,成田一畝。【術曰:】以少廣求之。"④

其實,本算題的表述是完整的,包含已知條件（田寬和面積）,答案（田長）和術。上引《筭數書》"啓從"算題簡162（H97）也有這樣的例題:"廣八分步之六,求田一〈七〉分【步】之四。其從（縱）廿一分【步】之十六"（其後有術文）,構成要素是已知條件（田寬和面積）,答案和術,與本算題類似。

另,據原整理者,本簡下段殘,斷口整齊。⑤我們加斷簡符號

---

① （清）王念孫:《廣雅疏證》,中華書局,1983,第107頁。

② （唐）孔穎達:《尚書正義》,（清）阮元校刻《十三經注疏》,中華書局,1980,第196頁。

③ 張家山二四七號漢墓竹簡整理小組編著《張家山漢墓竹簡[二四七號墓]》（釋文修訂本）,文物出版社,2006,第153~154頁。

④ 許道勝:《嶽麓秦簡〈爲吏治官及黔首〉與〈數〉校釋》,武漢大學博士學位論文,2013,第214頁。

⑤ 蕭燦:《嶽麓書院藏秦簡〈數〉研究》,中國社會科學出版社,2015,第174頁。

"▨"以反映本簡實際狀況。

[3] 依據題意用"少廣術"計算如下：240 積步 ÷ $\frac{4}{5}$ 步 =（240 積步 ×5）÷4 步 =300 步。《數》簡釋文修訂者計算爲： $\frac{4}{5}$ ×300=240 （步 ^{2} ）。[①] 這種計算不合題意。

【今譯】

田寬 $\frac{4}{5}$ 步，將田長切割爲 300 步，成田 1 畝。用"少廣術"計算。

[062]　少廣類之四

【釋文】

⠶ ▨ □[1] 即以少廣曰，下有三分，以一爲[2] ▨ 六，凡成百 卋六以爲法。 174（J02）

【校釋】

[1] 本簡含兩段竹簡，第一段上下均殘。[②] 彩色圖版較紅外綫 圖版更完整，[③] 本釋文據彩色圖版釋讀。

[2] 學界釋文中此處有釋讀符號"□"，[④] 意即該字不可釋讀。

---

① 陳松長主編《嶽麓書院藏秦簡（壹—叁）》（釋文修訂本），上海辭書出版社，2018，第 115 頁。

② 蕭燦：《嶽麓書院藏秦簡〈數〉研究》，中國社會科學出版社，2015，第 174 頁。

③ 圖版見朱漢民、陳松長主編《嶽麓書院藏秦簡（貳）》，上海辭書出版社，2011，第 24、125 頁。

④ 蕭燦：《嶽麓書院藏秦簡〈數〉研究》，湖南大學博士學位論文，2010，第 82 頁；朱 漢民、陳松長主編《嶽麓書院藏秦簡（貳）》，上海辭書出版社，2011，第 125 頁； 蕭燦：《嶽麓書院藏秦簡〈數〉研究》，中國社會科學出版社，2015，第 103 頁；蘇 意雯、蘇俊鴻、蘇惠玉等：《〈數〉簡校勘》，《HPM 通訊》2012 年第 15 卷第 11 期； 許道勝：《嶽麓秦簡〈爲吏治官及黔首〉與〈數〉校釋》，武漢大學博士學位論文， 2013，第 215 頁；謝坤：《嶽麓書院藏秦簡〈數〉校理及數學專門用語研究》，西南 大學碩士學位論文，2014，第 61 頁；〔日〕中国古算書研究会編『岳麓書院藏秦簡 「数」訳注』，京都朋友書店，2016，第 18 頁。

許道勝將兩段殘簡的彩色圖版進行了拼合（）。^①可見，竹簡實際上是於"爲"字下部斷裂，因而將"爲"字一分爲二。《數》簡釋文修訂者認爲："簡 J02 分爲兩段殘片，從數據分析來看，這兩段簡不屬於同一算題。"^②

【今譯】

……就用"少廣術"計算，籌算板最下面的分數是$\frac{1}{3}$，以 1 爲 6，（各項乘積之和）總計得 136 作除數。

[063] 體積類之一

【釋文】

倉廣二丈五尺。問：袤幾可（何）容禾萬石？曰：袤卅丈。術（術）曰：以廣乘高【爲】^[1]法，即曰^[2]，禾石居^[3]十二尺，萬石^[4]十二萬 175（0498）尺爲實＝（實，實）如法得袤一尺。其以求高及廣皆如此。^[5] 176（0645）

【校釋】

[1] 此處脱一"爲"字。

[2] 即曰，用於引入某種標準或算法，這裏是引入"禾石居十二尺"這一標準。不見於《九章算術》。《筭數書》一見，見於"少廣"算題簡 164（H81）~165（H80）："投少廣之術曰：先直（置）廣，即曰，下有若干步，以一爲若干，以半爲若干㇄，以三分爲若干，積分以盡所投分，同之以爲法。"^③本算書二見，除本簡外，還見於簡 213（0304）~214（0457）："☐有園（圜）材薶（埋）地，不智（知）小大，斲之，入材一寸而得平一尺。問：材

---

① 許道勝：《嶽麓秦簡〈爲吏治官及黔首〉與〈數〉校釋》，武漢大學博士學位論文，2013，第 216 頁。

② 陳松長主編《嶽麓書院藏秦簡（壹—叁）》（釋文修訂本），上海辭書出版社，2018，第 115 頁。

③ 按：此釋文據圖版釋讀。圖版見張家山二四七號漢墓竹簡整理小組編著《張家山漢墓竹簡[二四七號墓]》，文物出版社，2001，第 96 頁。

周大幾可（何）? 即曰：半平得五寸，令相乘也，以深一寸爲法，如法得一寸，有（又）以深益之，即材徑也。"（見第四章"[088]勾股類"）"即曰"的另一種表達式爲"（即）以……曰"，不見於《筭數書》和《九章算術》，見於本算書簡 172（1741）"以少廣曰"和簡 174（J02）"即以少廣曰"（見本章"[060] 少廣類之二"、"[062] 少廣類之四"）。

[3] 居，佔據。《廣雅·釋言》："居，據也。"① 《商君書·算地》："故爲國任地者，山林居什一。"②

[4] 此處承前省一"居"字。

[5] 本算題缺倉的高度這一已知條件，但據逆運算可推知高爲 12 尺，則本算題可依術計算如下：120000 積尺 ÷（25 尺 × 高）= 400 尺，即 40 丈。簡文"禾石居十二尺"並不是本算題倉的高度這一已知條件，而是 1 萬石禾換算爲積尺的換算標準。

此外，簡文"倉廣二丈五尺""君（實）如法得袤一尺"之"尺"都是長度單位，"禾石居十二尺，萬石十二萬尺"之"尺"均是體積單位。古算表體積時使用長度單位，③ 本算題的倉爲高 12 尺、底邊長 400 尺、寬 25 尺的長方體，古人計算其體積的意思是把這個長方體轉化爲底面邊長爲 1 尺的正方形後所得的高度 120000 尺，顯然，簡文"十二萬尺"不是普通意義上的長度，而是相對於底面面積爲 1 積尺而言的長度，即"積尺"。簡文"十二尺"的含義以此推之。凡是論及古算體積，本書都用"積 + 長度單位"表示，如積寸、積尺等，而不用"立方"表示。例如本算題"十二尺"作 12 積尺而不作 12 立方尺。

【今譯】

倉寬 2 丈 5 尺。問：長多少能容 1 萬石？答：長 40 丈。計算方法：用寬乘以高作爲除數，根據 1 石禾爲 12 積尺的標準，1 萬

---

① （清）王念孫:《廣雅疏證》，中華書局，1983，第 155 頁。

② 高亨:《商君書注譯》，中華書局，1974，第 61 頁。

③ 詳見鄒大海《中國數學在奠基時期的形態、創造與發展：以若干典型案例爲中心的研究》，廣東人民出版社，2022，第 290~294 頁。

石爲 12 萬積尺作爲被除數，被除數除以除數即得以尺爲單位的長。求高和寬的方法都是這樣。

[064] 體積類之二

【釋文】

倉廣五丈，袤七丈，童[1]高二丈。今粟在中，盈與童平。粟一石居二尺七寸。問：倉積尺及容粟各幾 177（0801）可（何）？曰：積尺七萬尺，容粟二萬五千九百廿五石廿七分石廿五。述（術）曰：廣袤相乘，有（又）以高乘之，即尺；以二尺[2][3] 178（0784）

【校釋】

[1] 童，本指頭上未長角或無角的牛羊。《釋名·釋長幼》："牛羊之無角者曰童。"①《詩經·大雅·抑》："彼童而角，實虹小子。"毛傳："童，羊之無角者也。"②引申指頂部平整的幾何體。古算書所見的這種幾何體有倒四棱臺體和長方體。如《筭數書》"芻"算題簡 144（H30）和《九章算術》的"芻童"之"童"，李籍音義："徒紅切，如倒置斫石。"③即上底大於下底的四棱臺體。"童"在本算題中是長方體，指長方體形糧倉。

有學者似乎不能確定"童"的含義。原整理者轉引彭浩認爲："童，一釋爲'芻童'，一種方棱臺體；一釋爲'棟'。據《九章算術·芻童》注：'舊説云，凡積芻有上下廣曰童'，再考察此算題的題設條件和計算，可知此題中'童高'就是指的長方體倉的高度，此題描述的並不是一個上下廣不等的'童'形體。'盈與

---

① （漢）劉熙：《釋名》，中華書局，1985，第 42 頁。
② （唐）孔穎達：《毛詩正義》，（清）阮元校刻《十三經注疏》，中華書局，1980，第 556 頁。
③ 張家山二四七號漢墓竹簡整理小組編著《張家山漢墓竹簡 [二四七號墓]》（釋文修訂本），文物出版社，2006，第 151 頁；（唐）李籍：《九章算術音義》，《四庫全書》（景印文淵閣版），臺北商務印書館，1986，第 797 冊第 134 頁。

童平'即糧食堆積與倉上部相平。"[1]蘇意雯等在"童高二丈"下注曰："雖然有出現'童'字，但從後面的計算過程來看，本題的立體應該不是'芻童'，而是長方體。"在"盈與童平"下注曰："（童）在此指長方體的高。"[2]許道勝認爲："童，疑讀爲'棟'，據術文爲倉的一種指標。《筭數書》144~145 有'芻童'，與此簡的'童'不同。"[3]謝坤在"盈與童平"下注曰："童，在此指長方體的高度。"[4]中國古算書研究会學者則明示"童"字語義不詳。[5]

[2] 簡文已經書寫至第三道編繩，但術文尚未書寫完畢，剩餘術文當書於另簡，其大意是（2 尺）7 寸除 7 萬尺即容粟。

[3] 依術計算如下：廣 × 袤 × 高 =5 丈 × 7 丈 × 2 丈 =70000 積尺（糧倉容積）；70000 積尺 ÷ 2 積尺 7 積寸 / 石 =25925$\frac{25}{27}$石（容粟量）。

【今譯】

糧倉寬 5 丈，長 7 丈，倉高 2 丈。假如把粟裝在倉裏面，裝至與倉一樣高。1 石粟爲 2 積尺 7 積寸。問：倉的體積和所容粟各多少？答：體積 70000 積尺，容粟 25925$\frac{25}{27}$石。計算方法：寬、長相乘，然後乘以高，即爲積尺；用 2 積尺（7 積寸除 7 萬積尺，得容粟量。）

---

① 蕭燦:《嶽麓書院藏秦簡〈數〉研究》，湖南大學博士學位論文，2010，第 83 頁；朱漢民、陳松長主編《嶽麓書院藏秦簡（貳）》，上海辭書出版社，2011，第 127 頁；蕭燦:《嶽麓書院藏秦簡〈數〉研究》，中國社會科學出版社，2015，第 104 頁。

② 蘇意雯、蘇俊鴻、蘇惠玉等:《〈數〉簡校勘》，《HPM 通訊》2012 年第 15 卷第 11 期。

③ 許道勝:《嶽麓秦簡〈爲吏治官及黔首〉與〈數〉校釋》，武漢大學博士學位論文，2013，第 219 頁。

④ 謝坤:《嶽麓書院藏秦簡〈數〉校理及數學專門用語研究》，西南大學碩士學位論文，2014，第 63 頁。

⑤〔日〕中國古算書研究会編『岳麓書院藏秦簡「数」訳注』，京都朋友書店，2016，第 63 頁。

[065]　體積類之三

【釋文】

城^[1] 止（址）^[2] 深四尺，廣三丈三尺，袤二丈五尺，積尺三千三百尺^[3]。术（術）曰：以廣乘袤有（又）乘深，即成∟。唯^[4]筑（築）^[5]城止（址）與此等。^[6]₁₇₉（₁₇₄₇）

【校釋】

[1] 城，都邑四周用作防守的墙垣。《墨子·七患》：“城者，所以自守也。”①

[2] 止，即“阯”字，或作“址”，義爲地基。《説文·阜部》：“阯，基也。址，阯或从土。”②

[3] 查看圖版，在簡文“百”與“术（術）”之間（圖 3-5），有墨迹似“尺”字。此處爲第二道編繩所處位置，“尺”字當爲編繩所壞。許道勝最初於此補一“尺”字，認爲：“此簡‘尺’字多寫得短而寬。看簡影，‘百’下編繩處似有短而寬的墨蹟，據殘劃、文例當爲‘尺’字，故補。”③後認爲，據文意，“百”下可補“尺”字。④

圖 3-5

①　（清）孫詒讓：《墨子閒詁》，《續修四庫全書》，上海古籍出版社，2002，第 1121 册第 18 頁。

②　（漢）許慎撰，（宋）徐鉉等校定《説文解字》，上海古籍出版社，2007，第 728 頁。

③　許道勝：《〈嶽麓書院藏秦簡（貳）〉初讀補（一）》，簡帛網 2012 年 2 月 25 日。

④　許道勝：《嶽麓秦簡〈爲吏治官及黔首〉與〈數〉校釋》，武漢大學博士學位論文，2013，第 220 頁。

[4] 唯，助詞，用於句首，沒有實義。《經傳釋詞》卷三："惟，發語詞也……字或作'唯'。"①

[5] 筑，一種樂器。《説文·竹部》："筑，五弦之樂也。"②這裏通"築"。築，搗土使之堅實。《説文·木部》："築，擣也。从木，筑聲。"③引申爲修建。《詩經·大雅·緜》："曰止曰時，築室于兹。"④

[6] 本算題可依術計算如下：廣 × 袤 × 深 =3 丈 3 尺 × 2 丈 5 尺 × 4 尺 =3300 積尺。

【今譯】

城墙的地基深 4 尺，長 3 丈 3 尺，寬 2 丈 5 尺，體積 3300 積尺。計算方法：用長乘以寬，再乘以深，即得結果。計算所建造的城墙地基與此相同。

[066]　體積類之四

【釋文】

投[1] 城之述（術）曰：丼上下厚而半之，以【高】[2] 袤乘之，即成尺[3]。[4]₁₈₀（₀₇₆₇）

【校釋】

[1] 投，原整理者釋作"救"，校改爲"求"。⑤當釋爲"投"，訓爲"計算"（詳見"緒論"之"漢語史價值"）。《筭數書》"里

① （清）王引之：《經傳釋詞》，嶽麓書社，1982，第 54 頁。
② （漢）許慎撰，（宋）徐鉉等校定《説文解字》，上海古籍出版社，2007，第 223 頁。
③ （漢）許慎撰，（宋）徐鉉等校定《説文解字》，上海古籍出版社，2007，第 279 頁。
④ （唐）孔穎達：《毛詩正義》，（清）阮元校刻《十三經注疏》，中華書局，1980，第 510 頁。
⑤ 蕭燦：《嶽麓書院藏秦簡〈數〉研究》，湖南大學博士學位論文，2010，第 84 頁；朱漢民、陳松長主編《嶽麓書院藏秦簡（貳）》，上海辭書出版社，2011，第 128 頁；蕭燦：《嶽麓書院藏秦簡〈數〉研究》，中國社會科學出版社，2015，第 105 頁。

田”算題簡 188（H88）“直（置）提封以此爲之”,^① 其“直（置）”與“投”同義。“直（置）提封以此爲之”意即計算封界内田地總數用這個方法。

[2] 簡文脱一“高”字。

[3] 即成尺，意爲即得積尺。簡 178（0784）作“即尺”（見本章“[064] 體積類之二”），簡 179（1747）作“即成”（見本章“[065] 體積類之三”），均表“即得積尺”。蘇意雯、謝坤等認爲此“成”應是“城”字,^② 許道勝認爲：“蘇意雯等的意見合理。另，‘成’讀如字，解作‘成爲’或‘得到’亦通。”^③

[4] 本算題的“城”爲上下底面平行、上下底的長相等而寬不等的六面體。設城的體積爲 V，上、下厚分别爲 a、b，高爲 h，袤爲 l，依術列出公式如下：$V=\dfrac{a+b}{2}hl$。

【今譯】

計算城墙（體積）的方法：把上下厚相加除以 2，用高和長乘其得數，即得積尺。

[067] 體積類之五

【釋文】

城下后（厚）^[1] 三丈，上后（厚）二丈，高三丈，袤丈，爲積尺七千五百尺。^[2] ₁₈₁（0996）

【校釋】

[1] 后，與“厚”通。“后”“厚”二字古音均屬匣母、侯部，

---

① 張家山二四七號漢墓竹簡整理小組編著《張家山漢墓竹簡[二四七號墓]》（釋文修訂本），文物出版社，2006，第 157 頁。

② 蘇意雯、蘇俊鴻、蘇惠玉等:《〈數〉簡校勘》,《HPM 通訊》2012 年第 15 卷第 11 期；謝坤:《嶽麓書院藏秦簡〈數〉校理及數學專門用語研究》，西南大學碩士學位論文，2014，第 64 頁。

③ 許道勝:《嶽麓秦簡〈爲吏治官及黔首〉與〈數〉校釋》，武漢大學博士學位論文，2013，第 221 頁。

爲同音假借。《説文通訓定聲・需部》："后，叚借爲後……又爲厚。"[1] 亦見於本算書簡 198（1843）、182（1740）（見本章"[069] 體積類之七""[070] 體積類之八"）。

[2] 據本章"[066] 體積類之四"【校釋】之 [4] 所得公式，計算如下：$V = \dfrac{a+b}{2}\, hl = \dfrac{2\,丈 + 3\,丈}{2} \times 3\,丈 \times 1\,丈 = 7500$ 積尺。

【今譯】

城墻下厚 3 丈，上厚 2 丈，高 3 丈，長 1 丈，得 7500 積尺。

[068]　體積類之六

【釋文】

城上廣二丈，下廣五丈，上袤六丈六尺，下毋袤，高六丈四尺，積尺六萬三千三百卒（六十）尺∟。术（術）曰：以上 [1][2] ₁₉₅（0456）

【校釋】

[1] 簡文已書寫至第三道編繩之上，但術文尚未書寫完畢，所餘術文當書於另簡。

[2] 中国古算書研究会學者據題意繪製了幾何圖形（圖 3-6）。[2]《九章算術》"商功"章第 17 題："今有羨除，下廣六尺，上廣一丈，深三尺；末廣八尺，無深；袤七尺。問：積幾何？答：八十四尺。術曰：并三廣，以深乘之，又以袤乘之，六而一。"[3] 其術文中的"三廣"分別指"上廣""下廣""末廣"。此"羨除"題與本簡所載算題的算法實際上一致，本簡所缺術文，當與此一致，就本算題而言，"末廣"與"上廣"相等。

---

① 〔清〕朱駿聲：《説文通訓定聲》，中華書局，2016，第 352 頁。
② 〔日〕中国古算書研究会編『岳麓書院藏秦簡「數」訳注』，京都朋友書店，2016，第 66 頁。
③ 郭書春：《〈九章算術〉新校》，中國科學技術出版社，2014，第 168 頁。

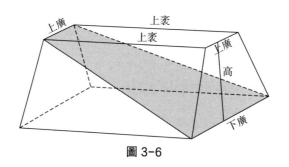

圖 3-6

設 "城" 的體積爲 V，則：$V = \dfrac{(上廣 + 上廣 + 下廣) \times 高 \times 袤}{6} = \dfrac{(20 尺 + 20 尺 + 50 尺) \times 64 尺 \times 66 尺}{6} = 63360$ 積尺。原整理者的計算方法與此不同。[①]

【今譯】

城牆上底寬 2 丈，下底寬 5 丈，上底長 6 丈 6 尺，下底無長，高 6 丈 4 尺，體積 63360 積尺。計算方法：用上……

[069]　體積類之七

【釋文】

……□城下后（厚）[1]三丈□二□……198（1843）

【校釋】

[1] 后，與 "厚" 通。亦見於本算書簡 181（0996）、182（1740）（見本章 "[067] 體積類之五" "[070] 體積類之八"）。

【今譯】

……城牆的下底寬 3 丈……2……

---

① 蕭燦：《嶽麓書院藏秦簡〈數〉研究》，湖南大學博士學位論文，2010，第 96 頁；朱漢民、陳松長主編《嶽麓書院藏秦簡（貳）》，上海辭書出版社，2011，第 141 頁；蕭燦：《嶽麓書院藏秦簡〈數〉研究》，中國社會科學出版社，2015，第 119 頁。

[070]　體積類之八

【釋文】

⋯ ▢[1] 尺，積尺萬五千六百∟。术（術）曰：上后（厚）乘上袤，下后（厚）乘 182（1740）下袤，并之，有（又）并上下【后（厚）】[2]、袤，相乘也，同之二千六百，以高乘之，六成一[3]。183（1746）

【校釋】

[1] 據蕭燦，簡上段殘，簡長 12.9 釐米。① 較正常簡長 27.5 釐米短了 14.6 釐米，故殘損簡文較多，爲準確解讀本算題帶來了困難。

[2] 此處脱“后”字，即“厚”字。簡文“有（又）并上下【后（厚）】、袤，相乘也”表示（上厚＋下厚）×（上袤＋下袤）。

[3] 據術文可知，（上厚 × 上袤 ＋ 下厚 × 下袤）＋（上厚＋下厚）×（上袤＋下袤）=2600 積尺（面積），2600 積尺 × 高 ÷ 6=15600 積尺（體積），可知“高”爲 36 尺。

【今譯】

⋯⋯尺，體積 15600 積尺。計算方法：上厚乘以上袤，下厚乘以下袤，其積相加，然後將上下厚相加、上下袤相加，其和相乘，將以上“積相加”之和與“和相乘”之積相加得 2600 積尺（面積），乘以高，除以 6。

[071]　體積類之九

【釋文】

投[1] 隄[2] 廣袤不等者[3]，同袤，半之[4]；亦同廣，半之[5]。乃各以其徐（餘）[6] 廣袤[7] 相乘[8]，高乘，即成∟。廣、袤等

① 蕭燦:《嶽麓書院藏秦簡〈數〉研究》，中國社會科學出版社，2015，第 174 頁。

者，徑令廣袤 184（0940）相乘高，即成。185（0845）

【校釋】

[1] 投，原整理者釋作"救"，校改作"求"。① 當釋爲"投"，訓爲"計算"（詳見"緒論"之"漢語史價值"）。亦見於本算書簡 180（0767）（見本章"[066] 體積類之四"）。

[2] 隄，隄壩，後世也寫作"堤"。《説文·阜部》："隄，唐也。"段玉裁注："唐塘正俗字……叚借爲陂唐。乃又益之土旁作塘矣。隄與唐得互爲訓者，猶陂與池得互爲訓也。其實寁者爲池，爲唐。障其外者爲陂，爲隄。"②

[3] 簡文"廣袤不等者"意爲：上廣與下廣不等的，或上袤與下袤不等的。簡文"廣""袤"之間是選擇關係。

[4] 簡文"同袤，半之"意爲：（上下袤不等的，）則將上下袤相加，除以 2。

[5] 簡文"同廣，半之"意爲：（上下廣不等的，）則將上下廣相加，除以 2。

[6] 徐，原整理者訓爲"展開""延展"，③ 其中，蕭燦轉引鄒大海認爲，此"徐"可通"餘"，亦可通"除"，但更傾向於後者，均表"減"義。④ 許道勝認爲："（徐）疑爲'餘'字之誤。"⑤ 中國古算書研究会學者認爲"徐"即"餘"，指"前述未用的另一個廣與袤"。⑥

"徐"，古音邪母、魚部，"餘"，古音餘母、魚部。二字同韻，

---

① 蕭燦：《嶽麓書院藏秦簡〈數〉研究》，湖南大學博士學位論文，2010，第 88 頁；朱漢民、陳松長主編《嶽麓書院藏秦簡（貳）》，上海辭書出版社，2011，第 131 頁；蕭燦：《嶽麓書院藏秦簡〈數〉研究》，中國社會科學出版社，2015，第 110 頁。

② （清）段玉裁：《説文解字注》，浙江古籍出版社，2006，第 733~734 頁。

③ 蕭燦：《嶽麓書院藏秦簡〈數〉研究》，湖南大學博士學位論文，2010，第 88 頁；朱漢民、陳松長主編《嶽麓書院藏秦簡（貳）》，上海辭書出版社，2011，第 132 頁；蕭燦：《嶽麓書院藏秦簡〈數〉研究》，中國社會科學出版社，2015，第 110 頁。

④ 蕭燦：《嶽麓書院藏秦簡〈數〉研究》，湖南大學博士學位論文，2010，第 90 頁。

⑤ 許道勝：《嶽麓秦簡〈爲吏治官及黔首〉與〈數〉校釋》，武漢大學博士學位論文，2013，第 222 頁。

⑥ 〔日〕中國古算書研究会編『岳麓書院藏秦簡「数」訳注』，京都朋友書店，2016，第 70 頁。

可相通。"餘"，義爲"剩餘的"。"徐"通"餘"，還見於《筭數書》"方田"算題簡 185（H38）："术（術）曰：方十五步不足十五步，方十六步有徐（餘）十六步。"①

[7] 與簡文上文"廣袤不等者"之"廣"與"袤"爲選擇關係一樣，此處簡文"廣"與"袤"也是選擇關係。簡文"其徐（餘）廣袤"意爲剩餘的廣或者袤。

[8] 術文至此，意爲：計算廣或袤不相等的堤壩的體積，（如果袤不相等，）則上下袤相加，除以 2，（如果廣不相等，）則上下廣相加，除以 2。然後用剩餘的廣或者袤相乘。

[9] 依術可列公式如下：$V= \dfrac{上袤 + 下袤}{2} \times 廣 \times 高$（袤不等者）；$V= \dfrac{上廣 + 下廣}{2} \times 袤 \times 高$（廣不等者）；$V= 廣 \times 袤 \times 高$（廣、袤等者）。

【今譯】

計算上下廣或上下袤不相等的堤壩（的體積），（如果是上下袤不相等，）上下袤相加，除以 2；（如果是上下廣不相等，）上下廣也相加，除以 2。然後用各自剩下的廣或袤相乘，乘以高，即得（結果）。（計算）上下廣、上下袤相等的堤壩（的體積），直接用廣袤與高相乘，即得（結果）。

[072] 體積類之十

【釋文】

方亭，乘[1] 之[2]。上自乘，下自乘，下壹乘[3] 上，同之，以高乘之，令三而成一。[4]₁₈₆（0830）

【校釋】

[1] 乘，計算。《周禮·天官·宰夫》："乘其財用之出入。"鄭

① 張家山二四七號漢墓竹簡整理小組編著《張家山漢墓竹簡 [二四七號墓]》（釋文修訂本），文物出版社，2006，第 157 頁。

玄注:"乘,猶計也。"^① 簡文"乘"猶如本算書簡 180（0767）"投城"和簡 184（0940）"投隄"之"投"（見本章"[066] 體積類之四""[071] 體積類之九"），義爲"計算"。

[2] 之，指代方亭。簡文"乘之"即"乘方亭"，意爲計算方亭（的體積）。簡文"方亭，乘之"意爲：方亭，計算它（的體積）。其後是計算體積的方法，相當於本算書簡 187（0818）的簡文"乘方亭述（術）"（見本章"[073] 體積類之十一"）。中國古算書研究会學者認爲簡文"之"指代方亭的邊。^②許道勝認爲："據 187（0818）等推測，'方亭乘之'或爲'乘方亭之'之誤。如此推測無誤，則'之'後省略了'術'或'術曰'。"^③

[3] 壹，一次。簡文"壹乘"意爲乘一次。

[4] 計算公式可表示如下：$V=（上方 × 上方 + 下方 × 下方 + 上方 × 下方）× 高 ÷ 3$。

【今譯】

方亭，計算它（的體積）。上底邊自乘，下底邊自乘，下底邊與上底邊相乘一次，將所得乘積相加，高乘以和，除以 3 即得結果。

[073]　體積類之十一

【釋文】

乘方亭述（術）曰：上方^[1]，耤（藉）^[2]之，下【方，耤（藉）之】^[3]，各自乘也而并之，令上方【下方相從】^[4]有（又）相乘也，【同之，】^[5]以高乘之，六成一。 _{187（0818）}

① （唐）賈公彦:《周禮注疏》，（清）阮元校刻《十三經注疏》，中華書局，1980，第656頁。

② 〔日〕中國古算書研究会編『岳麓書院藏秦簡「數」訳注』，京都朋友書店，2016，第46頁。

③ 許道勝:《嶽麓秦簡〈爲吏治官及黔首〉與〈數〉校釋》，武漢大學博士學位論文，2013，第223頁。

【校釋】

[1] 乘，計算。“上方”之“方”，正方形的邊。

[2] 耤（藉），中國古算書研究会學者訓爲“置”。[①] 可從。詳見本章“[043] 衰分類之六”【校釋】之[2]。

[3] 簡文“上方，耤（藉）之，下”後脱“方，耤（藉）之”三字，校補爲“上方，耤（藉）之，下方，耤（藉）之”。

[4] 簡文“令上方”後有脱文，可補“下方相從”。

[5] 此處脱“同之”二字。

[6] 本簡的方亭體積計算公式爲：$V=$[上方 × 上方 + 下方 × 下方 +（上方 + 下方）×（上方 + 下方）]× 高 ÷6。此公式與本章“[072] 體積類之十”的計算公式等值。

【今譯】

計算方亭（體積）的方法：上底邊長，把它設置（在籌算板上），下底邊長，把它設置（在籌算板上），分別自乘後乘積相加，把上方、下方相加後自乘，（把以上乘積相加，）高乘以總和，除以 6 即得結果。

[074]　體積類之十二

【釋文】

□【方】[1]亭下方三丈，上方三〈二〉[2]丈，高三丈，爲積尺萬九千尺。[3]₁₈₈（0777）

【校釋】

[1] 據蕭燦，本簡首尾均殘，不見上下編繩痕迹，簡長 24.2 釐米，[②] 較正常簡長 27.5 釐米短 3.3 釐米。查看圖版發現，本簡殘缺部分主要是上下編繩之外的部分，其中簡首除第一道編繩之

---

① 〔日〕中國古算書研究会編『岳麓書院藏秦簡「數」訳注』，京都朋友書店，2016，第 49 頁。

② 蕭燦：《嶽麓書院藏秦簡〈數〉研究》，中國社會科學出版社，2015，第 174 頁。

上殘缺外，還殘缺一個字。業師張顯成先生等將這個殘缺字補作"方"字。[①] 此説可從。

[2] 蕭燦改"三"爲"二"。[②] 可從。

[3] 據本章"[072] 體積類之十"術文計算如下：V=（上方 × 上方 + 下方 × 下方 + 上方 × 下方）× 高 ÷3=（20 尺 ×20 尺 +30 尺 ×30 尺 +20 尺 ×30 尺）× 30 尺 ÷3=19000 積尺。

另據本章"[073] 體積類之十一"術文計算如下：V=[20 尺 ×20 尺 +30 尺 ×30 尺 +（20 尺 +30 尺）×（20 尺 +30 尺）]×30 尺 ÷6=19000 積尺。

【今譯】

方亭下底邊長 3 丈，上底邊長 2 丈，高 3 丈，得體積 19000 積尺。

[075]　體積類之十三

【釋文】

方亭下方四丈，上[1]三丈，高三丈，爲積尺三萬七千尺。[2]189（0959）

【校釋】

[1] 許道勝等在此補一"方"字[③]，似無必要。

[2] 據本章"[072] 體積類之十"術文計算如下：V=（上方 × 上方 + 下方 × 下方 + 上方 × 下方）× 高 ÷3=（30 尺 ×30 尺 + 40 尺 ×40 尺 +30 尺 ×40 尺）× 30 尺 ÷3=37000 積尺。

另據本章"[073] 體積類之十一"計算如下：V=[上方 × 上方 + 下方 × 下方 +（上方 + 下方）×（上方 + 下方）]× 高 ÷6=[30 尺 ×30 尺 +40 尺 ×40 尺 +（30 尺 +40 尺 ）×（30 尺 +40 尺）]×30 尺 ÷6=37000 積尺。

---

① 張顯成、謝坤：《嶽麓書院藏秦簡〈數〉釋文勘補》，《古籍整理研究學刊》2013 年第 5 期。

② 蕭燦：《嶽麓書院藏秦簡〈數〉研究》，中國社會科學出版社，2015，第 113 頁。

③ 許道勝、李薇：《嶽麓書院所藏秦簡〈數〉釋文校補》，《江漢考古》2010 年第 4 期。

【今譯】

方亭的下底邊長 4 丈，上底邊長 3 丈，高 3 丈，得體積 37000 積尺。

[076] 體積類之十四

【釋文】

⋯ ▨ □□[1] 上方五尺 丈，下方三丈，深丈五尺，爲積尺二萬四千五百[2]。▨[3] ₁₉₀（1658）

【校釋】

[1] 據蕭燦，本簡長 12.5 釐米，上下均殘。[1] 紅外綫掃描圖版在彩色圖版的基礎上又折爲三段。

[2] 本算題答案"積尺二萬四千五百"，與簡 182（1740）"積尺萬五千六百"（見本章"[070] 體積類之八"）一樣，均沒有帶單位"尺"，故可不補"尺"字。原整理者補"尺"字，[2] 中国古算書研究会學者亦補"尺"。[3] 無此必要。

[3] 本算題的幾何圖爲倒置的正四棱臺體（圖 3-7）。據本章"[072] 體積類之十"公式計算如下：V=（上方 × 上方 + 下方 × 下方 + 上方 × 下方）× 高 ÷3=（50 尺 ×50 尺 +30 尺 ×30 尺 +50 尺 ×30 尺）×15 尺 ÷3=24500 積尺。

另據本章"[073] 體積類之十一"公式計算如下：V=[上方 × 上方 + 下方 × 下方 +（上方 + 下方）×（上方 + 下方）]× 高 ÷6=[50 尺 ×50 尺 +30 尺 ×30 尺 +（50 尺 +30 尺）×（50 尺 + 30 尺）]×15 尺 ÷6=24500 積尺。

---

[1] 蕭燦：《嶽麓書院藏秦簡〈數〉研究》，中國社會科學出版社，2015，第 174 頁。

[2] 蕭燦：《嶽麓書院藏秦簡〈數〉研究》，湖南大學博士學位論文，2010，第 92 頁；朱漢民、陳松長主編《嶽麓書院藏秦簡（貳）》，上海辭書出版社，2011，第 137 頁；蕭燦：《嶽麓書院藏秦簡〈數〉研究》，中國社會科學出版社，2015，第 114 頁。

[3] 〔日〕中国古算書研究会編『岳麓書院藏秦簡「数」訳注』，京都朋友書店，2016，第 52 頁。

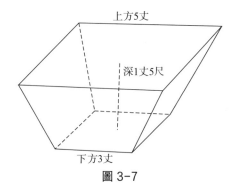

上方5丈

深1丈5尺

下方3丈

圖 3-7

【今譯】

……上底邊 5 丈，下底邊 3 丈，深 1 丈 5 尺，得體積 24500 積尺。

[077]　體積類之十五

【釋文】

乘 [1] 園（圜）[2] 亭之述（術）曰：下周，耤（藉）之 [3]，上周，耤（藉）之∟ [4]，▨各自乘也，以上周壹乘 [5] 下周，【皆并，】[6] 以高乘之，卅六而成一。[7] 191（0768+0808）

【校釋】

[1] 乘，計算。詳見本章 "[072] 體積類之十" 【校釋】之 [1]。

[2] 園，通 "圜"。"園" 與 "圜" 古音均屬匣母、元部，爲同音通假。原整理者改 "園" 作 "圓"。[1] "圓" 古音屬匣母、文部。

[3] 耤（藉），中國古算書研究会學者訓爲 "置"。[2] "之"，指代下周。簡文 "下周耤（藉）之" 的結構與本算書簡 186（0830）"方亭，乘之" 相同，可句讀爲 "下周，耤（藉）之"，意爲：下周，

---

① 朱漢民、陳松長主編《嶽麓書院藏秦簡（貳）》，上海辭書出版社，2011，第 137 頁。
② 〔日〕中国古算書研究会編『岳麓書院蔵秦簡「数」訳注』，京都朋友書店，2016，第 43 頁。

把它設置（在籌算板上）。

[4] 竹簡於此處斷裂，紅外綫掃描圖版上的"各"字較彩色圖版殘損更甚（圖 3-8），但依然可識。細察圖版可見，"各"與"之"之間有鈎折符號"∟"。

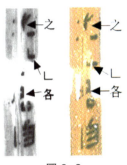

圖 3-8

[5] 壹，一次，"壹乘"這裏指上周長（與下周長）相乘一次。譚競男訓"壹"爲"等""同"。①

[6] 竹簡此處有脫文。據《筭數書》"囷（圓）亭"算題術文簡 149（H46）~150（H61）"下周乘上周，周自乘，皆并，以高乘之，卅六成"，② 可補"皆并"；據《九章算術》"商功"章第 11 題"圓亭"術"上、下周相乘，又各自乘，并之，以高乘之，三十六而一"，③ 可補"并之"。本釋文從前者補。

[7] 本算題的幾何體爲圓臺。謝坤所繪幾何圖爲圓柱體。④ 未安。計算公式爲：$V=$（上周 × 上周 ＋ 下周 × 下周 ＋ 上周 × 下周）× 高 ÷36。

① 譚競男：《嶽麓秦簡〈數〉中"秲"字用法試析》，載武漢大學簡帛研究中心主編《簡帛》（第十輯），上海古籍出版社，2015，第 109~113 頁。
② 張家山二四七號漢墓竹簡整理小組編著《張家山漢墓竹簡 [二四七號墓]》（釋文修訂本），文物出版社，2006，第 152 頁。
③ 郭書春：《〈九章算術〉新校》，中國科學技術出版社，2014，第 164 頁。
④ 謝坤：《嶽麓書院藏秦簡〈數〉校理及數學專門用語研究》，西南大學碩士學位論文，2014，第 67 頁。

【今譯】

計算圓亭（體積）的方法：下周，把它設置（在籌算板上），上周，把它設置（在籌算板上），分別自乘，用上周與下周相乘一次，（所有乘積相加，）用高乘其和，除以 36 即得結果。

[078]　體積類之十六

【釋文】

員（圓）[1]亭上周五丈，下【八】[2]丈，高二丈，爲積尺七千一百卒（六十）六尺大半尺。其术（術）曰：耤（藉）上【下】[3]周，各自【乘，以上周壹乘】[4]下之后（後）[5]而各自益，【以高乘之，卅六而成一。】[6][7]₁₉₂（0766）

【校釋】

[1] 員，即"圓"。"圓"從"員"得聲，故可通。《説文·口部》："圓，从囗，員聲，讀若員。"①

[2] 竹簡此處有脱文。原整理者補"八"，②許道勝補"周八"。③本釋文從原整理者。

[3] 竹簡此處有脱文，可補"下"字。

[4] 竹簡此處有脱文，可補"乘，以上周壹乘"諸字。

[5] 后，通"後"，表時間在後的，與"先"相對。"后""後"古音均屬匣母、侯部，爲同音假借。《説文通訓定聲·需部》："后，叚借爲後。"④

[6] 竹簡此處有脱文，可補"以高乘之，卅六而成一"諸字。

---

① （漢）許慎撰，（宋）徐鉉等校定《説文解字》，上海古籍出版社，2007，第 302 頁。
② 蕭燦：《嶽麓書院藏秦簡〈數〉研究》，湖南大學博士學位論文，2010，第 94 頁；朱漢民、陳松長主編《嶽麓書院藏秦簡（貳）》，上海辭書出版社，2011，第 138 頁；蕭燦：《嶽麓書院藏秦簡〈數〉研究》，中國社會科學出版社，2015，第 116 頁。
③ 許道勝：《嶽麓秦簡〈爲吏治官及黔首〉與〈數〉校釋》，武漢大學博士學位論文，2013，第 227 頁。
④ （清）朱駿聲：《説文通訓定聲》，中華書局，2016，第 352 頁。

[7] 本算題術文抄寫有較多脫漏，學界多未校補。[①] 據本釋文的校補，可計算如下：$V=$（上周 × 上周 + 下周 × 下周 + 上周 × 下周）× 高 ÷36=（50 尺 ×50 尺 +80 尺 ×80 尺 +50 尺 ×80 尺）× 20 尺 ÷36=7166 $\frac{2}{3}$ 積尺。

【今譯】

圓亭上底周長 5 丈，下底（周長 8）丈，高 2 丈，得體積 7166 $\frac{2}{3}$ 積尺。計算方法：（在籌算板上）設置上底（和下底）周長，分別自（乘，用上底周長乘一次）下底（周長）之後又（各項乘積）相加，（用高乘其和，除以 36 即得結果。）

[079]　體積類之十七

【釋文】

投 [1] 除 [2] 之述（術）曰：半其袤，以廣、高乘之，即成尺數也。[3]193（0977）

【校釋】

[1] 投，原整理者釋文作“救（求）”。[②] 當釋爲“投”，訓爲“計算”（詳見“緒論”之“漢語史價值”）。亦見於本算書簡 184（0940）“投隉廣袤不等者”（見本章“[071] 體積類之九”）。

---

① 蕭燦：《嶽麓書院藏秦簡〈數〉研究》，湖南大學博士學位論文，2010，第 94 頁；朱漢民、陳松長主編《嶽麓書院藏秦簡（貳）》，上海辭書出版社，2011，第 138 頁；蕭燦：《嶽麓書院藏秦簡〈數〉研究》，中國社會科學出版社，2015，第 116 頁；蘇意雯、蘇俊鴻、蘇惠玉等：《〈數〉簡校勘》，《HPM 通訊》2012 年第 15 卷第 11 期；許道勝：《嶽麓秦簡〈爲吏治官及黔首〉與〈數〉校釋》，武漢大學博士學位論文，2013，第 227 頁；謝坤：《嶽麓書院藏秦簡〈數〉校理及數學專門用語研究》，西南大學碩士學位論文，2014，第 67 頁；〔日〕中国古算書研究会編『岳麓書院藏秦簡「数」訳注』，京都朋友書店，2016，第 45 頁。
② 蕭燦：《嶽麓書院藏秦簡〈數〉研究》，湖南大學博士學位論文，2010，第 94 頁；朱漢民、陳松長主編《嶽麓書院藏秦簡（貳）》，上海辭書出版社，2011，第 138 頁；蕭燦：《嶽麓書院藏秦簡〈數〉研究》，中國社會科學出版社，2015，第 116 頁。

[2] 除，斜道。《九章算術》“商功”章第 21 題：“往來上下棚、除。”劉徽注：“除，邪道。”[1] 本算題的“除”指直三棱柱 *BCF-ADE*（圖 3-9*a*）。《筭數書》“除”算題簡 141（H25）~142（H6）載有“美〈羨〉除”（圖 3-9*b*），[2] 其“除”指直三棱柱 *BCF-ADE*，與本算題“除”相同。《九章算術》“商功”章第 17 題載有“羨除”（圖 3-9*c*），其“除”之形，如李籍云：“羨除乃隧道也，其所穿地，上平下邪，似兩鱉臑夾一壍堵即羨除之形。”[3] 爲一楔形體 *CDEF-AB*，與本算題“除”不同。

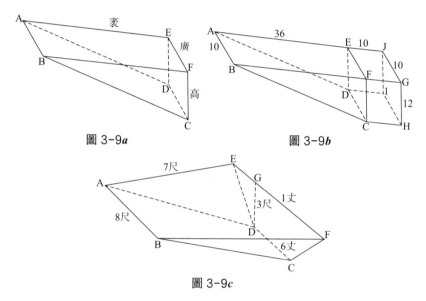

圖 3-9*a*　　　　　圖 3-9*b*

圖 3-9*c*

[3] 術文“半其袤”，即把袤 *AE* 折半（圖 3-10*a*），所體現的割補法是，取 *AE*、*BF*、*BC*、*AD* 的中點 *K*、*J*、*I*、*H*。然後將直三棱柱 *BJI-AKH* 以 *HI* 爲軸逆時針旋轉 180 度，得長方體 *LMCD-KJFE*（圖 3-10*b*）。長方體 *LMCD-KJFE* 的體積爲：$V = \dfrac{袤}{2} \times 廣 \times 高$。

① 郭書春：《〈九章算術〉新校》，中國科學技術出版社，2014，第 171 頁。
② 參見〔日〕張家山漢簡『算數書』研究会編『漢簡「算數書」——中国最古の数学書』，京都朋友書店，2006，第 34~35 頁。
③ （唐）李籍：《九章算術音義》，《四庫全書》（景印文淵閣版），臺北商務印書館，1986，第 797 册第 134 頁。

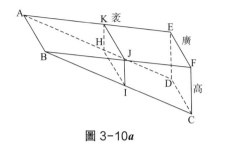

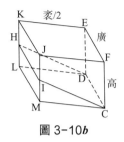

圖 3-10*a*   圖 3-10*b*

【今譯】

計算斜道（體積）的方法：袤除以 2，用廣和高與之相乘，即得以積尺爲單位的結果。

[080] 體積類之十八

【釋文】

⋯☑[1] 廣、袤相乘，高乘之，二成一尺。[2]☑ 196（J13）

【校釋】

[1] 據蕭燦，本簡上下均殘。① 上段缺若干簡文。

[2] 本簡術文體現的割補法是，用平面 *ABCD* 截長方體 *HICD-ABFE*（圖 3-11*a*），得直三棱柱 *BCF-ADE*（圖 3-11*b*）。直三棱柱 *BCF-ADE* 的體積是長方體 *HICD-ABFE* 體積的一半，計算方法：$V = 廣 \times 袤 \times 高 \div 2$。

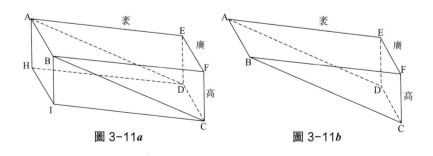

圖 3-11*a*   圖 3-11*b*

---

① 蕭燦：《嶽麓書院藏秦簡〈數〉研究》，中國社會科學出版社，2015，第 174 頁。

【今譯】

……廣、袤相乘，用高乘以其乘積，除以 2 即得以積尺爲單位的結果。

[081]　體積類之十九

【釋文】

積^[1]隼（錐）^[2]者^[3]，兩廣相乘也，高乘之，三成一尺。^[4]_{194（0997）}

【校釋】

[1] 簡文“積”字的“禾”部及右上部殘損。古算書表面積和體積的“積”，指將非標準尺寸的物體轉化爲標準尺寸時所得的長度。本算題的“積”是動詞，義爲“求……的積尺”，即求把非標準尺寸的隼（錐）轉化爲標準尺寸（底邊長均爲 1 尺的長方體）時的長度。原整理者認爲：“積隹（錐），在此算題中爲四棱錐體。”^①許道勝將“積”與後字連讀並視爲一種幾何體。^②

[2] 隼，整理者釋作“隹”，校改爲“錐”，^③許道勝釋作“隼”，認爲“隼”“錐”音近可通而改“隼”爲“錐”。^④許道勝釋作“隼”爲是。隼，《説文·隹部》：“隼，雛或从隹一。”^⑤細察圖版，^⑥該字上部爲“隹”下部爲“一”（圖 3-12）。故該字釋

---

① 蕭燦：《嶽麓書院藏秦簡〈數〉研究》，湖南大學博士學位論文，2010，第 96 頁；朱漢民、陳松長主編《嶽麓書院藏秦簡（貳）》，上海辭書出版社，2011，第 140 頁；蕭燦：《嶽麓書院藏秦簡〈數〉研究》，中國社會科學出版社，2015，第 118 頁。

② 許道勝：《嶽麓秦簡〈爲吏治官及黔首〉與〈數〉校釋》，武漢大學博士學位論文，2013，第 228 頁。

③ 蕭燦：《嶽麓書院藏秦簡〈數〉研究》，湖南大學博士學位論文，2010，第 96 頁；朱漢民、陳松長主編《嶽麓書院藏秦簡（貳）》，上海辭書出版社，2011，第 140 頁；蕭燦：《嶽麓書院藏秦簡〈數〉研究》，中國社會科學出版社，2015，第 118 頁。

④ 許道勝：《嶽麓秦簡〈爲吏治官及黔首〉與〈數〉校釋》，武漢大學博士學位論文，2013，第 228 頁。

⑤ （漢）許慎撰，（宋）徐鉉等校定《説文解字》，上海古籍出版社，2007，第 178 頁。

⑥ 朱漢民、陳松長主編《嶽麓書院藏秦簡（貳）》，上海辭書出版社，2011，第 140 頁。

爲 “隼” 無誤。“隼” 是 “隹” 的分化字，[①] 秦文字中，一些在今天漢字中從隹作的字，却多有從隼之形。[②] 因此本簡簡文 “隼” 即 “隹” 字。“錐” 從 “隹” 得聲。《説文·金部》：“錐，从金隹聲。”[③] 故 “隹” 與 “錐” 通，本簡中指四棱錐。

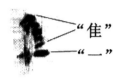

圖 3-12

[3] 者，與其他詞語構成 “者” 字結尾的短語，分別表示人、事、物、時間等，這裏與 “隼（錐）” 連用，表物。

[4] 據術文，錐的體積公式爲：$V=$ 廣 × 廣 × 高 ÷ 3，其中 “廣 × 廣” 是計算底面面積的算法，此算法可證此錐的底面爲正方形。

【今譯】

求四棱錐的體積，兩廣相乘，用高乘以其乘積，除以 3 即得以積尺爲單位的結果。

[082]　體積類之二十

【釋文】

有玉[1] 方[2] 八寸，欲以爲方半寸其（棋）[3]。問：得幾可（何）？曰：四千卆（九十）六。述（術）：置八寸，有（又）䄮（藉）[4] 置八寸，相乘爲空（六十）四，有（又）䄮（藉）置空

---

① 張再興：《從秦漢簡帛文字看 “隼” 字的分化》，載華東師範大學中國文字研究與應用中心等編《中國文字研究》（第二十三輯），上海書店出版社，2016，第 80~86 頁。

② 楊蒙生：《説 “隼” 兼及相關字》，載李學勤主編《出土文獻》（第五輯），2014，中西書局，第 173~179 頁。

③ （漢）許慎撰，（宋）徐鉉等校定《説文解字》，上海古籍出版社，2007，第 707 頁。

（六十）【四，乘之】[5]。[6]197（J25）

【校釋】

[1] 玉，簡文字形作“王”。《陳起》篇簡 10（04-138）“玉”亦寫作“王”（詳見第一章“[001]《陳起》篇”【校釋】之 [27]）。

[2] 方，本算題指正方體的邊。

[3] 其，簡文字形爲“”。中国古算書研究会學者釋作“畁”，認爲是“其”字的異體，亦見於睡虎地秦簡《爲吏之道》簡 1伍“畫局陳畁”，①《數》簡整理者釋作“畀”，校改爲“棋”，② 許道勝和睡虎地秦簡整理者釋爲“畀”，讀作“棋”。③ 本釋文徑釋爲“其”，即“棋”字。

[4] 耤（藉），譚競男認爲表示憑借，在具體簡文中有特殊含義，如在本簡是指算籌分置兩行，簡文“耤（藉）置八寸”是置八寸爲另行，相當於另起一行，因爲算籌做乘法是將被乘數與乘數分置上下行，積置中行。“耤（藉）置”與《九章算術》中的“副置”意思相近，“副置”即在旁邊布置算籌。④“耤（藉）”的詞義從“憑借”引申到“算籌分置兩行”，略顯證據不足。我們認爲，耤（藉）本指古代祭祀朝聘時陳列禮品的墊物，引申作動詞表“鋪、設”，祭祀朝聘時鋪設墊物是爲了在上面陳列禮品，而設置籌算板是爲了在上面設置算籌。因二者相類，故“耤（藉）”亦如“置”一樣可表設置算籌。以上詳見本章“[043] 衰分類之六”【校釋】之 [2]。“耤（藉）置”爲同義連用，表示設置。

---

① 〔日〕中国古算書研究会編『岳麓書院藏秦簡「数」訳注』，京都朋友書店，2016，第 246 頁。

② 蕭燦：《嶽麓書院藏秦簡〈數〉研究》，湖南大學博士學位論文，2010，第 97 頁；朱漢民、陳松長主編《嶽麓書院藏秦簡（貳）》，上海辭書出版社，2011，第 142 頁；蕭燦：《嶽麓書院藏秦簡〈數〉研究》，中國社會科學出版社，2015，第 119 頁。

③ 許道勝：《嶽麓秦簡〈爲吏治官及黔首〉與〈數〉校釋》，武漢大學博士學位論文，2013，第 229 頁；睡虎地秦墓竹簡整理小組《睡虎地秦墓竹簡》，文物出版社，1990，第 173、174 頁。按：睡虎地秦簡字形爲“”（參見陳偉主編《秦簡牘合集（壹）》，武漢大學出版社，2014 年，第 1127 頁）。

④ 譚競男：《嶽麓秦簡〈數〉中“耤”字用法試析》，載武漢大學簡帛研究中心主編《簡帛》（第十輯），上海古籍出版社，2015，第 109 ~ 113 頁。

[5] 簡文"六"因第三道編繩而殘缺不全。許道勝認爲："據
《數》合文規律，此'六'當爲'卒'之殘，故在'六'下可補
'十'字。"① 可從。其餘術文當書於另簡，可補"四乘之"。上引
許道勝補"四寸，相乘爲四千九十六"。

[6] 對於本算題的算理，學界有不同理解，② 其中，蕭燦轉引
鄒大海的解釋符合本算題原意。依術計算如下：8 個 / 寸 × 8 寸 /
排 × 64 排 =4096 個。

【今譯】

有邊長 8 寸的正方體玉，想用它做邊長半寸的正方體棋。問：
得多少枚？答：4096 枚。計算方法：（在籌算板上）設置 8 寸，然
後又（在籌算板上）設置 8 寸，相乘得 64，然後又（在籌算板
上）設置六十（四，乘以 64）。

[083]　體積類之二十一

【釋文】

丈 [1]，上袤四丈，高九尺，爲積尺八千六百卌（？）[2]
尺。·大凡 [3] 三萬五千九百卌尺。199（0980）

【校釋】

[1] 本簡基本完好，"丈"字之前當有脫簡。從簡文下文"上
袤"可知，脫簡內容可能描述廣和下袤的長度。

---

① 許道勝：《嶽麓秦簡〈爲吏治官及黔首〉與〈數〉校釋》，武漢大學博士學位論文，
2013，第 230 頁。

② 參見蕭燦《嶽麓書院藏秦簡〈數〉研究》，湖南大學博士學位論文，2010，第 97 頁；
朱漢民、陳松長主編《嶽麓書院藏秦簡（貳）》，上海辭書出版社，2011，第 142
頁；蕭燦《嶽麓書院藏秦簡〈數〉研究》，中國社會科學出版社，2015，第 120 頁；
〔日〕中国古算書研究会編『岳麓書院藏秦簡「数」訳注』，京都朋友書店，2016，
第 247 頁。

[2] 原整理者釋讀爲"卅"。[1] 細察圖版，該字漫漶，似"卅"又似"世"。許道勝認爲"卅"可能是"世"。[2]

[3] 簡文"大凡"，許道勝訓爲"總計，共計"。[3] 可從。

《筭數書》"旋粟"算題簡146（H63）~147（H64）："旋粟高五尺，下周三丈，積百廿五尺。二尺七寸而一石，爲粟卅六石廿七分石之八。其述（術）曰：下周自乘，以高乘之，卅六成一。·大積四千五百尺。"[4] 古算體積算題往往採用棋驗法進行推導。就"旋粟"算題而言，一個長方體爲三個方錐，每個方錐爲十二個圓錐，[5] 此"大積"指三十六個圓錐的總體積，即長方體的體積。圓錐與其大積（長方體）的體積比爲 1：36。而本算題幾何體體積 8640（或 8630）積尺與簡文"大凡"後的 35940 積尺的比例化簡爲 144：599（或 863：3594），這一比例關係未能明確顯示兩個幾何體之間存在棋驗推導關係，因此，"大凡"應該不是指"大積"。

【今譯】

……丈，上底長 4 丈，高 9 尺，得 8640（？）積尺。共計35940 積尺。

① 蕭燦：《嶽麓書院藏秦簡〈數〉研究》，湖南大學博士學位論文，2010，第97頁；朱漢民、陳松長主編《嶽麓書院藏秦簡（貳）》，上海辭書出版社，2011，第143頁；蕭燦：《嶽麓書院藏秦簡〈數〉研究》，中國社會科學出版社，2015，第120頁。

② 許道勝：《嶽麓秦簡〈爲吏治官及黔首〉與〈數〉校釋》，武漢大學博士學位論文，2013，第231頁。

③ 許道勝：《嶽麓秦簡〈爲吏治官及黔首〉與〈數〉校釋》，武漢大學博士學位論文，2013，第231頁。

④ 張家山二四七號漢墓竹簡整理小組編著《張家山漢墓竹簡 [二四七號墓]》（釋文修訂本），文物出版社，2006，第151~152頁。按：據圖版，簡文"二尺七寸而一石"前當有小圓點符號"·"，原整理者釋文漏釋此符號。

⑤ 參見郭書春《〈九章筭術〉譯注》，上海古籍出版社，2009，第185~187頁。

第四章　嶽麓書院藏秦簡《數》校釋（下）

概　說

　　本章首先校釋三類算題：一是盈不足類算題，二是勾股類算題，三是租稅類算題；然後校釋二十六枚未分類簡。三類算題、未分類簡及其簡號見表 4-1。

表 4-1　《數》"三類"算題、未分類簡及其簡號

算題	簡號	算題	簡號
盈不足類之一	202（0413） 211（0905）	盈不足類之二	203（0920+C410104） 204（0790）
盈不足類之三	205（0499） 206（0026）	盈不足類之四	207（C020107+2197+0799） 208（2198+2179）209（0496） 210（C100108+0497）
勾股類	213（0304） 214（0457）	租稅類之一	2（0887）3（0537） 4（0955）
租稅類之二	5（0388） 6（0460）	租稅類之三	7（2116） 8（2185）
租稅類之四	9（0809） 10（0802）	租稅類之五	11（0939）
租稅類之六	12（0982） 13（0945）	租稅類之七	14（0817+1939） 15（0816）
租稅類之八	C060209+C020103	租稅類之九	16（0900）
租稅類之十	17（1743） 18（1835+1744）	租稅類之十一	19（0835）
租稅類之十二	20（0890）	租稅類之十三	21（0849）

算題	簡號	算題	簡號
租稅類之十四	22（0888）	租稅類之十五	23（0411）
租稅類之十六	24（0826）	租稅類之十七	25（0837）
租稅類之十八	26（0844）	租稅類之十九	27（0475）
租稅類之二十	28（1651）	租稅類之二十一	29（0788） 30（0775+C4.1-5-2+C4.1-3-7+ C4.1-6-2［2］） 31（0984）
租稅類之二十二	32（0841） 33（0805） 34（0824）	租稅類之二十三	51（0912）
租稅類之二十四	35（0387） C020311	租稅類之二十五	J36-1
租稅類之二十六	36（1652）	租稅類之二十七	37（2172）
租稅類之二十八	38（0952） 39（0758）	租稅類之二十九	50（0986）
租稅類之三十	40（1654）	租稅類之三十一	41（0847）
租稅類之三十二	42（0813） 43（0785）	租稅類之三十三	44（0899）
租稅類之三十四	45（0953） 46（0932）	租稅類之三十五	47（0842） 48（0757）
租稅類之三十六	49（0474）	租稅類之三十七	1（0956）正
書題	1（0956）背	/	/
未分類	200（0762） 201（2187） 212（1655） 215（0889） 216（0885） 217（1657） 218（1844） 219（J12） C090107 C100302 C030103 C130309 C030207 0672-2 C1-3-4+C1-9-4 C4.2-1-1+C4.1-3-2 J02-4 C1-3-6 C4.2-3-1 C7.1-5-4+C7.1-11-3 C10.1-12-1 C9-12-1 C10.3-11-5 C4.3-1-3 C10.1-8-1 C10.3-12-5		

[084]　盈不足類之一

【釋文】

贏（盈）不足[1]　　三人共以五錢市[2]，今欲賞（償）[3]之。問：人之[4]出幾可（何）錢？得曰：人出一錢三分錢二。其述（術）曰：以贏（盈）、不足互乘母[5]，₂₀₂（₀₄₁₃）【并以爲賈（實），并贏（盈）、】□[6]▢不足以爲法，如法而得一錢。[7]₂₁₁（₀₉₀₅）

【校釋】

[1] 贏（盈）不足，當爲題名。本釋文空兩個字符予以標識。

[2] 市，交易，買賣。《爾雅·釋言》：“貿、賈，市也。”邢昺疏：“謂市，買賣物也。”①

[3] 賞，即“償”字，歸還，償還。《説文·人部》：“償，還也。從人，賞聲。”②另，本算書簡143（0933+0937）用“歸”（見第三章“[050]衰分類之十三”）。

[4] 之，助詞，用於謂詞之前，組成名詞性詞組，相當於“所”。《史記·六國年表》：“東方物所始生，西方物之成孰。”③

[5] 母，簡牘算書“盈不足術”用語，指“盈不足”算題中兩次試錯所置之數。如《筭數書》“分錢”算題簡133（H165）：“分錢人二而多三，人三而少二，問幾何人、錢幾何。得曰：五人，錢十三。贏（盈）不足互乘母，【并以】爲實，子相從爲法。”④其中“人二”之“二”與“人三”之“三”是兩次試錯所置之數，即“母”，其衍生的結果分別是盈餘之數（“多三”之“三”）與不足之數（“少二”之“二”），即“子”。其中第一次試錯所置之數“二”衍生了盈餘之數“三”，因此“二”爲盈母，

---

① （宋）邢昺：《爾雅注疏》，（清）阮元校刻《十三經注疏》，中華書局，1980，第2581頁。

② （漢）許慎撰，（宋）徐鉉等校定《説文解字》，上海古籍出版社，2007，第391頁。

③ （漢）司馬遷撰，[南朝宋]裴駰集解，（唐）司馬貞索隱，（唐）張守節正義《史記》，中華書局，1963，第686頁。

④ 張家山二四七號漢墓竹簡整理小組編著《張家山漢墓竹簡[二四七號墓]》（釋文修訂本），文物出版社，2006，第149頁。

"三"爲盈子（可簡稱"盈"）；第二次試錯所置之數"三"衍生了不足之數"二"，因此"三"爲不足母，"二"爲不足子（可簡稱"不足"）。這大概是"盈不足"算題用語"母""子"的得名緣由。"母""子"在籌算板上的位置關係是母在上，子在其下（見本章"[085] 盈不足類之二"）。不過關於盈母、子和不足母、子在籌算板上孰左孰右，暫不見簡牘算書記載。我們推測有兩種可能，一是如圖 4-1a 所示，盈母、子居右，不足母、子居左，二是如圖 4-1b 所示，盈母、子居左，不足母、子居右。如果第一次試錯產生的是盈餘之數，則盈母、子居右，不足母、子居左；如果第一次試錯產生的是不足之數，則不足母、子居右，盈母、子居左。

圖 4-1a   圖 4-1b

中国古算書研究会學者列算過程顯示"盈母""盈子"在左，而"不足母""不足子"居右。[1] 張家山漢簡『算数書』研究会學者認爲上引《筭数书》算題的數值配置爲上子下母，與《九章算術》相反，並製作了一個表格以示其意（表 4-2），其中 r、s 分別表示盈數和不足數，a、b 表示所出率。[2]

表 4-2 〔日〕張家山漢簡『算数書』研究会"盈不足"位置關係

		盈	不足
上	子	r	s
下	母	a	b

[6] 蔡丹將簡 211（0905）編聯於簡 202（0413）後，並於簡

① 〔日〕中国古算書研究会編『岳麓書院藏秦簡「数」訳注』，京都朋友書店，2016，第185、186頁。
② 參見〔日〕張家山漢簡『算数書』研究会編『漢簡「算数書」——中国最古の数学書』，京都朋友書店，2006，第98~99頁。

首補"以爲實，并贏"。其依據有二：一是本簡簡長 23 釐米，簡首殘缺 4.5 釐米，其容字空間與所補文字吻合；二是二簡内容同屬盈不足，且據增補後的術文所得的結果與簡文吻合。[①] 蔡丹二簡編聯之説可從，但所補簡文未安。

《九章算術》"盈不足"章"盈不足術"："置所出率，盈、不足各居其下。令維乘所出率，并以爲實。并盈、不足爲法，實如法而一。"[②] 其"所出率"對應本題"母"。另，本算書簡 203（0920+C410104）~204（0790）也有"盈不足術"："即直（置）一斗、二斗，各直（置）贏（盈）、不足其下以爲子=（子，子）互乘母，并以爲莙（實），而并贏（盈）、不足以爲法，如法一斗半。"（見本章"[085] 盈不足類之二"）據上兩則"盈不足術"可知，蔡丹所補簡文缺少一"并"字；又鑒於本算書用"莙"的用字習慣，所補簡文當爲"并以爲莙（實），并贏（盈）"。

[7] 本算題並没有給出母、子之數。根據簡文"三人共以五錢市"，可以將兩次假令試錯過程描述爲：人一錢多二，人二錢少一。則本算題的母、子之數在籌算板上可以設置如圖 4-2。依術可計算如下：（2 錢 ×2 錢 / 人 +1 錢 ×1 錢 / 人）÷（2 錢 +1 錢）=1$\frac{2}{3}$ 錢 / 人。本算題本來可以通過錢數除以人數算得結果（5 錢 ÷3 人 =1$\frac{2}{3}$ 錢 / 人），但采用了更爲複雜的"盈不足術"進行計算，其目的，正如鄒大海指出："並不在於説明如何解決具體問題，而在於説明如何使用盈不足方法。換一個角度看，這表明了盈不足方法在當時的重要性和廣泛適用性。"[③]

2 錢/人（不足母）	1 錢/人（盈母）
1 錢（不足子）	2 錢（盈子）

圖 4-2

① 蔡丹：《讀〈嶽麓書院藏秦簡（貳）〉札記三則》，《江漢考古》2013 年第 4 期。
② 郭書春：《〈九章算術〉新校》，中國科學技術出版社，2014，第 287 頁。
③ 鄒大海：《從嶽麓書院藏秦簡〈數〉看上古時代盈不足問題的發展》，《内蒙古師範大學學報》（自然科學漢文版），2019 年第 6 期。

【今譯】

盈不足　　3人共用5錢做買賣，假設要償還這筆錢。問：每人所出是多少錢？答：每人出 $1\frac{2}{3}$ 錢。計算方法：用盈和不足互乘"母"，（乘積相加作爲被除數，合並盈、）不足作爲除數，相除即得以錢爲單位的結果。

[085]　盈不足類之二

【釋文】

凡[1]以贏（盈）、不足有[2]求足[3]，耤（藉）之[4]，曰，貳（貸）[5]人錢三，今欲賞（償）[6]米，斗二錢，賞（償）一斗，不足一錢，賞（償）二斗，☐有[7]贏（盈）一錢，即直（置）一斗、二斗，各直（置）₂₀₃₍₀₉₂₀₊C₄₁₀₁₀₄₎贏（盈）、不足其下以爲子₌（子，子）互乘母，并以爲實（實），而并贏（盈）、不足以爲法，如法一斗半。[10]₂₀₄₍₀₇₉₀₎

【校釋】

[1] 凡，皆，一切。《廣雅·釋詁三》："凡，皆也。"①《詩經·小雅·常棣》："凡今之人，莫如兄弟。"②

[2] 有，這裏作助詞，用在謂詞之前。《詩經·邶風·擊鼓》："不我以歸，憂心有忡。"③原整理者校改作"又"。④

[3] 足，即《九章算術》"盈不足"章"盈不足術"劉徽注

---

① （清）王念孫：《廣雅疏證》，中華書局，1983，第96頁。
② （唐）孔穎達：《毛詩正義》，（清）阮元校刻《十三經注疏》，中華書局，1980，第408頁。
③ （唐）孔穎達：《毛詩正義》，（清）阮元校刻《十三經注疏》，中華書局，1980，第299頁。
④ 蕭燦：《嶽麓書院藏秦簡〈數〉研究》，湖南大學博士學位論文，2010，第98頁；朱漢民、陳松長主編《嶽麓書院藏秦簡（貳）》，上海辭書出版社，2011，第146頁；蕭燦：《嶽麓書院藏秦簡〈數〉研究》，中國社會科學出版社，2015，第121頁。

"不盈不朒之正數", [①] 白尚恕理解爲 "每人應出錢數"。[②]

　　[4] 耤（藉）之，蘇意雯等認爲："（耤）應是'皆'的意思，但意義在文句中尚不明確。"[③] 譚競男認爲："'耤之'與下文盈不足的計算方式有關，即將一斗、二斗置於上行，盈、不足數置於下行。"[④] 許道勝採納譚競男意見。[⑤] 中国古算书研究会學者將"耤（藉）之曰"連讀，並理解爲"先假設如下條件"。[⑥] 顯然譚競男和中国古算书研究会學者均把"耤（藉）之"的"之"理解爲簡文下文將要提及的事物，這不符合"之"作代詞的用法。"之"作代詞時均指代前文提及的人、事或物，這裏指代簡文前文的"贏（盈）""不足"。"耤（藉）"義爲"（在籌算板上）設置"（詳見第三章"[043] 衰分類之六"【校釋】之 [2]），則"耤（藉）之"意爲在籌算板上設置盈、不足之數。又因爲盈、不足之數均是由假令之數衍生而來，所以在籌算板上設置盈、不足之數當然也會設置衍生它們的假令之數。

　　[5] 貣，即"貣"字，與"貸"同，義爲"借貸"（詳見第三章"[050] 衰分類之十三"【校釋】之 [1]）。

　　[6] 賞，即"償"字，歸還，償還。詳見上一算題【校釋】之 [3]。中国古算书研究会學者將簡文"賞一斗""賞二斗"分別理解爲"若貸了 1 斗""若貸了 2 斗"，[⑦] 即把"賞（償）"理解爲"貸"，未安。

　　[7] 有，動詞，義爲"産生，發生"。曹操《論吏士行能令》：

---

① 郭書春：《〈九章算術〉新校》，中國科學技術出版社，2014，第 287 頁。

② 白尚恕：《〈九章算術〉注釋》，科學出版社，1983，第 233 頁。

③ 蘇意雯、蘇俊鴻、蘇惠玉等：《〈數〉簡校勘》，《HPM 通訊》2012 年第 15 卷第 11 期。

④ 譚競男：《嶽麓秦簡〈數〉中"耤"字用法及相關問題梳理》，簡帛網 2013 年 9 月 19 日；譚競男：《嶽麓秦簡〈數〉中"耤"字用法試析》，載武漢大學簡帛研究中心主編《簡帛》（第十輯），上海古籍出版社，2015，第 109~113 頁。

⑤ 許道勝：《嶽麓秦簡〈爲吏治官及黔首〉與〈數〉校釋》，武漢大學博士學位論文，2013，第 233 頁。

⑥ 〔日〕中国古算书研究会編『岳麓書院藏秦簡「数」訳注』，京都朋友書店，2016，第 187 頁。

⑦ 〔日〕中国古算书研究会編『岳麓書院藏秦簡「数」訳注』，京都朋友書店，2016，第 188 頁。

"治平尚德行，有事賞功能。"① 簡文"有贏（盈）一錢"意爲出現 1 錢的盈餘。原整理者校改作"又"。②

[8] 子，即盈、不足。詳見上一算題【校釋】之 [5]。

[9] 中国古算書研究会學者認爲簡文"如法一斗半"之"半"字爲衍文。③此説有一定道理，但我們傾向於認爲"如法"後接的"一斗半"是算題答案。古算術文表示相除運算的表達方式"如法……"，其後接數量有以下三種情形。

一是接"一"或"一＋單位詞"，表示實（被除數）每被法（除數）量盡一次就商得 1。這種形式是古算書中普遍使用的表達。

二是接指代算題答案的詞語。《九章算術》"衰分"章即有多例。如第 17 題："今有生絲三十斤，乾之，耗三斤十二兩。今有乾絲一十二斤，問：生絲幾何？答曰：一十三斤一十一兩十銖七分銖之二。術曰：置生絲兩數，除耗數，餘，以爲法。三十斤乘乾絲兩數爲實。實如法得生絲數。"第 19 題："今有取保一歲，價錢二千五百。今先取一千二百，問：當作日幾何？答曰：一百六十九日二十五分日之二十三。術曰：以價錢爲法；以一歲三百五十四日乘先取錢數爲實。實如法得日數。"④其中，第 17 題"實如法得生絲數"之"生絲數"即指代答案"一十三斤一十一兩十銖七分銖之二"，第 19 題"實如法得日數"之"日數"即指答案"一百六十九日二十五分日之二十三"。

三是接算題答案。如《筭數書》"取枲程"算題簡 92（H133）："實如法得十一步有（又）九十八分步卅七而一束。"⑤其"十一步有（又）九十八分步卅七而一束"就是該算題的答案。同

① 夏傳才：《曹操集校注》，河北教育出版社，2013，第 86 頁。
② 蕭燦：《嶽麓書院藏秦簡〈數〉研究》，湖南大學博士學位論文，2010，第 99 頁；朱漢民、陳松長主編《嶽麓書院藏秦簡（貳）》，上海辭書出版社，2011，第 146 頁；蕭燦：《嶽麓書院藏秦簡〈數〉研究》，中國社會科學出版社，2015，第 122 頁。
③ 〔日〕中国古算書研究会編『岳麓書院蔵秦簡「数」訳注』，京都朋友書店，2016，第 187、188 頁。
④ 郭書春：《〈九章筭術〉譯注》，上海古籍出版社，2009，第 111~112 頁。
⑤ 張家山二四七號漢墓竹簡整理小組編著《張家山漢墓竹簡 [二四七號墓]》（釋文修訂本），文物出版社，2006，第 145 頁。

樣，本算題"如法一斗半"可視爲"如法"後省"得"字，"一斗半"就是本算題的答案，因此不需要校改。

[10] 本算題提示了一次假令之數和二次假令之數在籌算板上的位置，並指出盈、不足之數稱爲"子"，藉之推斷衍生"子"的兩個假令之數就是"母"。本算題"盈不足"各數在籌算板上的位置關係可示意如圖4-3，並依術計算如下：（1 錢 ×1 斗 + 1 錢 ×2 斗）÷（1 錢 +1 錢）=1$\frac{1}{2}$斗。

二次假令	一次假令
2 斗（母）	1 斗（母）
1 錢（子）	1 錢（子）

圖 4-3

【今譯】

凡是用盈、不足之數求應得之數，把盈、不足之數設置在籌算板上，比如説，貸給別人 3 錢，假如要用糯米償還，糯米 2 錢 1 斗，償還 1 斗糯米，則（産生）1 錢不足，償還 2 斗糯米，則産生 1 錢盈餘，那麼就在籌算板上設置 1 斗、2 斗（作爲"母"），在各自的下方分別設置盈、不足之數作爲"子"，"子"互乘"母"，乘積相加作爲被除數，盈、不足之數相加作爲除數，相除得 1$\frac{1}{2}$斗。

[086]　盈不足類之三

【釋文】

米一斗五錢，叔（菽）五斗一錢，今欲以一錢買二物[1]，各得幾可（何）? 曰：米得一升三分升二，叔（菽）得八升三分升一。術（術）：以 205（0499）贏（盈）不足求之。[2] ▨ 206（0026）

【校釋】

[1] 題設没有明確所買二物共計多少斗，但據答案看，米得

$1\frac{2}{3}$升，叔（菽）得 $8\frac{1}{3}$升，則 $1\frac{2}{3}$升 + $8\frac{1}{3}$升 =1 斗，可知二物共計 1 斗。

[2] 本算題明示用盈不足求解，但是沒有給出假令之數及其盈、不足之數，因此存在多種解題思路。學界各據所依，提出了多種解法，[①] 可資參考。

【今譯】

糯米 1 斗 5 錢，菽 5 斗 1 錢，假設要用 1 錢買這兩種食糧（共 1 斗），各是多少？答：糯米是 $1\frac{2}{3}$升，菽是 $8\frac{1}{3}$升。計算方法：用"盈不足術"求得結果。

[087]　盈不足類之四

【釋文】

【稻十】[1] □斗九錢，粢（穄）[2] 十□【斗】[3] 七錢，叔（菽）十斗五[4] □【錢，今欲買三物共十】[5] 斗，用八錢。問：各得幾可（何）？曰：稻六斗，₂₀₇ ₍C020107+2197+0799₎【粢（穄）三斗，叔（菽）一斗。】[6] □术（術）[7] 曰：直（置）稻九，不足一其下[8]，粢（穄）七，直（置）贏（盈）□一其下，叔（菽）五，直（置）贏（盈）三其下；粢〈稻〉不足□【一乘稻九，】₂₀₈ ₍2198+2179₎【叔（菽）贏（盈）三】[9] □乘粢（穄）七，同之，卅爲稻君（實），以叔（菽）三乘叔（菽）五⌐，十五爲粢（穄）君（實），以稻不足一乘叔（菽）五爲【叔（菽）】[10] 君（實），同贏（盈）、₂₀₉ ₍0496₎不足五以爲法，如法各得一斗。[11] ₂₁₀ ₍C100108+0497₎

---

① 蕭燦：《嶽麓書院藏秦簡〈數〉研究》，湖南大學博士學位論文，2010，第99~100頁；朱漢民、陳松長主編《嶽麓書院藏秦簡（貳）》，上海辭書出版社，2011，第147~148頁；蕭燦：《嶽麓書院藏秦簡〈數〉研究》，中國社會科學出版社，2015，第123頁；謝坤：《嶽麓書院藏秦簡〈數〉校理及數學專門用語研究》，西南大學碩士學位論文，2014，第73頁；〔日〕中国古算書研究会編『岳麓書院藏秦簡「数」訳注』，京都朋友書店，2016，第189~190頁；鄒大海：《從嶽麓書院藏秦簡〈數〉看上古時代盈不足問題的發展》，《內蒙古師範大學學報》（自然科學漢文版）2019年第6期。

【校釋】

[1] 簡首殘。據本簡題設和答案殘存簡文可知，本算題題設是説"稻""粢（粢）""叔（菽）"三種米糧各十斗值多少錢，因此竹簡此處似可補"稻十"。

[2] 粢，同"粢"。《字彙·禾部》："粢，同粢。"①粢即粟（黍粟）。《爾雅·釋草》"粢"下郭璞注："今江東人呼粟爲粢。"②《筭數書》"程禾"算題簡 88（H129）"禾黍一石爲粟十六斗泰半斗"，③與本算書簡 109（2066）+ 110（0918）"粢（粢）一石十六斗大半斗"，即可證郭注是正確的。原整理者釋文第一例"粢"未校改，其餘"粢"徑釋作"粢"，④許道勝釋作"粢"，改作"粢"。⑤

[3] 據本算題【校釋】之 [1] 分析，竹簡此處似可補"斗"字。

[4] 圖版顯示，竹簡此處有一字殘筆，但不可識，此殘筆應爲"五"字（詳見本【校釋】之 [6]）。

[5] 竹簡於此處殘斷，有多字缺失。缺失簡文當講述"叔（菽）十斗"的價錢和所購食糧的種類以及斗數。根據簡文後文可知"叔（菽）十斗五錢"，還可知所購糧食的種類是三種（稻、粢、菽），共計 10 斗（詳見本算題【校釋】之 [6]）。此處所缺簡文可補爲"五錢，今欲買三物共十"。

[6] 簡首殘斷，有多字缺失。所缺簡文當講述"粢（粢）"和"叔（菽）"的斗數。據簡文後文"卅爲稻賈（實）""十五爲粢（粢）賈（實）""五爲【叔（菽）】賈（實）""五以爲法"，可以計算得"稻六斗""粢（粢）三斗""叔（菽）一斗"。藉此可爲上文

① （明）梅膺祚：《字彙》，萬曆乙卯本。

② （宋）邢昺：《爾雅注疏》，（清）阮元校刻《十三經注疏》，中華書局，1980，第 2626 頁。

③ 張家山二四七號漢墓竹簡整理小組編著《張家山漢墓竹簡 [二四七號墓]》（釋文修訂本），文物出版社，2006，第 144 頁。按：原整理者釋文"泰"，據圖版當爲"秦"，"泰"之異體。

④ 蕭燦：《嶽麓書院藏秦簡〈數〉研究》，湖南大學博士學位論文，2010，第 100 頁；朱漢民、陳松長主編《嶽麓書院藏秦簡（貳）》，上海辭書出版社，2011，第 148 頁；蕭燦：《嶽麓書院藏秦簡〈數〉研究》，中國社會科學出版社，2015，第 123~124 頁。

⑤ 許道勝：《嶽麓秦簡〈爲吏治官及黔首〉與〈數〉校釋》，武漢大學博士學位論文，2013，第 234 頁。

[4] 推得所買食糧爲三種，共計 10 斗。買 "稻六斗" "粱（粱）三斗" "叔（菽）一斗" 爲 "八錢"，結合簡文上文 "【稻十】斗九錢" "粱（粱）十斗七錢"，可爲上文 [4] 推知 "叔（菽）十斗" 的價格。設 "叔（菽）十斗" 的價格爲 x，則：$\frac{9}{10}$ 錢 / 斗 $\times 6$ 斗 $+\frac{7}{10}$ 錢 / 斗 $\times 3$ 斗 $+\frac{x}{10}$ 錢 / 斗 $\times 1$ 斗 $=8$ 錢，$x=5$ 錢，即 "叔（菽）十斗五錢"。其 "五錢" 之 "五" 字，與簡文 "叔（菽）十斗" 後殘存的筆劃一致。現截圖（圖 4-4a）並與本算書簡 209（0496）兩例 "五" 字截圖（圖 4-4b）對比，圖 4-4a 箭頭 A、B 所指的殘劃，當分別是圖 4-4b 箭頭 a、b 所指橫筆和捺筆的殘劃。

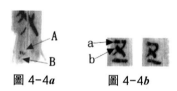

圖 4-4a 圖 4-4b

[7] 术，蕭燦作 "术"，許道勝作不可識字，中国古算書研究会釋作 "述"，改作 "術"，[1] 此外普遍釋作 "術"。[2] 從用字習慣看，本算書術文引語 "曰" 前多用 "述（術）" 字，偶用 "术（術）" 字，有時不用任何文字，但不用 "術" 字。故釋作 "術" 字不妥。現將待釋字截圖（圖 4-5a）並與本算書簡 205（0499）"术" 字（圖 4-5b）、簡 152（0305）"述" 字（圖 4-5c）截圖對比，圖 4-5a 箭頭 A、B、C 所指殘筆與圖 4-5b 箭頭 a、b、c 所指 "术" 字筆劃非常接近，且待釋字左部不見圖 4-5c "述" 字 "辵" 部的筆迹，因此待釋

---

[1] 蕭燦：《嶽麓書院藏秦簡〈數〉研究》，湖南大學博士學位論文，2010，第 100 頁；許道勝：《嶽麓秦簡〈爲吏治官及黔首〉與〈數〉校釋》，武漢大學博士學位論文，2013，第 234 頁；〔日〕中国古算書研究会編『岳麓書院藏秦簡『數』訳注』，京都朋友書店，2016，第 192 頁。

[2] 朱漢民、陳松長主編《嶽麓書院藏秦簡（貳）》，上海辭書出版社，2011，第 148 頁；蕭燦：《嶽麓書院藏秦簡〈數〉研究》，中國社會科學出版社，2015，第 123 頁；蘇意雯、蘇俊鴻、蘇惠玉等：《〈數〉簡校勘》，《HPM 通訊》2012 年第 15 卷第 11 期；謝坤：《嶽麓書院藏秦簡〈數〉校理及數學專門用語研究》，西南大學碩士學位論文，2014，第 74 頁。

字爲"术"字的可能性更大。

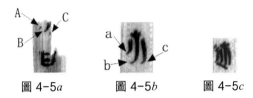

圖 4-5*a*　　　　圖 4-5*b*　　　　圖 4-5*c*

[8] 簡文"直（置）稻九，不足一其下"將術文和題設合在一起，即在表達如何設置假令之數和不足之數的同時，也在表達已知條件（假如所買十斗全是稻，就需要 9 錢，則產生 1 錢不足）。簡文下文對"粢（粢）"和"叔（菽）"的描述，以此類推。

[9] 從簡文前文可知，只有"稻"在假令"九"的情況下產生了"不足"，其數爲"一"，而"粢（粢）"和"叔（菽）"在各自的假令下均產生了"贏（盈）"，因此"粢不足"之"粢"是"稻"之誤。鄒大海提出了另一種校改意見，即保留簡文"粢（粢）"而改簡文"不足"爲"贏（盈）"。[①]據此校改意見與前一種意見所算得的結果相同。

竹簡於此處殘斷，下接簡 209（0496）的簡首亦殘斷，均有多字缺失。所缺簡文當是描述"粢〈稻〉不足"與之前設置在籌算板上的某個數或某幾個數進行某種運算，然後是之前設置在籌算板上的某個數或某幾個數與簡文後文的"乘粢（粢）七"進行乘法運算。這兩個運算所得結果相加得 30，即簡文"同之，卅"。如此，則所缺簡文似可補爲"一乘稻九，叔（菽）贏（盈）三"。

[10] 此處脱一"叔（菽）"字。

[11] 依術計算如下。稻的數量:（稻不足 1× 稻 9+ 菽 3× 粢 7）÷（稻不足 1+ 粢盈 1+ 菽盈 3）=6 斗；粢的數量:（菽 3× 菽 5）÷（稻不足 1+ 粢盈 1+ 菽盈 3）=3 斗；菽的數量:（稻不足 1× 菽 5）÷（稻不足 1+ 粢盈 1+ 菽盈 3）=1 斗。

中国古算書研究会學者和鄒大海對本算題的算法進行了解讀。

① 鄒大海:《從嶽麓書院藏秦簡〈數〉看上古時代盈不足問題的發展》,《内蒙古師範大學學報》(自然科學漢文版) 2019 年第 6 期。

其中，稻不足 1 錢、粱盈 1 錢、菽盈 3 錢是假定所買 10 斗分別全是稻、粱、菽時產生的不足和盈餘的錢數；本算題是典型的不定問題，答案有無窮多組，算題給出的答案稻 6 斗、粱 3 斗、菽 1 斗實際上是這無窮組答案中的一組。[①] 算題給出的算法不具有普遍性，[②] 其中，計算稻實、粱實和菽實的方法是一種帶有湊數特徵的特殊算法。[③]

【今譯】

稻 10 斗 9 錢，粱 10 斗 7 錢，菽 10 斗 5 錢。假設要買這三種糧食共 10 斗，用 8 錢。問：各得多少? 答：稻 6 斗，粱 3 斗，菽 1 斗。計算方法:（在籌算板上）爲稻設置 9，在它的下方設置不足之數 1，爲粱設置 7，在它的下方設置盈餘之數 1，爲菽設置 5，在它的下方設置盈餘之數 3；稻不足之數 1 乘以稻 9，菽盈餘之數 3 乘以粱 7，乘積相加得 30 作爲求稻的被除數，用菽 3 乘以菽 5 得 15 作爲求粱的被除數，用稻不足之數 1 乘以菽 5 作爲求菽的被除數，盈餘和不足之數相加得 5 作爲除數，分別相除即得以斗爲單位的結果。

[088]　勾股類

【釋文】

☐[1]有園（圜）[2] 材薶[3] 地，不智（知）[4] 小大，斲[5] 之，入材一寸而得平一尺[6]。問：材周大幾可（何）? 即曰：半平得五

---

① 〔日〕中国古算書研究会編《岳麓書院藏秦簡「数」訳注》，京都朋友書店，2016，第 194~195、197 頁；鄒大海：《從嶽麓書院藏秦簡〈數〉看上古時代盈不足問題的發展》，《内蒙古師範大學學報》（自然科學漢文版）2019 年第 6 期。

② 〔日〕中国古算書研究会編『岳麓書院藏秦簡「数」訳注』，京都朋友書店，2016，第 194~195、197 頁；蕭燦：《嶽麓書院藏秦簡〈數〉研究》，湖南大學博士學位論文，2010，第 101 頁；蕭燦：《嶽麓書院藏秦簡〈數〉研究》，中國社會科學出版社，2015，第 125、126 頁；朱漢民、陳松長主編《嶽麓書院藏秦簡（貳）》，上海辭書出版社，2011，第 150 頁。

③ 周序林、何均洪、李文娟：《簡牘算書一種特殊計算方法解析》，《西南民族大學學報》（自然科學版）2022 年第 5 期。

寸，令相乘也，以深 $_{213（0304）}$ 一寸爲法，如法得一寸，有（又）以深益 [7] 之，即材徑也。$_{214（0457）}$

【校釋】

[1] 據蕭燦，本簡簡首殘，簡長 26 釐米。① 則本簡較正常簡 27.5 釐米短 1.5 釐米，所殘的簡首當爲編繩及以上，簡文除首字"有"上部略有殘缺外，應該沒有缺失簡文。

[2] 園，與"圜"通（詳見第三章"[077] 體積類之十五"【校釋】之 [2]）。

[3] 薶，埋葬，俗作"埋"。《説文・艸部》："薶，瘞也。"段玉裁注："今俗作'埋'。"②

[4] 智，簡文作"🔲"，是"𣉻"的異體字，後寫作"智"，初文作"知"。詳見第一章"[001]《陳起》篇"【校釋】之 [12]。原整理者釋作"智"改作"知"。③

[5] 斲，砍削。《周禮・考工記・弓人》："斲目必荼。"④

[6] 平，平原、平地。《爾雅・釋地》："大野曰平。"⑤ 這裏指砍削出的圓弧 AB（圖 4-6）。簡文"平一尺"，當指圓弧 AB 高 CD 爲 1 寸時，弦 AB 長 1 尺。《九章算術》"勾股"章第 9 題："今有圓材埋在壁中，不知大小。以鐻鐻之，深一寸，鐻道長一尺。問：徑幾何？答曰：材徑二尺六寸。術曰：半鐻道自乘，如深寸而一，以深寸增之，即材徑。"⑥ 其"鐻道長一尺"相當於本算題"平一尺"。簡文下文"半平得五寸"之"平"，指"平一尺"。

---

① 蕭燦：《嶽麓書院藏秦簡〈數〉研究》，中國社會科學出版社，2015，第 175 頁。

② （清）段玉裁：《説文解字注》，浙江古籍出版社，2006，第 44 頁。

③ 蕭燦：《嶽麓書院藏秦簡〈數〉研究》，湖南大學博士學位論文，2010，第 103 頁；朱漢民、陳松長主編《嶽麓書院藏秦簡（貳）》，上海辭書出版社，2011，第 151 頁；蕭燦：《嶽麓書院藏秦簡〈數〉研究》，中國社會科學出版社，2015，第 126 頁。

④ （唐）賈公彥：《周禮注疏》，（清）阮元校刻《十三經注疏》，中華書局，1980，第 935 頁。

⑤ （宋）邢昺：《爾雅注疏》，（清）阮元校刻《十三經注疏》，中華書局，1980，第 2616 頁。

⑥ 郭書春：《〈九章算術〉新校》，中國科學技術出版社，2014，第 384~385 頁。

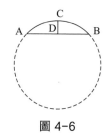

圖 4-6

[7] 益,增加。《廣雅·釋詁二》:"益,加也。"[1]《史記·高祖本紀》:"項梁益沛公卒五千人。"[2] 本【校釋】之 [6] 所引《九章算術》"勾股"章第 9 題作"增"。

[8] 依據題意繪圖 4-7,設圓心 O,CD 爲圓弧 AB 的高,$AB=a$,$AE=b$,$BE=c$,根據勾股定理,則:$a^2=c^2-b^2=(c+b)(c-b)$,得 $c+b=a^2\div(c-b)$。

因爲 D、O 分別是 AB、BE 的中點,故:$DO=\frac{b}{2}$,則:$DC=\frac{c}{2}-\frac{b}{2}=\frac{c-b}{2}=1$ 寸;又因爲:$(c+b)+(c-b)=2c$,則:$c=\frac{c+b}{2}+\frac{c-b}{2}$。將 $c+b=a^2\div(c-b)$ 代入,則:$c=a^2\div(c-b)\div2+(c-b)\div2$。

因爲本算題術文要求"平一尺"折半後自乘,則:$c=(\frac{a}{2})^2\div\frac{c-b}{2}+\frac{c-b}{2}$,將 $\frac{c-b}{2}=1$ 寸代入,則:$c=(\frac{a}{2})^2\div\frac{c-b}{2}+\frac{c-b}{2}=(\frac{10}{2}$ 寸$)^2\div1$ 寸 $+1$ 寸 $=26$ 寸。

綜上可見,本算題實際上是運用了公式 $c=(\frac{a}{2})^2\div\frac{c-b}{2}+\frac{c-b}{2}$。

古人熟知"周三徑一",即圓周長與直徑之比爲 3:1,因此於古人來説,只要知道圓的直徑或圓的周長,就意味著知道了圓

---

[1] (清)王念孫:《廣雅疏證》,中華書局,1983,第 47 頁。

[2] (漢)司馬遷撰,(南朝宋)裴駰集解,(唐)司馬貞索隱,(唐)張守節正義《史記》,中華書局,1963,第 352 頁。

的周長或直徑。

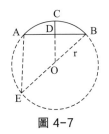

圖 4-7

【今譯】

有圓材埋在地裏，不知道大小，砍削圓材，砍入圓材 1 寸就得到弦長爲 1 尺的圓弧平面。問：圓材的周長是多少？計算方法：把圓弧平面的弦長折半得 5 寸，令 5 寸自乘（作爲被除數），用 1 寸作爲除數，相除即得以寸爲單位的結果，然後用深 1 寸與該結果相加，就得到圓材直徑。

[089]　租税類之一

【釋文】

取 [1] 禾程 [2] 述（術）[3]：以所已乾 [4] 爲法，以生者乘田步爲𩵺=（實，實）如法一步。 2 (0887) 取程 [5]：八步一斗。今乾之九升。述（術）曰：十田八步者 [6] 以爲𩵺（實），以九升爲法，如法一步，不盈步，以法命之。 3 (0537) 取程：禾田五步一斗。今乾之爲九升。問：幾可（何）步一斗？曰：五步九分步五而一斗。 [7] 4 (0955)

【校釋】

[1] 取，收取。《玉篇·又部》：“取，收也。”① 《詩經·小雅·甫田》：“倬彼甫田，歲取十千。”② 《戰國策·趙策》：“所貴於

① （宋）陳彭年等：《重修玉篇》，《四庫全書》（景印文淵閣版），臺北商務印書館，1986，第 224 册第 63 頁。
② （唐）孔穎達：《毛詩正義》，（清）阮元校刻《十三經注疏》，中華書局，1980，第 473 頁。

天下之士者，爲人排患釋難解紛亂而無所取也！即有所取者，是
商賈之人也。"[①] 簡文"取"義爲"收稅"。"取禾"即收禾稅。簡
牘算書文獻中的"取某之術"與"投某之術"，其"取"與"投"
詞義迥異。"取"義爲"收稅"，《數》《筭數書》有諸多用例。如
《筭數書》"取程"算題簡83（H52）"取程十步一斗"，"取枲
程"算題簡91（H134）"取枲程十步三韋（圍）束一"，[②] 分別意
爲"收稅的標準：每10積步産出1斗"，"收枲稅的標準：每10
積步産出30寸爲1束"。其中的"取"義爲"收稅"。此"取"
字也可用"租"字，如本算書簡17（1743）"租枲"（見本章
"[098] 租稅類之十"），與"取枲"同爲"收枲稅"；本算書簡14
（0817+1939）"租禾"（見本章"[095] 租稅類之七"）與本算題
"取禾程術"之"取禾"同爲"收禾稅"。以上均是對稅田進行收
稅。稅田的全部産出均作爲稅收。

學界對"取"有不同理解。大川俊隆理解爲"收穫"，許道
勝、程少軒訓爲"求取"，蕭燦理解爲"取得"。[③]

[2] 程，法度，程式。《玉篇·禾部》："程，法也，式也。"[④]
《商君書·修權》："故立法明分，中程者賞之，毀公者誅之。"[⑤] 這
裏指標準。"取禾程"即收禾稅的標準。

[3] 述，遵循，同"術"。《説文·辵部》："述，循也。"段玉
裁注："'述'或叚借'術'爲之。如《詩》'報我不述'，本作
'術'是也。"[⑥] 簡文"述"表"方法"。本算書"述"四十九例，

① 諸祖耿編撰《戰國策集注匯考》（增補本），鳳凰出版社，2008，第1040~1041頁。
② 張家山二四七號漢墓竹簡整理小組編著《張家山漢墓竹簡 [二四七號墓]》（釋文修訂本），文物出版社，2006，第143、145頁。
③ 〔日〕大川俊隆:「岳麓書院藏秦簡『数』訳注稿（1）」,『大阪産業大学論集・人文社会科学編』16號，2012；許道勝:《嶽麓秦簡〈爲吏治官及黔首〉與〈數〉校釋》，武漢大學博士學位論文，2013，第258頁；程少軒:《小議秦漢簡中訓爲"取"的"投"》，載中國文字學會《中國文字學報》編輯部編《中國文字學報》（第七輯），商務印書館，2017，第169~174頁；蕭燦:《嶽麓書院藏秦簡〈數〉研究》，中國社會科學出版社，2015，第27頁。
④ （宋）陳彭年等:《重修玉篇》，《四庫全書》（景印文淵閣版），臺北商務印書館，1986，第224册第130頁。
⑤ 高亨:《商君書注譯》，中華書局，1974，第112頁。
⑥ （清）段玉裁:《説文解字注》，浙江古籍出版社，2006，第70頁。

"术"六例，"方"一例，"法"一例，無用"術"者。與本算書相比，《筭數書》"述"三例，"术"五十六例，"術"十二例，"方"一例，無用"法"者。

[4] 乾，《九章算術音義》："乾，燥也。"[①]

[5] "取程"爲程名，簡文下文"八步一斗"是這個程的內容，簡文在引用"程"後，討論依程所取的糧食經過乾燥後所得數量。因此，在"取程"與"八步一斗"之間當用冒號，在"八步一斗"後用句號。下同。蕭燦在討論簡 4（0955）時，轉引彭浩認爲："'取程'後不應加句號，而應不斷讀或加逗號。因爲'取程'後加句號，是把它當成題名看待，但此處宜理解爲取禾'田五步一斗'這一'程'。下文 0537 簡應爲'取程八步一斗'，0388 簡應爲'取禾程三步一斗'。"[②]上引蕭燦採納彭浩"加逗號"的意見；謝坤採納彭浩"不斷讀"的意見。[③]

[6] "十田八步者"是"數詞＋名詞性短語"的結構，這裏表示相乘關係，即十乘以田八步者。其中，"十"指"一斗"化爲"十升"。故簡文"十田八步者"表示 10 升 ×8 積步。

[7] 例題一設 9 升的"斗率"爲 x，則 8 積步：9 升 $=x$：1 斗，$x=$（8 積步 ×1 斗）÷9 升 =（8 積步 ×10 升）÷9 升 =80 積步 ÷9=8\frac{8}{9} 積步，即"斗率"爲 8\frac{8}{9} 積步。可見，術文"十田八步者"之"十"源於 1 斗轉化爲 10 升之 10。例題二設 9 升的"斗率"爲 x，則 5 積步：9 升 $=x$：1 斗，$x=$（5 積步 ×1 斗）÷9 升 =（5 積步 ×10 升）÷9 升 =50 積步 ÷9 = 5\frac{5}{9} 積步，即"斗率"爲 5\frac{5}{9} 積步。

---

① （唐）李籍：《九章算術音義》，《四庫全書》（景印文淵閣版），臺北商務印書館，1986，第 797 册第 132 頁。

② 蕭燦：《嶽麓書院藏秦簡〈數〉研究》，湖南大學博士學位論文，2010，第 19~20 頁；蕭燦：《嶽麓書院藏秦簡〈數〉研究》，中國社會科學出版社，2015，第 28 頁。

③ 謝坤：《嶽麓書院藏秦簡〈數〉校理及數學專門用語研究》，西南大學碩士學位論文，2014，第 10 頁。

【今譯】

收禾税標準的計算方法：用已乾的禾數作除數，用生禾數乘以田積步數作被除數，被除數除以除數即得以積步爲單位的結果。收取（禾）税的標準：每 8 積步産出 1 斗。假設把這 1 斗乾燥後得 9 升。計算方法：田 8 積步乘以 10 作被除數，用 9 升作除數，相除即得以積步爲單位的結果，不滿 1 積步的，以除數作分母命名分數。收取（禾）税的標準：禾田每 5 積步産出 1 斗。假設把這 1 斗乾燥後得 9 升。問：每幾積步産出 1 斗？答：每 $5\frac{5}{9}$ 積步産出 1 斗。

[090]　租税類之二

【釋文】

取禾程：三步一斗 [1]。今得粟四升半升。問：幾可（何）步一斗？得曰：十一步九分步一而一斗。爲之述（術）曰：直（置）所得四升 5（0388）半升者，曰，半者倍爲九 [2]，有（又）三囷 [3] 之爲廿七以爲法 [4]，亦直（置）所取三步者，【倍之，】[5] 十而五之爲三百，即除 [6]，廿七步〈升〉[7] 而得一步。[8] 6（0460）

【校釋】

[1] 中國古算書研究会學者將此“一斗”與設問和答案中的“一斗”都理解爲“糯米 1 斗”，據粟：米 =5：3，$4\frac{1}{2}$ 升粟 =$4\frac{1}{2} \times \frac{3}{5}$ 升糯米，進而算得答案。[①] 我們認爲，將“三步一斗”之“一斗”理解爲“糯米 1 斗”未安。取禾程的收税標準“……步一斗”之“一斗”應該是指未乾之粟，如本算書簡 3（0537）“取程：八步一斗。今乾之九升”、簡 4（0955）“取程：禾田五步一斗。今乾之爲九升”（見本章“[089] 租税類之一”）可爲印證。

---

① 〔日〕中国古算书研究会编《岳麓書院藏秦簡「数」訳注》，京都朋友書店，2016，第 176 頁。

　　整個算題按照正常的邏輯，算題設問中的“一斗”當指粟 1 斗，但是從算題術文和計算結果看，此“一斗”指糲米 1 斗。蘇意雯等認爲本算題題意不明確，推測算題是依據“禾一石爲粟十六斗大半斗”把禾換算爲粟，然後算得答案。[1] 蘇意雯等所據的“禾一石爲粟十六斗大半斗”這一組數據見於《筭數書》“程禾”算題簡 88（H129），[2] 其“禾一石”實際上是多值制下的一石粟（$16\frac{2}{3}$斗），[3] 而蘇意雯等誤解爲禾 10 斗。

　　[2] 簡文“曰”在這裏用來引導一種算法，從簡文後文“半者倍爲九”可見所引入的算法是“少廣術”。“半者倍爲九”是運用“少廣術”對“四升半升”（$4\frac{1}{2}$升）進行的計算，是“下有半，以一爲二,四爲八，半爲一，同之九”的省略。古算書還用“即曰”引導某種算法，用例見本算書簡 213（0304）（見本章“[088] 勾股類”），或引入某種標準，見於本算書簡 175（0498）（見第三章“[063] 體積類之一”）。

　　[3] 原簡此字只有一殘筆“╲”。關於此字，原整理者認爲：“‘有（又）三□之爲廿七’中的‘□’，按算理推測似是‘乘’字，但從字形看，此字是‘分’而非‘乘’。相似案例見於包山楚簡竹牘和 271 號簡所記的‘正車’，應該是同一輛車，竹牘作‘一盼正車’，而 271 號簡作‘一𨍮（乘）韋車’，275 號簡作‘一𨍮（乘）羊車’,‘盼’與‘𨍮’對應。疑‘分’有‘乘’意。”[4] 對此，謝坤認爲：“方框內字形爲╲，殘畫部分與‘分’確有相似，但將其讀爲‘分’並理解爲‘乘’義，恐不當。一般來説，‘分’在數學運算中一般用來表示比例關係，用來表示相乘關係，恐十分可疑；而且,《數》（以及《算數書》）中均未見到將‘分’理解爲

---

①　蘇意雯、蘇俊鴻、蘇惠玉等:《〈數〉簡校勘》,《HPM 通訊》2012 年第 15 卷第 11 期。

②　張家山二四七號漢墓竹簡整理小組編著《張家山漢墓竹簡 [二四七號墓]》（釋文修訂本）, 文物出版社, 2006, 第 144 頁。

③　關於石的多值制, 參見鄒大海《中國數學在奠基時期的形態、創造與發展:以若干典型案例爲中心的研究》, 廣東人民出版社, 2022, 第 193~199 頁。

④　朱漢民、陳松長主編《嶽麓書院藏秦簡（貳）》, 上海辭書出版社, 2011, 第 35 頁; 蕭燦:《嶽麓書院藏秦簡〈數〉研究》, 中國社會科學出版社, 2015, 第 29 頁。

'乘'的用法。"①

　　我們認爲從殘存筆劃和文意來看，該殘劃當爲"因"字的殘筆。"因"，古算用語，義爲"乘"（詳見第二章"[010] 面積類之十"【校釋】之 [2]）。

　　[4] 學界大多將簡文"有（又）三因之爲廿七以爲法"在"廿七"與"以爲法"之間斷讀，②此句讀未安，應當連讀而不當點斷。詳見第二章"[012] 面積類之十二"【校釋】之 [3]

　　[5] 簡文此處脱"倍之"。

　　[6] 當"除"表示做除法運算時，有以下三種結構。一是"以 A 除 B"，表示 $B \div A$。如《九章算術》"少廣"章"少廣術"中"各以其母除其子"。③二是"除 B"，B 表被除數，如本算書簡 161（0949）~162（0846）："下有四分，以一爲十二，以半爲六⌐，三分爲四〓（四，四）分爲三，同之廿五以爲法，直（置）二百冊步，亦以一爲十二，爲二千八百仐（八十）步，除之，如法得一步，爲從百一十五步有（又）廿五分步五，成一畝。"其"除之"的"之"指代被除數 2880 積步（除數爲 25 步）。詳見第三章"[059] 少廣類之一"。三是"除"，相當於"除 B"結構的省略形式。如本算題用一"除"字表示除 300。

　　[7] 據術文和計算，除數的計量單位應是"升"而非"步"，故簡文"步"爲"升"之誤。

　　[8] 設所得禾粟的"斗率"爲 x，則 3 積步：$\left(\frac{9}{2} \times \frac{3}{5}\right)$ 升糲米 $=x$: 1 斗糲米，$x=\left(3\ \text{積步} \times 1\ \text{斗糲米}\right) \div \left(\frac{9}{2} \times \frac{3}{5}\right)$ 升糲

① 謝坤：《嶽麓書院藏秦簡〈數〉校理及數學專門用語研究》，西南大學碩士學位論文，2014，第 11 頁。

② 朱漢民、陳松長主編《嶽麓書院藏秦簡（貳）》，上海辭書出版社，2011，第 35 頁；蘇意雯、蘇俊鴻、蘇惠玉等：《〈數〉簡校勘》，《HPM 通訊》2012 年第 15 卷第 11 期第三版；〔日〕中国古算書研究会編《岳麓書院藏秦簡「数」訳注》，京都朋友書店，2016，第 175 頁；謝坤：《嶽麓書院藏秦簡〈數〉校理及數學專門用語研究》，西南大學碩士學位論文，2014，第 10 頁；蕭燦：《嶽麓書院藏秦簡〈數〉研究》，中國社會科學出版社，2015，第 29 頁；陳松長主編《嶽麓書院藏秦簡（壹—叁）》（釋文修訂本），上海辭書出版社，2018，第 90 頁。

③ 郭書春：《〈九章筭術〉譯注》，上海古籍出版社，2009，第 117 頁。

米 =（3 積步 ×10 升糲米）÷（$\frac{9}{2}$ × $\frac{3}{5}$）升糲米 =（3 積步 ×2×10×5）÷（9×3）= $\frac{300}{27}$ 積步 =11 $\frac{1}{9}$積步。

【今譯】

收取禾稅的標準：每 3 積步產出 1 斗粟。假設得到 4 $\frac{1}{2}$升粟。問：每多少積步產出 1 斗糲米？答：每 11 $\frac{1}{9}$積步產出 1 斗糲米。計算方法：（在籌算板上）設置所得的 4 $\frac{1}{2}$升粟，用“少廣術”將含有$\frac{1}{2}$的數（4 $\frac{1}{2}$升）乘以 2 轉化爲 9，然後用 3 乘以 9，得 27 作爲除數，在籌算板上設置所收稅的田 3 積步，乘以 2，乘以 10 再乘以 5 得 300 積步・升，除 300 積步・升，除以 27 升即得以積步爲單位的結果。

[091]　租稅類之三

【釋文】

☐ ☒[1] 而一斗[2] ∟。述（術）曰：以受米爲法，以一斗升數乘取程步數 7（2116）爲君〓（實，實）如法得一步，不盈步者，以【法命之】[3]。8（2185）

【校釋】

[1] 據蕭燦，本簡長 14 釐米，上段殘。① 簡文殘缺若干。

[2]“斗”字漫漶不清。許道勝最初認爲：“據殘劃可釋作‘斗’或‘升’，據文意更可能是‘升’”，② 之後認爲此字可釋作“斗”或“升”。③

① 蕭燦：《嶽麓書院藏秦簡〈數〉研究》，中國社會科學出版社，2015，第 167 頁。

② 許道勝：《〈嶽麓書院藏秦簡（貳）〉初讀補（一）》，簡帛網 2012 年 2 月 25 日。

③ 許道勝：《嶽麓秦簡〈爲吏治官及黔首〉與〈數〉校釋》，武漢大學博士學位論文，2013，第 262 頁。

從後文的術文看，本算題符合"斗率"算法，則簡文"而一斗"應該是對算得的"斗率"的表達，因此漫漶之字當爲"斗"而不是"升"。

[3] 依據"取程"類例題的表達習慣，竹簡殘斷處簡文當爲"法命之"或"法命分"，本釋文補前者。

【今譯】

……而 1 斗。計算方法：用所得的糲米數作爲除數，用 1 斗的升數（10 升）乘以收取禾税的標準中每産出 1 斗所需田積步數作爲被除數，被除數除以除數即得以積步爲單位的結果，不滿 1 積步的，用（除數作爲分母命名分數）。

[092]　租税類之四

【釋文】

秏[1] 程：以生賷（實）[2] 爲法，【直（置）一石禾斗數而以秏米乘之爲賷（實），】如法而成一[3]。今有禾，此一石[4]舂之爲米七斗[5]。【問：米一石】[6]當益禾幾可（何）？其得曰：益禾四斗有（又）七分 9 (0809)斗之二乚。爲之述（術）曰：取[7]一石者[8]十之，而以七爲法乚。它秏程如此。[9] 10 (0802)

【校釋】

[1] 秏，俗"耗"字，義爲減損。《玉篇·禾部》："秏，減也，損也。"又《耒部》："耗，正作秏。"① 《廣韻·号韻》："秏，減也。俗作耗。"②

[2] 生，財物。《國語·周語下》："若積聚既喪，又鮮其繼，生何以殖？"韋昭注："生，財也。"③ 賷（實），財富。《左傳·文公

---

① （宋）陳彭年等：《重修玉篇》，《四庫全書》（景印文淵閣版），臺北商務印書館，1986，第 224 册第 130 頁。
② （宋）陳彭年等：《重修廣韻》，《四庫全書》（景印文淵閣版），臺北商務印書館，1986，第 236 册第 382 頁。
③ 上海師範大學古籍整理組校點《國語》，上海古籍出版社，1978，第 123 頁。

十八年》："聚斂積實，不知紀極。"杜預注："實，財也。"[①] "生實"，同義連用，這裏指由一定數量的禾黍產出的糲米，在本算題中具體指由 1 石禾舂出的 7 斗糲米。許道勝認爲："生實指剛剛收穫的禾（粟）。"[②]

[3] 簡文"以生貴（實）爲法，如法而成一"，中国古算書研究会學者認爲："似乎旨在説明'耗程'題的計算原理，具體意思不明。"[③] 此外，暫未見其他學者論及。簡文意爲：以所得糲米數爲除數，相除即得結果。此"程"似缺有關計算"實"（被除數）的簡文。據《筭數書》"舂粟"算題簡 48（H23）~49（H35）所載術文，[④] 似可補爲"直（置）一石禾斗數而以耗米乘之爲貴（實）"。

[4] 1 石禾粟是 $16\frac{2}{3}$ 斗，本該產出 10 斗糲米。簡文"此"説明本算題的 1 石禾具有特殊性，從簡文後文及算題數據看，"此一石"當指 10 斗，可能是半成品糲米，即糲米和粟的混合物，此混合物被稱作"糙"（詳見第二章"[056] 衰分類之十九"【校釋】之 [5]）。

[5] 此 1 石禾（10 斗）產出 7 斗糲米，意味著產生了 3 斗的損耗。

[6] 簡文"當益禾幾可（何）"前少了一個已知條件，其大意是需要得到 1 石米。本算書簡 115（2173+0137）~116（0650）載有算題："☐ 粟一石爲米八斗二升。問：米一石爲粟幾可（何）? 曰：廿斗☐百廿三分斗卅爲米一石。术（術）曰：求粟，☐【以米八斗二升】爲法，以十斗乘粟十六斗大半斗爲貴＝（實，實）如

---

① （唐）孔穎達：《春秋左傳正義》,（清）阮元校刻《十三經注疏》, 中華書局, 1980, 第 1863 頁。
② 許道勝：《嶽麓秦簡〈爲吏治官及黔首〉與〈數〉校釋》, 武漢大學博士學位論文, 2013, 第 257 頁。
③ 〔日〕中国古算書研究会編『岳麓書院藏秦簡「數」訳注』, 京都朋友書店, 2016, 第 181 頁。
④ 張家山二四七號漢墓竹簡整理小組編著《張家山漢墓竹簡 [二四七號墓]》（釋文修訂本）, 文物出版社, 2006, 第 138 頁。按：整理者誤將術文第二例"直"釋作"值"字, 據圖版當爲"直"。

法得粟一斗。"（見第二章"[037] 穀物換算類之九"）對比發現，二算題雖然所求不同，但題設相似，故可據此補本算題所缺内容爲"問米一石"。

[7] 取，選取。《論語·公冶長》："子曰：'由也，好勇過我，無所取材。'"① 在本算題中表示"用"。

[8] 者，特別指示代詞，與一系列詞語構成"者"字結尾的短語，分別表示人、事、物、時間等。《説文·白部》："者，別事詞也。"②《筭數書》"銅耗"算題簡 50（H22B）~51（H179）："亦直（置）七斤八兩者朱（銖）數，以一斤八兩八朱（銖）者朱（銖）數乘之。"③ 簡文"一石者"由"一石"和"者"構成表數量的短語，意爲"一石的……數"，根據本算題語境，"一石者"有以下四種可能：一是指"此一石禾"，即 10 斗由糲米和粟組成的混合物；二是一石禾實際產出的糲米數，即 7 斗糲米；三是指"此一石禾"舂爲糲米時產生的損耗，即 3 斗；四是多值制石中的一石禾，即 16$\frac{2}{3}$斗。結合本算題實際情況，"一石者"指"此一石禾"舂爲糲米時所損耗的斗數，即 3 斗糲米。

[9] 本算題可計算爲：3 斗 × 10 斗 ÷ 7 斗 = 4$\frac{2}{7}$斗。

【今譯】

計算損耗的方法：用所得米數作除數，用所損耗的米數乘以 1 石禾斗數（16$\frac{2}{3}$斗）作爲被除數，相除即得結果。假設有一種禾，這種禾 1 石（10 斗）舂爲 7 斗糲米。（問：如果要得到 1 石糲米，）應該增加多少禾？答：增加 4$\frac{2}{7}$斗禾。計算方法：用 1 石禾的耗數（3 斗）乘以 10，用 7 作除數。計算其他損耗的方法也如此。

① （宋）邢昺：《論語注疏》，（清）阮元校刻《十三經注疏》，中華書局，1980，第 2473 頁。
② （清）段玉裁：《説文解字注》，浙江古籍出版社，2006，第 137 頁。
③ 張家山二四七號漢墓竹簡整理小組編著《張家山漢墓竹簡 [二四七號墓]》（釋文修訂本），文物出版社，2006，第 138 頁。

[093]　租税類之五

【釋文】

租誤券[1]，田多若少[2]。耤（藉）[3]令田十畮，税田[4]二百卌步，三步一斗，租八石。·今誤券多五斗，欲益田。其述（術）曰：以八石五斗爲八百 11（0939）〖辛（五十），〗…[5][6]

【校釋】

[1] 券，古代用於買賣或債務的契據，書於簡牘，常分爲兩半，雙方各執其一以爲憑證。《説文·刀部》：“券，契也……券別之書。以刀判契其旁，故曰契券。”①本算題“券”作動詞，“租誤券”指租税在簡牘上被刻錯，而與應收租税有差異。

[2] 若，表選擇，相當於“或者”。如《筭數書》“分錢”算題簡 133（H165）~134（H150）“皆贏（盈）若不足”。②

[3] 耤（藉），這裏表假設。

[4] 税田，指從所租種的田（輿田）中劃出來專用於納税之田，税田所獲均爲租税。本算書禾税田與所租種的田（輿田）的比例一般爲 1 : 10，即“十税一”。《田書》反映的禾税田與禾輿田比例爲 1 : 12（詳見第一章“[015] 税田”【校釋】之 [4]）。

[5] 此簡後尚有缺簡，據文意當有“辛（五十）”及術文的其他文字。

[6] 設需要增加 x 畮，計算如下：10 畮：80 斗＝（10 畮＋x）：85 斗，則 x＝（850 斗·畮 −800 斗·畮）÷80 斗＝$\frac{5}{8}$ 畮。有學者計算爲：（850 升 ×10 畮）÷800 升 =10$\frac{5}{8}$ 畮（即增加 $\frac{5}{8}$ 畮）③，或

---

① （漢）許慎撰，（宋）徐鉉等校定《説文解字》，上海古籍出版社，2007，第 208 頁。
② 張家山二四七號漢墓竹簡整理小組編著《張家山漢墓竹簡 [二四七號墓]》（釋文修訂本），文物出版社，2006，第 149 頁。
③ 〔日〕中国古算書研究会編『岳麓書院藏秦簡「数」訳注』，京都朋友書店，2016，第 136 頁。

（85×10）$\div 80 = 10\frac{5}{8}$畝（即增加$\frac{5}{8}$畝）。^①因本算題術文殘缺而不知具體計算方法，故不知哪種計算方法更符合題意。

【今譯】

如果租税被誤刻，那麼田就會（比正常租税所需之田畝數）多或少。假設有田 10 畝，則税田爲 240 積步，每 3 積步產出 1 斗，則租税爲 8 石。假設租税因誤刻而多了 5 斗，要增加田畝數。計算方法：以 8 石 5 斗爲八百（五十，）……

[094]　租税類之六

【釋文】

禾兑（税）[1] 田卅步，五步一斗，租 [2] 八斗。今誤券九斗。問：幾可（何）步一斗？得曰：四步九分步四而一斗。述（術）曰：兑（税）田爲實（實），九斗 12（0982）爲法，除，實（實）如法一步。 [3] 13（0945）

【校釋】

[1] 兑，即"税"字。税，田賦。《説文·禾部》："税，租也。从禾，兑聲。"^②《漢書·刑法志》："有税有賦，税以足食，賦以足兵。"顏師古注："税，田租也。"^③税田，詳見上一算題【校釋】之 [4]。

[2] 租，田税，田賦。《説文·禾部》："租，田賦也。"^④《急就篇》卷三："種樹收斂賦税租。"顏師古注："田税曰租。"^⑤詞義擴大作"税"。《廣雅·釋詁二》："租，税也。"^⑥《管子·治國》："關

---

① 朱漢民、陳松長主編《嶽麓書院藏秦簡（貳）》，上海辭書出版社，2011，第 38 頁；蕭燦：《嶽麓書院藏秦簡〈數〉研究》，中國社會科學出版社，2015，第 32 頁。

② （漢）許慎撰，（宋）徐鉉等校定《説文解字》，上海古籍出版社，2007，第 343 頁。

③ （漢）班固撰，（唐）顏師古注《漢書》，中華書局，1964，第 1081、1083 頁。

④ （漢）许慎撰，（宋）徐鉉等校定《説文解字》，上海古籍出版社，2007，第 343 頁。

⑤ 管振邦：《顏注急就篇譯釋》，南京大學出版社，2009，第 201 頁。

⑥ （清）王念孫：《廣雅疏證》，中華書局，1983，第 40 頁。

市之租，府庫之徵，粟什一。”①

[3] 設 9 斗的“斗率”爲 x，則 40 積步 ∶ 9 斗 = x ∶ 1 斗，x=（40 積步 ×1 斗）÷9 斗 = $4\frac{4}{9}$積步。

【今譯】

禾税田 40 積步，每 5 積步産出 1 斗，租税 8 斗。假設誤刻爲 9 斗。問：每多少積步産出 1 斗？答：每 $4\frac{4}{9}$積步産出 1 斗。計算方法：用税田作爲被除數，9 斗爲除數，除，被除數除以除數即得以積步爲單位的結果。

[095]　租税類之七

【釋文】

租禾[1]　　税田廿四步，六步一斗，租四斗。今誤券五斗一升，欲耎[2]☐步數，幾可（何）步一斗？曰：四步卒（五十）一分步卌六∟一斗∟。其 14（0817+1939）以所券租數爲法，即直（置）輿田步數，[3]如法而一步，不盈步者，以法命之。[4] 15（0816）

【校釋】

[1] 租禾，意爲收取禾税。“租”作動詞，義爲“征收租税”。《禮記・玉藻》：“關梁不租。”孔穎達正義：“租謂課税。”② 簡文“租禾”當爲題名，本釋文空兩個字符予以標識。

[2] 耎，本指物體前端較後端大，這裏引申爲“減少”。《説文・亣部》：“耎，稍前大也。”段玉裁注：“稍前大者，前較大於後也。”③ 如本算書簡 30（0775+C4.1-5-2+C4.1-3-7+C4.1-6-2[2]）：“亦令所耎步一爲卆（八十）一。”（見本章“[109] 租税類之

① 黎翔鳳撰，梁運華整理《管子校注》，中華書局，2004，第 925 頁。

② （唐）孔穎達：《禮記正義》，（清）阮元校刻《十三經注疏》，中華書局，1980，第 1475 頁。

③ （清）段玉裁：《説文解字注》，浙江古籍出版社，2006，第 499 頁。

二十一"）

[3] 本算書中禾興田與禾稅田的比例爲 10 ：1。術文用"興田"而不是"稅田"，意即將"稅田"24 積步擴大 10 倍而爲 240 積步，此 10 倍源於將"1 斗"轉換爲"10 升"（詳見本算題【校釋】之 [4]）。

[4] 許道勝根據本算書常見表達方法認爲，簡 14（0817+1939）末字"其"後應該是"術"或"術曰"及其術文，因此，簡 15（0816）不當編聯於簡 14（0817+1939）之後，而當分列；將簡 C060209+ C020103（見本章"[096] 租稅類之八"）簡首缺失簡文補作"術曰：以所"後編聯在簡 14（0817+1939）之後。[①] 此校補及編聯意見存疑。一方面，簡 C060209+ C020103 簡首所缺簡文恰好與前簡簡文"其"構成"其術"或"其術曰"略顯證據不足；另一方面，在秦漢算書術文引語中"其"後常接"述（術）""术（術）""術"，但並非絕對，術文中也有"其""以"連用的情況，如本算書簡 176（0645）"其以求高及廣皆如此"（見第三章"[063] 體積類之一"）。我們認爲《數》簡整理小組將簡 14（0817+1939）與 15（0816）編聯是可行的。

據術文計算如下：設 5 斗 1 升的"斗率"爲 x，則 24 積步 ：5 斗 1 升 = x ：1 斗，x=（24 積步 ×1 斗 ）÷5 斗 1 升 =（24 積步 ×10 升 ）÷51 升 =240 積步 ÷51= $4\frac{36}{51}$ 積步。學界對本算題有不同計算。[②]

【今譯】

收取禾稅　　有稅田 24 積步，每 6 積步產出 1 斗，租稅 4

① 許道勝：《嶽麓秦簡〈爲吏治官及黔首〉與〈數〉校釋》，武漢大學博士學位論文，2013，第 256 頁。
② 朱漢民、陳松長主編《嶽麓書院藏秦簡（貳）》，上海辭書出版社，2011，第 40 頁；蕭燦：《嶽麓書院藏秦簡〈數〉研究》，中國社會科學出版社，2015，第 34 頁；蘇意雯、蘇俊鴻、蘇惠玉等：《〈數〉簡校勘》，《HPM 通訊》2012 年第 15 卷第 11 期；〔日〕中國古算書研究会編『岳麓書院藏秦簡「数」訳注』，京都朋友書店，2016，第 141 頁；吳朝陽：《張家山漢簡〈算數書〉校證及相關研究》，江蘇人民出版社，2014，第 91~93 頁。

斗。假設誤刻爲 5 斗 1 升，想要減少產出 1 斗所需積步數，每多少積步產出 1 斗？答：每 $4\frac{36}{51}$ 積步產出 1 斗。用所誤刻的租稅（升）數作爲除數，（在籌算板上）設置輿田的積步數（240 積步），相除即得以積步爲單位的結果，不滿 1 積步的，用除數作分母命作分數。

[096]　租税類之八

【釋文】

⋯ ☐[1] 券租數爲法，☐[2] 即直（置）輿田步數，如法而 ☐ ☐ ⋯[3] C060209+ C020103

【校釋】

[1] 簡首殘斷，當有若干缺文，故以"⋯"標識。許道勝將此簡接於簡 14（0817+1939）之後，並將缺文補作"術曰:以所"。[①] 此編聯意見未安（見本章"[095] 租税類之七"【校釋】之［4］）。

[2] 學界多將殘片 C060209 與 C020103 分立，[②] 許道勝首次將此二殘片綴合（圖 4-8）。[③] 此綴合意見是正確的。

[3] 竹簡殘斷處殘存有墨迹（圖 4-8），但不可識。許道勝推測可能爲"得"字。[④] 其後當還有缺文，故以"⋯"標識。將本條殘

① 許道勝:《嶽麓秦簡〈爲吏治官及黔首〉與〈數〉校釋》，武漢大學博士學位論文，2013，第 254、256 頁。
② 蕭燦:《嶽麓書院藏秦簡〈數〉研究》，湖南大學博士學位論文，2010，第 105 頁；朱漢民、陳松長主編《嶽麓書院藏秦簡（貳）》，上海辭書出版社，2011，第 155 頁；蕭燦:《嶽麓書院藏秦簡〈數〉研究》，中國社會科學出版社，2015，第 129 頁。蘇意雯、蘇俊鴻、蘇惠玉等:《〈數〉簡校勘》，《HPM 通訊》2012 年第 15 卷第 11 期；謝坤:《嶽麓書院藏秦簡〈數〉校理及數學專門用語研究》，西南大學碩士學位論文，2014，第 78 頁;〔日〕中国古算書研究会編『岳麓書院藏秦簡「数」訳注』，京都朋友書店，2016，第 253 頁。
③ 許道勝:《嶽麓秦簡〈爲吏治官及黔首〉與〈數〉校釋》，武漢大學博士學位論文，2013，第 255、254 頁。
④ 許道勝:《嶽麓秦簡〈爲吏治官及黔首〉與〈數〉校釋》，武漢大學博士學位論文，2013，第 256 頁。

存術文與簡 15（0816）所載術文（見本章 "[095] 租税類之七"）
比較可知，二者算法一致。

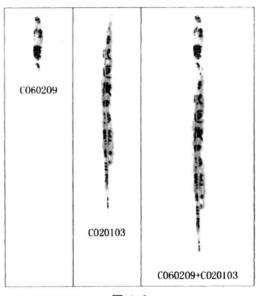

圖 4-8

【今譯】

……刻的租税數作爲除數，然後（在籌算板上）設置輿田的
積步數（作爲被除數），除以除數即得……

[097]   租税類之九

【釋文】

輿田租枲述（術）曰：大枲，五之，中枲，六之，細，七
之 [1]，以高乘之 [2] 爲貫（實）；直（置）十五 [3]，以一束 [4] 步數
乘之 [5] 爲法，貫（實）如法得 16（0900）〖一兩。〗[6] [7]

【校釋】

[1] 據本算書簡 22（0888）和簡 26（0844）（分別參見本章

"[102] 租税類之十四""[106] 租税類之十八"），可知大枲 1 尺重量爲 5 兩，細枲 1 尺重量爲 7 兩。進而推知中枲 1 尺重量爲 6 兩。蕭燦認爲"大枲，五之""中枲，六之""細，七之"意思是："乘以每束枲的單位長度的重量。每束大枲單位長度一尺重五兩，每束中枲單位長度一尺重六兩，每束細枲單位長度一尺重七兩。據此計算出的數據就是作爲租税收取的枲的重量。"[1] 另，中國古算書研究會學者認爲，大枲、中枲和細枲因各自捆成一束後的密度不同，大枲密度小，中枲大一些，細枲最大，所以各自一束的密度不同，其重量之比爲 5：6：7。[2]

[2] 據上引蕭燦文章，簡文"以高乘之"表明："同一種枲如果長得高大，産量就大，租税也随之增長。反之，枲長得低矮，産量就少，租税也随之減少。"

[3] 據上引蕭燦文章，用於種植枲的輿田（"枲輿田"）的租税率爲"十五税一"。

[4]《筭數書》"取枲程"算題簡 91（H134）載有"十步三韋（圍）束一"，[3] 據此可知，"一束"爲 3 圍（3 尺）。

[5] 上引蕭燦認爲簡文"一束步數乘之"表明"一束步數"實際反映的是種植密度。此説未安。"一束步數"意爲每産出一束枲所需積步數，與禾税田"一斗步數"（每産出一斗所需積步數）（見本章"[121] 租税類之三十三"）一樣表示産出率。産出率與"一束"或"一斗"所需"步數"成反比。諸如種植密度等衆多因素可能會影響所需"步數"。

[6] 本簡後有缺簡，據本算書簡 18（1835+1744）所載"如法一兩"（見本章"[098] 租税類之十"），所缺簡文當爲"一兩"二字。

[7] 計算公式如下：（枲輿田步數 × 係數 × 高度）÷（15×1

① 蕭燦：《從〈數〉的"輿（與）田"、"税田"算題看秦田地租税制度》，《湖南大學學報》（社會科學版）2010 年第 4 期。
② 〔日〕中國古算書研究會編『岳麓書院藏秦簡「數」訳注』，京都朋友書店，2016，第 148 頁。
③ 張家山二四七號漢墓竹簡整理小組編著《張家山漢墓竹簡 [二四七號墓]》（釋文修訂本），文物出版社，2006，第 145 頁。

束步數）＝枲租稅重量（兩）。其中，"係數"指"大枲，五之，中枲，六之，細，七之"中的"五"（5兩/尺）、"六"（6兩/尺）、"七"（7兩/尺）。

【今譯】

收取枲輿田租稅的計算方法：如果是大枲，就用5乘以輿田積步數，如果是中枲，就用6乘以輿田積步數，如果是細枲，就用7乘以輿田積步數，其乘積乘以高作被除數；（在籌算板上）設置15，用每産出1束枲所需積步數乘15作除數，相除即得以兩爲單位的結果。

[098] 租稅類之十

【釋文】

租枲述（術）曰：置[1]輿田數，大枲也，五之，中枲也，六之，細枲也，七之，以高乘之爲賫（實）；左[2]置十五，以一束步數乘十 17（1743）五爲法，如法一兩，不盈兩者，以一爲廿四[3]，乘之，如法一朱（銖），不盈朱（銖）者，以法命分。 18（1835+1744）

【校釋】

[1] 置，籌算用語，表在籌算板上設置算籌。本算書共十一例：簡17（1743）載二例，簡197（J25）載三例，簡30（0775+C4.1-5-2+C4.1-3-7+C4.1-6-2[2]）、121（1649+0858）、133（0765）、156（1715）、215（0889）、216（0885）各載一例。

[2] 據上一算題"[097] 租稅類之九"，計算枲租稅的公式爲：（枲輿田步數 × 係數 × 高度）÷（15×1束步數）＝枲租稅重量（兩）。在籌算板右邊先設置"枲輿田步數 × 係數 × 高度"作爲被除數，然後在籌算板左邊設置"15×1束步數"作爲除數。簡文"左置"即在左邊設置算籌。

[3] 秦漢制，1斤爲16兩，1兩爲24銖。簡文"以一爲廿四"，意爲將"兩"乘以24轉換爲銖。

【今譯】

收取枲税的計算方法：（在籌算板上）設置枲田積步數，如果是大枲，就用 5 乘以枲田積步數，如果是中枲，就用 6 乘以枲田積步數，如果是細枲，就用 7 乘以枲田積步數，乘積與高度相乘作被除數；在籌算板左邊設置 15，用每產出 1 束枲所需積步數乘 15 作除數，相除即得單位爲兩的結果，不滿 1 兩的餘數，按 1 兩 24 銖，乘以不滿 1 兩之數，乘積除以除數即得單位爲銖的結果，不滿 1 銖的餘數，用除數作分母命爲分數。

[099]　租税類之十一

【釋文】

枲□ 輿 [1] 田六步，大枲高六尺，七步一束。租一兩十七朱（銖）七分朱（銖）一。[2] 19（0835）

【校釋】

[1] 竹簡在此折斷，致使 "輿" 字字迹模糊，但據文例及殘存筆迹，仍可知此字爲 "輿"。

[2] 根據枲輿田租税計算公式計算如下：（枲輿田步數 × 係數 × 高度）÷（15×1 束步數）=（6 積步 ×5 兩/尺 ×6 尺/束）÷（15×7 積步/束）=1 兩+$\frac{5}{7}$兩=1 兩+$\frac{5}{7}$× 24 銖 =1 兩 17 $\frac{1}{7}$ 銖。

【今譯】

枲輿田爲 6 積步，大枲高 6 尺，每 7 積步收穫 1 束。租税爲 1 兩 17 $\frac{1}{7}$ 銖。

[100]　租税類之十二

【釋文】

枲輿田至（五十）步，大枲高八尺，六步一束。租一斤六兩

五朱（銖）三分朱（銖）一。[1]$_{20（0890）}$

【校釋】

[1] 根據臬輿田租税計算公式計算如下：（臬輿田步數 × 係數 × 高度）÷（15×1 束步數）=（50 積步 ×5 兩/尺 ×8 尺/束）÷（15×6 積步/束）=16 兩 +6 兩 + $\frac{2}{9}$ ×24 銖 =1 斤 6 兩 5 $\frac{1}{3}$ 銖。

【今譯】

臬輿田爲 50 積步，大臬高 8 尺，每 6 積步收穫 1 束臬。租税爲 1 斤 6 兩 5 $\frac{1}{3}$ 銖。

[101]　租税類之十三

【釋文】

大臬【輿】[1]田三步少半步，高六尺，六步一束。租一兩二朱（銖）大半朱（銖）。[2]$_{21（0849）}$

【校釋】

[1] 據文例和題意，此田當爲 "輿田"。

[2] 根據臬輿田租税計算公式計算如下：（臬輿田步數 × 係數 × 高度）÷（15×1 束步數）=（3 $\frac{1}{3}$ 積步 ×5 兩/尺 ×6 尺/束）÷（15×6 積步/束）=1 兩 + $\frac{1}{9}$ 兩 =1 兩 + $\frac{1}{9}$ ×24 銖 =1 兩 2 $\frac{2}{3}$ 銖。

【今譯】

大臬輿田爲 3 $\frac{1}{3}$ 積步，大臬高 6 尺，每 6 積步收穫 1 束。租税爲 1 兩 2 $\frac{2}{3}$ 銖。

[102]　租税類之十四

【釋文】

大枲【輿】[1]田三步大半步，高五尺꞊（尺，尺）五兩[2]，三步半步一束。租一兩十七朱（銖）廿一分朱（銖）十九。[3]₂₂₍₀₈₈₈₎

【校釋】

[1] 據文例和題意，此田當爲"輿田"。

[2] "尺五兩"，即 1 尺枲重量爲 5 兩（詳見本章"[097]租税類之九"【校釋】之 [1]）。

[3] 據枲輿田租税計算公式計算如下：（枲輿田步數 × 係數 × 高度）÷（15×1 束步數）=（$3\frac{2}{3}$ 積步 ×5 兩/尺 ×5 尺/束）÷（$15 \times 3\frac{1}{2}$ 積步/束）=$1 \text{兩}+\frac{47}{63}$兩=$1 \text{兩}+\frac{47}{63} \times 24$ 銖=$1 \text{兩} 17\frac{19}{21}$銖。

【今譯】

大枲輿田爲 $3\frac{2}{3}$ 積步，大枲高 5 尺，每 1 尺重 5 兩，每 $3\frac{1}{2}$ 積步收穫 1 束。租税爲 $1 \text{兩} 17\frac{19}{21}$銖。

[103]　租税類之十五

【釋文】

枲輿田周廿七步[1]，大枲高五尺，四步一束，成田卒（六十）步四分步三。租一斤九兩七朱（銖）半朱（銖）。[2]₂₃₍₀₄₁₁₎

【校釋】

[1] 周廿七步，即周長 27 步。據本算書簡 65（J07）所載"周田術"術文"周乘周，十二成一"（見第二章"[013]面積類之

十三"），可知本算題枲輿田面積爲：27 步 ×27 步 ÷12=60 $\frac{3}{4}$ 積步。

[2] 根據枲輿田租稅計算公式計算如下：（枲輿田步數 × 係數 × 高度）÷（15×1 束步數）=（60 $\frac{3}{4}$ 積步 ×5 兩 / 尺 ×5 尺 / 束）÷（15×4 積步 / 束）=25 兩 + $\frac{5}{16}$ 兩 =1 斤 9 兩 + $\frac{5}{16}$ ×24 銖 =1 斤 9 兩 7 $\frac{1}{2}$ 銖。

【今譯】

枲輿田周長 27 步，大枲高 5 尺，每 4 積步收穫 1 束，得田 60 $\frac{3}{4}$ 積步。租稅爲 1 斤 9 兩 7 $\frac{1}{2}$ 銖。

[104]　租稅類之十六

【釋文】

枲輿田七步半步，中枲高七尺，八步一束。租二兩十五朱（銖）。[1] $_{24}$（0826）

【校釋】

[1] 根據枲輿田租稅計算公式計算如下：（枲輿田步數 × 係數 × 高度）÷（15×1 束步數）=（7 $\frac{1}{2}$ 積步 ×6 兩 / 尺 ×7 尺 / 束）÷（15×8 積步 / 束）=2 兩 + $\frac{5}{8}$ 兩 =2 兩 + $\frac{5}{8}$ ×24 銖 =2 兩 15 銖。

【今譯】

枲輿田爲 7 $\frac{1}{2}$ 積步，中枲高 7 尺，每 8 積步收穫 1 束。租稅爲 2 兩 15 銖。

[105]　租税類之十七

【釋文】

細枲輿田十二步大半步，高七尺，四步一束。租十兩八朱（銖）有（又）十五分朱（銖）四。$^{[1]}$$_{25（0837）}$

【校釋】

[1] 根據枲輿田租税計算公式計算如下：（枲輿田步數 × 係數 × 高度）÷（15 × 1 束步數）=（$12\frac{2}{3}$ 積步 × 7 兩 / 尺 × 7 尺 / 束）÷（15 × 4 積步 / 束）= 10 兩 + $\frac{31}{90}$ 兩 = 10 兩 + $\frac{31}{90}$ × 24 銖 = 10 兩 8 $\frac{4}{15}$ 銖。

【今譯】

細枲輿田爲 $12\frac{2}{3}$ 積步，細枲高 7 尺，每 4 積步收穫 1 束。租税爲 10 兩 8 $\frac{4}{15}$ 銖。

[106]　租税類之十八

【釋文】

細枲【輿】田$^{[1]}$一步少半步，高七尺＝（尺，尺）七兩，五步半步一束。租十九束〈朱（銖）〉$^{[2]}$百卒（六十）五分朱（銖）一。$^{[3]}$$_{26（0844）}$

【校釋】

[1] 根據文例及題意，簡文"細枲田"當爲"細枲輿田"。

[2] 束，當爲"朱"之誤。

[3] 根據枲輿田租税計算公式計算如下：（枲輿田步數 × 係數 × 高度）÷（15 × 1 束步數）=（$1\frac{1}{3}$ 積步 × 7 兩 / 尺 × 7 尺 / 束）÷

$$（15 \times 5\frac{1}{2}積步/束）=\frac{392}{495}兩=\frac{392}{495}\times 24 銖 =19\frac{1}{165}銖。$$

【今譯】

細枲輿田爲 $1\frac{1}{3}$ 積步，細枲高 7 尺，每 1 尺重量爲 7 兩，每 $5\frac{1}{2}$ 積步收穫 1 束。租税爲 $19\frac{1}{165}$ 銖。

[107]　租税類之十九

【釋文】

枲輿田九步少半步，細枲[1] 高丈一尺，三步少半步一束。租十四兩八朱（銖）廿五分朱（銖）廿四。[2] 27（0475）

【校釋】

[1] 簡文 "細" 字只剩左部 "糸"，而右部漫漶。根據計算，其每 1 尺重量爲 7 兩，故該字當爲 "細" 字。簡文 "枲" 只剩 "台" 部的殘筆，根據文例和題意，當爲 "枲" 字。

[2] 根據枲輿田租税計算公式計算如下：（枲輿田步數 × 係數 × 高度）÷（15×1 束步數）=（$9\frac{1}{3}$ 積步 ×7 兩/尺 ×11 尺/束）÷

$$（15 \times 3\frac{1}{3}積步/束）=14 兩 +\frac{28}{75}兩 =14 兩 +\frac{28}{75}\times 24 銖 =14 兩$$

$8\frac{24}{25}$ 銖。

【今譯】

枲輿田爲 $9\frac{1}{3}$ 積步，細枲高 1 丈 1 尺，每 $3\frac{1}{3}$ 積步收穫 1 束。租税爲 14 兩 $8\frac{24}{25}$ 銖。

[108]　租税類之二十

【釋文】

枲税田[1] 卅五步，細枲也高八尺，七步一束。租廿二斤八兩。[2] 28（1651）

【校釋】

[1] 税田的收穫全部作爲租税，本算書枲税田與枲輿田的比例爲 1 ：15。枲税田的計算公式爲：（枲税田步數 × 係數 × 高度）÷ 1 束步數。

[2] 依據枲税田租税計算公式計算如下：（枲税田步數 × 係數 × 高度）÷ 1 束步數 =（45 積步 ×7 兩 / 尺 ×8 尺 / 束）÷7 積步 / 束 =360 兩 =22 斤 8 兩。

【今譯】

枲税田爲 45 步積，細枲高 8 尺，每 7 積步收穫 1 束。租税爲 22 斤 8 兩。

[109]　租税類之二十一

【釋文】

今枲兑（税）田十六步，大枲高五尺，五步一束。租五斤。今誤券一兩[1]，欲橾步數。問：幾可（何）一束？得曰：四步牟（八十）一分廾（七十）29（0788）六∟一束。欲復之[2]，復置[3] 一束兩數[4]，以乘兑（税）田而令以一爲牟（八十）一[5] 爲戵（實）；亦令所橾步一爲牟（八十）一，不分者從之以爲 30（0775+C4.1-5-2+C4.1-3-7+C4.1-6-2[2]）法[6]，戵（實）如法一兩。[7] 31（0984）

【校釋】

[1] 簡文"誤券一兩"意爲誤刻了 1 兩。根據簡文後文"欲橾

步數”，顯然是多刻了 1 兩；又根據簡文後文計算，顯然是誤券“五斤一兩”，即把 5 斤誤刻爲 5 斤 1 兩。

[2] 復，返回。《爾雅·釋言》：“復，返也。”[1]“復之”即把籌算板上的計算返回到開始的狀態，即驗算。亦見於《筭數書》“啓從”算題簡 160（H68）“復之”。[2]

[3] 復，副詞，表示重複，相當於“再”。《論語·述而》：“久矣吾不復夢見周公。”[3]“復置”意即再一次設置或重新設置。

[4] 一束兩數，即按照“大枲高五尺”“尺五兩”，計算爲 5 尺 / 束 × 5 兩 / 尺 =25 兩 / 束。

[5] 以一爲仐（八十）一，意爲將“一束兩數”（25 兩 / 束）與“稅田”（16 積步）的乘積擴大 81 倍，即 25 兩 / 束 × 16 積步 × 81。81 是指除數 $4\frac{78}{81}$ 積步 / 束的分母。將被除數和除數同乘以 81，把分數化爲整數以避免分數運算。

[6] 據蕭燦，本簡下段距離簡尾 10.5 釐米處殘失右半部，簡文從“令”開始殘右半。[4] 簡文“不分者”亦殘右半。許道勝將殘片 C410307 與簡 0775 拼合，[5] 使得簡文“不分者”字形完整。第二批《數》簡整理者將殘片 C4.1-5-2、C4.1-3-7（C410307）、C4.1-6-2[2] 與簡 0775 綴合，[6] 使得簡文“令所奭步一爲仐一不分者從之以爲”字形完整。

“不分者”指除法運算的餘數，也指分數的分子。在古算除法運算中，“實”（被除數）每被“法”（除數）量盡一次就得到 1，即所謂“實如法而一”，而不能被“法”量盡之數就是餘數，

① （宋）邢昺：《爾雅注疏》，（清）阮元校刻《十三經注疏》，中華書局，1980，第 2581 頁。
② 張家山二四七號漢墓竹簡整理小組編著《張家山漢墓竹簡 [二四七號墓]》（釋文修訂本），文物出版社，2006，第 153 頁。
③ （宋）邢昺：《論語注疏》，（清）阮元校刻《十三經注疏》，中華書局，1980，第 2481 頁。
④ 蕭燦：《嶽麓書院藏秦簡〈數〉研究》，中國社會科學出版社，2015，第 168 頁。
⑤ 許道勝：《嶽麓秦簡〈爲吏治官及黔首〉與〈數〉校釋》，武漢大學博士學位論文，2013，第 244~245 頁。
⑥ 陳松長主編《嶽麓書院藏秦簡（柒）》，上海辭書出版社，2022，第 190 頁。

即所謂"不盈法者"，亦即"不分者"。古算對餘數的處置方式往往是"以法命分"，即用"法"作爲分母將餘數命名爲分數，這樣，餘數就成了分數的分子，所以，"不分者"也指分數的分子。就本算題的"$4\frac{78}{81}$"而言（見本【校釋】之[7]），"4"是"400"被"81"量盡四次得到的商"4"，"76"是不能被"81"量盡之數，即餘數（不分者），"$\frac{78}{81}$"是用"81"作分母將不分者"76"命名的分數。簡文"令所糶步一爲卒（八十）一，不分者從之"意即將所糶步數（$4\frac{78}{81}$）中的整數（4）擴大81倍，不分者（76）與之相加，即 $4\times81+76=400$。"不分者"用例亦見於《筭數書》"少廣"算題簡166（H83）"其從（縱）有不分者"。①

[7] 依據枲税田租税計算公式計算如下：（枲税田步數 × 係數 × 高度）÷1束步數＝（16積步 ×5兩/尺 ×5尺/束）÷5積步/束 =80兩 =5斤。

假如誤券作5斤1兩，設1束積步數爲 x，則（16積步 ×5兩/尺 ×5尺/束）÷x=81兩，x=（16積步 ×5兩/尺 ×5尺/束）÷81兩 $=\frac{400}{81}$積步/束 $=4\frac{76}{81}$積步/束。

驗算：（16積步 ×5兩/尺 ×5尺/束）÷$4\frac{76}{81}$積步/束 =（81×16積步 ×5兩/尺 ×5尺/束）÷（81×$4\frac{76}{81}$積步/束）=（81×400兩）÷（324+76）=81兩。

【今譯】

假如枲税田爲16積步，大枲高5尺，每5積步收穫1束。租税爲5斤。假如誤刻爲5斤1兩，想要減少收穫每1束枲所需積步數。問：每多少積步收穫1束枲？答：$4\frac{76}{81}$積步/束。若要驗

---

① 張家山二四七號漢墓竹簡整理小組編著《張家山漢墓竹簡[二四七號墓]》（釋文修訂本），文物出版社，2006，第154頁。

算，再一次設置 1 束梟以"兩"爲單位的重量（5 尺 / 束 ×5 兩 / 尺），乘以税田數（16 積步），然後以 1 爲 81（乘以 81）作爲被除數；已經減少了的積步數（$4\frac{76}{81}$ 積步）也以 1 爲 81（意即 4 就成了 324），分子（76）與它（324）相加作爲除數，相除即得單位爲兩的結果。

[110]　租税類之二十二

【釋文】

梟兑（税）田十六步，大梟高五尺，三步一束[1]。租八斤五兩八朱（銖）。今復租之[2]，三步廿八寸，當三步有（又）百卉（九十）六分步 32（0841）之卆（八十）七而一束[3]，租七斤四兩三束〈朱（銖）〉[4] 九分朱（銖）五。投[5] 此之述（術）曰：直（置）一束寸數，耤（藉）[6]，令相乘也，以一束步數乘之以爲寬（實），33（0805）亦直（置）所新得寸數，耤（藉），令相乘也以爲法，寬（實）如法得一步[7]。[8] ▱ 34（0824）

【校釋】

[1] 束，據《筭數書》"取梟程"算題簡 91（H134）"三韋（圍）束一"，[①]1 束梟 3 圍。又 1 尺爲 1 圍，則 3 圍爲 30 寸。

[2] "今復租之"，即按照簡文下文"三步廿八寸"這個新標準重新收税。中國古算書研究会增補"乾之廿八寸一束"而作"今乾之廿八寸一束。復租之"。[②]

[3] 學界將簡文"三步廿八寸，當三步有（又）百卉（九十）六分步之卆（八十）七而一束"連讀，這種句讀實際上是把簡文"當"理解爲"相當於"，如謝坤、蕭燦、中國古算書研究会明確

---

① 張家山二四七號漢墓竹簡整理小組編著《張家山漢墓竹簡 [二四七號墓]》（釋文修訂本），文物出版社，2006，第 145 頁。

② 〔日〕中國古算書研究会編『岳麓書院藏秦簡「数」訳注』，京都朋友書店，2016，第 128 頁。

理解爲"相當於"。如此，則誤解了"三步廿八寸"與"三步有（又）百卆（九十）六分步之仐（八十）七而一束"的關係。當於"寸"字後斷讀爲"三步廿八寸，當三步有（又）百卆（九十）六分步之仐（八十）七而一束"，其中"三步廿八寸"是算題採用的新的計算標準，"三步有（又）百卆（九十）六分步之仐（八十）七而一束"是據新的計算標準和已知條件"三步一束"按照術文算得的結果。

"當"，義爲"應該"，用於算題的問題或答案之前。前者如本算書簡09（0809）"當益禾幾可（何）"（見本章"[092] 租稅類之四"），後者如本算書簡153（0819+0828）"今出糳幾可（何）? 當五斗有（又）十三分斗十"（見第三章"[056] 衰分類之十九"）。

[4] 束，"朱"之誤。

[5] 投，整理者作"救（求）"。當釋爲"投"，訓爲"計算"。詳見"緒論"之"漢語史價值"。

[6] "耤（藉）"，義爲"設置算籌"（詳見第三章"[043] 衰分類之六"【校釋】之 [2]）。

[7] 據蕭燦，本簡長16.7釐米，下段殘。查看圖版，發現簡文"一"後有一字殘筆。原整理者釋文作"□"，並認爲從題意和筆劃殘痕分析，疑爲"兩"字。蘇意雯等未釋，謝坤認爲："'如法一兩'是《數》中常用表達方式。"許道勝參他簡"步"字的寫法，認爲是"步"字。中國古算書研究会學者根據本算題

① 謝坤:《嶽麓書院藏秦簡〈數〉校理及數學專門用語研究》，西南大學碩士學位論文，2014，第18頁；蕭燦:《嶽麓書院藏秦簡〈數〉研究》，中國社會科學出版社，2015，第40頁；〔日〕中国古算書研究会編『岳麓書院藏秦簡「数」訳注』，京都朋友書店，2016，第128頁。
② 蕭燦:《嶽麓書院藏秦簡〈數〉研究》，中國社會科學出版社，2015，第168頁。
③ 蕭燦:《嶽麓書院藏秦簡〈數〉研究》，湖南大學博士學位論文，2010，第30頁；朱漢民、陳松長主編《嶽麓書院藏秦簡（貳）》，上海辭書出版社，2011，第49、50頁；蕭燦:《嶽麓書院藏秦簡〈數〉研究》，中國社會科學出版社，2015，第40頁。
④ 蘇意雯、蘇俊鴻、蘇惠玉等:《〈數〉簡校勘》，《HPM通訊》2012年第15卷第11期。
⑤ 謝坤:《嶽麓書院藏秦簡〈數〉校理及數學專門用語研究》，西南大學碩士學位論文，2014，第18頁。

術文計算結果，將該字釋爲"步"字。[1]

我們同意上引許道勝和中国古算書研究会學者的觀點，並提供如下證據。其一，從文意來説當如此釋讀。依術文可計算如下：（一束寸數 × 一束寸數 × 一束步數）÷（所新得寸數 × 所新得寸數）=（30 寸 × 30 寸 × 3 步 / 束）÷（28 寸 × 28 寸），所得結果的單位爲"步 / 束"（積步 / 束），因此待釋字應該釋讀爲"步"而不是"兩"。其二，根據殘筆來説當如此釋讀。現將本簡自"一"始截圖（圖 4-9a），並與本算題他處"兩"圖（4-9b）和"步"（圖 4-9c）截圖進行對比。對比發現，圖 4-9a 箭頭 a 所指筆劃已經向右越過箭頭 b 所指筆劃，且箭頭 a 所指筆劃向右上方傾斜，這些特徵均分別與圖 4-9c 箭頭 a、b 所指"步"字筆劃特徵相符，而與圖 4-9b 箭頭 a、b 所指"兩"字筆劃特徵不符。因此，待釋字應該釋讀爲"步"而不是"兩"。

圖 4-9a　　圖 4-9b　　圖 4-9c

[8] 依據梟税田租税計算公式，可計算如下：（梟税田步數 × 係數 × 高度）÷ 1 束步數 =（16 積步 × 5 兩 / 尺 × 5 尺 / 束）÷ 3 積步 / 束 = $\frac{400}{3}$ 兩 = 8 斤 5 兩 + $\frac{1}{3}$ × 24 銖 = 8 斤 5 兩 8 銖。按照新的收税標準計算如下：（梟税田步數 × 係數 × 高度）÷ 1 束步數 =（16 積步 × 5 兩 / 尺 × 5 尺 / 束）÷ 3$\frac{87}{196}$ 積步 / 束 = 116$\frac{4}{27}$ 兩 = 7 斤 4 兩 3$\frac{5}{9}$ 銖。

【今譯】

梟税田爲 16 積步，大梟高 5 尺，每 3 積步産出 1 束（30 寸），

---

① 許道勝：《嶽麓秦簡〈爲吏治官及黔首〉與〈數〉校釋》，武漢大學博士學位論文，2013，第 246~247 頁；〔日〕中国古算書研究会編『岳麓書院蔵秦簡「数」訳注』，京都朋友書店，2016，第 128、130 頁。

租税是 8 斤 5 兩 8 銖。假如要對該臬税田重新收税，每 3 積步產出 28 寸，應該是每 $3\frac{87}{196}$ 積步產出 1 束，租税是 7 斤 4 兩 $3\frac{5}{9}$ 銖。計算它的方法是：（在籌算板上）設置 1 束臬的寸數（30 寸），設置後讓它自乘，用每產出 1 束臬所需積步數（3 積步）乘以乘積作爲被除數，又（在籌算板上）設置重新得到的（每 3 積步產臬的）寸數（28 寸），設置後讓它自乘作爲除數，被除數除以除數即得以積步爲單位的結果。

[111]　租税類之二十三

【釋文】

五步乘之爲臬（實），直（置）二圍[1]七寸，耤（藉），令相乘也以爲法，如法一步。 ₅₁（0912）

【校釋】

[1] 圍，1 尺爲 1 圍。簡文"圍"，《筭數書》作"韋"，見於"取臬程"算題簡 91（H134）、"以圍材方"算題簡 153（H103）、"以方材圍"算題簡 154（H101）。[①]

【今譯】

……用 5 積步與之相乘作爲被除數，（在籌算板上）設置 2 尺 7 寸，設置後讓它自乘作爲除數，相除即得以積步爲單位的結果。

[112]　租税類之二十四

【釋文】

⋯【一束】☐寸數[1]自乘，亦以[2]一束步數乘之爲臬（實），以所得寸數自乘也爲法，臬（實）如法得一步。大臬，五 ₃₅（0387）

---

① 張家山二四七號漢墓竹簡整理小組編著《張家山漢墓竹簡 [二四七號墓]》（釋文修訂本），文物出版社，2006，第 145、152、153 頁。

【之，中槀，】☐六之，細槀，七之。☐ C020311 [3]

【校釋】

[1] 據蕭燦，本簡長 22.6 釐米，上段殘，斷口處有兩字殘筆且不可識。[①] 對斷口處的兩個未釋字，暫未見學界釋讀。我們推測，當爲“寸數”二字。從題意看，這則術文與《筭數書》簡 91（H134）~92（H133）“取槀程”算題的術文相似，該算題及術文如下：“取槀程十步三韋（圍）束一，今乾之廿八寸，問幾何步一束。术（術）曰：乾自乘爲法∟，生自乘有（又）以生一束步數乘之爲實，實如法得十一步有（又）九十八分步卅七而一束。”[②]

對比發現，本簡簡文“自乘”之前的數據與“取槀程”術文“生”對應，而“生”在本算書簡 33（0805）中表述爲“一束寸數”（30 寸）（見本章“[110] 租稅類之二十二”）。因此，從文意看，“自乘”之前的那個待釋字有可能是“生”，也有可能是“數”。現將簡首斷口處至第一個“乘”字截圖（圖 4-10a），並與本簡後文“寸數自乘”四字（圖 4-10b）及本算書簡 2（0887）“生”字（圖 4-10c）截圖進行對比。對比可見，圖 4-10a 箭頭 b 所指筆劃與圖 4-10b 箭頭 b 所指的“數”字筆劃一致，而與圖 4-10c“生”字筆畫不同。因此，待釋字有可能是“數”字，但不是“生”字。

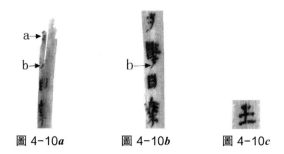

圖 4-10a　　　圖 4-10b　　　圖 4-10c

另外，從《筭數書》和本算書語言表達習慣上看，“自乘”

① 蕭燦：《嶽麓書院藏秦簡〈數〉研究》，中國社會科學出版社，2015，第 168 頁。
② 張家山二四七號漢墓竹簡整理小組編著《張家山漢墓竹簡 [二四七號墓]》（釋文修訂本），文物出版社，2006，第 145 頁。

之前的文字有兩種可能。其一，如果在籌算板上設置了兩個或兩個以上的數，然後讓這些數都"自乘"，此時的表達法是"各自乘"，用例見本算書簡 187（0818）（見第三章"[073] 體積類之十一"）、簡 191（0768+0808）（見第三章"[077] 體積類之十五"），以及《筭數書》"芻"算題簡 144（H30）；① 二是只有一個數自乘，此時的表達習慣是將這個"自乘"的數置於"自乘"二字之前，例如本簡簡文後文"以所得寸數自乘"，本算書簡 186（0830）"上自乘""下自乘"（見第三章"[072] 體積類之十"），以及《筭數書》"取枲程"算題簡 91（H134）"乾自乘""生自乘"，"旋粟"算題簡 146（H63）"下周自乘"，"圜亭"算題簡 149（H46）和"井材"算題簡 151（H95）"周自乘"。② 本簡術文只有"一束寸數"這一個數自乘，則將"一束寸數"這個數置於"自乘"之前，這是符合古算表達習慣的。因此，本簡"自乘"之前的箭頭 b（圖 4-10a）所指的那個待釋字當爲"數"字。如是，則第一個待釋字當爲"寸"字，如圖 4-10a 箭頭 a 所指。進而推測，簡首還殘缺"一束"二字。綜上，簡首可補釋作"【一束】寸數"。

[2] 竹簡此處有二字殘渺不清。原整理者據筆劃殘痕認爲此二字疑爲"亦以"。③ 中國古算書研究会學者從文意和字形直接釋作"亦以"，④ 可從。

[3] 殘片 C020311 可編聯在簡 35（0387）之後。據本算書簡 16（0900）、簡 22（0888）、簡 26（0844）（分別見本章"[097] 租稅類之九""[102] 租稅類之十四""[106] 租稅類之十八"），可知大枲 1 尺重量爲 5 兩，細枲 1 尺重量爲 7 兩，進而推知中

---

① 張家山二四七號漢墓竹簡整理小組編著《張家山漢墓竹簡 [二四七號墓]》（釋文修訂本），文物出版社，2006，第 151 頁。
② 張家山二四七號漢墓竹簡整理小組編著《張家山漢墓竹簡 [二四七號墓]》（釋文修訂本），文物出版社，2006，第 145、151、152 頁。
③ 蕭燦：《嶽麓書院藏秦簡〈數〉研究》，湖南大學博士學位論文，2010，第 31 頁；朱漢民、陳松長主編《嶽麓書院藏秦簡（貳）》，上海辭書出版社，2011，第 50 頁；蕭燦：《嶽麓書院藏秦簡〈數〉研究》，中國社會科學出版社，2015，第 40 頁。
④ 〔日〕中國古算書研究会編『岳麓書院藏秦簡「数」訳注』，京都朋友書店，2016，第 133 頁。

枲 1 尺重量爲 6 兩。蕭燦指出，簡 16（0900）簡文 "大枲，五之" "中枲，六之" "細，七之" 意思是："每束大枲單位長度一尺重五兩，每束中枲單位長度一尺重六兩，每束細枲單位長度一尺重七兩。據此計算出的數據就是作爲租税收取的枲的重量。"[1] 另，大枲、中枲和細枲因各自捆成一束後的密度不同，大枲密度小，中枲大一些，細枲最大，所以各自一束的重量不同，其重量之比爲 5 ∶ 6 ∶ 7。[2] 可見，簡 35（0387）後有脱簡，脱簡簡文當爲 "之，中枲，六之，細枲，七之"，與殘片 C020311（圖 4-11）所載簡文 "六之，細枲，七之" 相較，殘片所載簡文少 "之，中枲" 三字。圖 4-11 顯示，殘片 C020311 於 "六" 字上部殘斷，當有簡文殘缺，所缺簡文似可補 "之，中枲" 三字。許道勝也認爲簡 35（0387）與殘片 C020311 之間補 "之，中枲" 後可相接。[3]

圖 4-11

【今譯】

……1 束枲的寸數（30 寸）自乘，又用每産出 1 束枲所需田積步數乘以乘積作爲被除數，用所得枲的寸數自乘作爲除數，被

① 蕭燦:《從〈數〉的 "輿（與）田"、"税田" 算題看秦田地租税制度》,《湖南大學學報》（社會科學版）2010 年第 4 期。

② 〔日〕中国古算書研究会編『岳麓書院藏秦簡「数」訳注』, 京都朋友書店, 2016, 第 148 頁。

③ 許道勝:《嶽麓秦簡〈爲吏治官及黔首〉與〈數〉校釋》, 武漢大學博士學位論文, 2013, 第 252 頁。

除數除以除數即得以積步爲單位的結果。如果是大枲，就把田面積乘以 5；如果是中枲，就把田面積乘以 6；如果是細枲，就把田面積乘以 7。

[113]　租稅類之二十五

【釋文】

┄☒☒步數乘之爲貣（實），以所得寸數自乘也爲法。☒ J36-1 [1]

【校釋】

[1] 第二批《數》簡整理者釋文作“☒☒步數乘之爲貣（實），以所得寸數【自】乘也，爲法 ☒”，並指出本簡與《數》簡 35（0387）同屬租稅類算題。① 將釋文“以所得寸數自乘也爲法”於“也”後點斷，未安，當連讀。簡文“以所得寸數自乘也爲法”是“以 A 爲 B”結構，這個結構的特點是：因語義完整的需要而不宜斷讀，需要連讀。詳見本章“[090] 租稅類之二”【校釋】之 [4]。

圖版顯示，本簡上下均殘斷，簡文漫漶不清。現存簡文當是算題術文的殘文，内容與簡 35（0387）（見本章“[112] 租稅類之二十四”）相似，故將此簡編排於此。殘簡簡首還有一處墨迹，當爲“束”字殘筆，“束”之前當還有“一”字，與簡文後文“步數”一起構成“一束步數”。

【今譯】

……用（每產出 1 束枲所需）田積步數與之相乘作爲被除數，用所得枲的寸數自乘作爲除數。

[114]　租稅類之二十六

【釋文】

〖大〗枲，五之；中枲，六之；細枲，七之 [1]。36（1652）

---

① 陳松長主編《嶽麓書院藏秦簡（柒）》，上海辭書出版社，2022，第 177、224 頁。

【校釋】

[1] 據本章 "[112] 租税類之二十四"【校釋】之 [3]，本簡完整的簡文應該是 "大枲，五之；中枲，六之；細枲，七之"，缺 "大" 字。又據蕭燦，竹簡長 25.9 釐米，簡首、簡尾稍殘。[①] 查看圖版，發現首字 "枲" 上雖然尚有較大容字空間，但不見 "大" 字，因此所缺 "大" 字應當書於前簡。

【今譯】

如果是大枲，就用 5 乘以田積步數；如果是中枲，就用 6 乘以田積步數；如果是細枲，就用 7 乘以田積步數。

[115]　租税類之二十七

【釋文】

大枲高五尺。枲程：八步一束。☐☐···[1] ₃₇（₂₁₇₂）

【校釋】

[1] 簡文 "今" 字殘泐，竹簡自此殘斷。

【今譯】

大枲高 5 尺。枲税標準：每 8 積步産出 1 束。假設······

[116]　租税類之二十八

【釋文】

爲 [1] 枲生 [2] 田：以一束兩數 [3] 爲法，以一束步數乘十五，以兩數 [4] 乘之爲積₌（實，實）如法一步。奐枲步數之述（術）：以税田乘 ₃₈（₀₉₅₂）一束兩數爲積（實），租兩數爲法，如法一步。₃₉（₀₇₅₈）

---

① 蕭燦：《嶽麓書院藏秦簡〈數〉研究》，中國社會科學出版社，2015，第 168 頁。

【校釋】

[1] 爲，謀求。在本算題中表"求""計算"之義。詳見第二章"[018] 分數類之三"【校釋】之 [1]。

[2] 生，蘇意雯等認爲："枲生田係指所收割的枲尚未經過乾燥。"[1] 謝坤採納此意見。[2] 中国古算書研究会學者認爲"生田"一詞意思不明。[3] 原整理者未釋義。[4]

我們推測"生田"當指"輿田"。簡文後文"以一束步數乘十五"表明，所求枲田的稅率爲十五分之一，符合"枲輿田"的稅率。"輿"本指"車箱"。《説文·車部》："輿，車輿也。"[5] 車箱可載人，大地可載物，故大地亦稱"輿"。《史記·三王世家》："御史奏輿地圖。"司馬貞索隱："謂地爲'輿'者，天地有覆載之德，故謂天爲'蓋'，謂地爲'輿'，故地圖稱'輿地圖'。疑自古有此名，非始漢也。"[6] "生"，《説文·生部》："生，進也，象艸木生出土上。"段玉裁注："下象土，上象出。"[7] 蓋因"生"與土地相關，故"輿田"亦曰"生田"。

[3] "一束兩數"指計算枲輿田租稅公式"（枲輿田步數 × 係數 × 高度）÷（15×1 束步數）"中"係數 × 高度"所得乘積。簡文下文"一束兩數"與此同。

[4] 此"兩數"指"租兩數"，即以"兩"爲單位的枲輿田租稅的數量。簡文下文"租兩數"指以"兩"爲單位的枲稅田租稅的數量。

---

① 蘇意雯、蘇俊鴻、蘇惠玉等：《〈數〉簡校勘》，《HPM 通訊》2012 年第 15 卷第 11 期。

② 謝坤：《嶽麓書院藏秦簡〈數〉校理及數學專門用語研究》，西南大學碩士學位論文，2014，第 19 頁。

③〔日〕中国古算書研究会編『岳麓書院藏秦簡「数」訳注』，京都朋友書店，2016，第 145、146 頁。

④ 蕭燦：《嶽麓書院藏秦簡〈數〉研究》，湖南大學博士學位論文，2010，第 31 頁；朱漢民、陳松長主編《嶽麓書院藏秦簡（貳）》，上海辭書出版社，2011，第 52 頁；蕭燦：《嶽麓書院藏秦簡〈數〉研究》，中國社會科學出版社，2015，第 41 頁。

⑤（漢）許慎撰，（宋）徐鉉等校定《説文解字》，上海古籍出版社，2007，第 719 頁。

⑥（漢）司馬遷撰，（南朝宋）裴駰集解，（唐）司馬貞索隱，（唐）張守節正義《史記》，中華書局，1963，第 2110 頁。

⑦（清）段玉裁：《説文解字注》，浙江古籍出版社，2006，第 274 頁。

【今譯】

求枲輿田（積步的方法）：用 1 束枲以"兩"爲單位的重量作除數，用每産出 1 束枲所需積步數乘以 15，用以"兩"爲單位的租税重量乘以其積作爲被除數，被除數除以除數即得以積步爲單位的結果。減少每出産 1 束枲所需積步數的方法：用枲税田乘以 1 束枲以"兩"爲單位的重量作爲被除數，用以"兩"爲單位的租税重量作爲除數，相除即得以積步爲單位的結果。

[117]　租税類之二十九

【釋文】

⋯▨□□[1]七分步五而一束。[2]₅₀₍₀₉₈₆₎

【校釋】

[1] 據蕭燦，本簡長 24.9 釐米，簡上段殘。[1] 簡文有若干缺文。

[2] 多數學者將此簡分列於簡 49（0474）之後，[2] 中国古算書研究会學者則將本簡歸入"不明簡"一類。[3] 皆未安。殘存簡文"七分步五而一束"屬於枲税算題中"一束枲步數"的表達方式，例如本算書簡 32（0841）~33（0805）"三步有（又）百卒（九十）六分步之卆（八十）七而一束"（見本章"[110] 租税類之二十二"），因此本簡應該置於枲税類算題。但是此簡簡文殘缺較多，尚不能確定它在此類算題中的具體位置，故暫置於此。

---

① 蕭燦：《嶽麓書院藏秦簡〈數〉研究》，中國社會科學出版社，2015，第 169 頁。
② 蕭燦：《嶽麓書院藏秦簡〈數〉研究》，湖南大學博士學位論文，2010，第 34、35 頁；朱漢民、陳松長主編《嶽麓書院藏秦簡（貳）》，上海辭書出版社，2011，第 58、59 頁；蕭燦：《嶽麓書院藏秦簡〈數〉研究》，中國社會科學出版社，2015，第 45 頁；蘇意雯、蘇俊鴻、蘇惠玉等：《〈數〉簡校勘》，《HPM 通訊》2012 年第 15 卷第 11 期；許道勝：《嶽麓秦簡〈爲吏治官及黔首〉與〈數〉校釋》，武漢大學博士學位論文，2013，第 251、252 頁；謝坤：《嶽麓書院藏秦簡〈數〉校理及數學專門用語研究》，西南大學碩士學位論文，2014，第 22 頁。
③ 〔日〕中国古算書研究会編『岳麓書院藏秦簡「数」訳注』，京都朋友書店，2016，第 252 頁。

【今譯】

……$\frac{5}{7}$積步産出 1 束。

[118]　租税類之三十

【釋文】

禾興田十一畝，兌（税）田[1]二百卒（六十）四步，五步半步一斗。租四石八斗。其述（術）曰：倍二百卒（六十）四步爲實（實），☐【倍五步半步爲法。】[2] [3]₄₀ ₍₁₆₅₄₎

【校釋】

[1] 許道勝據圖版補“☐”符號，[①]多數學者未補。[②] 現將竹簡自“畝”字至第一例“二”字截圖（圖 4-12*a*），並與本算書簡 12（0982）“兌”字截圖（圖 4-12*b*）比較。對比可見，圖 4-12*a*箭頭 *a* 所指殘筆當爲圖 4-12*b* 箭頭 *a* 所指“兌”字筆劃。圖 4-12*a* 箭頭 *b* 所指殘筆當屬另一字，故許道勝補“☐”符號爲是。我們據文意認爲此字很可能是“田”字，與上一字一起作“兌（税）田”。這與本算書簡 11（0939）“耤（藉）令田十畝，税田二百卌步”（見本章 “[093] 租税類之五”）的表達一致。

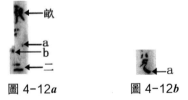

圖 4-12*a*　　　　圖 4-12*b*

① 許道勝:《嶽麓秦簡〈爲吏治官及黔首〉與〈數〉校釋》，武漢大學博士學位論文，2013，第 249、250 頁。
② 蕭燦:《嶽麓書院藏秦簡〈數〉研究》，湖南大學博士學位論文，2010，第 32 頁；朱漢民、陳松長主編《嶽麓書院藏秦簡（貳）》，上海辭書出版社，2011，第 53 頁；蕭燦:《嶽麓書院藏秦簡〈數〉研究》，中國社會科學出版社，2015，第 41 頁；蘇意雯、蘇俊鴻、蘇惠玉等:《〈數〉簡校勘》，《HPM 通訊》2012 年第 15 卷第 11 期；謝坤:《嶽麓書院藏秦簡〈數〉校理及數學專門用語研究》，西南大學碩士學位論文，2014，第 19 頁;〔日〕中國古算書研究会編『岳麓書院藏秦簡「數」訳注』，京都朋友書店，2016，第 163 頁。

[2] 據蕭燦，本簡長 25.3 釐米，下段殘，"爲"字以後，字迹漫漶，不能分辨字數。① 據文意，"爲"字下一字當爲"賮（實）"。所缺術文大致爲：倍五步半步爲法。

[3] 本算題租税可計算如下：（2×264 積步）÷（2×5 $\frac{1}{2}$ 積步/斗）=48 斗 =4 石 8 斗。由於除數有分數 $\frac{1}{2}$，故用"少廣術"將被除數和除數都乘以 2 以消除分數。

【今譯】

禾興田 11 畝，税田 264 積步，每 5 $\frac{1}{2}$ 積步産出 1 斗。租税 4 石 8 斗。計算方法：264 積步乘以 2 作爲被除數，（5 $\frac{1}{2}$ 積步乘以 2 作爲除數。）

[119] 租税類之三十一

【釋文】

税田三步半步∟，七步少半一斗。租四升廿四〈二〉[1]分升十七。[2] 41（0847）

【校釋】

[1] 據計算，簡文"四"爲"二"之誤。

[2] 據題意計算如下：3 $\frac{1}{2}$ 積步 ÷7 $\frac{1}{2}$ 積步/斗 = $\frac{21}{44}$ 斗 =4 $\frac{34}{44}$ 升 = 4 $\frac{17}{22}$ 升。

【今譯】

税田 3 $\frac{1}{2}$ 積步，每 7 $\frac{1}{2}$ 積步産出 1 斗。税租 4 $\frac{17}{22}$ 升。

---

① 蕭燦：《嶽麓書院藏秦簡〈數〉研究》，中國社會科學出版社，2015，第 168 頁。

[120]　租稅類之三十二

【釋文】

[1]爲積二千五百至（五十）步。除[2]田十畝，田多百至（五十）步。其欲減田，耤（藉）令十三〈二【步】一〉[3]斗。今禾美，租輕田步，欲減田。₄₂（0813）令十一步一斗，即以十步[4]乘，十畝租二石者，[5]積二千二百步，田少二百步。[6]₄₃（0785）

【校釋】

[1] 鄒大海認爲：上面丢失一簡，可能包含“禾輿田廣……步，從……步”字樣，然後才是下面的簡。①

[2] 除，義爲“減”。

[3] 據鄒大海，簡文“三”應校正爲“二步一”，致誤原因，當是先脫“步”，“二步一”變成了“二一”，然後表示“二”的兩劃和“一”的一劃混到一起，被讀成了“三”。

[4] 禾輿田與禾稅田的比例是 10：1，簡文“令十一步一斗，即以十步乘”的目的是按照此比例把每 11 積步禾稅田產出 1 斗換算爲每 110 積步禾輿田產出 1 斗，因此這裏的“步”字當是衍文，當删除。

[5] 鄒大海將簡文“即以十步乘，十畝租二石者”作此句讀。原整理者句讀爲“即以十步乘十畝，租二石者”。②

[6] 原整理者將第二題闡釋如下：“‘令十一步一斗’是指單產。租二石即 20 斗時，田產量應該爲 20 乘以 10，即 200 斗，所以田面積爲 200 乘以 11 步即 2200 步，那麼輿田數比 10 畝（2400 步）少了 200 步（所謂‘田少二百步’）。”③ 此意見未安。

---

① 本算題簡文句讀、校釋、今譯主要據鄒大海先生 2022 年 8 月 5 日郵件。謹致謝忱。

② 蕭燦：《嶽麓書院藏秦簡〈數〉研究》，湖南大學博士學位論文，2010，第 32 頁；朱漢民、陳松長主編《嶽麓書院藏秦簡（貳）》，上海辭書出版社，2011，第 54 頁；蕭燦：《嶽麓書院藏秦簡〈數〉研究》，中國社會科學出版社，2015，第 42 頁。

③ 朱漢民、陳松長主編《嶽麓書院藏秦簡（貳）》，上海辭書出版社，2011，第 54 頁。

正确的解讀見本算題【今譯】。

根據鄒大海的意見，第1題計算如下：2550 積步－2400 積步＝150 積步；第2題計算如下：2400 積步÷（12 積步/斗×10）＝20 斗＝2 石，11 積步/斗×10=110 積步/斗（令十一步一斗，即以十步乘），110 積步/斗×20 斗=2200 積步（十畝租二石者，積二千二百步），2400 積步－2200 積步=200 積步（田少二百步）。

【今譯】

（假如要授予某户或某人 10 畝禾輿田，而現有一塊田廣 a 步、從 b 步，）得到的面積是 2550 積步（a×b=2550 積步），減去 10 畝（2400 積步），田多出 150 積步（2550－2400=150 積步），因此需要減少田面積。這時假令這 10 畝禾輿田每 12 積步稅田產出 1 斗（也就是説這 10 畝禾輿田的租税爲 2 石，即 2400÷（12×10）=20 斗＝2 石）。假如禾的長勢良好（也就是説禾輿田的單産增加了），那麽 2 石租税所需田面積就需要減少，因此想要從 10 畝中減少田。假如禾的長勢好到每 11 積步稅田就能産出 1 斗，於是就用 10 乘以 11 積步稅田/斗（11×10=110 積步輿田/斗，也就是説每 110 積步輿田就可以産出 1 斗租税），那麽要得到 10 畝才能産出的 2 石租税，只需要面積 2200 積步（110×20=2200 積步），所以，田還可以減少 200 積步（2400－2200=200 積步）。

[121] 租税類之三十三

【釋文】

田五步，租一斗一升七分升一。今欲求一斗步數，得田幾可（何）？曰：四步卅九分步之十九∟。述（術）曰：耤（藉）直（置）一斗升數[1]，以五步 44（0899）〖乘之，七之爲衃（實）；亦直（置）租升數，七之以爲法。〗[2][3]

【校釋】

[1] "一斗升數"這裏指"斗"換算爲 10 升。類似用法還見於《筭數書》"賈鹽"算題簡 77（H40）"一石之升數"，[1]指"石"換算爲 100 升。

[2] 據蕭燦，本簡長 27.5 釐米，竹簡完好。[2]但本題術文尚不完整，可見本簡之後當有脫簡。

[3] 本算題按照"斗率"算法計算如下：x=（5 積步 × 1 斗）÷ 1 斗 $1\frac{1}{7}$ 升。通過把除數和被除數乘以 7 消除分數 $\frac{1}{7}$，並將"斗"化爲"升"，即 x=（5 積步 × 10 升 × 7）÷（70 升 +8 升）=$4\frac{19}{39}$ 積步。可見，本算題所缺術文可大致補爲："乘之，七之爲冪（實）；亦直（置）租升數，七之以爲法。"原整理者和中國古算書研究會學者提供了不同算法。[3]

【今譯】

田 5 積步，租稅 1 斗 $1\frac{1}{7}$ 升。假設想求 1 斗租稅所需田積步數，得田積步數是多少？答：$4\frac{19}{39}$ 積步。計算方法：（在籌算板上）設置 1 斗的升數，用 5 積步（與之相乘，其積乘以 7 作爲被除數；也設置租稅的升數，乘以 7 作爲除數。）

[122]　租稅類之三十四

【釋文】

田廿步，租十六升。今有租五升七分升之二，得田幾可

---

① 張家山二四七號漢墓竹簡整理小組編著《張家山漢墓竹簡 [二四七號墓]》（釋文修訂本），文物出版社，2006，第 142 頁。

② 蕭燦：《嶽麓書院藏秦簡〈數〉研究》，中國社會科學出版社，2015，第 168 頁。

③ 蕭燦：《嶽麓書院藏秦簡〈數〉研究》，湖南大學博士學位論文，2010，第 33 頁；朱漢民、陳松長主編《嶽麓書院藏秦簡（貳）》，上海辭書出版社，2011，第 55 頁；蕭燦：《嶽麓書院藏秦簡〈數〉研究》，中國社會科學出版社，2015，第 43 頁；〔日〕中國古算書研究会編『岳麓書院藏秦簡「数」訳注』，京都朋友書店，2016，第 169、170 頁。

（何）？曰：六步有（又）廿八分步之十七。述（術）曰：以十六爲法，直（置）五升有（又）_{45（0953）}七分升之二而七之^[1]，亦七其法，以廿步乘五升有（又）七分二，如法而成一步。^[2]_{46（0932）}

【校釋】

[1] 當被除數或除數爲分數時，爲了避免分數運算，需要運用"少廣術"將被除數和除數同時乘以該分數的分母。本算題被除數中分數的分母是 7，因此被除數和除數都乘以 7。

[2] 設得田數爲 x，則 20 積步：16 升 $=x$：$5\frac{2}{7}$ 升，$x=$（20 積步 $\times 5\frac{2}{7}$ 升）$\div$ 16 升 $=$（20 積步 $\times 5\frac{2}{7}$ 升 $\times 7$）$\div$（16 升 $\times 7$）$=6\frac{17}{28}$ 積步。

【今譯】

田 20 積步，租税 16 升。假設有租税 $5\frac{2}{7}$ 升，得田幾積步？答：$6\frac{17}{28}$ 積步。計算方法：用 16 作爲除數，設置 $5\frac{2}{7}$ 升並乘以 7，除數也乘以 7，用 20 積步乘以 $5\frac{2}{7}$ 升，相除即得以積步爲單位的結果。

[123] 租税類之三十五

【釋文】

田卒（五十）五畝，租四石三斗而三室^[1]共叚（假）^[2]之，一室十七畝，一室十五畝，一室廿三畝。今欲分其租。述（術）曰：以田提封^[3]數爲^[4]□_{47（0842）}法，以租乘分田，如法一斗，不盈斗者，十之，如法得一升。^[5]_{48（0757）}

【校釋】

[1] 室，家，户。《周禮·地官·大司徒》："凡造都鄙，制其

地域而封溝之；以其室數制之。"鄭玄注："城廓之宅曰室。"①《管子・乘馬》："上地方八十里，萬室之國一，千室之都四。"②本算書簡 67（0884）"宇方百步，三人居之"，其"人"亦當指"室"（詳見第二章"[015] 面積類之十五"【校釋】之 [3]）。

[2] 叚，後作"假"，義爲借。《説文・又部》："叚，借也。"段玉裁注："凡云假借當作此字。"③"叚（假）"在本簡義爲租賃。《後漢書・孝和孝殤帝紀》："勿收假稅二歲。"李賢注："假，猶租賃。"④漢代貧民租賃的土地叫"假田"。《漢書・食貨志上》："而豪民侵陵，分田劫假。"顏師古注："假亦貧人賃富人之田也。"⑤蕭燦訓爲"租用、租種"。⑥可從。中国古算書研究会學者訓爲"借用"。⑦劉信芳、彭浩等均對"假田"有所論述，⑧可參。

[3] 提封，指封界内所有土地的總和。封，堆土植樹爲界。《周禮・地官・大司徒》："制其畿疆而溝封之。"鄭玄注："封，起土界也。"賈公彦疏："溝封之者，謂於疆界之上設溝，溝爲封樹以爲阻固也。"⑨又《地官・封人》："掌詔王之社壝，爲畿封而樹之。"賈公彦疏："謂王之國外四面五百里，各置畿限，畿上皆爲溝塹，其土在外而爲封，又樹木而爲阻固。"⑩

"封"由在堆土上植樹改爲在矮牆上"封土爲臺"，其材質由樹改爲土。《古今注・都邑》："封疆畫界者，封土爲臺，以表識疆

① （唐）賈公彦：《周禮注疏》，（清）阮元校刻《十三經注疏》，中華書局，1980，第 705 頁。
② 黎翔鳳撰，梁運華整理《管子校注》，中華書局，2004，第 104 頁。
③ （清）段玉裁：《説文解字注》，浙江古籍出版社，2006，第 116 頁。
④ （南朝宋）范曄撰，（唐）李賢等注《後漢書》，中華書局，1965，第 177 頁。
⑤ （漢）班固撰，（唐）顏師古注《漢書》，中華書局，1964，第 1143、1144 頁。
⑥ 蕭燦：《嶽麓書院藏秦簡〈數〉研究》，中國社會科學出版社，2015，第 44 頁。
⑦ 〔日〕中国古算書研究会編『岳麓書院藏秦簡「数」訳注』，京都朋友書店，2016，第 212 頁。
⑧ 劉信芳、梁柱：《雲夢龍崗秦簡綜述》，《江漢考古》1990 年第 3 期；彭浩：《談秦漢數書中的"輿田"及相關問題》，簡帛網 2010 年 8 月 6 日。
⑨ （唐）賈公彦：《周禮注疏》，（清）阮元校刻《十三經注疏》，中華書局，1980，第 702 頁。
⑩ （唐）賈公彦：《周禮注疏》，（清）阮元校刻《十三經注疏》，中華書局，1980，第 720 頁。

境也。畫界者於二封之間又爲壝埒以畫分界域也。"① 即兩個土製封臺之間用壝埒（矮墙）連接作爲疆界。

引申指疆界或田界。《左傳·僖公三十年》："晉又欲肆其西封。"杜預注："封，疆也。"②《吕氏春秋·孟春紀》："王布農事，命田舍東郊，皆修封疆，審端徑術。"高誘注："封，界也。"③

睡虎地秦簡《法律答問》簡 64 解釋了"封"："'盗徙封，贖耐。'可（何）如爲'封'？'封'即田千（阡）佰（陌）頃半（畔）封殹（也）。"④ 郝家坪秦墓第 16 號木牘説明了"封""埒"的形制："封高四尺，大稱其高。埒（埒）高尺，下厚二尺。以秋八月，脩（修）封埒（埒），正疆畔。"⑤ 即埒（矮墙）下底寬二尺，高一尺，在其上修築高四尺的封臺。

"提封"之"提"或作"隄""堤"。《漢書·匡張孔馬傳》："初，衡封僮之樂安鄉，鄉本田隄封三千一百頃。"⑥《廣雅·釋訓》："堤封，都凡也。"⑦ "提封"之"提"應是"堤"。出土早期文獻有時將義符"土"寫作"扌"的，如上引郝家坪秦墓第 16 號木牘將二例"埒"寫作"埒"。"堤"是"隄"俗字，指用土石修築的攔水建築。《説文·阜部》："隄，唐也。"段玉裁注："唐塘正俗字。隄與唐得互爲訓者，猶陂與池得互爲訓也。其實宍者爲池、爲唐，障其外者爲陂、爲隄。都分切。"又《土部》"堤"下段玉裁注："俗用堤爲隄。"⑧ 如本算書簡 184（0940）"投隄廣袤不等者"（見第三章"[071] 體積類之九"）。之所以出現"隄 / 堤 / 提封"，正如王念孫所言："'提封'……其字又通作

---

① （晉）崔豹：《古今注》，中華書局，1985，第 6 頁。
② （唐）孔穎達：《春秋左傳正義》，（清）阮元校刻《十三經注疏》，中華書局，1980，第 1831 頁。
③ 許維遹撰，梁運華整理《吕氏春秋集釋》（上），中華書局，2009，第 10 頁。
④ 陳偉主編《秦簡牘合集·釋文注釋修訂本（壹）》，武漢大學出版社，2016，第 206 頁。按：原釋文作"'盗徙封，贖耐。'可（何）如爲'封'？'封'即田千佰。頃半（畔）'封'殹（也），且非是？"
⑤ 陳偉主編《秦簡牘合集（貳）》，武漢大學出版社，2014，第 190 頁。
⑥ （漢）班固撰，（唐）顔師古注《漢書》，中華書局，1964，第 3346 頁。
⑦ （清）王念孫：《廣雅疏證》，中華書局，1983，第 198 頁。
⑧ （清）段玉裁：《説文解字注》，浙江古籍出版社，2006，第 733~734、687 頁。

'堤''隄'……凡假借之字，依聲託事，本無定體。"①

　　因此，我們認爲，"提封"之"提"當讀"隄"，本指隄壩，在"提封"中表"壇埒"，即用於土地分界的矮墻。"提封"本指用作土地界標的矮墻（提）及在其上所築的土臺（封）。引申指界標內所有土地的總數，含可以耕種和不可以耕種的土地如道路、城邑、山川等，即《漢書·地理志下》顏師古注："提封者，大舉其封疆也。"②《漢書·匡張孔馬傳》顏師古注："提封，舉其封界內之總數。"③《漢書·地理志下》："地東西九千三百二里，南北萬三千三百六十八里。提封田一萬萬四千五百一十三萬六千四百五頃，其一萬萬二百五十二萬八千八百八十九頃，邑居道路，山川林澤，羣不可墾，其三千二百二十九萬九百四十七頃，可墾不可墾，定墾田八百二十七萬五百三十六頃。"④《漢書·刑法志》"提封萬井，除山川沈斥，城池邑居，園囿術路，三千六百井，定出賦六千四百井。"⑤如走樓漢簡"都鄉七年墾田租簿"下欄："提封四萬一千九百七十六頃七十畝百七十二步。其八百一十三頃卅九畝二百二步可墾不墾。四萬一千一百二頃六十八畝二百一十步羣不可墾。"⑥同樣，本算題簡文"田提封數"的"提封"，指封界內所有土地的總和"五十五畝"。又如《筭數書》"里田"算題簡187（H94）："直（置）提封以此爲之。"⑦即計算封界內所有土地的總和就用這種方法。但是需要注意的是，"提封"所表示的"……的總和"與普通用語如"都凡"表示的"……的總和"不同。"提封"表總數時是特指"封界內所有土地的"總和，而普通用語"都凡"則是泛指。因此本算題的"提封"有別於王念孫所言"都凡"之義。

---

① （清）王念孫：《廣雅疏證》，中華書局，1983，第198頁。
② （漢）班固撰，（唐）顏師古注《漢書》，中華書局，1964，第1640頁。
③ （漢）班固撰，（唐）顏師古注《漢書》，中華書局，1964，第3346頁。
④ （漢）班固撰，（唐）顏師古注《漢書》，中華書局，1964，第1640頁。
⑤ （漢）班固撰，（唐）顏師古注《漢書》，中華書局，1964，第1081~1082、1083頁。
⑥ 馬代忠：《長沙走馬樓西漢簡〈都鄉七年墾田租簿〉初步考察》，載中國文化遺産研究院編《出土文獻研究》（第十二輯），中西書局，2013，第213~222頁。
⑦ 張家山二四七號漢墓竹簡整理小組編著《張家山漢墓竹簡[二四七號墓]》（釋文修訂本），文物出版社，2006，第157頁。

另，《漢書・東方朔傳》"無隄之輿"，顔師古引蘇林曰："隄，限也。輿，乘輿也。"引張晏曰："無隄之輿，謂天子富貴無隄限也。"顔師古注："張説是也。"[1] 上説恐非。"隄"指"隄封"之"隄"，指爲標識土地疆界而設立的界標（隄指矮墻，封指矮墻之上的土臺），"輿"本義車箱，引申指土地（詳見本章"[116] 租税類之二十八"【校釋】之 [2]）。"無隄之輿"意爲没有疆界的土地，即無限的土地。

[4] 細察圖版，簡文"數"下還有殘留墨迹（圖 4-13）。此墨迹不可識，但據上下文意，當作"爲"字。

圖 4-13

[5] 本算題可依據術文計算如下。一室十七畝所分租數：（17 畝 ×4 石 3 斗 ）÷55 畝 =13$\frac{16}{55}$斗 =13 斗 +$\frac{16}{55}$ ×10 升 =13 斗 2$\frac{10}{11}$升；一室十五畝所分租數：（15 畝 ×4 石 3 斗 ）÷55 畝 =11$\frac{40}{55}$斗 = 11 斗 +$\frac{40}{55}$ ×10 升 =11 斗 7$\frac{3}{11}$升；一室廿三畝所分租數：（23 畝 ×4 石 3 斗 ）÷55 畝 =17$\frac{54}{55}$斗 =17 斗 +$\frac{54}{55}$ ×10 升 =17 斗 9$\frac{9}{11}$升。學界僅見許道勝依術"不盈斗者，十之，如法得一升"進行了計算。[2] 另，許道勝和中国古算書研究会學者將本算題歸入衰分類。[3]

① （漢）班固撰，（唐）顔師古注《漢書》，中華書局，1964，第 2850 頁。

② 許道勝：《嶽麓秦簡〈爲吏治官及黔首〉與〈數〉校釋》，武漢大學博士學位論文，2013，第 195 頁。

③ 許道勝：《嶽麓秦簡〈爲吏治官及黔首〉與〈數〉校釋》，武漢大學博士學位論文，2013，第 195 頁；〔日〕中国古算書研究会編『岳麓書院藏秦簡「數」訳注』，京都朋友書店，2016，第 211 頁。

【今譯】

田 55 畝，租税 4 石 3 斗，由三户人家共同租種，其中一户 17 畝，一户 15 畝，一户 23 畝。假定要分配這筆租税。計算方法：用田的總數作爲除數，用租税乘以各户所分土地（作爲被除數），相除即得以斗爲單位的結果，如果餘數不滿 1 斗，餘數乘以 10，與除數相除即得以升爲單位的結果。

[124]　租税類之三十六

【釋文】

〖田三步，租七升少半升。問曰：幾可（何）步一斗？曰：四步廿二分步二而一斗。述（術）曰：以廿二〗[1] 爲法，亦直（置）三步而三之，凡九，即十之，令廿二而成一步＝（步。步）居[2] 二升[3]有（又）九分之四，今四步廿二分步二而成一斗。[4] ₄₉（₀₄₇₄）

【校釋】

[1] 據蕭燦，本簡長 27.3 釐米，竹簡完好。① 但本簡簡文並不完整，之前當有脱簡。脱簡簡文大概可以補作"田三步，租七升少半升。問曰：幾可（何）步一斗？曰：四步廿二分步二而一斗。述（術）曰：以廿二"，可與簡文後文相洽。

[2] 居，佔、佔據。見第三章"[063] 體積類之一"【校釋】之 [3]。中國古算書研究会學者理解爲"收穫"。②

[3] 簡文"升"，原整理者作"斗"，③ 學界多從此説。④ 中國古

---

① 蕭燦：《嶽麓書院藏秦簡〈數〉研究》，中國社會科學出版社，2015，第 169 頁。

② 〔日〕中國古算書研究会編『岳麓書院藏秦簡「数」訳注』，京都朋友書店，2016，第 174 頁。

③ 蕭燦：《嶽麓書院藏秦簡〈數〉研究》，湖南大學博士學位論文，2010，第 34 頁；朱漢民、陳松長主編《嶽麓書院藏秦簡（貳）》，上海辭書出版社，2011，第 58 頁；蕭燦：《嶽麓書院藏秦簡〈數〉研究》，中國社會科學出版社，2015，第 45 頁。

④ 蘇意雯、蘇俊鴻、蘇惠玉等：《〈數〉簡校勘》，《HPM 通訊》2012 年第 15 卷第 11 期；許道勝：《嶽麓秦簡〈爲吏治官及黔首〉與〈數〉校釋》，武漢大學博士學位論文，2013，第 251 頁；謝坤：《嶽麓書院藏秦簡〈數〉校理及數學專門用語研究》，西南大學碩士學位論文，2014，第 22 頁。

算書研究会學者認爲圖版看不出是"斗"還是"升"字，但據計算，大概是"升"字。① 現將本簡"居"字後自"二"至"有"字截圖（圖 4-14*a*），並與本算書簡 48（0757）"升"（圖 4-14*b*）和"斗"（圖 4-14*c*）截圖進行比較。對比發現，圖 4-14*a* 箭頭 *a* 和 *c* 所指分別對應圖 4-14*b* 箭頭 *A* 和 *C* 所指"升"字筆劃。進一步仔細察看發現，圖 4-14*a* 箭頭 *b* 所指還有些許殘留墨迹，應該是圖 4-14*b* 箭頭 *B* 所指的筆劃，而圖 4-14*c* "斗"字無此筆劃。因此待釋字應該是"升"而不是"斗"。另外，計算顯示，這裏當爲"升"字。

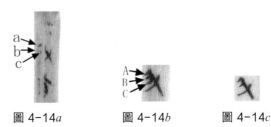

圖 4-14*a*　　　　　圖 4-14*b*　　　　　圖 4-14*c*

[4] 術文"（步）居二升有（又）九分之四"是據"田三步，租七升少半升"算得，即 $7\frac{1}{3}$ 升 ÷ 3 積步 $= 2\frac{4}{9}$ 升 / 積步。爲了算得計算結果 $4\frac{2}{22}$ 積步，術文提供了兩種計算方法。一是計算 $7\frac{1}{3}$ 升的斗率，二是計算 $2\frac{4}{9}$ 升的斗率。設斗率爲 *x*，第一種計算方法如下。3 積步 ÷ $7\frac{1}{3}$ 升 $= x$ ÷ 1 斗，則 $x =$（3 積步 × 1 斗）÷ $7\frac{1}{3}$ 升 =（3 積步 × 10 升 × 3）÷ 22 升 $= 4\frac{2}{22}$ 積步。第二種方法如下。1 積步 ÷ $2\frac{4}{9}$ 升 $= x$ ÷ 1 斗，$x =$（1 積步 × 1 斗）÷ $2\frac{4}{9}$ 升 =（1 積步 × 10 升 × 9）÷ 22 升 $= 4\frac{2}{22}$ 積步。學界對本算題的算法有不同

---

① 〔日〕中國古算書研究会編『岳麓書院藏秦簡「數」訳注』，京都朋友書店，2016，第 173、174 頁。

理解。[①]

【今譯】

（田 3 積步，租稅 7 $\frac{1}{3}$ 升。問：每多少積步產出 1 斗？答：每 4 $\frac{2}{22}$ 積步產出 1 斗。計算方法：用 22）作爲除數，（在籌算板上）設置 3 積步並乘以 3，得 9，然後乘以 10，除以 22 即得以積步爲單位的結果。1 積步佔租稅 2 $\frac{4}{9}$ 升，（也可以算得）現在的 4 $\frac{2}{22}$ 積步 1 斗。

[125]　租稅類之三十七

【釋文】

爲赶（實），以所得禾斤數爲法，如法一步。[1]　1（0956）正

【校釋】

[1] 本簡完好，但簡文以“爲赶（實）”開始，顯然前有脫簡。

【今譯】

……作爲被除數，用所得禾的斤數作除數，相除即得以積步爲單位的結果。

[126]　書題

【釋文】

數[1]　1（0956）背

---

① 謝坤:《嶽麓書院藏秦簡〈數〉校理及數學專門用語研究》，西南大學碩士學位論文，2014，第 22 頁；許道勝:《嶽麓秦簡〈爲吏治官及黔首〉與〈數〉校釋》，武漢大學博士學位論文，2013，第 251~252 頁；〔日〕中國古算書研究会編『岳麓書院藏秦簡「數」訳注』，京都朋友書店，2016，第 174 頁。

【校釋】

[1] 數，書於簡 1（0956）背面，是本算書的書題。

原整理者認爲，本簡的位置有兩種可能：一是靠近篇首，有可能是在第二、三枚的位置；二是靠近篇末，有可能是最末一枚簡。第一種可能性較大。①

大川俊隆認爲，《數》簡是從起首簡收捲，並在最末尾簡（簡0956）的背面寫上書名"數"的，所以，這枚簡不是起首簡而應該是末尾簡。②許道勝指出，本簡簡背中間編繩痕迹下殘存有一處非常清晰的編連痕迹，上面也有一處編連痕迹（正面對應處在"法""如"二字之間），只是不如前者清晰。這兩道編連痕迹，應該是收捲的殘痕，説明本簡是《數》收捲後露在最外層的簡之一。嶽麓秦簡《爲吏治官及黔首》《夢書》等篇均將篇題書於卷尾。綜合種種情形應可推斷，簡 1（0956）不是靠近《數》篇首的簡，而是靠近篇末的簡，且很可能是《數》的末簡……大川俊隆推測簡 1（0956）是《數》的末簡，於此應可得到坐實。③大川俊隆、許道勝的意見是正確的。

【今譯】

《數》

[127]　未分類

【釋文】

卅六得一 [1]₂₀₀（0762）

⋯⋯□ [2] 袤卒（六十）步。其述（術）曰：以□ [3] □⋯⋯₂₀₁（2187）

---

① 蕭燦：《嶽麓書院藏秦簡〈數〉研究》，湖南大學博士學位論文，2010，第 19 頁；朱漢民、陳松長主編《嶽麓書院藏秦簡（貳）》，上海辭書出版社，2011，第 33 頁；蕭燦：《嶽麓書院藏秦簡〈數〉研究》，中國社會科學出版社，2015，第 27 頁。

② 〔日〕大川俊隆：「岳麓書院藏秦簡『数』訳注稿（1）」，『大阪産業大学論集・人文社会科学編』16 號，2012。

③ 許道勝：《嶽麓秦簡〈爲吏治官及黔首〉與〈數〉校釋》，武漢大學博士學位論文，2013，第 263~264 頁。

……☐一述（術）曰，以卉（七十）錢爲法，以三錢乘☐☐
☐☐☐☐[4]₂₁₂（1655）

☐☐☐☐☐☐☐[5]而五，同之五斗。問：除[6]米幾可
（何）？曰：廿一分斗之五。其述（術）曰：置一人而四倍之[7]，
爲廿一 ₂₁₅（0889）

☐[8]爲法[9]，有（又）置五斗，五倍之[10]爲賹₌（實，實）
如法一。₂₁₆（0885）

……☐可（何）？曰：四升有（又）七分升一☐……[11]₂₁₇（1657）

……☐☐乘日[12]一☐[13]☐[14]₂₁₈（1844）

……☐☐☐☐☐☐☐六☐☐☐☐☐☐☐兩九朱（銖）
十三分朱（銖）三。[15]₂₁₉（J12）

與☐……[16]C090107

……☐七☐☐……[17]C100302

☐☐二斤八兩十二朱（銖）。[18]☐C030103

……☐☐☐半之，令五☐☐……[19]C130309

……☐☐[20]☐[21]城☐[22]☐☐☐[23]C030207

……☐……升廿☐升☐☐⌞。今粟……☐0672-2

……☐☐一人所攻（功）百廿 C1-3-4+C1-9-4

……☐……斗……一斗半斗 C4.2-1-1+C4.1-3-2

……☐亥，并之☐☐J02-4

述（術）☐☐……C1-3-6

……☐☐寸 C4.2-3-1

……☐☐丈五尺，高三[24]尺，亥……☐C7.1-5-4+C7.1-11-3

伞（八十）☐……C10.1-12-1

……☐以粟求☐C9-12-1

……☐甬（桶）五☐……C10.3-11-5

……☐☐之五☐……C4.3-1-3

不足☐☐……C10.1-8-1

半[25]☐……C10.3-12-5

【校釋】

[1] 本簡完好，因前簡缺失而不可歸類。學界多認爲本簡屬於圓亭類算題而歸入體積類。① 持這種觀點者大概是依據簡 191（0768+0808）求圓亭體積的術文"卅六而成一"（見第三章"[077] 體積類之十五"）。中国古算書研究会學者歸入"不明簡"。②

[2] 據蕭燦，本簡長 5.1 釐米，簡首尾均殘斷，不見上、中、下編繩痕迹。③ 本簡首尾都有若干簡文缺失，因此我們在釋文首尾均加入"⋯"予以標識（下同）。

[3] 查看圖版，此處有一墨迹，當有一字，故加入"□"予以標識。學界多認爲本簡屬於體積類。④ 中国古算書研究会學者則歸入"不明簡"。⑤

[4] 原整理者把本簡歸入"盈不足類"，蕭燦釋文作"□ 一述（術）曰，以七十錢爲法，以三錢乘"，《數》簡整理小組釋文作"□ 一述（術）曰，以七十錢爲法，以三錢乘⋯⋯□"。蘇意雯等與蕭燦意見一致，謝坤採納《數》簡整理小組意見，中国古算書研究会學者歸入"不明簡"，釋文作"□ 一述（術）曰，以七十

① 蕭燦:《嶽麓書院藏秦簡〈數〉研究》，湖南大學博士學位論文，2010，第 97 頁；朱漢民、陳松長主編《嶽麓書院藏秦簡（貳）》，上海辭書出版社，2011，第 144 頁；蕭燦:《嶽麓書院藏秦簡〈數〉研究》，中國社會科學出版社，2015，第 120 頁；蘇意雯、蘇俊鴻、蘇惠玉等:《〈數〉簡校勘》，《HPM 通訊》2012 年第 15 卷第 11 期；許道勝:《嶽麓秦簡〈爲吏治官及黔首〉與〈數〉校釋》，武漢大學博士學位論文，2013，第 227 頁；謝坤:《嶽麓書院藏秦簡〈數〉校理及數學專門用語研究》，西南大學碩士學位論文，2014，第 70、71 頁。
② 〔日〕中国古算書研究会編『岳麓書院藏秦簡「数」訳注』，京都朋友書店，2016，第 252 頁。
③ 蕭燦:《嶽麓書院藏秦簡〈數〉研究》，中國社會科學出版社，2015，第 175 頁。
④ 蕭燦:《嶽麓書院藏秦簡〈數〉研究》，湖南大學博士學位論文，2010，第 97 頁；朱漢民、陳松長主編《嶽麓書院藏秦簡（貳）》，上海辭書出版社，2011，第 144 頁；蕭燦:《嶽麓書院藏秦簡〈數〉研究》，中國社會科學出版社，2015，第 120 頁；蘇意雯、蘇俊鴻、蘇惠玉等:《〈數〉簡校勘》，《HPM 通訊》2012 年第 15 卷第 11 期；許道勝:《嶽麓秦簡〈爲吏治官及黔首〉與〈數〉校釋》，武漢大學博士學位論文，2013，第 231 頁；謝坤:《嶽麓書院藏秦簡〈數〉校理及數學專門用語研究》，西南大學碩士學位論文，2014，第 70 頁。
⑤ 〔日〕中国古算書研究会編『岳麓書院藏秦簡「数」訳注』，京都朋友書店，2016，第 252 頁。

錢爲法，以三錢乘□□□□□□╱"，^①蕭燦釋文當是據紅外綫圖版釋讀，《數》簡整理小組和中国古算書研究会學者當是據彩色圖版釋讀。

許道勝歸入"未分類"，釋文作"╱一【述（術）曰】:【以七十錢爲法】,【以】三【錢乘石】□升□□□"，認爲:"據紅外綫圖版，簡僅存左半，上、下均殘斷，與彩色圖版比缺簡末一節。據彩色圖版，簡尾部分尚存（但圖版原置於簡首位置，應該下移至簡尾位置），且有數個殘字。據彩色圖版，'乘'後諸殘字或可釋爲'【石】□升□□□'。原釋文末加有'╱'，今據彩色圖版刪除。"^②

現將彩色圖版和紅外綫圖版截圖（圖 4-15），^③可見上引許道勝對本簡簡況的分析是正確的，但"乘"字之後諸字不可識，因此我們暫作"□□□□□□"。

[5]據蕭燦，本簡長 27.5 釐米，簡縱向長度完整，簡上段文字字迹模糊不可辨識，約有九個字的墨迹。紅外綫圖版裏的簡損壞。^④原整理者釋文以"╱"始。此釋讀應該是據紅外綫圖版釋讀。因彩色圖版中的竹簡完好無損，我們據之未用"╱"符號。許道勝也未用"╱"符號。^⑤謝坤認爲，較使用"□"符號而言，使用"┈"符號爲好。^⑥

① 朱漢民、陳松長主編《嶽麓書院藏秦簡（貳）》，上海辭書出版社，2011，第150頁；蕭燦：《嶽麓書院藏秦簡〈數〉研究》，中國社會科學出版社，2015，第126頁；蘇意雯、蘇俊鴻、蘇惠玉等：《〈數〉簡校勘》，《HPM 通訊》2012 年第 15 卷第 11 期；謝坤：《嶽麓書院藏秦簡〈數〉校理及數學專門用語研究》，西南大學碩士學位論文，2014，第 74 頁；〔日〕中国古算書研究会編『岳麓書院藏秦簡「数」訳注』，京都朋友書店，2016，第 252 頁。

② 許道勝：《嶽麓秦簡〈爲吏治官及黔首〉與〈數〉校釋》，武漢大學博士學位論文，2013，第 272 頁。

③ 圖版見朱漢民、陳松長主編《嶽麓書院藏秦簡（貳）》，上海辭書出版社，2011，第29、150頁。

④ 蕭燦：《嶽麓書院藏秦簡〈數〉研究》，中國社會科學出版社，2015，第175頁。

⑤ 許道勝：《嶽麓秦簡〈爲吏治官及黔首〉與〈數〉校釋》，武漢大學博士學位論文，2013，第 272 頁。

⑥ 謝坤：《嶽麓書院藏秦簡〈數〉校理及數學專門用語研究》，西南大學碩士學位論文，2014，第 77 頁。

圖 4-15

[6] 蕭燦釋文作"得"，注曰："'〔除〕'，據筆劃殘痕補出。"[1] 許道勝釋讀爲"除"，注曰："字亦僅存左半，據圖版改釋。"[2] 其餘學者多釋作"得"。[3] 現將待釋字截圖（圖 4-16a），並與本算書簡 213（0304）"得"（圖 4-16b）和簡 122（0978）"除"（圖 4-16c）字截圖對比。對比發現，圖 4-16a 左部與圖 4-16b 左部

① 蕭燦：《嶽麓書院藏秦簡〈數〉研究》，湖南大學博士學位論文，2010，第 104 頁；蕭燦：《嶽麓書院藏秦簡〈數〉研究》，中國社會科學出版社，2015，第 128 頁。
② 許道勝：《嶽麓秦簡〈爲吏治官及黔首〉與〈數〉校釋》，武漢大學博士學位論文，2013，第 272 頁。
③ 朱漢民、陳松長主編《嶽麓書院藏秦簡（貳）》，上海辭書出版社，2011，第 153 頁；蘇意雯、蘇俊鴻、蘇惠玉等：《〈數〉簡校勘》，《HPM 通訊》2012 年第 15 卷第 11 期；謝坤：《嶽麓書院藏秦簡〈數〉校理及數學專門用語研究》，西南大學碩士學位論文，2014，第 77 頁；〔日〕中国古算書研究会編『岳麓書院藏秦簡「数」訳注』，京都朋友書店，2016，第 252 頁。

"彳"不同，因此釋爲"得"字未妥。圖4-16a左部爲"阜"，與圖4-16c"除"之"阜"的寫法接近。圖4-16a箭頭a、b所指分別爲"木"的横筆左部和撇筆左部。因此，待釋字釋爲"除"應該沒有問題。除，給予（詳見第三章"[039]衰分類之二"【校釋】之[3])。

圖 4-16a　　　　　　圖 4-16b　　　　　　圖 4-16c

[7]"四倍之"，表示將其乘以4。還有一種可能是，"四"表四次，"倍"表2，"四倍"意爲用2連續乘四次，即2^4，"四倍之"意爲用2與之連續乘四次。參見本【校釋】之[10]。

[8]據蕭燦，本簡長27.5釐米，竹簡完好。[①]簡首有殘存墨迹，但漫漶不可識。許道勝認爲可能是"三"字。[②]本釋文不補。

[9]此處有一殘存墨迹，原整理者釋讀爲"法"，[③]中國古算書研究会學者釋讀爲"濾"。[④]本釋文採納原整理者意見。

[10]許道勝將本算題的被除數計算作 $5 \times 2 \times 2 \times 2 \times 2 \times 2 = 160$（斗），[⑤]意即"五倍"表示2相乘五次，即2的5次方（2^5）。這種理解有一定道理。《筭數書》"負米"算題簡39（H159）"直（置）一關而參（三）倍爲法，有（又）直（置）米一斗而三之，有（又）三倍之而關數焉爲實"，其"參（三）倍"就表示2相乘三次。但是"五倍"之"倍"還可以表示"擴大倍數"，即"相

① 蕭燦：《嶽麓書院藏秦簡〈數〉研究》，中國社會科學出版社，2015，第175頁。
② 許道勝：《嶽麓秦簡〈爲吏治官及黔首〉與〈數〉校釋》，武漢大學博士學位論文，2013，第273頁。
③ 蕭燦：《嶽麓書院藏秦簡〈數〉研究》，湖南大學博士學位論文，2010，第104頁；朱漢民、陳松長主編《嶽麓書院藏秦簡（貳）》，上海辭書出版社，2011，第153頁；蕭燦：《嶽麓書院藏秦簡〈數〉研究》，中國社會科學出版社，2015，第128頁。
④〔日〕中國古算書研究会編『岳麓書院藏秦簡「數」訳注』，京都朋友書店，2016，第252頁。
⑤ 許道勝：《嶽麓秦簡〈爲吏治官及黔首〉與〈數〉校釋》，武漢大學博士學位論文，2013，第273頁。

乘",如上引"負米"算題"三倍之"。如此,則"五倍之"表示
5×5斗。由於本簡數據殘缺不全,暫不能判定"五倍之"確指哪
種情況。

[11]據原整理者,本簡照片有三段殘簡,中間一段不是
《數》的内容,釋文不録入,第三段"實爲□"也不像《數》的
字體風格。[①]蘇意雯等採納原整理者意見。[②]許道勝認爲,原整理
者釋文"實爲□"據彩色圖版或可釋作"實馬【甲】",其内容、
字體風格、字距等方面與前一段簡文不存在關聯性,因此當從本
簡删除。[③]謝坤懷疑"實爲□"爲錯簡。[④]我們亦認爲第三段殘簡
應該從本簡删除,除上引許道勝關於字體、字距等證據外,其用
字也似乎表明該段殘簡不屬於本簡。該段簡有"實"字,而本算
書他處均作"貴"。

許道勝認爲,據彩色圖版,簡文"七"似爲"十一"。[⑤]未安。
現將本殘簡截圖(圖4-17a),並與本算書簡73(0973)"十一"
(圖4-17b)和簡55(1742)"七"(圖4-17c)字截圖對比。圖
4-17b"十"與圖4-17c"七"相較,"十"字的横筆短而竪筆長,
"七"字則相反。圖4-17a箭頭a、b所指當爲一横筆,箭頭c所
指殘存墨迹當爲一竪筆,其字形横筆長竪筆短,符合"七"字的
特徵。因此待釋字當爲"七"而不是"十"。另,圖4-17a顯示待
釋字下並無"一"字。

---

① 蕭燦:《嶽麓書院藏秦簡〈數〉研究》,湖南大學博士學位論文,2010,第104頁;朱
漢民、陳松長主編《嶽麓書院藏秦簡(貳)》,上海辭書出版社,2011,第154頁;
蕭燦:《嶽麓書院藏秦簡〈數〉研究》,中國社會科學出版社,2015,第128~129頁。

② 蘇意雯、蘇俊鴻、蘇惠玉等:《〈算數書〉校勘》,《HPM通訊》2012年第15卷第
11期。

③ 許道勝:《嶽麓秦簡〈爲吏治官及黔首〉與〈數〉校釋》,武漢大學博士學位論文,
2013,第273頁。

④ 謝坤:《嶽麓書院藏秦簡〈數〉校理及數學專門用語研究》,西南大學碩士學位論文,
2014,第77頁。

⑤ 許道勝:《嶽麓秦簡〈爲吏治官及黔首〉與〈數〉校釋》,武漢大學博士學位論文,
2013,第273頁。

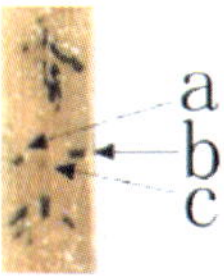

圖 4-17*a* 　　　　圖 4-17*b* 　　　　圖 4-17*c*

[12] 日，原整理者作“曰”，[1] 許道勝據圖版改釋作“日”。[2] 釋爲“日”是正確的。“日”，《説文·日部》：“从〇一，象形。” 段玉裁注：“〇象其輪郭，一象其中不虧。”[3] “日”的“〇”在簡文中作“〇”，其字形特徵是豎筆不會超越上部的橫筆，如本算書簡 127（J09+J11）“日”（日）和“日”（日）。[4] “曰”，《説文·曰部》：“从口，乙聲。”[5] “曰”的“口”，簡文字形特徵是豎筆均超越上部的橫筆，如本算書簡 128（0827）“日”（曰）。[6] 而本簡待釋字作“日”，右豎筆殘缺，但其左豎筆未超越其上部的橫筆，故當釋爲“日”字。

[13] 竹簡此處有一字，許道勝釋“錢”字，[7] 可資參考。

[14] 本簡圖版顯示，簡首殘斷，當有若干缺文，故我們加入“…”“☑”符號予以標識；簡尾亦殘斷，但無缺文，故僅以“☑”予以標識。

[15] 據蕭燦，本簡長 25.6 釐米，簡上段殘，簡尾稍殘，整簡字迹漫漶。[8] 簡首當還有缺文，故我們用“…”標識。原整理者將

① 蕭燦：《嶽麓書院藏秦簡〈數〉研究》，湖南大學博士學位論文，2010，第 104 頁；朱漢民、陳松長主編《嶽麓書院藏秦簡（貳）》，上海辭書出版社，2011，第 154 頁；蕭燦：《嶽麓書院藏秦簡〈數〉研究》，中國社會科學出版社，2015，第 129 頁。

② 許道勝：《嶽麓秦簡〈爲吏治官及黔首〉與〈數〉校釋》，武漢大學博士學位論文，2013，第 273 頁。

③ （清）段玉裁：《説文解字注》，浙江古籍出版社，2006，第 302 頁。

④ 圖版見朱漢民、陳松長主編《嶽麓書院藏秦簡（貳）》，上海辭書出版社，2011，第 98 頁。

⑤ （漢）許慎撰，（宋）徐鉉等校定《説文解字》，上海古籍出版社，2007，第 228 頁。

⑥ 圖版見朱漢民、陳松長主編《嶽麓書院藏秦簡（貳）》，上海辭書出版社，2011，第 98 頁。

⑦ 許道勝：《嶽麓秦簡〈爲吏治官及黔首〉與〈數〉校釋》，武漢大學博士學位論文，2013，第 273 頁。

⑧ 蕭燦：《嶽麓書院藏秦簡〈數〉研究》，中國社會科學出版社，2015，第 176 頁。

簡文 "六" 前後漫漶文字用省略號 "……" 標識，[①] 中國古算書研究会學者分別用六個和八個 "□" 符號標識。[②] 後者更爲合理。

[16] 本簡簡首完好，自 "興" 字後殘斷，其後當有若干缺文。

[17] 原整理者將簡文 "七" 後一字補作 "分"；[③] 許道勝認爲僅憑少許殘筆不足以釋作 "分"，故改作 "□"；[④] 中國古算書研究会學者徑釋作 "分"。[⑤] 許道勝意見爲是。

[18] 簡首殘斷，但不能確定本簡是否因爲殘斷而有缺文，故暫不加 "⋯"。簡首殘斷處有殘存墨迹，原整理者未補。[⑥] 許道勝將此字補作 "租"，[⑦] 可資參考。

[19] 業師張顯成先生等校補爲："……【可半】，半之，令五【而成一】。"[⑧]

[20] 簡首殘斷，此處有一殘留墨迹，當有一字，但不可識。

[21] 原整理者釋爲 "救"，校改作 "求"，整個殘簡釋文作 "□ 救（求）城之 □□□"。[⑨] 有學者釋作 "投"，整個殘簡釋文作 "□□投城止 □ 二 □□"。[⑩] 有學者釋作 "求"，整個殘簡釋文

---

① 朱漢民、陳松長主編《嶽麓書院藏秦簡（貳）》，上海辭書出版社，2011，第154頁；蕭燦：《嶽麓書院藏秦簡〈數〉研究》，中國社會科學出版社，2015，第129頁。

② 〔日〕中國古算書研究会編『岳麓書院藏秦簡「数」訳注』，京都朋友書店，2016，第252頁。

③ 蕭燦：《嶽麓書院藏秦簡〈數〉研究》，湖南大學博士學位論文，2010，第105頁；朱漢民、陳松長主編《嶽麓書院藏秦簡（貳）》，上海辭書出版社，2011，第155頁；蕭燦：《嶽麓書院藏秦簡〈數〉研究》，中國社會科學出版社，2015，第129頁。

④ 許道勝：《嶽麓秦簡〈爲吏治官及黔首〉與〈數〉校釋》，武漢大學博士學位論文，2013，第274頁。

⑤ 〔日〕中國古算書研究会編『岳麓書院藏秦簡「数」訳注』，京都朋友書店，2016，第252頁。

⑥ 蕭燦：《嶽麓書院藏秦簡〈數〉研究》，湖南大學博士學位論文，2010，第105頁；朱漢民、陳松長主編《嶽麓書院藏秦簡（貳）》，上海辭書出版社，2011，第155頁；蕭燦：《嶽麓書院藏秦簡〈數〉研究》，中國社會科學出版社，2015，第129頁。

⑦ 許道勝：《嶽麓秦簡〈爲吏治官及黔首〉與〈數〉校釋》，武漢大學博士學位論文，2013，第274頁。

⑧ 張顯成、謝坤：《嶽麓書院藏秦簡〈數〉釋文勘補》，《古籍整理研究學刊》2013年第5期。

⑨ 蕭燦：《嶽麓書院藏秦簡〈數〉研究》，湖南大學博士學位論文，2010，第105頁；朱漢民、陳松長主編《嶽麓書院藏秦簡（貳）》，上海辭書出版社，2011，第155頁；蕭燦：《嶽麓書院藏秦簡〈數〉研究》，中國社會科學出版社，2015，第129頁。

⑩ 許道勝：《嶽麓秦簡〈爲吏治官及黔首〉與〈數〉校釋》，武漢大學博士學位論文，2013，第275頁。

作"☐ 求城之述（术）曰 ☐"。① 查看圖版，發現簡文漫漶不清，且無語境可參，故存疑不釋。

[22] 竹簡此處有一字（ ），漫漶不清。有釋作"之"者，有釋作"止"者，詳見本【校釋】之 [21] 所引釋文。魯家亮釋作"旦"。② 此字並非"之"字，本算書"之"多如簡 213（0304）" "。此字也非"止"字，"止"字在本算書多寫如簡 179（1747）" "。此字也不是"旦"字，"旦"字在秦簡中多如睡虎地秦簡《倉律》簡 57" "。③ 鑒於此字字迹漫漶，且無語境可參，故存疑不釋。

[23] 中国古算書研究会學者未將本簡編入《數》。魯家亮認爲本簡是否歸入《數》篇存疑。④ 由於本簡簡文字迹多漫漶不可識，且無語境可參，暫時不能確定本簡是否屬於本算書。

[24] 簡文"三"原整理者釋文作"二"。⑤ 圖版截圖（圖 4-18a）顯示，箭頭 A、B 所指兩橫筆之下還有一處墨迹（如箭頭 C 所指），與本算書簡 145（0773）所載簡文"三尺"（圖 4-18b）相比，圖 4-18a 箭頭 C 所指不是"尺"字的筆劃，而是"三"字的第三個橫筆，因此圖 4-18a 箭頭 A、B、C 所指筆劃構成"三"字，而不是"二"字。

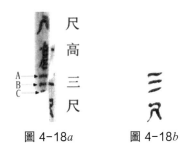

圖 4-18a   圖 4-18b

① 張顯成、謝坤：《嶽麓書院藏秦簡〈數〉釋文勘補》，《古籍整理研究學刊》2013 年第 5 期。
② 魯家亮：《嶽麓秦簡校讀（七則）》，載中國文化遺產研究院編《出土文獻研究》（第十二輯），中西書局，2013，第 144~151 頁。
③ 圖版見陳偉主編《秦簡牘合集（壹）》，武漢大學出版社，2014，第 939 頁。
④ 魯家亮：《嶽麓秦簡校讀（七則）》，載中國文化遺產研究院編《出土文獻研究》（第十二輯），中西書局，2013，第 144~151 頁。
⑤ 陳松長主編《嶽麓書院藏秦簡（柒）》，上海辭書出版社，2022，第 213 頁。

[25] 原整理者釋文在"半"字前加入"□"，[①] 意即簡牘於"半"字前殘斷。但是查看圖版發現，簡文"半"字以上是簡首，並未殘斷，因此我們没有加入"□"符號。

【今譯】
略。

---

① 陳松長主編《嶽麓書院藏秦簡（柒）》，上海辭書出版社，2022，第 213 頁。

結　語

　　秦簡算書的發現是數學史上的大事，這些數學文獻真實地反映了中國傳統數學在戰國晚期至秦代的發展原貌，足以改變我們對一些數學史問題的已有論斷，因而非常珍貴，極具研究價值。但是，這些數學文獻分散在不同簡牘文獻中，難以觀其全貌，不利於進一步研究；現有研究雖然取得了豐碩成果，但尚有一些遺漏，有待進一步研究。因此，本書首次將這些簡牘算書集成，並將它們置於中國數學史的背景下進行跨學科研究，逐一進行校理、釋讀，取得了一些成果，主要體現在十二個方面。

　　第一，　首次集成了秦簡算書文獻

　　集成的秦簡算書文獻包含三部簡牘算書：北京大學藏秦簡《算書》《田書》兩部算書 2023 年前已刊部分，嶽麓書院藏秦簡《數》。首先對所集成的秦簡算書文獻的簡文進行了釋讀，然後進行全面校釋，形成了一個相對完整可靠的秦簡算書文獻，爲進一步研究打下了基礎。

　　第二，　討論了一些數學史問題

　　利用秦簡算書文獻，我們對中國數學史中的一些重要問題進行了探討，如，關於圓周率取值問題，戰國秦漢古算圓周率一般取值爲 3。但是圓周率除取值 3 外，實際上還有其他取值。韓巍首先注意到《算書》"圜田"算題簡 29（03-011）"十三成一"可能是圓周率取值 3.25，但同時指出不排除"十三"爲"十二"之筆誤的可能。之後，譚競男等認爲《筭术》"有圜將來"算題圓周率取值 3.2，但同時指出其取值方法有待進一步研究。從《筭术》圓周率取值的情況來看，我們認爲《算書》中的"十三"不是筆誤，而是圓周率取值 3.25 的關鍵證據。我們認爲圓周率取值方法應該不是通過對圓周率本身進行計算而得出的結果，應該是爲了完成特定的任務而在實踐中不斷對圓周率數值進行反復調整，直至滿足實踐需要而得出的結果。這兩個圓周率的取值對研究戰國秦漢時期圓周率發展狀況具有重要意義。以上詳見第一章 "[003] 圜田"【校釋】之 [3]。

秦簡算書中存在一種以湊數爲特徵的特殊算法。《算書》《數》所載 "里田術" 由 1 積里算得 375 畞的過程，以及《數》"盈不足類之四" 算題計算 "稻實""粢實""菽實" 的過程，均不具算理也不具普適性，是一種以湊數爲特徵的特殊算法，這種特殊算法不見於傳世經典《九章算術》。以上分別詳見第一章 "[002] 里乘里""[010] 里田術"，第二章 "[010] 面積類之十"，第四章 "[087] 盈不足類之四"。

第三，　重釋了被誤釋的簡文

例如，《數》簡 C7.1-5-4+C7.1-11-3 簡文 "高三尺" 之 "三" 被原整理者釋爲 "二"，經核對該圖版發現，所謂 "二" 字之下還有一橫筆的殘存筆劃，實際上是 "三" 字無疑。以上詳見第四章 "[127] 未分類"【校釋】之 [24]。再如，《數》簡 49（0474）簡文 "居二升" 之 "升" 字，被學界普遍釋爲 "斗"，經比對圖版發現，該字無疑爲 "升" 字，且與算題計算相合。以上詳見第四章 "[124] 租稅類之三十六"【校釋】之 [3]。

第四，　調整了抄寫錯亂的簡文

例如，《陳起》篇簡 12（04-136）載有簡文如下："宿，道頭到足，百脰（體）各有笥（司）殹（也），是故百脰（體）之痛，其瘳與死各有數∟，曰：大方大"，其中從 "道" 至 "數" 這段簡文與其前後各句均不銜接，因而顯得突兀，爲正確理解這段簡文帶來了困難。我們認爲這段簡文係從他處誤抄於此，本屬於簡 7（04-147）簡文 "項" 與 "苟" 之間，理由有三。首先，陳起對魯久次提出的第二個問題的回答包括三個方面：一是身邊之事需要計算，二是身體疾病能否治愈需要計算，三是天文曆法需要計算。而簡 12（04-136）所論簡文屬於第二個方面。其次，從銜接上看，陳起所列二十二個身體部位，從“足”起到“項”止，與“道頭到足”銜接完好。最後，從文意上看，無論是第二方面“身體疾病”還是第三方面“天文曆法”，調整後的簡文文意都更加順暢。以上詳見第一章“[001]《陳起》篇”【校釋】之 [21]。

又如，《數》簡 103（0780）~106（0852）簡文抄寫錯亂。底本的簡文在録入《數》時出現了兩個錯亂，一是簡序錯亂，二是簡文抄録順序錯亂，從而誤將簡文抄寫成了現在的樣子。我們對抄寫錯亂的簡文進行了復原。以上詳見第二章“[032] 穀物換算類之四”【校釋】之 [8]。

第五，　校補了殘缺的簡文

例如，《數》簡 63（1714）簡文“□田之述（術）”殘缺一字，學界補“除”“啓”或“箕”。我們據《算書》簡 93（04-094）“徑田術”和《筭术》簡 37“徑田術”補“徑”字而作“徑田之述（術）”。以上詳見第一章“[011] 徑田術”、第二章“[011] 面積類之十一”。又如，《數》簡 35（0387）簡首殘缺，存兩字墨迹，未被學界校補，經比對圖版並結合簡文文意和文例，殘存墨迹當爲“寸數”二字，另據《數》“租禾”算題表達習慣，“寸數”二字之前當還有“一束”二字，因此我們將本簡簡首殘缺之字校補作“一束寸數”。以上詳見第四章“[112] 租稅類之二十四”【校釋】之 [1]。

第六，　糾正了錯誤的句讀

例如，《數》簡 J36-1 簡文“以所得寸數[自]乘也[爲法]”，原整理者在“也”後點斷作“以所得寸數[自]乘也，[爲法]”。此句讀未妥，當連讀。簡文“以所得寸數[自]乘也[爲法]”是“以 A 爲 B”結構，這個結構的特點是：因語義完整的需要而不宜點斷，需要連讀。以上詳見第四章“[113] 租稅類之二十五”【校釋】之 [1]。又如，《數》簡 151（0838）簡文“直（置）節數除一焉以命之”，學界普遍將其連讀而不點斷，或點斷作“直（置）節數，除一焉，以命之”。均誤，當點斷作“直（置）節數，除一，焉以命之”。以上詳見第三章“[054] 衰分類之十七”【校釋】之 [8]。

第七，　闡釋了一些文意晦澀難懂的簡文

例如，《陳起》篇簡 28（04-129）~29（04-128）簡文“命而

毀之，甾（錙）而垂（錘）之，半而倍之，以物起之"，因語言
艱澀難懂，學界有不同理解，尤其是對"毀"字的理解更是衆説
紛紜。我們充分利用《筭數書》"石率"算題簡文"破"，將"陳
起"篇這句簡文中的"毀"訓爲"破"，義爲"把某個數量擴大若
干倍"，並將這句簡文置於"少廣術"的語境下進行解讀，從而合
理地闡釋了這句簡文的文意："有時候需要把田寬中各數擴大若干
倍；有時候會有不同等級的計量單位，如錙（6銖）和錘（8銖），
則需要把錙擴大8倍以轉化爲錘；有時候只有一個分數，如$\frac{1}{2}$，
則需要把$\frac{1}{2}$擴大2倍。究竟如何使用'少廣術'要根據具體情況
來定。"以上詳見第一章"[001]《陳起》篇"【校釋】之[57]。

第八， 校改了傳世文獻中的一些錯誤

例如，《墨子·雜守》所記口糧標準："斗食，終歲三十六石；
參食，終歲二十四石；四食，終歲十八石；五食，終歲十四石四
斗；六食，終歲十二石。斗食，食五升；參食，食參升小半；四
食，食二升半；五食，食二升；六食，食一升大半。日再食。"我
們據《數》簡139（1826+1842）簡文"一人斗食，一人半食，一
人參食，一人駟（四）食，一人駁（六）食"發現《墨子·雜守》
"斗食"與"終歲三十六石"之間、"斗食"與"食五升"之間有
脱文，導致這兩組數據内部前後矛盾，我們據《數》所載口糧標
準及有關計算結果，分別校補爲"斗食，【終歲七十二石；半食，】
終歲三十六石"和"斗食，【食十升；半食，】食五升"。如此，
"斗食""半食""參食""四食""五食""六食"才能與各自對應
的全年口糧總數、每餐升數吻合。以上詳見第三章"[048]衰分類
之十一"【校釋】之[6]。

又如，《漢書·東方朔傳》"無隄之輿"，顏師古引蘇林曰：
"隄，限也。輿，乘輿也。"引張晏曰："無隄之輿，謂天子富貴無
隄限也。"顏師古注："張説是也。"上説恐非。"隄"指"隄封"
之"隄"，指爲標識土地疆界而設立的界標（"隄"指矮墻，"封"
指矮墻之上的土臺），"輿"本義車箱，引申指土地。"無隄之輿"
意爲没有疆界的土地，即無限的土地。以上詳見第四章"[123]租

稅類之三十五"【校釋】之 [3]。

第九，　解釋了一些未解或誤解的古算用語

例如，弄清楚了《陳起》篇簡 28（04-129）"命而毀之"之"毀"與《筭數書》簡 75（H15）"破其上"之"破"義同，均指"擴大若干倍"。以上詳見第一章 "[001]《陳起》篇"【校釋】之 [57]。再如，闡明了《數》簡 160（0942）"下有"之"下"的含義，是古算分數加法運算中求各分母最小公倍數的用語，指將諸分數按分母數值從小到大的順序在籌算板上從上到下設置，"下"就是位於籌算板最下面的分數。以上詳見第三章 "[059] 少廣類之一"【校釋】之 [2]。又如，探明了《數》"投"作籌算用語時，與《筭數書》"里田"算題簡 188（H88）"直（置）提封以此爲之"之"直（置）"同義，義爲"（用算籌）計算"。以上詳見"緒論"之"漢語史價值"。

第十，　詮釋了一些未解或誤解的古算算法

通過研究發現，古算有一種特殊算法，我們稱之爲"湊數法"，這種算法往往沒有算理可言，不具有普適性，不易理解。比如，《數》"盈不足類之四"算題，其術文通過盈不足術算得三種糧食各自的數量，其計算過程也是湊數的過程。以上詳見第四章 "[087] 盈不足類之四"。又如，《算書》"方田術"通過"盈不足術"對 240 積步進行開方求得正方形田塊邊長爲 $15\frac{15}{31}$ 步，在利用邊長 $15\frac{15}{31}$ 步進行逆運算以求得 240 積步的過程中，爲了彌補因使用"盈不足術"求得 $15\frac{15}{31}$ 步所帶來的誤差，使用了湊數法。以上詳見第一章 "[009] 方田術"【校釋】之 [8]。

《算書》《數》《筭术》均載有"徑田術"，是一種計算矩形田塊面積的巧算法。當矩形田塊的邊長 a 和 b 均大於 240 步時，先將 a 按照 240 步進行切割，每切割 1 次，那麼 b 的步數就是田畝數，假如 a 被切割 n 次後得到 $c < 240$ 步，那麼可以巧算得田面積爲（nb）；現在開始對 b 按照 240 步進行切割，每切割 1 次，那麼 c 的步數就是田畝數，假如 b 被切割 m 次後得到 $d < 240$ 步，

那麼可以巧算得田面積爲（mc）；這時將 c 與 d 相乘得（cd），除以 240 即得畝數。矩形田塊面積爲（$nb+mc+\dfrac{cd}{240}$）。以上詳見第一章 "[011] 徑田術"【校釋】之 [6]。

第十一，　校勘、補正、編聯了新刊《數》簡

2022 年，《嶽麓書院藏秦簡（柒）》刊佈了《嶽麓書院藏秦簡（貳）》遺漏的三枚整簡和十三個殘片，以及由七個殘片與《嶽麓書院藏秦簡（貳）》五枚殘簡拼合而成的綴合簡，即所謂 "新刊《數》簡"。原整理者已對這些簡牘做了十分細緻的釋讀工作。因這批《數》簡屬於新刊，暫不見學界其他研究成果。我們認真對讀其圖版和原整理者釋文，利用其他簡牘算書文獻作爲參考，發現原釋文還有一些問題需要進一步討論，並嘗試對這些問題提出校勘和補正建議。共發現了六個方面的問題需要進一步討論，並提出相應建議：一是算題分類和簡牘編聯，二是釋文句讀校正，三是未隸定文字補正，四是已隸定文字補正，五是殘斷簡文擬釋，六是簡文脱文補正。以上詳見第二章 "概説" "[009] 面積類之九" "[017] 分數類之二" "[018] 分數類之三" "[031] 穀物換算類之三"、第三章 "[042] 衰分類之五" "[050] 衰分類之十三"、第四章 "[109] 租稅類之二十一" "[113] 租稅類之二十五" "[127] 未分類"。

第十二，　解讀了一些被誤解的疑難算題

例如，對《數》簡 67（0884）~68（0825）"宇方" 算題，有學者認爲算題術文本來可以通過一個簡單的算法來算得結果，即 100 步 ÷3=33$\dfrac{1}{3}$ 步，却採用了一個複雜的算法，即 $\dfrac{100\ 步\ \times 95\ 步}{（100\ 步\ -5\ 步）\times 3}$=33$\dfrac{1}{3}$（步）。本書從算理角度進行了解讀，證明了算題術文的算法符合算理，而所謂簡單的算法是不合算理的。以上詳見第二章 "[015] 面積類之十五"【校釋】之 [11]。

又如，《算書》"方田術" 算題是 "田一畝" 算題的逆運算。其中 "田一畝" 算題通過盈不足術求得面積爲 240 積步的正方形

田塊的邊長爲 $15\frac{15}{31}$ 步，"方田術"算題作爲逆運算，是講述如何據此邊長 $15\frac{15}{31}$ 步得到田面積 240 積步。正常的計算應該是 $15\frac{15}{31} \times 15\frac{15}{31} = 15 \times 15 + (\frac{15 \times 15}{31} + \frac{15 \times 15}{31}) + \frac{15}{31} \times \frac{15}{31}$，但是算題在完成（$15 \times 15$）和（$\frac{15 \times 15}{31} + \frac{15 \times 15}{31}$）之後，所進行的運算不是 $\frac{15}{31} \times \frac{15}{31}$，而是 $\frac{15}{15} \times \frac{15}{31}$。所以，正確理解"方田術"算題的關鍵是正確解讀爲什麽要計算爲 $\frac{15}{15} \times \frac{15}{31}$ 而不是 $\frac{15}{31} \times \frac{15}{31}$。我們認爲，這是因爲古人知道"田一畝"算題用盈不足術算得的邊長 $15\frac{15}{31}$ 步有誤差，所以在"方田術"算題中進行逆運算時，有意識地通過 $\frac{15}{15} \times \frac{15}{31}$ 的方式修改數據，以確保得到 240 積步這個驗算結果。以上詳見第一章"[013] 田一畝"及"[009] 方田術"。

　　本書也存在一些不足。第一，縱向和橫向比較研究不够。秦簡算書文獻與我國不同歷史時期的數學文獻的縱向比較研究，以及與世界早期數學文獻如《幾何原本》等的橫向比較研究需要進一步加強。第二，個别算題由於原簡數據缺失，尚不能做出合理的解讀。第三，對秦簡算書文獻的整理研究還不够全面深入，理論性探索還不够，且囿於學識能力，本書肯定還有不少疏漏錯誤。對這些問題，我們將繼續思考，深入研究，同時懇請專家學者指正。

參考文獻

專著

A

〔法〕安立明 (Rémi Anicotte). *Le livre sur les calculs effectués avec des bâtonnets: Un manuscrit du—IIe siècle excavé à Zhangjiashan*. Paris: Presses de L'Inalco. 2019.

B

白尚恕:《〈九章算術〉注釋》,科學出版社,1983。

北京大學出土文獻與古代文明研究所編《北京大學藏秦簡牘》,上海古籍出版社,2023。

(漢)班固撰,(唐)顏師古注《漢書》,中華書局,1964。

C

(宋)陳彭年等:《重修玉篇》,《四庫全書》(景印文淵閣版)第224册,臺北商務印書館,1986。

陳偉主編《里耶秦簡牘校釋》(第一卷),武漢大學出版社,2012。

陳偉主編《里耶秦簡牘校釋》(第二卷),武漢大學出版社,2018。

陳偉主編《秦簡牘合集(壹)》,武漢大學出版社,2014。

陳偉主編《秦簡牘合集(貳)》,武漢大學出版社,2014。

陳偉主編《秦簡牘合集·釋文注釋修訂本(壹)》,武漢大學出版社,2016。

陳偉主編《秦簡牘合集·釋文注釋修訂本(肆)》,武漢大學出版社,2016。

陳松長編著《馬王堆簡帛文字編》，文物出版社，2001。

陳松長主編《嶽麓書院藏秦簡（壹—叁）》（釋文修訂本），上海辭書出版社，2018。

陳松長主編《嶽麓書院藏秦簡（柒）》，上海辭書出版社，2022。

（晉）陳壽撰，（宋）裴松之注《三國志》，中華書局，1959。

（唐）成玄英：《莊子注疏》，中華書局，2011。

（晉）崔豹：《古今注》，中華書局，1985。

D

（宋）戴侗：《六書故》，《四庫全書》（景印文淵閣版）第 226 册，臺北商務印書館，1986。

（宋）丁度等：《集韻》，《四庫全書》（景印文淵閣版）第 236 册，臺北商務印書館，1986。

（清）段玉裁：《說文解字注》，浙江古籍出版社，2006。

F

（南朝宋）范曄撰，（唐）李賢等注《後漢書》，中華書局，1965。

G

甘肅省博物館、武威縣文化館編《武威漢代醫簡》，文物出版社，1975。

甘肅省博物館、中國科學院考古研究所編《武威漢簡》，中華書局，2005。

甘肅省文物考古研究所編《敦煌漢簡》，中華書局，1991。

高亨：《商君書注譯》，中華書局，1974。

高鴻縉：《中國字例》，臺北三民書局，1960。

（漢）高誘：《淮南子注》，上海書店出版社，1986。

〔英〕古克禮（Christopher Cullen）. *The Suànshùshū* 筭數書 *'Writings on reckoning': A translation of a Chinese mathematical collection of the second century BC, with explanatory commentary*. Cambridge: The Needham Research Institute，2004.

（清）桂馥：《説文解字義證》，上海古籍出版社，1987。

國家文物局古文獻研究室編《馬王堆漢墓帛書（壹）》，文物出版
　　社，1980。

郭沫若主編《甲骨文合集》，中華書局，1982。

郭沫若：《甲骨文字研究》，科學出版社，1962。

郭書春：《〈九章算術〉譯注》，上海古籍出版社，2009。

郭書春：《〈九章算術〉新校》，中國科學技術出版社，2014。

郭書春、劉鈍點校《算經十書》，遼寧教育出版社，1998。

郭錫良編著《漢字古音手册》（增訂本），商務印書館，2010。

H

河北省文物研究所定州漢墓竹簡整理小組：《定州漢墓竹簡〈論
　　語〉》，文物出版社，1997。

侯燦、楊代欣編著《樓蘭漢文簡紙文書集成》，天地出版社，
　　1999。

湖北省荆州市周梁玉橋遺址博物館編《關沮秦漢墓簡牘》，中華書
　　局，2001。

湖北省文物考古研究所、北京大學中文系編《望山楚簡》，中華書
　　局，1995。

湖北省文物考古研究所：《江陵望山沙塚楚墓》，文物出版社，
　　1996。

湖北省文物考古研究所編《江陵鳳凰山西漢簡牘》，中華書局，
　　2012。

湖南省博物館、中國科學院考古研究所編《長沙馬王堆一號漢
　　墓》，文物出版社，1973。

湖南省博物館、復旦大學出土文獻與古文字研究中心編纂《長沙
　　馬王堆漢墓簡帛集成（貳）》，中華書局，2014。

湖南省博物館、復旦大學出土文獻與古文字研究中心編纂《長沙
　　馬王堆漢墓簡帛集成（叁）》，中華書局，2014。

湖南省博物館、復旦大學出土文獻與古文字研究中心編纂《長沙
　　馬王堆漢墓簡帛集成（肆）》，中華書局，2014。

湖南省博物館、復旦大學出土文獻與古文字研究中心編纂《長沙馬王堆漢墓簡帛集成（陸）》，中華書局，2014。

湖南省文物考古研究所編《里耶秦簡（壹）》，文物出版社，2012。

胡平生、李天虹：《長江流域出土簡牘與研究》，湖北教育出版社，2004。

華學誠：《揚雄方言校釋匯證》，中華書局，2006。

（清）黃宗羲：《南雷文定》，《續修四庫全書》第 1397 冊，上海古籍出版社，2002。

J

（唐）賈公彥：《周禮注疏》，（清）阮元校刻《十三經注疏》，中華書局，1980。

蔣紹愚：《古漢語詞彙綱要》，北京大學出版社，1989。

K

（唐）孔穎達：《尚書正義》，（清）阮元校刻《十三經注疏》，中華書局，1980。

（唐）孔穎達：《禮記正義》，（清）阮元校刻《十三經注疏》，中華書局，1980。

（唐）孔穎達：《春秋左傳正義》，（清）阮元校刻《十三經注疏》，中華書局，1980。

（唐）孔穎達：《毛詩正義》，（清）阮元校刻《十三經注疏》，中華書局，1980。

（唐）孔穎達：《周易正義》，（清）阮元校刻《十三經注疏》，中華書局，1980。

L

（清）勞乃宣：《古籌算考釋》，《四庫未收書輯刊》，北京出版社，2000。

李滌生：《荀子集釋》，臺北學生書局，2000。

（唐）李籍：《九章算術音義》，《四庫全書》（景印文淵閣版）第

797 册，臺北商務印書館，1986。

李繼閔：《〈九章算術〉導讀與譯注》，陝西科學技術出版社，1998。

李均明、劉國忠、劉光勝、鄔文玲：《當代中國簡帛學研究（1949-2009）》，中國社會科學出版社，2011。

（明）李時珍：《本草綱目》，《四庫全書》（景印文淵閣版）第773册，臺北商務印書館，1986。

李孝定：《甲骨文字集釋》，中研院歷史語言研究所專刊之五十，1970。

李學勤主編《清華大學藏戰國竹簡（壹）》，中西書局，2010。

李學勤主編《清華大學藏戰國竹簡（肆）》，中西書局，2013。

李儼：《中國算學史》，商務印書館，1937。

李儼：《中國古代數學史料》，中國科學圖書儀器公司，1954。

李儼：《中國古代數學史料》，上海科學技術出版社，1963。

黎翔鳳撰，梁運華整理《管子校注》，中華書局，2004。

里耶秦簡博物館、出土文獻與中國古代文明研究協同創新中心中國人民大學中心編著《里耶秦簡博物館藏秦簡》，中西書局，2016。

林義光著，林志強標點《文源》（標點本），上海古籍出版社，2017。

劉金華：《張家山漢簡〈算數書〉研究》，華夏文化藝術出版社，2008。

（漢）劉熙：《釋名》，中華書局，1985。

（唐）陸德明：《經典釋文》，中華書局，1983。

（清）羅振玉：《增訂殷墟書契考釋》，東方學會，1927。

M

馬承源主編《上海博物館藏戰國楚竹書（一）》，上海古籍出版社，2001。

馬承源主編《上海博物館藏戰國楚竹簡（二）》，上海古籍出版社，2002。

（清）馬瑞辰撰，陳金生點校《毛詩傳箋通釋》，中華書局，1989。

馬王堆漢墓帛書整理小組編《馬王堆漢墓帛書五十二病方》，文物出版社，1979。

馬王堆漢墓帛書整理小組編《馬王堆漢墓帛書（三）》，文物出版社，1983。

（明）梅膺祚：《字彙》，萬曆乙卯本。

慕平譯注《尚書》，中華書局，2009。

P

彭浩：《張家山漢簡〈算數書〉注釋》，科學出版社，2001。

Q

錢寶琮校點《算經十書》，中華書局，1963。

錢寶琮主編《中國數學史》，商務印書館，2019。

錢存訓：《書於竹帛——中國古代的文字記錄》，上海書店出版社，2006。

（清）錢繹：《方言箋疏》，《續修四庫全書》第 193 冊，上海古籍出版社，2002。

S

上海師範大學古籍整理組校點《國語》，上海古籍出版社，1978。

（漢）史游撰，（唐）顏師古注《急就篇》，《四庫全書》（景印文淵閣版）第 223 冊，臺北商務印書館，1986。

睡虎地秦墓竹簡整理小組編《睡虎地秦墓竹簡》，文物出版社，1990。

（漢）司馬遷撰，（南朝宋）裴駰集解，（唐）司馬貞索隱，（唐）張守節正義《史記》，中華書局，1963。

（宋）孫奭：《孟子注疏》，（清）阮元校刻《十三經注疏》，中華書局，1980。

（清）孫詒讓：《墨子閒詁》，《續修四庫全書》第 1121 冊，上海古籍出版社，2002。

W

王煥林：《里耶秦簡校詁》，中國文聯出版社，2007。

（清）王筠：《説文解字句讀》，中華書局，2016。

王卡點校《老子道德經河上公章句》，中華書局，1993。

王力：《同源字典》，商務印書館，1982。

（清）王念孫：《廣雅疏證》，中華書局，1983。

（清）王先謙：《漢書補注》，中華書局，1983。

（清）王先謙撰，陳凡整理《莊子集解》，三秦出版社，2005。

（清）王先慎撰，鍾哲點校《韓非子集解》，中華書局，2003。

（清）王引之：《經傳釋詞》，嶽麓書社，1982。

吳慧：《中國歷代糧食畝産研究》（增訂再版），中國農業出版社，
　　2016。

吳礽驤、李永良、馬建華釋校《敦煌漢簡釋文》，甘肅人民出版
　　社，1991。

吳文俊主編《中國數學史大系》第 1 卷、第 2 卷，北京師範大學
　　出版社，1998。

吳文俊主編《中國數學史大系》第 8 卷，北京師範大學出版社，
　　2000。

吳朝陽：《張家山漢簡〈算數書〉校證及相關研究》，江蘇人民出
　　版社，2014。

X

蕭燦：《嶽麓書院藏秦簡〈數〉研究》，中國社會科學出版社，2015。

蕭燦：《簡牘數學史論稿》，科學出版社，2018。

（南朝梁）蕭統編，（唐）李善注《文選》，《四庫全書》（景印文淵
　　閣版）第 1329 册，臺北商務印書館，1986。

（宋）邢昺：《爾雅注疏》，（清）阮元校刻《十三經注疏》，中華書
　　局，1980。

（宋）邢昺：《論語注疏》，（清）阮元校刻《十三經注疏》，中華書
　　局，1980。

（元）熊忠：《古今韻會舉要》，《四庫全書》（景印文淵閣版）第

238 册，臺北商務印書館，1986。

（清）徐灝：《説文解字注箋》，《續修四庫全書》第 225 册，上海古籍出版社，2002。

（南唐）徐鍇：《説文解字繫傳》，中華書局，2017。

徐中舒主編《漢語大字典》（第二版），四川辭書出版社、湖北崇文書局，2010。

（漢）許慎撰，（宋）徐鉉等校定《説文解字》，上海古籍出版社，2007。

許維遹撰，梁運華整理：《吕氏春秋集釋》，中華書局，2009。

Y

楊寬：《古史新探》，上海人民出版社，2016。

楊樹達：《積微居小學述林全編》，上海古籍出版社，2007。

銀雀山漢墓竹簡整理小組編《銀雀山漢墓竹簡（壹）》，文物出版社，1985。

銀雀山漢墓竹筒整理小組編《銀雀山漢墓竹簡（貳）》，文物出版社，2010。

（漢）應劭撰，王利器校注《風俗通義校注》，中華書局，2010。

（清）俞樾：《諸子平議》，《續修四庫全書》第 1162 册，上海古籍出版社，2002。

Z

張家山二四七號漢墓竹簡整理小組編著《張家山漢墓竹簡［二四七號墓］》，文物出版社，2001。

張家山二四七號漢墓竹簡整理小組編著《張家山漢墓竹簡［二四七號墓］》（釋文修訂本），文物出版社，2006。

〔日〕張家山漢簡『算数書』研究会編『漢簡「算数書」——中国最古の数学書』，京都朋友書店，2006。

張顯成：《簡帛藥名研究》，西南師範大學出版社，1997。

張顯成：《先秦兩漢醫藥用語研究》，巴蜀書社，2000。

張顯成：《先秦兩漢醫學用語匯釋》，巴蜀書社，2002。

張顯成：《簡帛文獻學通論》，中華書局，2004。

張顯成：《簡帛文獻論集》，巴蜀書社，2007。

張顯成主編《楚簡帛逐字索引（附原文及校釋）》（一、二、三、四），四川大學出版社，2013。

張顯成主編《秦簡逐字索引》（一、二），四川大學出版社，2014。

張顯成、王玉蛟：《秦漢簡帛異體字研究》，人民出版社，2016。

張顯成、李建平：《簡帛量詞研究》，中華書局，2017。

張顯成主編《吐魯番出土文書字形全譜》，四川辭書出版社，2020。

（明）張自烈：《正字通》，中國工人出版社，1996。

〔日〕中国古算書研究会編『岳麓書院蔵秦簡「数」訳注』，京都朋友書店，2016。

中國簡牘集成編輯委員會編《中國簡牘集成》（標注本）第 14 册、第 18 册，敦煌文藝出版社，2005。

鍾如雄：《説文解字論綱》（修訂本），中國社會科學出版社，2014。

鍾如雄：《轉注系統研究》，商務印書館，2015。

周波：《戰國時代各系文字間的用字差異現象研究》，綫裝書局，2012。

朱漢民、陳松長主編《嶽麓書院藏秦簡（壹）》，上海辭書出版社，2010。

朱漢民、陳松長主編《嶽麓書院藏秦簡（貳）》，上海辭書出版社，2011。

（清）朱駿聲：《説文通訓定聲》，中華書局，2016。

諸祖耿編撰《戰國策集注匯考》（增補本），鳳凰出版社，2008。

鄒大海：《中國數學在奠基時期的形態、創造與發展：以若干典型案例爲中心的研究》，廣東人民出版社，2022。

論　文

A

〔法〕安立明（Rémi Anicotte）. Nombres et expressions numériques en Chine à l'éclairage des écritssur les calculs (début du 2e siècleavantnotre ère).

法國國立東方語言文化學院博士學位論文，2012。

C

蔡丹:《讀〈嶽麓書院藏秦簡（貳）〉札記三則》,《江漢考古》
　　2013 年第 4 期。

蔡丹、譚競男:《睡虎地漢簡中的〈算術〉簡册》,《文物》2019
　　年第 12 期。

蔡丹、譚競男:《睡虎地漢簡〈算術〉中的商功類算題》,《江漢考
　　古》2023 年第 2 期。

曹方向:《北大秦簡〈魯久次問數于陳起〉衡間圖淺探》,載武漢大學
　　簡帛研究中心主編《簡帛》（第十六輯）,上海古籍出版社，2018。

陳侃理:《里耶秦方與"書同文字"》,《文物》2014 年第 9 期。

陳松長:《嶽麓書院所藏秦簡綜述》,《文物》2009 年第 3 期。

陳偉:《嶽麓書院藏秦簡〈數〉書 J9+J11 中的"威"字》,簡帛網
　　2010 年 2 月 8 日。

陳偉:《放馬灘秦簡日書〈占病祟除〉與投擲式選擇》,《文物》
　　2011 年第 5 期。

陳鑣文、曲安京:《北大秦簡〈魯久次問數于陳起〉中的宇宙模
　　型》,《文物》2017 年第 3 期。

程少軒:《放馬灘簡式占古佚書研究》,復旦大學博士學位論文，
　　2011。

程少軒:《放馬灘簡所見式占古佚書的初步研究》,中研院歷史語
　　言研究所集刊 2012 年第 83 本第 2 分。

程少軒:《也談"隸首"爲"九九乘法表"專名》,載中國文化遺産
　　研究院編《出土文獻研究》（第十五輯）,中西書局，2016。

程少軒:《小議秦漢簡中訓爲"取"的"投"》,載中國文字學會
　　《中國文字學報》編輯部編《中國文字學報》（第七輯）,商
　　務印書館，2017。

D

〔日〕大川俊隆:「岳麓書院藏秦簡『數』訳注稿（1）」,『大阪産

業大学論集・人文社会科学編』16 號，2012。

〔日〕大川俊隆、田村誠、張替俊夫：「北京大学『算書』の里田術と径田術について」，『大阪産業大学論集・人文社会科学編』23 號，2015。

代國璽：《秦漢的糧食計量體系與居民口糧數量》，簡帛網 2018 年 4 月 14 日。

〔美〕道本周（Joseph W. Dauben）. Three Multi-tasking Problems in the 算數書 *Suan Shu Shu*, the Oldest Yet-Known Mathematial Work from Ancient China. *Acta Historica Leopoldina* 45（2005）.

〔美〕道本周（Joseph W. Dauben）. 算數書 *SuanShuShu* A Book on Numbers and Computations: English Translation with Commentary, *Archive for History of Exact Sciences* 62（2008）.

丁四新：《“數”的哲學觀念再論與早期中國的宇宙論數理》，《哲學研究》2020 年第 6 期。

董珊：《楚簡簿記與楚國量制研究》，《考古學報》2010 年第 2 期。

F

馮勝君：《讀上博簡緇衣札記二則》，載上海大學古代文明研究中心、清華大學思想文化研究所編《上博館藏戰國楚竹書研究》，上海古籍出版社，2002。

馮時：《紅山文化三環石壇的天文學研究——兼論中國最早的圜丘與方丘》，《北方文物》1993 年第 1 期。

G

郭世榮：《〈算數書〉勘誤》，《內蒙古師大學報》（自然科學漢文版）2001 年第 3 期。

郭書春：《〈筭數書〉校勘》，《中國科技史料》2001 年第 3 期。

H

韓厚明：《張家山漢簡字詞集釋》，吉林大學博士學位論文，2018。

韓巍：《北大秦簡中的數學文獻》，《文物》2012 年第 6 期。

韓巍:《北大秦簡〈算書〉土地面積類算題初識》,載武漢大學簡帛研究中心主編《簡帛》(第八輯),上海古籍出版社,2013。

韓巍:《北大藏秦簡〈魯久次問數于陳起〉初讀》,《北京大學學報》(哲學社會科學版)2015年第2期。

韓巍、鄒大海:《北大秦簡〈魯久次問數于陳起〉今譯、圖版和專家筆談》,《自然科學史研究》2015年第2期。

郝慧芳:《張家山漢簡語詞通釋》,華東師範大學博士學位論文,2008。

何有祖:《張家山漢簡〈脈書〉、〈算數書〉札記》,《江漢考古》2007年第1期。

何餘華:《出土文獻{樹}的用字差異與斷代價值論考》,《漢字漢語研究》2019年第3期。

賀曉朦:《〈嶽麓書院藏秦簡〉(貳)文字編》,湖南大學碩士學位論文,2013。

洪颺、張馨月:《秦簡中"久"的詞性和用法》,載中國古文字研究會、河南大學甲骨學與漢字文明研究所編《古文字研究》(第三十三輯),中華書局,2020。

洪萬生:《〈算數書〉部份題名的再校勘》,《HPM通訊》2002年第5卷第2、3期合刊。

胡平生:《阜陽雙古堆漢簡數術書簡論》,載中國文物研究所編《出土文獻研究》(第四輯),中華書局,1998。

胡憶濤:《張家山漢簡〈算數書〉》整理研究》,西南大學碩士學位論文,2006。

J

賈光才:《嶽麓書院藏秦簡〈數〉的數學文化特徵》,《伊犁師範學院學報》(自然科學版)2015年第3期。

江陵張家山漢簡整理小組:《江陵張家山漢簡〈算數書〉釋文》,《文物》2000年第9期。

姜生、馬源:《規天矩地:漢墓建築布局的典型形式與意義》,《復旦學報》(社會科學版)2021年第4期。

蔣偉男:《簡牘"毀"字補説》,《古籍研究》2016年第2期。

L

李園、張世超:《社會歷史變遷對字詞關係的影響——以秦簡牘爲
　　語料的分析》,《西南交通大學學報》(社會科學版) 2018 年
　　第 3 期。

李小博:《嶽麓書院藏秦簡〈數〉書研究綜述》,《魯東大學學報》
　　(哲學社會科學版) 2013 年第 4 期。

李小博:《嶽麓秦簡〈數〉與張家山漢簡〈算數書〉比較研究》,
　　蘭州大學碩士學位論文, 2014。

李學勤:《楚簡所見黃金貨幣及其計量》, 載李學勤《中國古代文
　　明研究》, 華東師範大學出版社, 2009。

李野、周序林:《張家山漢簡〈算數書〉“盧唐”考釋》, 載鄔文
　　玲、戴衛紅主編《簡帛研究》(二〇二二·秋冬卷), 廣西師
　　範大學出版社, 2023。

劉金華:《〈算數書〉集校及其相關問題研究》, 武漢大學博士學位
　　論文, 2003。

劉未沫:《〈魯久次問數于陳起〉中的“音律—曆法生成論”及其
　　宇宙圖像》,《哲學動態》2020 年第 3 期。

劉信芳、梁柱:《雲夢龍崗秦簡綜述》,《江漢考古》1990 年第 3 期。

魯家亮:《讀岳麓秦簡〈數〉筆記 (二)》, 簡帛網 2012 年 3 月 23 日。

魯家亮:《嶽麓秦簡校讀 (七則)》, 載中國文化遺産研究院編《出
　　土文獻研究》(第十二輯), 中西書局, 2013。

M

馬代忠:《長沙走馬樓西漢簡〈都鄉七年墾田租簿〉初步考察》,
　　載中國文化遺産研究院編《出土文獻研究》(第十二輯), 中
　　西書局, 2013。

P

彭浩:《嶽麓書院藏秦簡〈數〉中的“救 (求)”字》, 簡帛網 2009
　　年 11 月 30 日。

彭浩:《談秦漢數書中的“輿田”及相關問題》, 簡帛網 2010 年 8

月 6 日。

彭浩:《秦和西漢早期簡牘中的糧食計算》,載中國文化遺産研究
　　院編《出土文獻研究》(第十一輯),中西書局,2012。

彭浩:《談秦簡〈數〉117 簡的"般"及相關問題》,載武漢大學簡
　　帛研究中心主編《簡帛》(第八輯),上海古籍出版社,2013。

Q

曲安京、陳鑣文:《唐長安城圜丘的天文意義》,《考古》2019 年
　　第 8 期。

曲安京、段清波、陳鑣文:《陝西三原天井坑遺址坑底結構的天文
　　意義初探》,《文物》2019 年第 12 期。

S

史傑鵬:《北大藏秦簡〈魯久次問數於陳起〉"色契羡杼"及其
　　他——從詞源學的角度考釋出土文獻》,載武漢大學簡帛研究
　　中心主編《簡帛》(第十四輯),上海古籍出版社,2017。

束江濤:《嶽麓書院藏秦簡和張家山漢簡所見"租誤券"研究》,
　　《湖北社會科學》2019 年第 1 期。

孫斌來:《汝陰侯漆器的紀年和 M1 主人》,《文博》1987 年第 2 期。

蘇意雯、蘇俊鴻、蘇惠玉等:《〈算數書〉校勘》,《HPM 通訊》
　　2000 年第 3 卷第 11 期。

蘇意雯、蘇俊鴻、蘇惠玉等:《〈數〉簡校勘》,《HPM 通訊》2012
　　年第 15 卷第 11 期。

孫思旺:《嶽麓書院藏秦簡"營軍之術"史證圖解》,《軍事歷史》
　　2012 年第 3 期。

T

譚競男:《嶽麓簡〈數〉中"耤"字用法及相關問題梳理》,簡帛
　　網 2013 年 9 月 19 日

譚競男:《秦漢出土數書散札二則》,《江漢考古》2014 年第 5 期。

譚競男:《嶽麓秦簡〈數〉中"耤"字用法試析》,載武漢大學簡帛

研究中心主編《簡帛》（第十輯），上海古籍出版社，2015。

譚競男:《出土秦漢算術文獻若干問題研究》，武漢大學博士學位論文，2016。

譚競男:《算數書中的弧田與弓田》，載武漢大學簡帛研究中心主編《簡帛》（第二十二輯），上海古籍出版社，2021。

譚競男、蔡丹:《睡虎地漢簡〈算術〉"田"類算題》，《文物》2019 年第 12 期。

譚競男、蔡丹:《睡虎地漢簡〈算術〉"率"類算題》，《文物》2023 年第 12 期。

〔日〕田村誠、張替俊夫:《嶽麓書院〈數〉中兩道衰分類算題的解讀》，載湖南省文物考古研究所編《湖南考古輯刊》（第 11 集），科學出版社，2015。

田煒:《談談北京大學藏秦簡〈魯久次問數于陳起〉的一些抄寫特點》，《中山大學學報》（社會科學版）2016 年第 5 期。

田煒:《論秦始皇"書同文字"政策的内涵及影響——兼論判斷出土秦文獻文本年代的重要標尺》，中研院歷史語言研究所集刊 2018 年第 89 本第 3 分。

W

王寧:《讀〈殷高宗問於三壽〉散札》，復旦大學出土文獻與古文字研究中心網站 2015 年 5 月 17 日（http://www.gwz.fudan.edu.cn/Web/Show/2525）。

王啓濤:《秦漢簡牘對敦煌吐魯番文獻研究的重要性》，中國社會科學網 2021 年 9 月 29 日（http://ex.cssn.cn/zgs/zgs_zggds/202109/t20210929_5364141.shtml）。

王文龍:《秦及漢初算數書所見田租問題探討》，《咸陽師範學院學報》2013 年第 1 期。

王文龍:《出土戰國秦漢算數書所見社會經濟史問題探討》，吉林大學碩士學位論文，2014。

王旭:《伊灣博局占與博局紋銅鏡》，《文物鑒定與鑒賞》2018 年第 5 期。

王子今:《嶽麓書院秦簡〈數〉"馬甲"與戰騎裝具史的新認識》，《考古與文物》2015 年第 4 期。

翁明鵬:《嶽麓秦簡〈數〉的抄寫年代考辨》，載李學勤主編《出土文獻》（第十四輯），中西書局，2019。

翁明鵬:《秦簡牘專造字釋例》，《漢字漢語研究》2021 年第 1 期。

鄔文玲:《里耶秦簡所見"户賦"及相關問題瑣議》，載武漢大學簡帛研究中心主編《簡帛》（第八輯），上海古籍出版社，2013。

吳朝陽:《張家山漢簡〈算數書〉研究》，南京師範大學博士學位論文，2011。

吳朝陽:《嶽麓秦簡〈數〉之"三步廿八寸"》，簡帛網 2013 年 1 月 23 日。

吳朝陽:《嶽麓秦簡〈數〉之"乘方亭術"》，簡帛網 2013 年 1 月 30 日。

吳朝陽:《嶽麓秦簡〈數〉之"石"、穀物堆密度與出米率》，簡帛網 2013 年 1 月 30 日。

吳朝陽、晉文:《張家山漢簡〈算數書〉校證三題》，《自然科學史研究》2013 年第 1 期。

吳朝陽、晉文:《秦畝產新考——兼析傳世文獻中的相關畝產記載》，《中國經濟史研究》2013 年第 4 期。

武家璧、武暘:《中國古代"天圓地方"宇宙觀及其數學模型》，《自然辯證法通訊》2014 年第 2 期。

X

蕭燦:《從〈數〉的"輿（與）田"、"税田"算題看秦田地租税制度》，《湖南大學學報》（社會科學版）2010 年第 4 期。

蕭燦:《嶽麓書院藏秦簡〈數〉研究》，湖南大學博士學位論文，2010。

蕭燦:《秦簡〈數〉之"耗程"、"粟爲米"算題研究》，《湖南大學學報》（社會科學版）2011 年第 2 期。

蕭燦:《〈嶽麓書院藏秦簡（貳）〉釋讀札記》，載中國文化遺產研究院編《出土文獻研究》（第十一輯），中西書局，2012。

蕭燦:《秦漢土地測算與數學抽象化——基於出土文獻的研究》,《湖南大學學報》(社會科學版)2012 年第 5 期。

蕭燦:《試析〈嶽麓書院藏秦簡〉中的工程史料》,《湖南大學學報》(社會科學版)2013 年第 3 期。

蕭燦:《秦人對數學知識的重視與運用》,《史學理論研究》2016 年第 1 期。

蕭燦:《張家山漢簡〈算數書〉“盧唐”、“行”算題再探討》,簡帛網 2022 年 3 月 28 日。

蕭燦、朱漢民:《周秦時期穀物測算法及比重觀念——嶽麓書院藏秦簡〈數〉的相關研究》,《自然科學史研究》2009 年第 4 期。

蕭燦、朱漢民:《嶽麓書院藏秦簡〈數書〉中的土地面積計算》,《湖南大學學報》(社會科學版)2009 年第 2 期。

蕭燦、朱漢民:《嶽麓書院藏秦簡〈數〉的主要內容》,《中國史研究》2009 年第 3 期。

蕭燦、朱漢民:《勾股新證——嶽麓書院藏秦簡〈數〉的相關研究》,《自然科學史研究》2010 年第 3 期。

謝計康:《嶽麓秦簡〈質日〉〈數〉篇書手及相關問題研究》,湖南大學碩士學位論文,2020。

謝坤:《嶽麓書院藏秦簡〈數〉校理及數學專門用語研究》,西南大學碩士學位論文,2014。

熊北生、蔡丹:《湖北雲夢睡虎地 M77 發掘簡報》,《江漢考古》2008 年第 4 期。

熊北生、陳偉、蔡丹:《湖北雲夢睡虎地 77 號西漢墓出土簡牘概述》,《文物》2018 年第 3 期。

許道勝:《〈嶽麓書院藏秦簡(貳)〉初讀補(一)》,簡帛網 2012 年 2 月 25 日。

許道勝:《嶽麓秦簡 1(0956)爲〈數〉的末簡説》,簡帛網 2013 年 5 月 2 日。

許道勝:《嶽麓秦簡〈爲吏治官及黔首〉與〈數〉校釋》,武漢大學博士學位論文,2013。

許道勝:《雲夢睡虎地漢簡〈算術〉初識》,《湖南社會科學》2019

年第 6 期。

許道勝、李薇:《嶽麓書院所藏秦簡〈數〉書釋文校補》,《江漢考古》2010 年第 4 期。

許道勝、李薇:《從用語"術"字的多樣表達看嶽麓書院秦簡〈數〉書的性質》,《史學集刊》2010 年第 4 期。

許道勝、李薇:《嶽麓書院秦簡〈數〉"營軍之述(術)"算題解》,《自然科學史研究》2011 年第 2 期。

徐學炳:《北大秦簡〈魯久次問數于陳起〉補釋》,簡帛網 2015 年 4 月 21 日。

薛程、段清波:《陝西三原天井岸漢代禮制建築遺址(天井坑遺址)勘探簡報》,《文物》2019 年第 12 期。

Y

楊博:《北大藏秦簡〈田書〉初識》,《北京大學學報》(哲學社會科學版)2017 年第 5 期。

楊蕾:《出土秦漢數書類文獻研究綜述》,《國學學刊》2018 年第 4 期。

楊蒙生:《說"隼"兼及相關字》,載李學勤主編《出土文獻》(第五輯),2014,中西書局。

于洪濤:《近三年嶽麓書院藏秦簡研究綜述》,《魯東大學學報》(哲學社會科學版)2011 年第 6 期。

Z

張春龍、大川俊隆、籾山明:《里耶秦簡刻齒研究——兼論嶽麓秦簡〈數〉中的未解讀簡》,《文物》2015 年第 3 期。

張顯成:《論簡帛的研究價值》,《古籍整理研究學刊》2005 年第 1 期。

張顯成:《由秦漢簡牘看詞彙史上的"漢承秦制"現象》,《文匯報》2017 年 4 月 14 日 W11。

張顯成、謝坤:《嶽麓書院藏秦簡〈數〉釋文勘補》,《古籍整理研究學刊》2013 年第 5 期。

張顯成、馬永萍、胡憶濤:《張家山漢簡〈算數書〉第 143 簡算題釋讀綜論》，載鄔文玲、戴衛紅主編《簡帛研究》（二〇一八·秋冬卷），廣西師範大學出版社，2019。

張再興：《從秦漢簡帛文字看"隼"字的分化》，載華東師範大學中國文字研究與應用中心等編《中國文字研究》（第二十三輯），上海書店出版社，2016。

趙燕林：《敦煌早期石窟中的"三圓三方"宇宙模型》，《自然辯證法研究》2019 年第 7 期。

周霄漢：《〈數〉〈算數書〉與〈九章算術〉的比較研究》，上海交通大學碩士學位論文，2014。

周序林：Two Problems in the 筭數書 Suanshu shu（Book of Mathematics）: Geometric Relations between Circles and Squares and Methods for Determining Their Mutual Relations. *Historia Mathematica* 57（2021）.

周序林：《張家山漢簡〈算數書〉"約分"算題"不足除者"考釋》，載鄔文玲、戴衛紅主編《簡帛研究》（二〇二一·秋冬卷），廣西師範大學出版社，2022。

周序林：《雙古堆漢簡〈算術書〉校釋及相關問題》，《自然科學史研究》2023 第 3 期。

周序林、張顯成：《張家山漢簡〈算數書〉"相乘"算題校釋二則》，載鄔文玲、戴衛紅主編《簡帛研究》（二〇二〇·春夏卷），廣西師範大學出版社，2020。

周序林、張顯成、何均洪：《漢簡〈算數書〉"少廣術"求最小公倍數法》，《西南民族大學學報》（自然科學版）2021 年第 4 期。

周序林、何均洪、李文娟：《簡牘算書一種特殊計算方法解析》，《西南民族大學學報》（自然科學版）2022 年第 5 期。

周序林、馬永萍、朱金平等：《北大秦簡〈算書〉甲種"三方三圓"宇宙模型新探》，《西南民族大學學報》（自然科學版）2023 年第 5 期。

周序林、馬永萍、龍丹：《秦漢簡牘算書"徑田術"新探》，《西南民族大學學報》（自然科學版）2024 年第 2 期。

朱鳳瀚、韓巍、陳侃理：《北京大學藏秦簡牘概述》，《文物》2012 年第 6 期。

朱漢民、蕭燦:《從嶽麓書院藏秦簡〈數〉看周秦之際的幾何學成就》,《中國史研究》2009 年第 3 期。

鄒大海:《出土〈算數書〉初探》,《自然科學史研究》2001 年第 3 期。

鄒大海:《從〈算數書〉和秦簡看上古糧米的比率》,《自然科學史研究》2003 年第 4 期。

鄒大海:《出土〈算數書〉校釋一則》,《東南文化》2004 年第 2 期。

鄒大海:《從〈算數書〉盈不足問題看上古時代的盈不足方法》,《自然科學史研究》2007 年第 3 期。

鄒大海:《關於〈算數書〉、秦律和上古糧米計量單位的幾個問題》,《內蒙古師範大學學報》(自然科學漢文版)2009 年第 5 期。

鄒大海:《從出土文獻看上古醫事制度與正負數概念》,《中國歷史文物》2010 年第 5 期。

鄒大海:《從出土竹簡看中國早期委輸算題及其社會背景》,《湖南大學學報》(社會科學版)2010 年第 4 期。

鄒大海:《〈數〉、〈算數書〉和〈九章筭術〉中一類楔形體研究:兼論中國早期求積演算法的某些特點》,《漢學研究》2014 年第 3 期。

鄒大海:《關於秦漢計量單位石、桶的幾個問題》,《中國史研究》2019 年第 1 期。

鄒大海:《從嶽麓書院藏秦簡〈數〉看上古時代盈不足問題的發展》,《內蒙古師範大學學報》(自然科學漢文版)2019 年第 6 期。

鄒大海:《中國上古時代數學門類均輸新探》,《自然科學史研究》2020 年第 4 期。

後 記

　　簡牘數學文獻的出土，是數學史上的大事件。其中的"九九術"文獻，讓我們清晰地看到"九九術"在戰國秦漢時期的發展狀況，借助樓蘭和敦煌紙"九九術"以及傳世文獻《算學啓蒙》等，我們就可以欣賞到"九九術"從戰國一路演變到現在的歷史畫卷，這在簡牘"九九術"發現以前是無法做到的。簡牘算書文獻真實地反映了中國傳統數學在戰國秦漢時期發展的面貌，是研究中國早期數學的第一手材料，它的出土，極大地豐富了戰國秦漢數學文獻的內容。我爲自己能與這些珍貴的簡牘材料結緣並開展整理研究工作而感到無比榮幸！

　　我能邁進簡牘數學文獻整理與研究這一領域，離不開諸位師長的引領與教誨。首先得感激我的碩士恩師鍾如雄教授，是他不斷鼓勵我要繼續深造，本想躺平的我才鼓起勇氣再次揚帆起航，考入西南大學漢語言文獻研究所攻讀博士學位。西南大學漢語言文獻研究所是我國較早整理研究出土文獻的核心基地，這裏學術資源豐富，師長溫柔敦厚，師生治學嚴謹，學術氛圍濃厚，學友謙恭友愛，一心向學。而導師張顯成教授學術眼光高遠，敏銳地洞察到簡牘數學文獻的巨大研究價值，在我入學之前已經開始指導研究生整理簡牘數學文獻，並對其中某些數學問題展開討論。張先生還大力倡導簡牘文獻的外譯研究，向世界傳播中國早期的數學文化。爲此他建議我致力於簡牘數學文獻整理研究與英譯，時常教導我要"跟高人，讀好書"。每每回顧我的求學研究之路，深感先生就是高人，簡牘就是好書。

　　在簡牘數學文獻研究的道路上，我有幸得到了諸多師友的大力提携和無私幫助，心中永遠充滿對他們的無限感激，中國科學院自然科學史研究所鄒大海研究員亦是其中一位。鄒先生可謂利用出土材料研究中國數學史的典範，他的研究成果使中國數學史研究水準提升到了一個新高度。我與鄒先生之前並不認識，但機緣巧合，適時得到了他的精心指導，這在我簡牘數學文獻研究的道路上具有里程碑意義。

簡牘數學文獻研究要走國際化研究之路，要開展國際合作與交流。於是，2020 年 1 月，我受國家留學基金委資助赴美國紐約市立大學研究生院訪學，與道本周（Joseph W. Dauben）教授合作研究並英譯簡牘數學文獻。不幸的是，由於"新冠"疫情肆虐，除了曼哈頓的大街小巷外，膽小的我未曾遊歷美國任何處所；然幸運的是，使我能在合作教授的指導下一心向學，潛心研讀。我在那廂"快樂逍遙"的同時，只苦了這廂的父母妻女親友師長領導同事，這廂的他們晝夜不停地擔心慰問鼓勵那邊廂的我，令那廂的我感動感激不已。訪學雖然在 9 月底提前結束，但簡牘數學文獻國際化研究的步伐從未停止。回國後我與道本周教授繼續開展合作研究，定期舉行視頻會議，討論交流研究進展。這種合作模式從未間斷，而且還將繼續下去。此外，在道本周教授的引領下，我的國際學術活動也日益豐富多彩，出席國際數學史會議，參加國際數學史研習，爲本書的寫作開拓了國際視野。本書凝聚了道本周教授許多心血，其出版恰逢教授八十歲生日，亦將此書獻給道本周教授，恭祝教授快樂安康、幸福長壽。

本書在寫作過程中汲取了先哲時賢包括簡牘整理報告在內的相關研究成果，在此一並感謝。但就簡牘數學文獻而言，在此要特別鳴謝雙古堆漢簡《算術書》主要整理者胡平生先生、張家山漢簡《筭數書》主要整理者彭浩先生、嶽麓書院藏秦簡《數》主要整理者蕭燦先生、北京大學藏秦簡數學文獻主要整理者韓巍和鄒大海先生、睡虎地漢簡《筭术》主要整理者蔡丹和譚競男先生，以及從事相關研究的專家學者，正是各位專家學者的豐碩成果才爲本書的寫作奠定了堅實的基礎。此外，還要特意鳴謝同濟大學周錦悦同學，是她從現代數學的角度對秦漢簡牘算書中的所有疑難算題進行了演算和驗證，爲本書提供了數學學科支持。尤其是她對張家山漢簡《筭數書》"以方材圜""以圜材方"這兩個爭訟不已的算題有關數據進行了創新性處理，才使我對這兩個算題産生了全新認識，相關研究成果將專文推介。

社會科學文獻出版社的羅衛平先生對書稿精心審讀，細緻校改，其專業素養和敬業精神令人欽佩。恩師鍾如雄教授不厭其煩，三讀書稿，提出不少修改建議，爲弊帚增輝，花費心血頗多，令我感激不盡。

周序林

甲辰年四月初十記於蓉城

圖書在版編目（CIP）數據

秦簡算書校釋 / 周序林著 . -- 北京：社會科學文
獻出版社，2024.5
ISBN 978-7-5228-2637-0

Ⅰ. ①秦… Ⅱ. ①周… Ⅲ. ①竹簡文－研究－中國－
秦代②數學史－研究－中國－秦代 Ⅳ. ① K877.54
② O112

中國國家版本館 CIP 數據核字（2023）第 197854 號

秦簡算書校釋

著　　者 / 周序林

出 版 人 / 冀祥德
責任編輯 / 羅衛平
責任印製 / 王京美

出　　版 / 社會科學文獻出版社
　　　　　地址：北京市北三環中路甲 29 號院華龍大廈　郵編：100029
　　　　　網址：www.ssap.com.cn
發　　行 / 社會科學文獻出版社（010）59367028
印　　裝 / 三河市東方印刷有限公司

規　　格 / 開 本：787mm × 1092mm　1/16
　　　　　印 張：23.75　字 數：340 千字
版　　次 / 2024 年 5 月第 1 版　2024 年 5 月第 1 次印刷
書　　號 / ISBN 978-7-5228-2637-0
定　　價 / 138.00 圓

讀者服務電話：4008918866

▲ 版權所有 翻印必究